大数据分析概论

Introduction to Big Data Analysis

主 编　朱晓峰

编 者　朱晓峰　赵柳榕　张　琳

　　　　吴海东　马小东　郑　乐

南京大学出版社

图书在版编目(CIP)数据

大数据分析概论 / 朱晓峰主编. -- 南京 ：南京大学出版社，2018.3(2019.3 重印)

ISBN 978 - 7 - 305 - 19953 - 0

Ⅰ．①大… Ⅱ．①朱… Ⅲ．①数据处理－高等学校－教材 Ⅳ．①TP274

中国版本图书馆 CIP 数据核字(2018)第 044959 号

出版发行 南京大学出版社
社　　址 南京市汉口路 22 号　　　邮　编　210093
出 版 人 金鑫荣

书　　名 大数据分析概论
主　　编 朱晓峰
责任编辑 胥橙庭　王南雁　　　　编辑热线　025 - 83593962

照　　排 南京南琳图文制作有限公司
印　　刷 南京人民印刷厂有限责任公司
开　　本 787×1092　1/16　印张 25.25　字数 646 千
版　　次 2018 年 3 月第 1 版　2019 年 3 月第 2 次印刷
ISBN 978 - 7 - 305 - 19953 - 0
定　　价 55.00 元

网址：http://www.njupco.com
官方微博：http://weibo.com/njupco
官方微信号：njupress
销售咨询热线：(025) 83594756

前　言

　　"大数据分析"是当今科技行业最受欢迎的流行语之一,也是各领域人士极为关注的话题。飞速发展的中国,同样将大数据作为国家战略,企业实践不断涌现。

　　《大数据分析概论》是数据科学领域为数不多的理论与实践相结合的入门级教材,它通过详细剖析大数据分析基础理论和实例实训,全景展现了大数据分析各个阶段的基础知识、相关方法、关键技术和实用工具。

　　本书分为两个部分:第一部分,大数据分析的理论部分,包括"大数据分析概述"、"大数据分析的体系架构"、"大数据分析的关键技术"、"大数据分析的数据采集与存储"、"大数据分析的数据清洗"、"大数据分析的数据挖掘"和"数据可视化";第二部分,大数据分析的实训部分,包括"体育行业 NBA 数据分析"、"金融行业贷款分析"、"服装行业库龄库存分析"、"公司财务数据分析"、"能源行业油井数据分析"、"政府行业财政收支分析"、"人力资源行业职位需求分析"和"互联网行业网站分析"等十二个不同行业的大数据分析。每个理论章节都以 1000 字左右的小案例引出本章内容,然后提供本章知识要点,最后提供案例思考题,并设计专门实验,方便学生认知和操作;每个行业实训,都包括背景分析、需求分析、大数据分析过程和分析结论。

　　本书由朱晓峰、赵柳榕讨论大纲,朱晓峰负责理论篇中的第 1—3 章;赵柳榕负责理论篇的第 4—6 章、实训篇的 9—10 章;张琳负责理论篇中的第 7 章,并和朱晓峰一起审核本书的理论部分;吴海东(福州大学)负责实训篇中的第 1—8 章;马小东(苏州国云)负责实训篇中的第 11 章,并和朱晓峰一起审核本书的实训部分;郑乐负责实训篇中的第 12 章。

　　本书在编写过程中,得到了南京工业大学校级教材重点项目的资助,得到了苏州国云数据科技有限公司、南京大学出版社的支持和帮助,尤其是经济与管理学院姚山季院长、苏州国云朱琼琼项目总监、南京大学出版社吴汀老师给予的项目申报、行业案例、分析工具、原始数据等方面的指导和帮助,在此表示衷心的感谢!

　　本书作者均为从事大数据类课程教学、实践的一线教师、实践者。因此,希望本书能够对大数据类课程的教学、学习和实践提供帮助。当然,本书难免有不足之处,恳请广大读者对此教材提出宝贵意见,以期不断改进。

编　者
2018 年 2 月

目　录

实 训 篇

理 论 篇

大数据分析的光环与陷阱

2009 年 2 月 19 日,Nature 上面有一篇文章,"Detecting influenza epidemics using search engine query data",论述了 Google 基于用户的搜索日志(其中包括搜索关键词、用户搜索频率以及用户 IP 地址等信息)的汇总信息,成功"预测"了流感病人的就诊人数。

那么,Google 为什么要做这件事情呢? 在美国,由疾控中心 CDC 专门负责统计美国本土各个地区的疾病就诊人数,然后汇总并公布。但是,这个公布的数据一般要延迟两周左右,也就是说当天的流感的全国就诊人数,要在两周之后才知道,Google 就利用搜索引擎搭建了一个预测平台,把这个数据提前公布出来。因此,Google 做的工作并不是实际意义上的预测什么时候流感来,而是将 CDC 已经获得但是没及时公布的数据提前给"猜"出来,然后公布出来。"越及时的数据,价值越高",数据是有价值属性的。所以,Google 的工作无论在公共管理领域还是商业领域都具有重大的意义。

Google 成功"预测"流感病人的例子成为经典案例的深层次原因在于,如果在这个案例上成功了,Google 就真正证明了大数据是"万能的"。因为 Google 在这项研究中对于数据的处理,只用了很简单的 Logistic 回归关系,却成功地预测了复杂的流感规模的问题。Google 用了简单的方法,预测复杂的问题,充分证明了 Google 的大数据价值观——大就是一切!

大数据的观点之一认为,海量的数据可以弥补模型的不足,如果数据足够大,理论模型甚至根本就不需要。这种观点目前仍然处于争论中,偏重理论和实证(强调数据和统计方法)的专家们对此既惶恐又试图批判。但无论如何,Google 对于流感预测的研究无疑站在了支持大数据的一方,如果 Google 的案例是成功的,那么或许,拥有海量数据就真的意味着可以解决任意复杂的问题,大数据解决大问题!

截至 Nature 发表论文的时候,Google 的预测还是准确的,不过到后来就发生了很大的偏差,偏差最大甚至高出了标准值(CDC 公布的结果)将近一倍[①]。

Google 预测的失败也确实是过度地依赖于数据,导致很多被忽略了的因素对预测的结果产生了很大的影响。对客观世界进行预测需要模型,模型首先来自于理论构造,其次需要数据对模型进行训练、对模型进行优化完善。大数据观点强调模型对数据训练的依赖,而尽可能地忽略理论构造这一部分的意义,这就有可能带来隐患。

因此,Google 的案例既是一个很好的大数据的应用,同时也为大数据在未来的发展道路起到了很好的指示灯作用。

---

① 数据大湿的博客. 从 Google 预测流感引发的大数据反思[EB/OL]. (2015 - 07 - 12). http://blog. sina. com. cn/s/blog_1464091000102vmeb. html.

1.1 大数据分析的背景与基础

大数据分析是数学与计算机科学相结合的产物,在20世纪早期就已确立,但直到计算机的出现才使得实际操作成为可能,并使得大数据分析得以推广。在学习大数据分析时,应该首先了解它的产生背景和基础。

1.1.1 大数据分析的背景

大数据分析的产生有其深刻的时代背景和历史的必然性,是IT技术的发展变革以及商务应用需求驱动的必然结果。

1. 数据的价值,已有时日

数据,已经渗透到当今每一个行业和业务职能领域,成为重要的生产因素。社会对于海量数据的挖掘和运用,预示着新一波生产率增长和消费者盈余浪潮的到来。数据在物理学、生物学、环境生态学等领域以及军事、金融、通信等行业存在已有时日,却因为近年来互联网和信息行业的发展而引起社会关注。数据正在迅速膨胀并变大,它决定着企业的未来发展,虽然很多企业可能并没有意识到由数据爆炸性增长带来的问题隐患,但是随着时间的推移,社会将越来越多地意识到数据对企业的重要性。

三分技术,七分数据,得数据者得天下。维克托·迈尔-舍恩伯格在《大数据时代》一书中举了诸多例证,都是为了说明一个道理:在大数据时代已经到来时要用大数据思维去发掘大数据的潜在价值。

大数据就是核心竞争力。全世界都在高呼大数据时代来临的优势:一家超市如何从一个17岁女孩的购物清单中,发现了她已怀孕的事实;或者将啤酒与尿不湿放在一起销售,神奇地提高了双方的销售额。实际上,数据已经无处不在,衣食住行、喜怒哀愁、吃喝玩乐都以数据的形式存在。通过数据来记录这个世界,再通过研究数据去发现这个世界。正如IBM所言:大数据时代——用智慧的分析洞察、构建智慧的地球。

2. 数据的数量,与日俱增

数据的数量,到底有多大? 一组名为"互联网上一天"的数据显露无疑:一天之中,互联网产生的全部内容可以刻满1.68亿张DVD;发出的邮件有2 940亿封之多(相当于美国两年的纸质信件数量);发出的社区帖子达200万个(相当于《时代》杂志770年的文字量);卖出的手机为 37.8 万台,高于全球每天出生的婴儿数量 37.1 万……①。

早在 2012 年,数据量已经从 TB(1 024 GB=1 TB)级别跃升到 PB(1 024 TB=1 PB)、EB(1 024 PB=1 EB)乃至 ZB(1 024 EB=1 ZB)级别。国际数据公司(IDC)的研究结果表明,2008年全球产生的数据量为 0.49 ZB,2009 年的数据量为 0.8 ZB,2010 年增长为 1.2 ZB,2011 年的数量更是高达 1.82 ZB,相当于全球每人产生 200 GB 以上的数据。而到 2012 年止,人类生产的所有印刷材料的数据量是 200 PB,全人类历史上说过的所有话的数据量大约是 5 EB。IBM 的研究称,整个人类文明所获得的全部数据中,有 90% 是过去两年内产生的。而到了2020 年,全世界所产生的数据规模将达到今天的 44 倍②。

3. 商业的变革,需要数据分析的支撑

随着现代信息技术的不断创新以及由此带来的巨大社会影响,人类科技的焦点已经不再是传统工业,而是信息技术。整个世界的风向标由物理维度转变为数字维度,而大数据分析则是商业变革的关键所在。未来商业可以通过可流转性数据以及消费者消费行为及个人偏好数据的分析,挖掘每一位消费者的不同兴趣和爱好,进而提供专属于消费者的个性化产品和服务。

换而言之,数据视角下的世界,可能会完全不同。某些时候,大数据透露出来的信息确实会颠覆传统观点和认知,例如,腾讯针对社交网络的统计显示,爱看家庭剧的男人是女性的两倍还多;最关心金价的是中国大妈,但紧随其后的却是 90 后。而在过去一年,支付宝中无线支付比例排名前十的竟然全部在青海、西藏和内蒙古地区。全中国比基尼卖得最好的是哪几个省,一般人认为肯定是广东、海南岛。但是,从淘宝数据上看,其实卖得最好的是新疆和内蒙古。这种反常的相关性,马云认为:估计是每一个男人,都要给他的夫人、情人和对象一个美好的憧憬,"有一天我带你去下海"。当然这只是马云的一种解释,但是能反映什么呢,就是这些数据和自己想象的不是一个概念。

4. 大数据的价值,需要大数据分析才能真正释放

仅仅用数量之大解读大数据有失偏颇,能量之大才是大数据这枚硬币的另一面。面对海量数据,谁能更好地处理、分析数据,谁就能真正抢得大数据时代的先机。正如麦肯锡报告所言,大数据分析是"下一个创新、竞争和生产力的前沿"。在传统的社会学研究中,"大样本、实时监测、连续监测"往往是不可兼得的条件,而大数据打破了这个迷思。

阿里金融正在试图通过大数据技术解决"小微企业融资难"的问题。所有贷款都是通过信用贷款,不像银行那样需要房产或其他抵押品,也不需要走访约谈。因为他们会对客户的所有行为数据进行挖掘分析,再决定是否放贷。支付宝的数据科学家们每天的工作:他们会把客户分成 50 个族群进行研究,其中有一个群体叫作都市轻熟男,还有一个群体叫千金美少女,而这些类型的划分依据就是用户在淘宝、天猫、支付宝和聚划算中的付费行为数据。在能识别用户之后,一个微妙的变化是,在写商品推荐文字时,不再是过去那样千篇一律地使用"亲"作为开头了。

---

① 中国大数据. 大数据时代下的大数据到底有多大?[EB/OL]. (2017 - 03 - 06). http://www.thebigdata. cn/QiTa/8608. html.

② 中国大数据. 大数据:抓住机遇　保存价值[EB/OL]. (2017 - 07 - 21). http://www. thebigdata. cn/YeJieDongTai/11104. html.

1.1.2　大数据分析的基础

大数据分析的基础,就是大数据。因此,在学习大数据分析之初,必须了解大数据的基本概念。何谓大数据,众多书籍给出了大致相同的解释与说明。实际上,大数据就是互联网发展到现今阶段的一种表象或特征而已,在以云计算为代表的技术创新大幕的衬托下,这些原本很难收集和使用的数据开始容易被利用起来,通过各行各业的不断创新,大数据逐步为人类创造更多的价值。为了对大数据进行全面、整体地认知和了解,本书认为应该对大数据的已有资料进行解构(图1-1)。

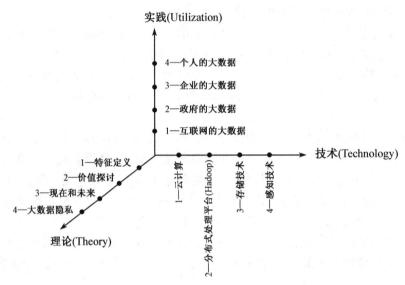

图1-1　大数据基本概念解构图①

从图中不难发现,想要系统地认知大数据,必须要全面而细致地分解它,可以从三个层面来展开:

第一层面是理论,理论是认知的必经途径,也是被广泛认同和传播的基线。从大数据的特征定义理解行业对大数据的整体描绘和定性;从对大数据价值的探讨来深入解析大数据的珍贵所在;从对大数据的现在和未来去洞悉大数据的发展趋势;从大数据隐私这个特别而重要的视角审视人和数据之间的长久博弈。

第二层面是技术,技术是大数据价值体现的手段和前进的基石。从云计算、分布式处理技术、存储技术和感知技术的发展,可以说明大数据从采集、处理、存储到形成结果的整个过程。

第三层面是实践,实践是大数据的最终价值体现。分别从互联网的大数据、政府的大数据、企业的大数据和个人的大数据四个方面来描绘大数据已经展现的美好景象及即将实现的蓝图。

1. 大数据的特征定义

最早提出大数据时代到来的是麦肯锡:"数据,已经渗透到当今每一个行业和业务职能领域,成为重要的生产因素。社会对于海量数据的挖掘和运用,预示着新一波生产率增长和消费

---

① 数据观. 大数据概念:史上最全大数据解析[EB/OL]. (2015-04-02). http://www.cbdio.com/BigData/2015-04-02/content_2766137_all.htm.

者盈余浪潮的到来。"业界(IBM 最早定义)将大数据的特征归纳为 4 个"V"(数量 Volume,多样 Variety,价值 Value,速度 Velocity):

第一,数据体量巨大。大数据的起始计量单位至少是 PB(1 024 个 TB)、EB(100 万个 TB)或 ZB(10 亿个 TB)。百度资料表明,其新首页导航每天需要提供的数据超过 1.5 PB,这些数据如果打印出来将超过 5 千亿张 A4 纸。有资料证实,到目前为止,人类生产的所有印刷材料的数据量仅为 200 PB。

第二,数据类型繁多。数据来自多种数据源,比如网络日志、视频、图片、地理位置信息等。数据种类和格式日渐丰富,已冲破了以前所限定的结构化数据范畴,囊括了半结构化和非结构化数据。现在的数据类型不仅是文本形式,更多的是图片、视频、音频、地理位置信息等多类型的数据,个性化数据占绝大多数。

第三,价值密度低,商业价值高。伴随着各种随身设备、物联网和云计算、云存储等技术的发展,人和物的所有轨迹都可以被记录,数据因此被大量生产出来。微博、照片、录像、自动化传感器、生产监测、环境监测、刷卡机等大量自动或人工产生的数据,形成了大数据之海。以视频为例,一小时的视频,在不间断的监控过程中,可能有用的数据仅仅只有一两秒。

第四,处理速度快。在数据量非常庞大的情况下,也能够做到数据的实时处理。数据处理遵循"1 秒定律",可从各种类型的数据中快速获得高价值的信息。

其实这些"V"并不能真正说清楚大数据的所有特征,而图 1-2 对大数据的一些相关特性做出了有效的说明。

图 1-2　大数据的特征

2. 大数据的价值分析

从大数据的价值链条而言,存在三种类型的企业。第一类是拥有大数据却没有利用好的企业,例如金融机构、电信行业、政府机构等;第二种类型是不拥有大数据却知道如何帮助有数据的企业利用大数据的企业,例如 IT 咨询和服务企业(埃森哲、IBM、Oracle 等);第三类是既拥有数据又有大数据思维的企业,例如 Google、Amazon、Mastercard 等。

从大数据的应用价值而言,大数据帮助政府实现市场经济调控、公共卫生安全防范、灾难预警、社会舆论监督;帮助城市预防犯罪,实现智慧交通,提升紧急应急能力;帮助医疗机构建立患者的疾病风险跟踪机制,帮助医药企业提升药品的临床使用效果,帮助艾滋病研究机构为患者提供定制的药物;帮助航空公司节省运营成本,帮助电信企业实现售后服务质量提升,帮助保险企业识别欺诈骗保行为,帮助快递公司监测分析运输车辆的故障险情以提前预警维修,帮助电力公司有效识别预警即将发生故障的设备;帮助电商公司向用户推荐商品和服务,帮助旅游网站为旅游者提供心仪的旅游路线,帮助二手市场的买卖双方找到最合适的交易目标,帮助用户找到最合适的商品购买时期、商家和最优惠价格；帮助企业提升营销的针对性，降低物流和库存的成本，减少投资的风险，以及帮助企业提升广告投放精准度；帮助娱乐行业预测歌手、歌曲、电影和电视剧的受欢迎程度，并为投资者分析评估拍一部电影需要投入多少钱才最合适，否则就有可能收不回成本；帮助社交网站提供更准确的好友推荐，为用户提供更精准的企业招聘信息，向用户推荐可能喜欢的游戏以及适合购买的商品。

从大数据的未来价值而言，未来大数据的价值应该无处不在，就算无法准确预测大数据终会将人类社会带到哪种最终形态，但只要发展脚步在继续，因大数据而产生的变革浪潮将很快淹没地球的每一个角落。比如，Amazon 的最终期望是："最成功的书籍推荐应该只有一本书，就是用户要买的下一本书。"Google 也希望当用户在搜索时，最好的体验是搜索结果只包含用户所需要的内容，而这并不需要用户给予 Google 太多的提示。

1.2　大数据分析的概念与原理

1.2.1　大数据分析的概念界定

1. 何谓大数据分析

大数据分析是指用适当的统计分析方法对收集来的大量数据进行分析，提取有用的信息以及对数据加以详细研究和概括总结的过程。在实用中，大数据分析可帮助人们做出判断，以便采取适当行动。从字面上拆开，"大数据"与"分析"两个词即为大数据分析基本概念的两个方面：一方面包括采集、加工和整理数据，另一方面也包括分析数据，从中提取有价值的信息并形成对业务有帮助的结论。形象地说，分析是骨架，数据是血肉。对于一份没有分析的数据，没有人的加工、整理、分析，没有和具体行为产生关联，也就毫无价值。对于一份没有数据的分析，很难做到言之有理、言之有信、言之有据。

2. 大数据分析与传统数据分析的比较

数据分析早已有之，在统计学领域，有些人将数据分析划分为描述性统计分析、探索性数据分析以及验证性数据分析；其中，探索性数据分析侧重于在数据之中发现新的特征，而验证性数据分析则侧重于已有假设的证实或证伪。大数据分析，和数据分析相比，既有相同想通之处，也有改革提升之所。为了更好地理解大数据分析内涵，本书从三个方面对数据分析和大数据分析进行对比[①]。

第一，在分析方法上，两者并没有本质不同。"传统数据分析"的核心工作是人对数据指标的分析、思考和解读，人脑所能承载的数据量是极其有限的。所以，无论是"传统数据分析"，还是"大数据分析"，均需要将原始数据按照分析思路进行统计处理，得到概要性的统计结果供人分析。两者在这个过程中是类似的，区别只是原始数据量大小所导致处理方式的不同，比如用 Excel 和数据库，还是用编程和分布式系统等。21 世纪初，咨询公司为企业客户做数据分析项目，基本不写程序，主要用 Excel 处理，最多从数据库中获取原始数据时写几句 SQL 语句。近两年，由于各行各业的数据量均迅猛增长，这些咨询公司也开始学习编程处理数据。面对大数据的场景，处理数据的过程往往是确定分析思路，通过脚本编程（有时候用到分布式平台）处理庞大的原始数据（通常以日志方式存储），得到少量的核心维度和指标的数据后，用 Excel 等软

---

① 　毕然. 大数据分析的道与术[M]. 北京：电子工业出版，2016：13-14.

件处理分析这些指标结果,得出分析结论。由于"传统数据分析"和"大数据分析"的区别体现在数据处理方法上,因此,两者在分析方法上是一致的。

第二,在对统计学知识的使用重心上,两者存在较大的不同。"传统数据分析"使用的统计知识主要围绕"能否通过少量的抽样数据来推测真实世界"这一主题展开,比如衡量一次抽样统计的置信性(能否从统计概率的角度相信)等。在大数据时代,由于互联网和长尾经济的兴起,涌现出大量的个性化匹配场景(如购物网站的推荐系统)。这些场景一方面可供划分的特征非常多(如用户的特征、商品的特征、场景的特征),另一方面又累积了大量的历史样本,使得"大数据分析"的主题转变成"如何设计统计方案,可得到兼具细致和置信的统计结论"。

第三,与机器学习模型的关系上,两者有着本质差别。"传统数据分析"在大部分情况下,只是将机器学习模型当黑盒工具来辅助分析数据(黑盒工具:软件领域的概念,只关心了解模块的输入和输出,但不清楚内部的实现原理)。而"大数据分析",更多时候是两者的紧密结合,大数据分析产出的不仅是一份分析报告,还包括业务系统中的建模潜力点,甚至产出模型的原型和效果评测,后续基于此来升级产品。在大数据分析的场景中,数据分析往往是数据建模的前奏,数据建模是数据分析的成果。

3. 大数据分析的影响因素

大数据分析是企业的一种能力;数据分析本身是一个过程;数据分析的本质是一种思想。影响大数据分析的因素有四个:技术和方法、数据的应用、商务模式、制度和规则(图1-3)。

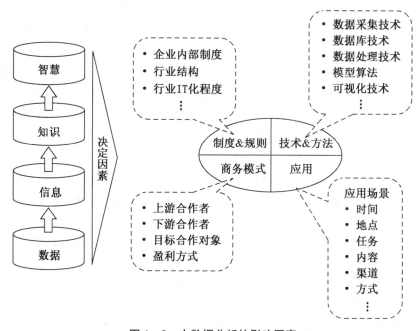

图1-3　大数据分析的影响因素

如图1-3所示,技术和方法,是指信息采集技术、数据库架构、数据处理技术、算法、可视化等,它们都会在很大程度上对大数据分析产生根本性的限制或改变,这就是为什么分布式存储、运算等技术成熟后,大数据这一概念被热捧的一个原因。数据的应用,更准确地说数据应用在一个企业、一个行业甚至全社会中被理解的程度有多深、使用范围有多广,决定了数据影响力能够达到的程度。当数据能力在市场中体现时才会发挥作用的因素,好的商务模式可以为行业内、跨行业的数据应用、数据产品提供好的商业环境,帮助其成长;而坏的商务模式也可能毁掉一个好的数据产品。制度和规则既有国家层面的(例如数据安全保障方面的法规),也有行规、企业内部制度等。这些制度和规则保障了数据能够被用在需要且正确的地方,而不是被滥用(某种程度上,制度和规则的缺失也是造成数据安全问题、行业数据标准混乱的主要原因)。

1.2.2 大数据分析的基本原理

1. 数据核心原理

数据核心原理,是指大数据时代,数据分析模式发生了转变,从"流程"核心转变为"数据"核心。因为大数据产生的海量非结构化数据及分析需求,已经改变了IT系统的升级方式:从简单增量到架构变化。Hadoop体系的分布式计算框架,正是以"数据"为核心的范式。

科学进步越来越多地由数据来推动,海量数据给大数据分析既带来了机遇,也构成了新的挑战。大数据往往是利用众多技术和方法,综合源自多个渠道、不同时间的信息而获得的。为了应对新的挑战,需要新的统计思路和计算方法——即用数据核心思维方式思考问题、解决问题。以数据为核心,反映了当下IT产业的变革,数据成为人工智能的基础,也成为智能化的基础,数据比流程更重要,数据库、记录数据库,都可开发出深层次信息。云计算可以从数据库、记录数据库中搜索出你是谁、你需要什么,从而推荐给你需要的信息。

2. 数据价值原理

数据价值原理,是指大数据分析不强调具体的功能,而是强调数据产生价值。从功能体现价值转变为数据体现价值,说明数据和大数据的价值在扩大,数据为"王"的时代出现了。数据被解释是信息,信息常识化是知识,所以说数据解释、大数据分析能产生价值。数据分析能发现每一个客户的消费倾向,他们想要什么、喜欢什么,每个人的需求有哪些区别,哪些又可以被集合到一起来进行分类。大数据是数据数量上的增加,以至于能够实现从量变到质变的过程。比如,一张照片,照片里的人在骑马,照片每一分钟、每一秒都要拍一张,但随着处理速度越来越快,从1分钟1张到1秒钟1张,突然到1秒钟10张后,就产生了电影。当数量的增长实现质变时,就从照片变成了一部电影。

数据价值原理说明:用数据价值思维方式思考问题、解决问题。美国有一家创新企业Decide.com,它可以帮助消费者进行购买决策,告诉消费者什么时候买什么产品、什么时候买最便宜,预测产品的价格趋势。其实这家公司背后的驱动力就是大数据分析。他们在全球各大网站上搜集数以十亿计的数据,然后帮助数以十万计的用户省钱,为他们的采购找到最好的时间,降低交易成本,为终端的消费者带去更多价值。在这类模式下,尽管一些零售商的利润会进一步受挤压,但从商业本质上来讲,可以把钱更多地放回到消费者的口袋里,让购物变得更理性,这是依靠大数据催生出的一项全新产业。这家为数以十万计的客户省钱的公司,已经被eBay以高价收购。美国人开发一款"个性化分析报告自动可视化程序"软件从网上挖掘数据信息,这款大数据挖掘软件将自动从各种数据中提取重要信息,然后进行分析,并把此信息与以前的数据关联起来,分析出有用的信息。

3. 预测原理

预测原理,是指大数据分析使得很多事情从不能预测转变为可以预测。大数据分析,不是要教机器像人一样思考,而是把数学算法运用到海量的数据上来预测事情发生的可能性。例如微软大数据团队在2014年巴西世界足球赛前设计了世界杯模型,该预测模型正确预测了赛事最后几轮每场比赛的结果,包括预测德国队将最终获胜。预测成功归功于微软在世界杯进行过程中获取的大量数据,到淘汰赛阶段,数据如滚雪球般增多,掌握了有关球员和球队的足够信息,以适当校准模型并调整对接下来比赛的预测。

世界杯预测模型的方法与设计其他事件的模型相同,诀窍就是在预测中去除主观性,让数据说话。预测性数学模型几乎不算新事物,但它们正变得越来越准确。在这个时代,大数据分析能力终于开始赶上数据收集能力,分析师不仅有比以往更多的信息可用于构建模型,也拥有在很短时间内通过计算机将信息转化为相关数据的技术。

此外,随着系统接收到的数据越来越多,通过记录找到的最好的预测与模式,可以对系统进行改进。它通常被视为人工智能的一部分,或者更确切地说,被视为一种机器学习。真正的革命并不在于分析数据的机器,而在于数据本身和如何运用数据。

预测原理说明:用大数据预测思维方式来思考问题、解决问题。数据预测、数据记录预测、数据统计预测、数据模型预测,数据分析预测、数据模式预测、数据深层次信息预测等等,已转变为大数据预测、大数据记录预测、大数据统计预测、大数据模型预测,大数据分析预测、大数据模式预测、大数据深层次信息预测。互联网、移动互联网和云计算机保证了大数据实时预测的可能性,也为企业和用户提供了实时预测的信息、相关性预测的信息,让企业和用户抢占先机。

4. 信息找人原理

信息找人原理,是指通过大数据分析,从人找信息转变为信息找人。过去,是通过搜索引擎查询信息;现在,是通过推荐引擎,合适的信息以合适的方式直接传递给合适的人。大数据分析,还改变了信息优势。例如,过去患者只能相信医生,因为医生知道的多;但现在患者可以到百度、谷歌上查一下,知道自己得了什么病。这导致专家和普通人之间的信息优势逐渐弱化。谷歌有一个机器翻译的团队,起初翻译之后的文字根本看不懂,但现在60%的内容都能读得懂。谷歌机器翻译团队里有一个笑话:从团队每离开一个语言学家,翻译质量就会提高。越是专家越搞不明白,但打破常规让数据说话,得到真理的速度反而更快。

大数据分析的其中一个核心目标是要从体量巨大、结构繁多的数据中挖掘出隐蔽在背后的规律,从而使数据发挥最大化的价值。从人找信息到信息找人,是交互时代一个转变,也是智能时代的要求。信息找人原理,本质上是要求大数据分析要以人为本,由计算机代替人去挖掘信息、获取知识。从各种各样的数据(包括结构化、半结构化和非结构化数据)中快速获取有价值信息,提供所需要的信息。

1.3　大数据分析的思维与误区

大数据分析,与传统的数据分析相比,带来深刻的思维转变,不仅将改变每个人的日常生活和工作方式、改变商业组织和社会组织的运行方式,而且将从根本上奠定国家和社会治理的基础数据,彻底改变长期以来国家与社会诸多领域存在的"不可治理"状况,使得国家和社会治理更加透明、有效和智慧。随着大数据分析的深入,也不可避免产生很多误区和不足。

1.3.1　大数据分析的思维

大数据的快速发展,深刻改变了生活、工作和思维方式。大数据研究专家舍恩伯格指出,分析数据的思维方式会发生如下三个变化:第一,处理的数据从样本数据变成全部数据;第二,由于是全样本数据,因此不得不接受数据的混杂性,而放弃对精确性的追求;第三,通过对大数据的处理,放弃对因果关系的渴求,转而关注相关关系。事实上,由大数据时代带来的思维方式的深刻转变,远不止上述三个方面。大数据分析思维最关键的转变在于从自然思维转向智能思维,使得大数据像具有生命力一样,获得类似于"人脑"的智能,甚至智慧。图1-4为大数据分析的思维。

图1-4 大数据分析的思维

1. 样本思维转向总体思维

总体思维,就是用整体划一的目光来看待一切。早在古希腊时期,便开始有了寻找"基始"的传统。在近代科学家中,以牛顿为代表,则更为擅长分割整体,通过研究基本构件来把握整体行为,这便是西方的还原论传统。该理论认为,大凡事物都可以分割为小部分,小部分远比整体更具重要性。事实上,这是当时科学落后的产物,也是最早随机抽样的雏形。

但是,随机抽样只是数据收集与统计的一条捷径,是在某些数据不可全面收集和全面分析的情况下不得不做的选择,其本身存在着许多不可忽视的缺陷。它的成功建立在抽样的绝对随机的基础之上,但是能做到现实抽样的随机性是非常困难的。一旦随机抽样过程中出现一丝主观偏见,那么分析结果可能会相差很远。正如舍恩伯格总结道:"我们总是习惯把统计抽样看作文明得以建立的牢固基石,就如同几何学定理和万有引力定律一样。但是,统计抽样其实只是为了在技术受限的特定时期,解决当时存在的一些特定问题而产生的,其历史不足一百年。

综上,大数据分析的思维方式,应该从样本思维转向总体思维,从而能够更加全面、立体、系统地认识总体状况。在大数据时代进行抽样分析,就像是在汽车时代骑马一样。在某些特定的情况下,依然可以使用样本分析法,但这不再是数据分析的主要方式。随着数据收集、存储、分析技术的突破性发展,可以更加方便、快捷、动态地获得研究对象有关的所有数据。

2. 精确思维转向容错思维

小数据时代,由于收集数据和处理数据都不容易,因此在要求上都比较严格,每个数据必须精确,否则,分析得出的结论在推及总体上就会"南辕北辙"。因此,就必须十分注重精确思维。例如身份证号码对于每个人来说,其格式都是统一的,在人口普查中,要求严格按照标准化格式填写,但一旦产生非标准格式的数据,便将其当作无用数据被排除。

然而,在大数据时代,得益于大数据技术的突破,大量的非结构化、异构化的数据能够得到储存和分析,这一方面提升了从数据中获取知识和洞见的能力,另一方面也对传统的精确思维造成了挑战。舍恩伯格指出,"执迷于精确性是信息缺乏时代和模拟时代的产物。只有5%的数据是结构化且能适用于传统数据库的。如果不接受混乱，剩下 95% 的非结构化数据都无法利用，只有接受不精确性，才能打开一扇从未涉足的世界的窗户。"也就是说，在如今的大数据时代，要彻底打破以往追求数据精准性的陈旧观念和思维。虽然收集的数据没有那么精准，但是从整体把握，那些庞大而多样的信息却让选择变得更为划算、更有价值。

以 GPS 为例。众所周知，GPS 并不能做到完全定位，它通常会有几十米的误差，但只要给它加上地图数据，便可以保证你出行无误；GPS 容易受到外界的影响，由于天空卫星状态每天都在变化之中，因此在城市内使用时也许同一个地方，上午信号满格但到了晚上却无法定位，更糟糕的是，或许一连好几天定位状况都不好，那么这时候在惯性导航系统的帮助下，导航系统就可以正常工作了；由于运动传感器在室内的惯性导航会存在一定的累积误差，加上办公室里会有一定的磁传感器干扰，在这种情况下，只要将 Wi-Fi 的室内定位与地图相匹配，这样惯性导航系统就可以恢复工作了。

综上，大数据分析的思维方式，要从精确思维转向容错思维，当拥有海量即时数据时，绝对的精准不再是追求的主要目标，适当忽略微观层面上的精确度，容许一定程度的错误与混杂，反而可以在宏观层面拥有更好的知识和洞察力。

3. 因果思维转向相关思维

传统的数据分析往往执着于现象背后的因果关系，试图通过有限样本数据来剖析其中的内在机理。而且，有限的样本数据也的确无法反映事物之间普遍存在的相关关系。大数据时代，数据分析可以通过大数据技术挖掘事物之间隐蔽的相关关系，获得更多的认知与洞见，运用这些认知与洞见就可以捕捉现在和预测未来，而建立在相关关系分析基础上的预测正是大数据分析的核心议题。

通过关注线性的相关关系，以及复杂的非线性相关关系，可以看到很多以前不曾注意的联系，还可以掌握以前无法理解的复杂技术和社会动态，相关关系甚至可以超越因果关系，为了解这个世界提供更好视角。舍恩伯格指出，大数据的出现，促使放弃了对因果关系的渴求，转而关注相关关系。也就是说，只需知道"是什么"，而不用知道"为什么"。不必非得知道事物或现象背后的复杂、深层原因，而只须要通过大数据分析获知"是什么"就意义非凡，这会提供非常新颖且有价值的观点、信息和知识。

综上，大数据分析的思维方式，要从因果思维转向相关思维，努力颠覆千百年来人类形成的传统思维模式和固有偏见，才能更好地分享由大数据带来的深刻洞见。

4. 从自然思维到智能思维

不断提高机器的自动化、智能化水平始终是人类社会长期不懈努力的方向。计算机的出现极大地推动了自动控制、人工智能和机器学习等新技术的发展，"机器人"研发也取得了突飞猛进的成果并开始一定应用。应该说，自进入信息社会以来，人类社会的自动化、智能化水平已得到明显提升，但始终面临瓶颈而无法取得突破性进展，机器的思维方式仍属于线性、简单、物理的自然思维，智能水平仍不尽如人意。

但是，大数据时代的到来可以为提升机器智能带来契机，因为大数据将有效推进机器思维方式由自然思维转向智能思维，这才是大数据思维转变的关键所在、核心内容。众所周知，人脑之所以具有智能、智慧，就在于它能够对周遭的数据信息进行全面收集、逻辑判断和归纳总结，获得有关事物或现象的认识与见解。同样，在大数据时代，随着物联网、云计算、社会计算、可视技术等的突破发展，大数据系统也能够自动地搜索所有相关的数据信息，并进而类似"人脑"一样主动、立体、逻辑地分析数据、做出判断、提供洞见，那么，无疑也就具有了类似人类的智能思维能力和预测未来的能力。

正如舍恩伯格指出,"大数据开启了一个重大的时代转型。就像望远镜让我们感受宇宙、显微镜让我们能够观测到微生物一样,大数据正在改变我们的生活以及理解世界的方式,成为新发明和新服务的源泉,而更多的改变正蓄势待发。"

综上,大数据分析的思维方式,最关键的转变在于从自然思维转向智能思维,不断提升机器或系统的社会计算能力和智能化水平,从而获得具有洞察力和新价值的东西,使得大数据像具有生命力一样,获得类似于"人脑"的智能,甚至智慧。

1.3.2 大数据分析的误区

1. 大数据分析的认知误区

(1) 误区一:大数据分析,只需要大数据

谷歌的宗旨是"组织全球信息,使人人皆可访问它们并从中获益"。马克·扎克伯格(Mark Zuckerberg)最近表示,在全球化和知识经济日益受到重视的当今世界,Facebook致力于一个新的使命:"理解这个世界。"这些目标的确很大。企业渴望更好地理解社会,这不足为怪。毕竟,了解与客户行为及社会文化相关的信息,这对企业经营者来说是必不可少的。可是问题在于,如果它们声称计算机能够组织所有数据,或能够提供关于流感、健康或社会关系等各方面的完整理解,那么,它们从根本上小看了"数据"和"理解"的意义。

实际上,行为情境有助于理解数据并解决问题。如果对一个领域高度熟悉,有能力填补信息空白并想象行为原因,那么"数据"将是有用的。换句话说,如果能够想象并重建行为的发生情境,所观察到的行为才是有意义的。如果缺乏对行为情境的了解,就不可能推出任何因果关系,也不可能理解行为原因。不过,真实世界并不是一个实验室。要确保对陌生世界的情境有所了解,唯一的途径是实地观察并内化和解释正在发生的每一件事。

同时,背景知识也有助于理解数据并解决问题。如果说大数据擅长观察行为,那么它不擅长的就是理解每样事物的背景知识。跟周围的事物一样,这些不可见的背景知识只有在观察者主动去看的情况下才能被发现。不过,它们却对每个人的行为有着重要影响。它能够解释事物与人的联系,以及事物对人的意义。人类学及社会科学中有大量观察和解释人类行为的方法,这些方法有一个共同的特点:它们要求研究者深入混乱而真实的人类生活。

(2) 误区二:大机构才可能进行大数据分析

目前,大数据的发展可谓风起云涌,在各行各业中取得了迅猛的发展,许多组织、机构都被迫寻找新的创造性方法来控制如此庞大的数据,这样做的目的不仅仅局限于对数据的管理和控制,更重要的是通过分析和挖掘其中的价值来促进业务的发展。

长期以来,很多人会认为大数据、大数据时代仅仅是类似于政府机构、金融机构才可以拥有。事实上,情况并非如此。虽然小机构可能会没有大数据,但是它可以拥有大数据,并且从更高的视觉角度来看待大数据、开展大数据分析。对于一些小型团体、小型机构而言,他们虽然没有自己的大数据进行管理或者整合,但是他们也有体现自身价值的重要数据。这些数据可能包括:成员名单、会员费用、活动费用、社交媒体分享数量、项目成果、捐款数目等(图1-5)。

图 1-5 小机构的数据

对于这些小型机构而言,面临的挑战不是数据收集,而是数据分析。解决这种困难的最好办法就是,需要对目标人群的行为、态度高度关注,并对这些行为、态度的数据进行收集、分析和整理,并由此加强相关度,这样就可以加强、修正甚至创造出新的项目和服务,达成组织目标,使沟通变得更加高效。例如,球队在比赛时,每位运动员奔跑的距离并不能用肉眼观察来测得。但是通过对以前比赛的相关数据记录,并配合使用大数据的计算方式,就可以轻而易举地做到这一点,并且让每一位球员变得更加强大,让球队变得更加强大。实际上,NBA 已经通过大数据的应用带来了一场巨大的体育技术革命。NBA 联盟在比赛场馆安装了运动追踪系统,通过英特尔技术对这些数据进行分析,包括球员在赛场上不同区域的命中率、球员的能量区域效率。根据这些数据,教练可以在比赛前对球员的布局做很好的调整,从而提高命中率。现在越来越多的体育俱乐部开始应用该运动追踪系统,有效地选择球员,该系统已经成为球队夺冠体系的重要组成部分。

(3)误区三:大数据分析导致小数据的价值渐消

小数据其实就是个体数据,是每个个体的数字化信息,但是这并不意味着它是没有意义的数据。对于那些正要发展成为大企业的小企业来说,它可能会对业务的影响更大,因为目前超过90%的零售活动都是在线下的小企业中进行的。小数据虽然拥有有限的数据流,但是它依然具有样本价值,只是这个样本范围较大、数据小了些,如果小企业能够全面提高自己挖掘和分析数据的能力,那么通过小数据也同样能够获知某个群体的市场、购买、偏好和体验等。

美国达拉斯加冰库商约翰·杰佛逊·格林创立的 Southland Ice Company 公司率先提出了连锁便利店的概念,并由此打造出了"7-11"商店,目前该商店已经遍及全球 20 余个国家。20 世纪 70 年代,公司剥离了日本店铺,日本"7-11"便应用而生。成立之初,铃木作为日本"7-11"的首任 CEO 提出,把这种小型便利店的盈利能力焦点集中在库存更新速度上。于是,铃木把订货这项重要决策交给了"7-11"的 20 万员工。铃木认为,即便是这些销售员工都是兼职的,但是他们与消费者接触得更加密切、掌握的信息更加丰富,他们更能全面了解消费者,通过他们选出的商品则会更加畅销。他给每一个店铺每天都发放前一天、去年的同一天的销售报告,并且不定期发送天气预报等相关信息,以及其他店面的销售情况。基于"7-11"销售的都是新鲜食品,铃木每天送货三次,这样就在很大程度上及时满足了顾客的需求。铃木还要求售货员与供应商之间建立联系,方便随着顾客需求的变化来随时扩充商品类目。正是由于铃木的这些决策能够很好地使用小数据,才使得"7-11"在日本最赚钱零售商宝座上雄踞30 多年。

"7-11"的案例显示,通过每日销售情况可以做更好的运营决策,还能给店铺的未来运营带来创新决策。这充分表明,从大量小数据中挖掘大价值,进而推动小企业发展为大企业,这正是体现了小数据的大用途。

(4) 误区四:大数据分析适合所有企业

大数据分析的本意是好的,通过数据分析与处理做出的决策实际上要比根据经验得出来的总结更加靠谱。但是企业在应用大数据分析做出日常决策并收获颇丰时,有没有考虑:所有这些成绩是不是都是大数据分析的功劳呢? 在使用大数据分析时会不会有一些随之而来的风险存在呢? 事实上,这些都是需要进一步验证的。在使用大数据分析时,一定要事先弄明白要达到的目标,要有切实可行的规划,还要有足够好的、可以利用的高质量数据,切不可盲目跟风地使用大数据分析。

对于一些普通企业来说,或许并不需要大数据分析。因为普通企业可能没有那么大的数据量,因此其产生的价值量也不会很大。与其在这堆没有多大价值的沙子里花费巨大的时间和精力去挑金子,还不如果断放弃。而那些拥有大数据的企业则不同,沙子多了,从里边挑出金子的概率也大。因此,追逐大数据还得从企业自身情况考虑,看看是不是值得自己拥抱大数据分析。

(5) 误区五:有了大数据分析就可以确保万无一失

"大数据"已经是业界和学术界舌尖上的热词,大数据分析具有广阔的发展前景。因此,不管是云计算、社交网络,还是移动互联网,都与大数据和大数据分析扯上了关系。大数据分析,就像一个传奇人物一样受到青睐和敬仰,通常是涵盖了大规模、精准、细化等完美的字眼。有企业甚至认为有了大数据分析这个法宝,就能够保证企业无论是现在还是未来的发展都会畅通无阻、万无一失。

事实上,事情并不是想象的那样。大数据分析也会存在一定的问题,也会面临一定的风险,不能保证任何时候都是万无一失(图1-6)。

图1-6　大数据分析面临的风险

大数据分析面临五大风险:大数据的样本代表性、大数据的真实性、大数据的相关性误差、大数据的安全性和大数据的泡沫化。由此可见,有了大数据分析,并不能保证一切都能万无一失。只有将大数据真实化、实际化、严格管理化,企业才能将大数据分析应用自如,才能对企业的发展有所保障。

2. 大数据分析的逻辑误区

大数据分析，需要理解业务和创新思考相结合，然后形成许多分析思路。依据这些分析思路，进行数据统计可得到许多指标结果。但分析这些指标，不一定能得出正确的结论。如何对数据统计结果进行逻辑推理（"逻辑推理"是一个归纳和演绎的过程，即从特殊场景中抽象出一般规律，再从一般规律推广到更多的具体场景），得到正确的分析结论，至关重要。

大数据分析的思维错误，是指逻辑推理人人都会，但能做到正确合理并不容易，有可能存在"错误的相关性""不当的比较对象""观测维度有误""基于个案的偏信""主观意识浓重"等思维错误。

（1）错误的相关性

很多事物表现出相关性，之间却不存在因果关系。两个事物之间的关联关系并不能说明其中一个变化将引起另一个的变化。"关联却无因果"很可能是他们同受第三方因素的影响。例如，科学家从几万人胳膊长度和智力测试的统计数据中，发现人的智力水平和胳膊长度是正相关的：胳膊长的人，智力一般也较高！这份数据是真实的，正相关的结论也是正确的。只是它不能说明"胳膊长，就会智力高"这个因果推论！因为数据的统计范围从不足 1 岁的孩子到完全长成的成年人，在人成长的过程中，体形会逐渐变大（胳膊变长），智力也会逐步发展。实际上，胳膊长度和智力都是随着年龄变量进行变化的，从而表现出相关性，但并不代表它们之间有直接的因果关系。

在两个变量 X 与 Y 相关的背后，可能因果关系有三种：$X \rightarrow Y$，$Y \rightarrow X$ 以及 $Z \rightarrow X, Y$。所以，面对数据呈现出的相关性，不能轻易下因果性判断，比如，"社会地位高"和"健康程度好"相关，并不能说两者有因果关系，它们背后有个共同的原因：物质生活宽裕；"自尊心强"与"学习成绩优秀"相关，也不能确定之间有因果关系，从心理学上讲，两者可能会互为因果。

胳膊长度与智力高低是大家日常熟悉的事情，即使一时没想明白背后的原因，也会感觉到"胳膊长→智力高"的推理不对劲。但在工作项目中，很多场景不像生活实例那么熟悉，犯错的概率会大大增加。舍恩伯格教授在《大数据时代》书中的核心观点之一是：趾高气扬的因果关系光芒不再，卑微的相关关系将"翻身做主人"，知道"是什么"就够了，没有必要知道"为什么"。这句话从数据建模的角度是没错的，构建预测效果卓越的模型，只要拥有大量有效的相关性特征既可以做到，但这并不代表因果性就不再重要。理解所做的业务本质，指引出下一步业务的方向，能办到这点的只能是用因果性数据分析，而不是用相关性的数据建模。一个健康发展的业务，数据模型在其中可能起到重要的一环，但绝对不是全部。

（2）不当的比较对象

人对事物的认知并没有绝对概念，只有相对概念。换句话说，一个事情是好是坏要看参考的是什么标准。所以通过操纵比较对象，可以让人对一份相同的数据做出完全不同的判断。"比较理论"在心理学上已经被深入研究，日常生活中的例子比比皆是。如大多数企业在年初进行薪酬调整，当员工只知道自己涨薪幅度时，他首先会与自己往年情况比较，如果比往年的幅度高则欣喜，如果比往年的幅度低则沮丧，但这只是第一阶段。第二阶段他会与周围的同事比。如果发现大家的涨薪幅度都较低，即便他的幅度比往年的低，心情也会由坏变好。反之，即便他的涨薪幅度与往年相比已有提高，但如果发现周围同事的比例更高，心情会由好变坏。再比如以"成功"为例，人的一生是否成功，第一取决于他的优化目标，第二取决于对照组（这两个技术名词在后续章节均会遇到）。通俗的解释，一个人是否认为自己成功，一方面取决于他对成功的理解,另一方面取决于他选取的比较对象。一个以"奢华的物质生活"为人生目标,且以中国 Top100 富豪榜作为比较对象的人来说,是难以获取自我认可的成功的,也就难有幸福感。知足常乐就是放低判断时选取的比较对象,以获取幸福感的成语。

做任何论断时,均需要提供合理的比较对象,便于让他人准确地认知分析结论。对于项目效果评估,通常使用比较对象有四类。

第一类,自身历史:与历史同期比,例如去年或上个季度。如:由于今年营销工作的落实,产品销量同比增长 10%。

第二类,同行竞品:与同行竞品比。如:与市场领先者 X 和主要竞争者 Y 比,自己的产品体验评测更优,60% 受访者反馈最喜欢本公司的产品,第三方统计的市场占有率也从 40% 提升到 50%。

第三类,合理预期:与之前对产品和市场发展的预期比。如:由于产品功能 A 的研发上线,本公司收入比预期增加了 10%。

第四类,同质对照组:对产品覆盖人群进行拆分,用实验组和同质对照组的方式,进行A/B Test 评估。如:随机选择了 1 000 个实验组用户和 1 000 个对照组用户,实验组用户使用新模型的产品后,比对照组的使用满意率高 10%。这种方法会在数据分析之术的章节详述。

（3）观测维度有误

隐藏一部分数据、只展示部分维度时,可能会诱导得出完全不同的结论。这种忽略某个数据维度、导致统计结论完全相反的现象,称为"辛普森悖论"。在某些场景下,更细节的相关信息是不能忽略的,隐藏了部分事实就相当于说谎。很多数据分析工作均需要全面细致的数据信息才能做出正确的判断。

例如,一个企业有 10 个产品线、产品覆盖 30 个省市自治区、面向 20 个消费群体、有 50 个渠道合作伙伴。即使是去年企业的总收入下滑,通过挑选不同的维度,也可以得到"貌似正向"的统计结论。如在产品线、覆盖省市自治区、面向群体、合作伙伴这几个拆分维度中精心挑选,可能会选择出一个分布不均匀维度(如:产品线),得到"去年 70% 的产品线实现收入增长"的正向结论。但 70% 的产品线可能只占总收入的 40%,而剩余 30% 下降的产品线收入占总收入的 60%,导致企业总收入依然是下降的。

如果一个问题需要几个维度统计指标共同说明,那么请小心,不要只根据部分的数据维度得出错误的结论。

（4）基于个案的偏信

人是一种感性的动物,往往会对身边发生的、亲眼看到的个案给予更多的重视,而忽略了整体数据。例如,一位勤奋上进的学生,发现混日子的同学撞大运发横财或嫁入豪门后每日炫富,转而对世界和人生无比失望,感叹努力无用。他却没有看到,生活中靠自己努力获得财富和幸福的人也比比皆是。一个产品新功能推出后,运营不同客户的同事,有的信誓旦旦地说新功能好,有的则抱怨新功能的种种不好,因为他们只是从各自客户那得到反馈,谁也没有看到整体数据。这些例子均是生活和工作中常见的场景,以自己的所见所闻为判断依据是人类的天性,但这些所见所闻只是真实世界的一个抽样,人类需要有足够的理性跳出自己的圈子,以更加宏观、总体的统计数据来认知世界。

用统计的方法理解世界,不过于看重个例,这个貌似简单的道理隐藏着深刻的内涵。它说明要看重过程,而不是看重单次的结果,因为再好的过程也可能会偶尔失利,但从长远来看,好的过程总体上必然导致好的结果。中国有句老话,做事情要"尽人事,听天命"即是这个道理。

（5）主观意识浓重

数据分析团队大都承担监控产品流量或收入波动的例行任务，如果重要指标出现较大幅度的波动，需要追查原因、给出合理解释。但大多数定位的原因都是一些业务运营所产生的例外现象，虽然使大家对业务的理解更加深刻，但并不能产生可提升业绩的改进思路。另外，数据本身存在自然波动，通常呈现出正态分布。这意味着自然出现的大幅波动会小概率发生，在这种情况下很难给出合理解释。

一个结果可能有多个原因可以解释，如果大数据分析中没有细节数据辅助，只是简单引导去相信其中的一个，那么主观成分将过重。例如，基于冬日晚间的流量波动推测网民行为，也需要有更多的调研数据支持，比如网民平均睡觉时间、出门和在家的比例等等。

1.4　大数据分析的作用及影响

1.4.1　大数据分析对企业的作用和影响

目前正处于数据大爆发的时代，如何获取这些数据并对这些数据进行有效分析显得尤为重要。各种企业机构之间的竞争非常残酷。如何基于以往的运行数据，对未来的运行模式进行预测，从而提前进行准备或者加以利用、调整，对很多企业其实是一种生死存亡的问题。大数据分析，对于企业而言有五个明显的作用和影响。

1. 积极主动预测需求

企业机构面临着越来越大的竞争压力，它们不仅需要获取客户，还要了解客户的需求，以便提升客户体验，并发展长久的关系。客户通过分享数据，降低数据使用的隐私级别，期望企业能够了解他们，形成相应的互动，并在所有的接触点提供无缝体验。

为此，企业需要识别客户的多个标志符（例如手机、电子邮件和地址），并将其整合为一个单独的客户ID。由于客户越来越多地使用多个渠道与企业互动，为此需要整合传统数据源和数字数据源来理解客户的行为。此外，企业也需要提供情境相关的实时体验，这也是客户的期望。

2. 缓冲风险、减少欺诈

安全和欺诈分析旨在保护所有物理、财务和知识资产免受内部和外部威胁的滥用。高效的数据和分析能力将确保最佳的欺诈预防水平，提升整个企业机构的安全；需要建立有效的威慑机制，以便企业快速检测并预测欺诈活动，同时识别和跟踪肇事者。

将统计、网络、路径和大数据方法论用于带来警报的预测性欺诈倾向模型，将确保在被实时威胁检测流程触发后能够及时做出响应，并自动发出警报和做出相应的处理。数据管理以及高效和透明的欺诈事件报告机制将有助于改进欺诈风险管理流程。

此外，对整个企业的数据进行集成和关联可以提供统一的跨不同业务线、产品和交易的欺诈视图。多类型分析和数据基础可以提供更准确的欺诈趋势分析和预测，并预测未来的潜在操作方式，确定欺诈审计和调查中的漏洞。

3. 提供相关产品

产品是任何企业机构生存的基石，也通常是企业投入最大的领域。产品管理团队的作用是辨识推动创新、新功能和服务战略路线图的发展趋势。

通过对个人公布的想法和观点的第三方数据源进行有效整理，再进行相应分析，可以帮助企业在需求发生变化或开发新技术时保持竞争力，并能够加快对市场需求的预测，在需求产生之前提供相应产品。

4. 实现个性化服务

大数据带来了基于客户个性进行互动的机会。这是通过理解客户的态度,并考虑实时位置等因素,从而在多渠道的服务环境中带来个性化关注实现的。

5. 优化、改善客户体验

运营管理不善可能会导致无数重大的问题,这包括面临损害客户体验,最终降低品牌忠诚度的重大风险。通过在流程设计和控制,以及在商品或服务生产中的业务运营优化中应用分析技术,可以提升满足客户期望的有效性和效率,并实现卓越的运营。

通过部署先进的分析技术,可以提高现场运营活动的生产力和效率,并能够根据业务和客户需求优化组织人力安排。数据和分析的最佳化使用可以带来端对端的视图,并能够对关键运营指标进行衡量,从而确保持续不断的改进。

例如,对于许多企业来说,库存是当前资产类别中最大的一个项目——库存过多或不足都会直接影响公司的直接成本和盈利能力。通过数据和分析,能够以最低的成本确保不间断的生产、销售和客户服务水平,从而改善库存管理水平。数据和分析能够提供目前和计划中的库存情况的信息,以及有关库存高度、组成和位置的信息,并能够帮助确定存库战略,从而做出相应决策。客户期待获得相关的无缝体验,并让企业得知他们的活动①。

1.4.2 大数据分析对社会的作用和影响

大数据分析对社会各行各业产生深刻的影响,如图 1－7 所示。

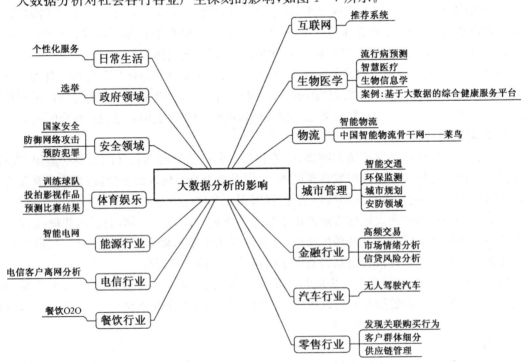

图 1－7　大数据分析对社会各行各业的影响

---

① TechTarget 大数据. 数据和分析带来五大积极业务成果［EB/OL］. (2017 － 05 － 12). http://www.thebigdata. cn/YingYongAnLi/12166. html.

1. 推动社会变革

对大数据的处理分析,正成为新一代信息技术融合应用的结点移动互联网、物联网、社交网络、数字家庭、电子商务等是新一代信息技术的应用形态,这些应用不断产生大数据。云计算为这些海量、多样化的大数据提供存储和运算平台。通过对不同来源数据的管理、处理、分析与优化,将结果反馈到上述应用中,将创造出巨大的经济和社会价值。正如卡内基·梅隆大学海因兹学院院长 Krishnan 所言,大数据具有催生社会变革的能量。但释放这种能量,需要严谨的数据治理、富有洞见的数据分析和激发管理创新的环境。

2. 推动软硬件行业发展

大数据分析是信息产业持续高速增长的新引擎,相关的新技术、新产品、新服务、新业态会不断涌现。在硬件与集成设备领域,将对芯片、存储产业产生重要影响,还将催生一体化数据存储处理服务器、内存计算等市场。在软件与服务领域,将引发数据快速处理分析、数据挖掘技术和软件产品的发展。

3. 实现各行各业数据驱动

大数据分析将成为提高核心竞争力的关键因素,各行各业的决策正在从"业务驱动"转变"数据驱动"。对大数据的分析可以使零售商实时掌握市场动态并迅速做出应对;可以为商家制定更加精准有效的营销策略以提供决策支持;可以帮助企业为消费者提供更加及时和个性化的服务;在医疗领域,可提高诊断准确性和药物有效性;在公共事业领域,也可以发挥促进经济发展、维护社会稳定等方面的重要作用。

4. 促使现代科学研究方法创新

大数据分析促使科学研究的方法手段将发生重大改变。例如,抽样调查是社会科学的基本研究方法。在大数据时代,可通过实时监测、跟踪研究对象在互联网上产生的海量行为数据,进行挖掘分析,揭示出规律性的东西,提出研究结论和对策。

1.5 大数据分析的过程与对象

1.5.1 大数据分析的过程

从拿到数据到将数据中的知识提炼成人类的智慧,这是一个很长的过程,有可能一年甚至几年。换而言之,大数据分析本身就是一个过程。

首先,想要分析数据,就必须先获取数据。获取数据这个过程如果是线上还相对容易,如果是线下就非常复杂,这也是为什么现在实体行业推进"互联网+"如此缓慢的一个原因。

其次,得到数据之后,如何整理才能让数据变成信息,这也是个"技术活"。这里涉及数据的清洗、整理、关联等问题,最麻烦的还不是做这些工作,而是随着对数据认识的加深,这些工作总是不定时地就要返工重复修改和修订。

再次,数据整理得到的信息是海量的,需要经过加工、提取、抽象等操作,提炼成为各项知识被人脑理解、吸收,这个过程涉及各种分析方法的使用,而且这也是个随着对业务认识的加深而逐渐复杂的过程。金融领域的风控模型、宏观经济领域的福利模型等,都是发展多年并逐步演进的例子。

最后,在各个业务领域通过数据得到知识,在很多情况下可以重复应用在不同的领域,并与其他领域的知识相融合,形成新的生产生活方式。每个领域的知识内容如何相互融合,也是一个需要长期实践和探索的过程。"产品"这一概念从诞生到现在的发展过程,就是一个很好的例子。

　　举例而言,采集到的原始数据就像是一个一个的沙砾,在没有任何整合的情况下都是"一堆一堆的";数据处理的过程就是把沙堆中的杂质去掉,把每种颜色的沙砾区分开,再通过不同的工艺使其成为不同的砖块;每个砖块在建造数据大厦的过程中都有不同的用处,按照图纸(就是数据分析体系)将不同的砖块用在适当的建筑位置上;数据大厦构建完成后,每个房间里面要完成的工作都各不相同,到底如何运用,就要看大厦使用者的安排了。

1.5.2　大数据分析的对象

1. 互联网的大数据

　　互联网上的数据每年增长 50%,每两年便将翻一番,而目前世界上 90% 以上的数据是最近几年才产生的。据 IDC 预测,到 2020 年全球将总共拥有 35 ZB 的数据量。互联网是大数据发展的前哨阵地,随着 WEB2.0 时代的发展,公众似乎都习惯了将自己的生活通过网络进行数据化,方便分享以及记录并回忆。互联网上的大数据很难清晰地界定分类界限,以 BAT 大数据为例:

　　百度拥有两种类型的大数据:用户搜索表征的需求数据;爬虫和阿拉丁获取的公共 WEB 数据。搜索巨头百度围绕数据而生。它对网页数据的爬取、网页内容的组织和解析,通过语义分析对搜索需求的精准理解进而从海量数据中找准结果,以及精准的搜索引擎关键字广告,实质上就是一个数据的获取、组织、分析和挖掘的过程。搜索引擎在大数据时代面临的挑战有:更多的暗网数据;更多的 WEB 化但是没有结构化的数据;更多的 WEB 化、结构化但是封闭的数据。

　　阿里巴巴拥有交易数据和信用数据。这两种数据更容易变现,挖掘出商业价值。除此之外,阿里巴巴还通过投资等方式掌握了部分社交数据(微博)、移动数据(高德)。

　　腾讯拥有用户关系数据和基于此产生的社交数据。这些数据可以分析用户生活和行为,从里面挖掘出政治、社会、文化、商业、健康等领域的信息,甚至预测未来。

　　在信息技术更为发达的美国,除了行业知名的类似 Google 和 Facebook 外,已经涌现了很多大数据类型的公司,它们专门经营数据产品,比如:

　　◆ **Metamarkets**　这家公司对 Twitter、支付、签到和一些与互联网相关的问题进行了分析,为客户提供了很好的数据分析支持。

　　◆ **Tableau**　精力主要集中于将海量数据以可视化的方式展现出来。Tableau 为数字媒体提供了一个新的展示数据的方式。他们提供了一个免费工具,任何人在没有编程知识背景的情况下都能制造出数据专用图表。这个软件还能对数据进行分析,并提供有价值的建议。

　　◆ **ParAccel**　犯罪的预言者,向美国执法机构提供了数据分析,比如对 15 000 个有犯罪前科的人进行跟踪,从而向执法机构提供了参考性较高的犯罪预测。

　　◆ **QlikTech**　QlikTech 旗下的 Qlikview 是一个商业智能领域的自主服务工具,能够应用于科学研究和艺术等领域。为了帮助开发者对这些数据进行分析,QlikTech 提供了对原始数据进行可视化处理等功能的工具。

　　◆ **GoodData**　这家创业公司主要面向商业用户和 IT 企业高管,提供数据存储、性能报告、数据分析等工具。GoodData 希望帮助客户从数据中挖掘财富。

　　◆ **TellApart**　TellApart 和电商公司进行合作,根据用户的浏览行为等数据进行分析,通过锁定潜在买家方式提高电商企业的收入。

◆ **DataSift** DataSift 主要收集并分析社交网络媒体上的数据,并帮助品牌公司掌握突发新闻的舆论点,并制定有针对性的营销方案。这家公司还和 Twitter 有合作协议,使得自己变成了行业中为数不多可以分析早期 Twitter 的创业公司。

综上所述,在互联网大数据的典型代表性包括(图 1 - 8):(1) 用户行为数据(精准广告投放、内容推荐、行为习惯和喜好分析、产品优化等);(2) 用户消费数据(精准营销、信用记录分析、活动促销、理财等);(3) 用户地理位置数据(O2O 推广、商家推荐、交友推荐等);(4) 互联网金融数据(P2P、小额贷款、支付、信用、供应链金融等);(5) 用户社交等 UGC 数据(趋势分析、流行元素分析、受欢迎程度分析、舆论监控分析、社会问题分析等)。

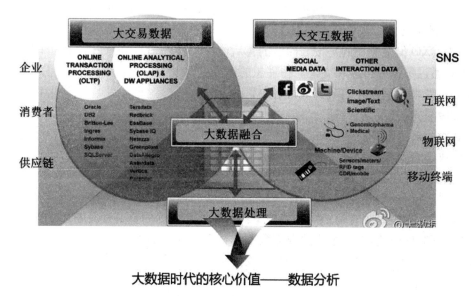

图 1 - 8 互联网大数据

2. 政府的大数据

奥巴马政府将数据定义为"未来的新石油",并表示一个国家拥有数据的规模、活性及解释运用的能力将成为综合国力的重要组成部分。未来,对数据的占有和控制甚至将成为陆权、海权、空权之外的另一种国家核心资产。

在国内,政府各个部门都握有构成社会基础的原始数据,比如,气象数据、金融数据、信用数据、电力数据、煤气数据、自来水数据、道路交通数据、客运数据、安全刑事案件数据、住房数据、海关数据、出入境数据、旅游数据、医疗数据、教育数据、环保数据等等。这些数据在每个政府部门里面看起来是单一的、静态的,但是,如果政府可以将这些数据关联起来,并对这些数据进行有效的关联分析和统一管理,这些数据必定将获得新生,其价值是无法估量的。

具体来说,现代城市都在走向智能和智慧,比如,智能电网、智慧交通、智慧医疗、智慧环保、智慧城市,这些都依托于大数据,可以说大数据是智慧的核心能源。从国内整体投资规模来看,到 2012 年底全国开建智慧城市的城市数超过 180 个,通信网络和数据平台等基础设施建设投资规模接近 5 000 亿元。"十二五"期间,智慧城市建设拉动的设备投资规模达 1 万亿元人民币。大数据为智慧城市的各个领域提供了决策支持。在城市规划方面,通过对城市地理、气象等自然信息和经济、社会、文化、人口等人文社会信息的挖掘,可以为城市规划提供决策,强化城市管理服务的科学性和前瞻性。在交通管理方面,通过对道路交通信息的实时挖掘,能有效缓解交通拥堵,并快速响应突发状况,为城市交通的良性运转提供科学的决策依据。在舆情监控方面,通过网络关键词搜索及语义智能分析,能提高舆情分析的及时性、全面性,全面掌握社情民意,提高公共服务能力,应对网络突发的公共事件,打击违法犯罪。在安防与防灾领域,通过大数据的挖掘,可以及时发现人为或自然灾害、恐怖事件,提高应急处理能力和安全防范能力。

另外,作为国家的管理者,政府应该将手中的数据逐步开放,供给更多有能力的机构组织或个人来分析并加以利用,以加速造福人类。比如,美国政府就筹建了一个 data.gov 网站,这是奥巴马任期内的一个重要举措:要求政府公开透明,而核心就是实现政府机构的数据公开。截至目前,已经开放了 91 054 个数据库、137 个移动 APP、175 家机构组织。

3. 企业的大数据

企业的 CXO 们最关注的是报表曲线的背后能有怎样的信息,应该做怎样的决策,其实这一切都需要通过数据来传递和支撑。在理想的世界中,大数据分析是巨大的杠杆,可以改变公司的影响力,带来竞争差异、节省金钱、增加利润、愉悦买家、奖赏忠诚用户、将潜在客户转化为客户、增加吸引力、打败竞争对手、开拓用户群并创造市场。例如,大数据分析,可以帮助企业开展精准营销,对大量消费者提供产品或服务;可以实现服务转型,成为小而美模式的中长尾企业;可以决定企业的生死存亡,推动传统企业转型。正如微软史密斯说的:"给我提供一些数据,我就能做一些改变。如果给我提供所有数据,我就能拯救世界。"

随着数据逐渐成为企业的一种资产,数据产业会向传统企业的供应链模式发展,最终形成"数据供应链"。这里尤其有两个明显的现象:第一,外部数据的重要性日益超过内部数据。在互联互通的互联网时代,单一企业的内部数据与整个互联网数据比较起来只是沧海一粟。第二,能提供包括数据供应、数据整合与加工、数据应用等多环节服务的公司会有明显的综合竞争优势。

从 IT 产业的发展来看,第一代 IT 巨头大多是 ToB 的,比如 IBM、Microsoft、Oracle、SAP、HP 这类传统 IT 企业;第二代 IT 巨头大多是 ToC 的,比如 Yahoo、Google、Amazon、Facebook 这类互联网企业。在大数据到来前,这两类公司彼此之间基本井水不犯河水;但在当前这个大数据时代,这两类公司已经开始直接竞争。比如 Amazon 已经开始提供云模式的数据仓库服务,直接抢占 IBM、Oracle 的市场。这个现象出现的本质原因是:在互联网巨头的带动下,传统 IT 巨头的客户普遍开始从事电子商务业务,正是由于客户进入了互联网,所以传统 IT 巨头们不情愿地被拖入了互联网领域。如果他们不进入互联网,那么他们的业务必将萎缩。在进入互联网后,他们又必须将云技术、大数据等互联网最具有优势的技术通过封装打造成自己的产品再提供给企业。

以 IBM 举例,上一个十年,他们抛弃了 PC,成功转向了软件和服务,而这次将远离服务与咨询,更多地专注于因大数据分析软件而带来的全新业务增长点。IBM 执行总裁罗睿兰认为,"数据将成为一切行业当中决定胜负的根本因素,最终数据将成为人类至关重要的自然资源。"IBM 积极地提出了"大数据平台"架构。该平台的四大核心能力包括 Hadoop 系统、流计算(Stream Computing)、数据仓库(Data Warehouse)和信息整合与治理(Information Integration and Governance)。

另外一家亟待通过云和大数据战略而复苏的巨头公司 HP 也推出了自己的产品:HAVEn,一个可以自由扩展伸缩的大数据解决方案。这个解决方案由 HP Autonomy、HP

Vertica、HP ArcSight 和惠普运营管理（HP Operations Management）四大技术组成，同时还支持 Hadoop 这样通用的技术。HAVEn 不是一个软件平台，而是一个生态环境。四大组成部分满足不同的应用场景需要，Autonomy 解决音视频识别的重要解决方案；Vertica 解决数据处理的速度和效率的方案；ArcSight 解决机器的记录信息处理，帮助企业获得更高安全级别的管理；运营管理解决的不仅仅是外部数据的处理，而是包括了 IT 基础设施产生的数据。

4. 个人大数据

个人的大数据概念很少有人提及，简单来说，就是与个人相关联的各种有价值数据信息被有效采集后，可由本人授权提供第三方进行处理和使用，并获得第三方提供的数据服务。

未来，每个用户可以在互联网上注册个人的数据中心，以存储个人的大数据信息。用户可确定哪些个人数据可被采集，并通过可穿戴设备或植入芯片等感知技术采集、捕获个人的大数据，比如，牙齿监控数据、心率数据、体温数据、视力数据、记忆能力、地理位置信息、社会关系数据、运动数据、饮食数据、购物数据等。用户可以将其中的牙齿监测数据授权给××牙科诊所使用，由他们监控和使用这些数据，进而为用户制订有效的牙齿防治和维护计划；也可以将个人的运动数据授权提供给某运动健身机构，由他们监测自己的身体运动机能，并有针对性地制订和调整个人的运动计划；还可以将个人的消费数据授权给金融理财机构，由他们帮助制订合理的理财计划并对收益进行预测。当然，其中有一部分个人数据是无须个人授权即可提供给国家相关部门进行实时监控的，比如罪案预防监控中心可以实时的监控本地区每个人的情绪和心理状态，以预防自杀和犯罪的发生。

以个人为中心的大数据有三大特性：首先，数据仅留存在个人中心，其他第三方机构只被授权使用（数据有一定的使用期限），且必须接受用后即焚的监管。其次，采集个人数据应该明确分类，除了国家立法明确要求接受监控的数据外，其他类型数据都由用户自己决定是否被采集。最后，数据的使用将只能由用户进行授权，数据中心可帮助监控个人数据的整个生命周期。

1.6　大数据分析的流程与基础模型

1.6.1　大数据分析的流程

数据分析是基于商业目的，有目的地进行收集、整理、加工和分析数据，提炼有价信息的一个过程。其过程概括起来主要包括：明确分析目的与思路、数据收集、数据处理、数据分析、数据展现和撰写报告 6 个阶段（图 1-9）。

1. 明确数据分析的目的和思路

一个分析项目，数据对象是谁？商业目的是什么？要解决什么业务问题？数据分析师对这些都要了然于心。

基于商业的理解，整理分析框架和分析思路。例如，减少新客户的流失、优化活动效果、提高客户响应率等。不同的项目对数据的要求，使用的分析手段也是不一样的。

2. 数据收集

数据收集是按照确定的数据分析和框架内容，有目的地收集、整合相关数据的一个过程，它是数据分析的一个基础。

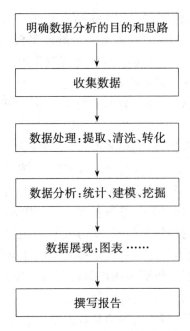

图1-9 大数据分析的流程

3. 数据处理

数据处理是指对收集到的数据进行加工、整理，以便开展数据分析，它是数据分析前必不可少的阶段。这个过程是数据分析整个过程中最占据时间的，也在一定程度上取决于数据仓库的搭建和数据质量的保证。数据处理主要包括数据清洗、数据转化等处理方法。

4. 数据分析

数据分析是指通过分析手段、方法和技巧对准备好的数据进行探索、分析，从中发现因果关系、内部联系和业务规律，并提供决策参考。

到了这个阶段，要能驾驭数据、开展数据分析，就要涉及工具和方法的使用。其一要熟悉常规数据分析方法，最基本的要了解例如方差、回归、因子、聚类、分类、时间序列等多元和数据分析方法的原理、使用范围、优缺点和结果的解释；其二是熟悉数据分析工具，Excel是最常见的，一般的数据分析可以通过Excel完成，而后要熟悉一个专业的分析软件。

5. 数据展现

一般情况下，数据分析的结果都是通过图、表的方式来呈现的，俗话说：字不如表，表不如图。借助数据展现手段，能更直观地让数据分析师表述想要呈现的信息、观点和建议。

常用的图表包括饼图、折线图、柱形图/条形图、散点图、雷达图、金字塔图、矩阵图、漏斗图、帕雷托图等。

6. 撰写报告

最后阶段就是撰写数据分析报告，这是对整个数据分析成果的一个呈现。通过分析报告，把数据分析的目的、过程、结果及方案完整呈现出来，为商业目的提供参考。

一份好的数据分析报告，首先需要有一个好的分析框架，并且图文并茂、层次明晰，能够让阅读者一目了然。结构清晰、主次分明可以使阅读者正确理解报告内容；图文并茂可以令数据更加生动活泼，提高视觉冲击力，有助于阅读者更形象、直观地看清楚问题和结论，从而产生思考。

　　另外,数据分析报告需要有明确的结论、建议和解决方案,不仅仅是找出问题,后者是更重要的,否则就不是好的分析,同时也失去了报告的意义。数据的初衷就是为解决一个商业目的才进行的分析,不能舍本求末。

1.6.2　大数据分析的基础模型

1. AARRR 模型

AARRR 模型,即 Acquisition(获取)、Activation(活跃)、Retention(留存)、Revenue(收益)、Refer(传播)(图 1-10)。

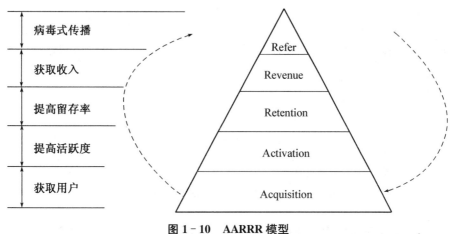

图 1-10　AARRR 模型

　　第一步,获取用户。

　　线上网站通过 SEO 和 SEM,APP 通过市场首发、ASO 等方式获取。也可以通过运营活动的 H5 页面、自媒体等方式获取。线下网站通过地推和传单进行获取用户。

　　第二步,提高活跃度。

　　获取用户后,通过运营价格优惠、编辑内容等方式进行提高活跃度。通过把内容做多、商品做多、价格做到优惠获得的用户,最有价值且活跃度较高。

　　第三步,提高留存率。

　　提高了活跃度的,有了忠实的用户,就开始慢慢沉淀下来。运营上,采用内容、相互留言等社区用户共建 UCG,摆脱初期的 PCG 模式。电商通过商品质量、O2O 通过优质服务提高留存。这些都是业务层面的提高留存。

　　产品模式上,通过会员的签到和奖励的机制去提高留存。APP 推送和短信激活方式都是激活用户、提高留存的产品方式。

　　通过日留存率、周留存率、月留存率等指标监控应用的用户流失情况,并采取相应的手段在用户流失之前,激励这些用户继续使用应用。

　　第四步,获取收入。

　　获取收入是应用运营最核心的一块。即使是免费应用,也应该有其盈利的模式。

　　收入来源主要有三种:付费应用、应用内付费以及广告。付费应用在国内的接受程度很低,包括 Google Play Store 在中国也只推免费应用。在国内,广告是大部分开发者的收入来源,而应用内付费目前在游戏行业应用比较多。

　　前面所提的提高活跃度、提高留存率,对获取收入来说,是必需的基础。用户基数大了,收人才有可能上升。

第五步,自传播。

以前的运营模型到第四个层次就结束了,但是自社交网络的兴起,使得运营增加了一个方面,就是基于社交网络的病毒式传播,这已经成为获取用户的一个新途径。这个方式的成本很低,而且效果有可能非常好;唯一的前提是产品自身要足够好,有很好的口碑。

从自传播到再次获取新用户,应用运营形成了一个螺旋式上升的轨道。而那些优秀的应用就很好地利用了这个轨道,不断扩大自己的用户群体。

2. 漏斗模型

漏斗模型广泛应用于流量监控、产品目标转化等日常数据运营工作中。之所以称为漏斗,就是因为用户(或者流量)集中从某个功能点进入(这是可以根据业务需求来自行设定的),可能会通过产品本身设定的流程完成操作。图1-11是某个网站的用户访问路径以及访问量,相对比较简单,但是非常不直观。通过图1-12的漏斗图,可以直观、深刻地反映用户网站的流失情况和关键点。

图 1 - 11 某网站用户的访问路径和访问量

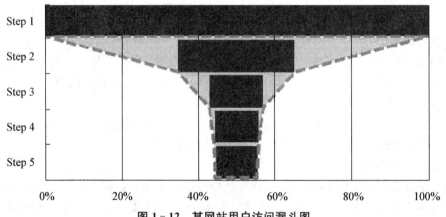

图 1 - 12 某网站用户访问漏斗图

按照流程操作的用户进行各个转化层级上的监控,寻找每个层级的可优化点;对没有按照流程操作的用户绘制他们的转化路径,找到可提升用户体验,缩短路径的空间。

运用漏斗模型比较典型的案例就是电商网站的转化,用户在选购商品时必然会按照预先设计好的购买流程进行下单,最终完成支付。

需要注意的是:单一的漏斗模型对于分析来说没有任何意义,不能单从一个漏斗模型中评价网站某个关键流程中各步骤的转化率的好坏,所以必须通过趋势、比较和细分的方法对流程中各步骤的转化率进行分析:

趋势(Trend) 从时间轴的变化情况进行分析,适用于对某一流程或其中某个步骤进行改进或优化的效果监控;

比较(Compare) 通过比较类似产品或服务间购买或使用流程的转化率,发现某些产品或应用中存在的问题；

　　细分(Segment)　细分来源或不同的客户类型在转化率上的表现,发现一些高质量的来源或客户,通常用于分析网站的广告或推广的效果及 ROI。

延伸阅读思考:大数据分析带来的改变

　　在美国纽约,非法在屋内打隔断的建筑物着火的可能性比其他建筑物高很多。纽约市每年接到 2.5 万宗有关房屋住得过于拥挤的投诉,但市里只有 200 名处理投诉的巡视员。市长办公室一个分析专家小组觉得大数据可以帮助解决这一需求与资源的落差。该小组建立了一个市内全部 90 万座建筑物的数据库,并在其中加入市里 19 个部门所收集到的数据:欠税扣押记录、水电使用异常、缴费拖欠、鼠患投诉诸如此类。接下来,将这一数据库与过去 5 年中按严重程度排列的建筑物着火记录进行比较。果然,建筑物类型和建造年份是与火灾相关的因素。不过,一个预料外的结果是,获得外砖墙施工许可的建筑物与较低的严重火灾发生率之间存在相关性。利用这些数据,该小组建立了一个可以帮助他们确定哪些住房拥挤投诉需要紧急处理的系统。他们所记录的建筑物的各种特征数据都不是导致火灾的原因,但这些数据与火灾隐患的增加或降低存在相关性。这种知识被证明是极具价值的:过去房屋巡视员出现场时签发房屋腾空令的比例只有 13%,在采用新办法之后,这个比例上升到 70%——大大提高了效率。

　　寻找原因是一种现代社会的神论,大数据推翻了这个论断。过去寻找原因的信念正在被"更好"的相关性所取代,即用相关性思维方式思考问题、解决问题。当世界由探求因果关系变成挖掘相关关系时,怎样才能既不损坏建立在因果推理基础之上的社会繁荣和人类进步的基石,又取得实际的进步呢? 这是值得思考的问题。

实验一:认知大数据分析的价值

　　一、实验目的

　　1. 了解大数据分析的核心思想。

　　2. 了解大数据分析的应用案例。

　　二、实验准备

　　1. 在明确本章学习目标的基础上,认真阅读课程相关内容,通过网络开展延伸阅读。

　　2. 准备一台能够访问因特网的计算机。

　　三、实验内容

　　1. 概念理解

　　结合本章内容和相关文献资料,简述美国现任总统特朗普和前任总统奥巴马的竞选中,是如何运用大数据和大数据分析的。

　　2. 案例拓展

　　仔细阅读本章的"延伸阅读思考",通过搜索网络列举类似案例,并简述其价值。

　　3. 思考辨析

　　认真学习并正确理解大数据分析的思维,列举出合适的案例,并详细分析在大数据分析中,应该如何改变传统思维。

第二章　大数据分析的体系架构

携程大数据应用架构的涅槃

互联网二次革命的移动互联网时代,如何吸引用户、留住用户并深入挖掘用户价值,在激烈的竞争中脱颖而出,是各大电商的重要课题。通过各类大数据对用户进行研究,以数据驱动产品是解决这个课题的主要手段,携程的大数据团队也由此应运而生;经过几年的努力,大数据的相关技术为业务带来了惊人的提升与帮助。以基础大数据的用户意图服务为例,通过将广告和栏位的"千人一面"变为"千人千面",在提升用户便捷性、可用性、降低费力度的同时,其转化率也得到了数倍的提升,体现了大数据服务的真正价值。

携程的高速发展,给大数据应用架构带来了巨大挑战。首先,业务需求的急速增长,访问请求的并发量激增。自 2016 年 1 月以来,业务部门的服务日均请求量激增了 5.5 倍。其次,业务逻辑日益复杂化,基础业务研发部需要支撑起 OTA 数十个业务线,业务逻辑日趋复杂和繁多。第三,业务数据源多样化、异构化,接入的业务线、合作公司的数据源越来越多;接入的数据结构由以前的数据库结构化数据整合转为 Hive 表、评论文本数据、日志数据、天气数据、网页数据等多元化异构数据整合。第四,业务的高速发展和迭代,部门一直追求以最少的开发人力、以架构和系统的技术优化,支撑起携程各业务线高速发展和迭代的需要。

在这种新形势下,传统应用架构不得不变,作为工程师也必然要自我涅槃,改为大数据及新的高并发架构,来应对业务需求激增及高速迭代的需要。计算分层分解、去 SQL、去数据库化、模块化拆解的相关技改工作已经刻不容缓。

以用户意图(AI 点金杖)的个性化服务为例,面对 BU 业务线全面支持的迫切需要,其应用架构必须解决四个技术难点:(1)高访问并发:每天近亿次的访问请求。(2)数据量大:每天 TB 级的增量数据,近百亿条的用户数据,上百万的产品数据。(3)业务逻辑复杂:复杂个性化算法和 LBS 算法;例如满足一个复杂用户请求需要大量计算和 30 次左右的 SQL 数据查询,服务延时越来越长。(4)高速迭代上线:面对 OTA 多业务线的个性化、Cross-saling、Up-saling、需满足提升转化率的迫切需求,迭代栏位或场景要快速,同时降低研发成本。

面对这些挑战,携程的应用系统架构应该如何涅槃?主要分为三大方面系统详解:

(1)存储的涅槃:这一点对于整个系统的吞吐量和并发量的提升起最关键的作用,需要结合数据存储模型和具体应用的场景。

(2)计算的涅槃:可以从横向和纵向考虑。横向主要是增加并发度,首先想到的是分布式。纵向拆分就是要求找到计算的结合点从而进行分层,针对不同的层次选择不同的计算地点;然后再将各层次计算完后的结果相结合,尽可能最大化系统整体的处理能力。

(3)业务层架构的涅槃:要求系统的、良好的模块化设计,清楚地定义模块的边界,模块自升级和可配置化。

大数据分析的总体架构,有助于从整体了解和理解大数据分析的各个环节和各个因素,以及彼此的关系与关联;大数据分析的技术体系,有助于掌握和把握大数据分析涉及的各级各类技术和软件,有助于熟悉它们适合的场景和自身的价值;大数据分析的产业架构,有助于熟悉大数据分析产业和企业的实际情况。

2.1　大数据分析的总体架构

大数据分析的总体架构可以分为七级:基础 IT 系统的搭建、数据集中与标准化处理、数据报表及可视化的实现、日常产品和运营分析、精细化运营管理的实现、数据产品的输出和变现、数据战略的形成(图 2-1)。

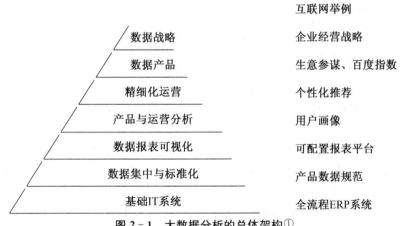

图 2-1　大数据分析的总体架构①

2.1.1　基础 IT 系统

最底层的"基础 IT 系统"是一切数据分析的基础,因为它最重要的作用就是完成"数据采集"。"基础 IT 系统",主要指各个企业在实际生产中使用的软件系统及其配套的硬件设备,如:网络世界中的一串串抓取代码,真实世界中的诸如医院里的医学影像设备和其他传感器、探测器,财务使用的财务管理软件等,这些系统解决了"数据采集"问题。正是因为有了这些基础的 IT 系统(包括软件和硬件),才能将生活中的一切数字化、可度量。如图 2-2 所示,以个人大数据为例的基础 IT 系统,专门用于解决数据采集难题。

---

①　饼干君.企业的数据分析能力金字塔解析:传统行业如何"玩"大数据?[EB/OL].(2016-03-31). http://www.cbdio.com/BigData/2016-03-31/content_4759216.htm.

图 2－2　基础 IT 系统(以个人大数据为例)

解决了最基本的"数据采集"问题之后,并不意味这就有数据了。从数据采集系统中拿到的信息有这样几个特点:割裂的、碎片化的、无序的,它们必须经过处理之后才能使用,因而需要进入下一个阶段,即数据集中与标准化。

2.1.2　数据集中与标准化

在"数据集中与标准化"这一层级中,要实现的是数据的集中管理与相互融合。如图 2－3 所示,通过以身份证信息为唯一标志,铁路部门和公安部门打破数据壁垒,让数据能够真正发挥作用。

如果把数据比作企业运营的血液,那么要做的就是打通所有的血管,让血液自由地流动。因而,这一阶段的工作并不只是"数据集中"和"数据标准化"两件事情,需要做的内容包括:

1. 数据清理

这个步骤解决的问题是将系统采集到的内容转化为人类能够理解的数据内容,主要有两个方面:一是清理原始数据,使之完整、干净无杂质;二是将采集到的一些编码信息转化为人能看懂的文字、数字等数据。

2. 数据逻辑和数据结构的搭建

每个系统中的数据描述的都只是企业业务流程中的一部分,因此需要梳理业务流程、按照业务流程找到各个系统之间数据的衔接点,从而实现多领域数据的关联。

第一步,根据业务逻辑,需要将数据分别划分为多少类?每一类的字段、纬度、统计周期等都是什么样的?每一类数据需要多少层汇总?……这些问题首先将数据从采集的清单分离出来,成为一个个数据体系。

第二步,在考虑数据关联逻辑方面,需要考虑三个方面:

① 关联使用的"主键"需要在各个系统中实现统一,即在各个相关的系统中,对于同一内容的同一主键是相同的。例如:在电信系统中,用户 ID 是个在所有相关系统中可以唯一标志用户的主键,而非手机号码。

② 各个系统中数据的时间颗粒度统一才能保证主键关联的有效使用,例如表格 A 是每日

最新数据,表格 B 是每日数据,则使用时就要在时间上进行限制:表格 A 中的日期＝表格 B 中最大日期,而且在这种情况下,无法查到 A 表中的历史数据。

③ 各类数据在业务上存在相互制约、相互影响的关系,这种关系也要在多系统的数据关联中体现出来,例如营销活动中的活动商品数量受到库存商品数量的限制,在营销活动执行过程中,每增加一单活动商品销售量,库存商品数就要进行相应的减少,若不做相应的触发变更,多系统数据融合也会意义大减。

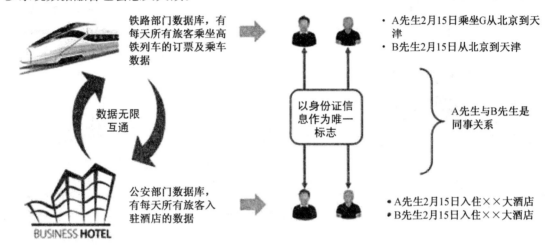

铁路部门数据库,有每天所有旅客乘坐高铁列车的订票及乘车数据

数据无限互通

公安部门数据库,有每天所有旅客入驻酒店的数据

BUSINESS HOTEL

以身份证信息作为唯一标志

· A先生2月15日乘坐G从北京到天津
· B先生2月15日从北京到天津

A先生与B先生是同事关系

· A先生2月15日入住××大酒店
· B先生2月15日入住××大酒店

图 2-3　数据集中与标准化——解决关联、填平数据沟壑

这里要特别强调一下数据关联的意义。在行业内,经常把每一个包含了大量数据、却又与其他系统无任何连通的数据系统称之为“数据孤岛”。在多数实体行业中,一个企业内部也不同程度地存在数据孤岛问题。有些数据孤岛本身因为包含的数据内容较多,足以支撑一定的数据分析应用的建设;但是有些数据孤岛中的数据若想发挥价值,就必须实现与其他系统数据的有效融合,即数据关联。

2.1.3　数据报表与可视化

解决了数据关联和标准化的问题之后,下一步要解决的问题是:如何能让大家看到数据(图 2-4)?

最简单直接的方法是“数据报表”。就是按照日常业务使用习惯,构建各种表格,在表格中填写大量的数据。有的企业是手工制作报表,有的企业使用 IT 工具制作报表,有的企业则已进入数据可视化阶段。什么方式实现的不重要,重要的是将数据报表做出来呈现给用户进行使用。

数据可视化是随着数据图形化展现技术发展起来的,它的功能不仅仅是展示数据,它还将很多数据分析的方法、维度、样式与基础数据相结合,以更加形象和贴近业务应用场景的方式向用户展示数据要表达的内容或问题。要实现数据可视化,不是只有可视化工具就可以了,这背后也要求使用者对需要数据展示的业务逻辑、图形效果等内容有深入的理解。

从“基础 IT 系统”到“数据报表及可视化”,前三个层级从某些方面而言,都是完成数据分析和数据应用工作的基础。对于一个企业来说,完成这三个层级的方式可以是手工形式的,也可以是本地系统化的,更可以是云端化的,但是无论如何只有在一定程度上具备了上述三个层级的能力,才能说企业具有了使用数据指导运营、决策、管理等进行数据应用的基础。

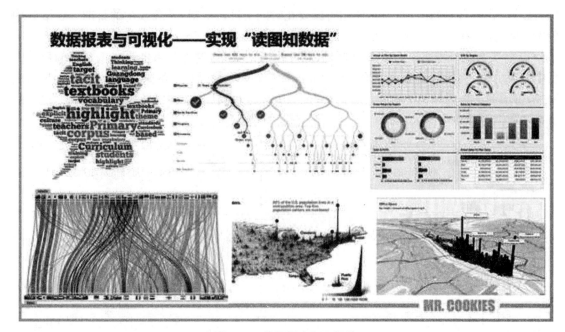

图 2-4　数据报表与可视化

2.1.4　产品与运营分析

从某种角度而言,所有的分析都是从日常的产品和运营分析开始的(图 2-5)。这一层级的主要作用有三个:解决日常运营和监控需求;深入分析用户、市场、产品;以分析结果指导产品和运营工作。

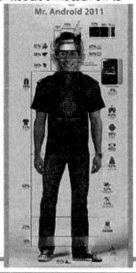

图 2-5　产品与运营分析

产品与运营分析,首先要满足的就是日常数据的监控:高了? 低了? 为什么高? 为什么低? 数据的变动能否说明产品与运营在往好的方向变化? 如果变化是好的,如何继续保持? 如果是不好的,那是什么原因造成的? 如何改正? ——这些是日常数据监控过程中,业务人员最常问的一些问题,解决这些问题是日常分析报告最主要的工作。

其次,当日常分析已经成为例行工作的一部分之后,企业的产品和业务人员就会发现简单的日常分析无法解释很多复杂的现象和问题,这就需要对用户、产品、渠道、市场、需求等方面进行深入的分析和研究。在这个过程中,很多针对具体业务情况的分析专题和数据模型应运而生,这些专题和模型帮助企业更好地认识市场,捕捉客户和潜在的商机。这其中最具代表性的例子就是“用户画像”(有关用户画像的内容网络上有很多文章,这里不再细说)。

最后,根据日常分析和各种深入分析的结论,能知道诸如:这个营业厅发展的用户质量很差,需要核实这些用户行为的真实性;在××环节中,耗费的人工工时较长,需要看看是改进该环节的人员配置还是存在其他问题……如此种种从数据中反映的问题,最后都会归结为各种管理、运营、营销等方面的问题。如何应用数据结论去解决问题,则需要依靠业务人员的经验。

2.1.5　精细化运营

在“产品和运营分析”层级中积累的分析思路和分析方法,大多是分散的、点状的。在“精细化运营”这一层级(图 2-6),所有的分析不再相互孤立,而是更多地以一个实际业务场景为基础,在该业务场景下从“如何感知识别”,到“如何筛选用户”,再到“如何营销配合”,从而实现该场景下全部过程的统筹管理。

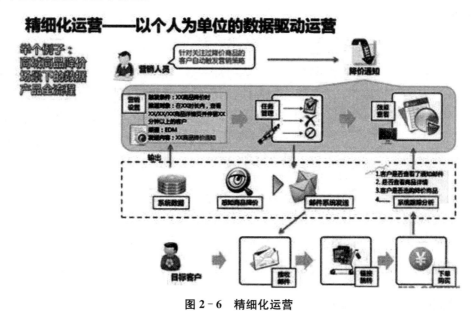

图 2-6　精细化运营

在这个过程中,数据分析不再只是分析报告、数据图表,它成为构建这个流程的一种贯穿始终的思想,流程中的每个环节都会有数据分析甚至数据挖掘的内容存在,以数据的结果驱动产品、渠道、投入资源等内容的配合,共同构成该业务场景下的完整业务流程。当然,这一流程不能靠手工来完成,一定是自动化的,人只是这一流程中起决策作用的节点而已。

更有甚者,将多个业务场景下的数据驱动过程进行组合,就形成了诸如“用户生命周期管理""会员运营体系"这样的数据应用集合(这里暂且把它们成为数据应用集合,其实这些内容每个都可以形成一个单独的数据应用产品)。

如果企业中每个领域都能建设起来多个数据应用集合,那么这些集合就基本能够支撑其企业的主要运行管理工作。

2.1.6 数据产品

图2-7为数据产品的可视化界面。数据产品不是企业数据能力建设最终要实现的目标,它只是企业将内部数据价值变现的众多方式中的一种。

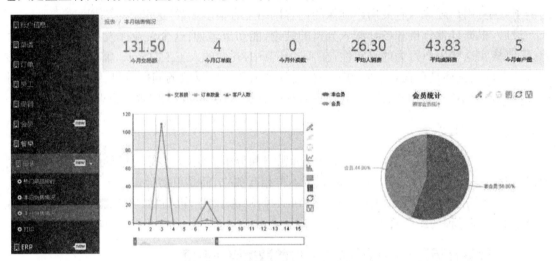

图2-7 数据产品的可视化界面

实体行业的数据产品很多时候是因为企业内部的数据能力成长到一定阶段,企业某些内部数据及分析方法已经具备了独立变现的条件,因而被企业单独拿出来作为一类产品提供到市场,从而形成所理解的数据产品。当然实体行业中出现的数据产品实例并不多。

企业内部某一数据应用足够成熟时,便具备了与其纵向上下游产业链之间及横向市场中其他企业数据相互融合使用的可能。这种纵向、横向的合作可以有很多形式,诸如:以具体数据内容为形式的数据交易、以体系化的分析方法为形式的分析工具、以产业内数据共享为形式的数据联盟等,甚至当企业数据逐渐得到行业和市场的认可后,跨行业的数据产品交易和数据合作也是可以预见的。

无论哪种产品形式,都必然离不开适当的商务模式,而必要的商务模式也是保证数据市场安全、高效运转的必备条件。

2.2 大数据分析的技术体系

2.2.1 基于分析流程的大数据技术栈

目前,大数据领域每年都会涌现出大量新的技术,成为大数据获取、存储、处理分析或可视化的有效手段。大数据技术能够将大规模数据中隐藏的信息和知识挖掘出来,为人类社会经济活动提供依据,提高各个领域的运行效率,甚至整个社会经济的集约化程度。

图 2-8 展示了一个典型的大数据技术栈。底层是基础设施,涵盖计算资源、内存与存储和网络互联,具体表现为计算节点、集群、机柜和数据中心。在此之上是数据存储和管理,包括文件系统、数据库和类似 YARN 的资源管理系统。然后是计算处理层,如 Hadoop、MapReduce 和 Spark,以及在此之上的各种不同计算范式,如批处理、流处理和图计算等,包括衍生出编程模型的计算模型,如 BSP、GAS 等。数据分析和可视化基于计算处理层。分析包括简单的查询分析、流分析以及更复杂的分析(如机器学习、图计算等)。查询分析多基于表结构和关系函数,流分析基于数据、事件流以及简单的统计分析,而复杂分析则基于更复杂的数据结构与方法,如图、矩阵、迭代计算和线性代数。一般意义的可视化是对分析结果的展示。但是通过交互式可视化,还可以探索性地提问,使分析获得新的线索,形成迭代的分析和可视化。基于大规模数据的实时交互可视化分析以及在这个过程中引入自动化的因素是目前研究的热点。

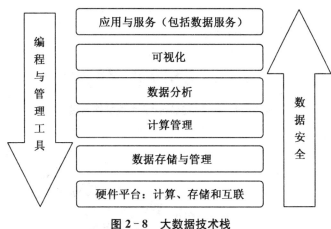

图 2-8 大数据技术栈

有两个领域垂直打通了上述的各层,需要整体、协同地看待。一是编程和管理工具,方向是机器通过学习实现自动最优化、尽量无需编程、无需复杂的配置。另一个领域是数据安全,也是贯穿整个技术栈。除了这两个领域垂直打通各层,还有一些技术方向是跨了多层的,例如"内存计算"事实上覆盖了整个技术栈。

2.2.2 基于主流软件的大数据技术栈

大数据分析发展至今,相关软件层出不穷,也解决了不同的问题。基于主流软件的大数据技术栈,如图 2-9 所示,由于新的软件不断出现,该软件栈也会不断变化。

图 2-9 仅仅简单列出了一些主流的软件,当然每层的软件肯定不仅仅这些。这些软件适合的数据量与处理时间如图 2-10 所示。

如图 2-10 所示,不同的软件适合的数据量从 GB 到 TB 再到 PB,其时间也必然从毫秒(ms)慢慢变到秒、分,甚至小时。如果图中再加上数据复杂度、成本等维度,则更能体现这些软件的侧重点。显而易见的是,没有哪个软件能解决所有的问题,能解决问题也是在一个范围内,即使是 Spark、Flink 等。例如,greenplum 类似的 MPP 引擎想处理大数据的需求,Hadoop 等被定位为大数据的引擎也想解决小数据的问题(列式存储或者也加入一些索引)。因此,图 2-10 中右上角的软件大多希望能往左边靠,减少延迟,左下角的软件也希望往上面靠,增大能处理的数据量。除了功能以外,这些软件适合的场景也各不相同(图 2-11)。

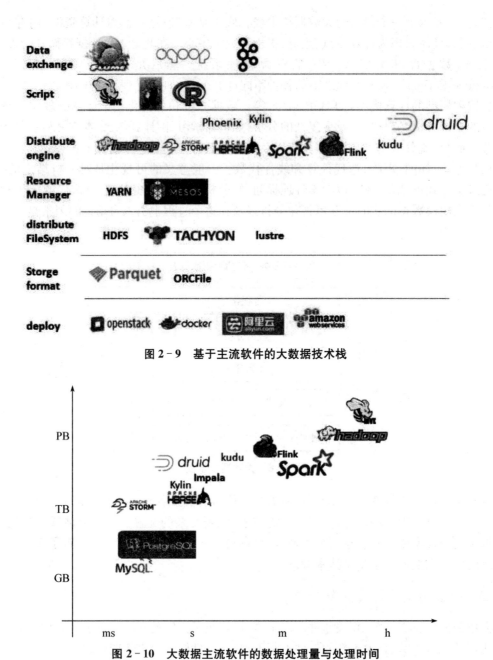

图 2-9　基于主流软件的大数据技术栈

图 2-10　大数据主流软件的数据处理量与处理时间

如图 2-11 所示,NO-SQL 产品很多,还分文档类型的,有读优写差、读差写优的等,其实也是 DB。MPP 其实也发展了很多年,比 Hadoop 之类还要早,主要限制点就是扩展性、灵活性。Search 层的产品,本身没有准确性的要求,但比较讲究准确率。Streaming 层目前比较火,特别是物联网、工业 4.0 的概念越来越火以后。Graph 也有相应的 DB,这里一般是分析型的,Graph 很多问题用 ML 也可以解决,场景比较多,一般就独立出来了。ML 可以说现在也是热点之一,只要是数据创业公司,基本上 ML 是其核心的,门槛也比较高。ETL 目前还是 hive 最适合的,能取得很高的吞吐。

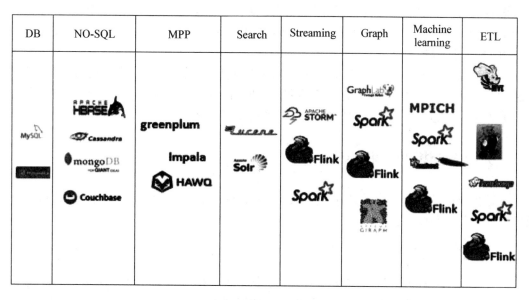

图 2 - 11 大数据主流软件适合的场景

2.2.3 基于淘宝海量数据的大数据技术栈

淘宝拥有海量数据,其数据技术架构还有助于理解对于大数据技术的运作处理机制(图2-12)。

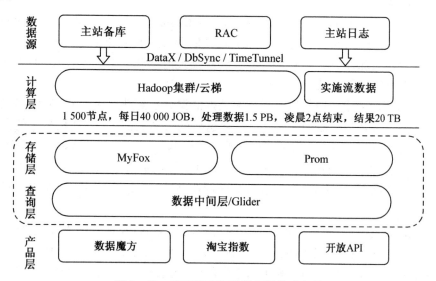

图 2 - 12 基于淘宝海量数据的技术架构

如图 2 - 12 所示,淘宝的海量数据产品技术架构分为五个层次,从上至下来看它们分别是数据源、计算层、存储层、查询层和产品层。

◆ **数据来源层** 存放着淘宝各店的交易数据。在数据源层产生的数据,通过 DataX,DbSync 和 TimeTunel 准实时地传输到下面第 2 点所述的"云梯"。

◆ **计算层** 在这一层内,淘宝采用的是 Hadoop 集群,这个集群,暂且称之为云梯,是计算层的主要组成部分。在云梯上,系统每天会对数据产品进行不同的 MapReduce 计算。

◆ **存储层** 在这一层中,淘宝采用了两个集群,一个是 MyFox,一个是 Prom。MyFox 是基于 MySQL 的分布式关系型数据库的集群,Prom 是基于 Hadoop Hbase 技术的一个 NoSQL 的存储集群。

◆ **查询层** 在这一层中,Glider 是以 HTTP 协议对外提供 restful 方式的接口。数据产品通过一个唯一的 URL 来获取它想要的数据。同时,数据查询即是通过 MyFox 来查询的。

◆ **产品层** 这一层是大家比较熟悉的数据魔方、淘宝指数等。

2.3 大数据分析的产业架构

大数据分析的产业架构,就是描述与国内外大数据分析紧密相关的技术、产品和企业,以及彼此间的关系与联系。

2.3.1 国外大数据分析的产业架构

2012 年,FirstMark 资本的 Matt Turck 绘制了大数据生态地图 2.0 版本,涵盖了大数据的 38 种商业模式,被业界奉为大数据创业投资的清明上河图。2014 年,Turck 终于推出大数据生态地图 3.0 版本(期间 bloomberg 推出过一个 2013 版大数据生态地图)。

1. 产业演变趋势

在大数据生态地图 3.0 版中,Turck 从一个风险投资者的角度对两年来大数据市场的最新发展进行了深入的研判,并对未来趋势进行解读。以下是 Turck 眼中大数据市场的几个最为关键的演变趋势:

◆ **竞争加剧** 创业者们纷纷涌入大数据市场,尾随的 VC 们也是挥金如土,导致大数据创业市场目前已经非常拥挤。例如一些创业项目类别,即数据库(无论是 NoSQL 还是 NewSQL),或者社交媒体分析,目前正面临整合或去泡沫化(随着 Twitter 收购 BlueFin 和 GNIP,社交分析领域的整合已经开始)。

◆ **大数据市场尚处于初期阶段** 虽然大数据的概念已经热炒了数年,但依然处于市场的早期阶段。虽然过去几年类似 Drawn 和 Scale 这样的公司失败了,但是相当多的公司已经看到了胜利的曙光,例如 Infochimps、Causata、Streambase、ParAccel、Aspera、GNIP、BlueFin Lanbs、BlueKai 等。此外,目前阶段一些传统 IT 巨头已经展开了收购大战,例如 Oracle 收购 BlueKai 和 IBM 收购 Cloudant。在很多大数据创业领域,创业公司们依然在为市场领袖的地位展开混战。

◆ **从炒作回归现实** 虽然经过几年声嘶力竭的热潮后,媒体对大数据已经有些审美疲劳,但这恰恰是大数据真正落地的重要阶段的开始。未来几年是大数据市场竞争的关键时期,企业的大数据应用从概念验证和实验走向生产环境,这意味着大数据厂商的收入将快速增长。当然,这也是一个检验大数据是否真的有"大价值"的时期。

2. 产业架构

国外大数据分析的产业架构被分为七个部分:大数据基础设施、大数据分析工具、大数据应用、架构与分析跨界、大数据开源、数据源与 API、孵化器与培训。通过这些不同部分的合作,可以为企业和组织提供端到端的完整大数据解决方案。

(1)大数据基础设施

图 2-13 为国外大数据分析产业中的基础设施。虽然 Hadoop 已经确立了其作为大数据

生态系统基石的地位,但市场上依然有不少 Hadoop 的竞争和替代产品,不过这些产品还需要时间进化。基于 Hadoop 分布式文件系统的开源框架 Spark 也成为讨论的热门话题,因为 Spark 能够弥补 Hadoop 的短板,例如提高互动速度和更好的编程界面。而快数据(实时)和内存计算也始终是大数据领域最热门的话题。一些新的热点也在不断涌现,例如数据转换整理工具 Trifacta、Paxata 和 DataTamer 等。在 2015 年产生的一个关键争论,是企业数据是否会转移到云端(公有云或者私有云)。一些基于云端的 Hadoop 服务创业公司例如 Qubole、Mortar 坚信从长远看所有企业数据最终都会转移到云端。

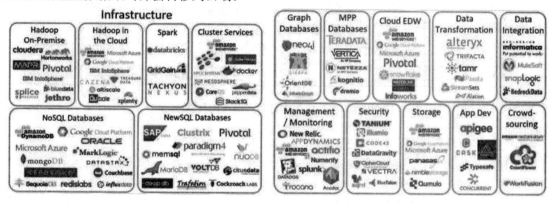

图 2-13 国外大数据分析产业中的基础设施

(2)大数据分析工具

就创业者和 VC 的活跃度而言,大数据分析是大数据市场最活跃的领域。从电子表格到时间线动画再到 3D 可视化,大数据创业公司们提供了各种各样的分析工具和界面(图 2-14),有的面向数据科学家,有的选择绕过数据科学家直接面向业务部门,由于不同的企业对分析工具的类型有不同的偏好,因此每个创业公司在自己的细分领域都有机会。

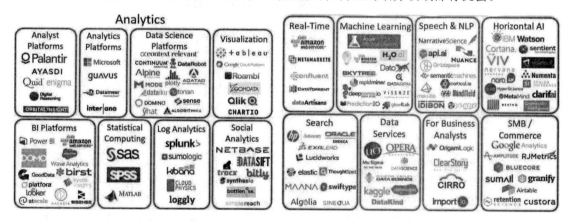

图 2-14 国外大数据分析产业中的分析工具

(3)大数据应用

大数据应用的发展进程相对缓慢,但目前阶段大数据确实已经进入了应用层。从图 2-15 中可以看到,一些创业公司开发出了大数据通用应用,例如大数据营销工具、CRM 工具或防欺诈解决方案等。还有一些大数据创业公司开发出了面向行业用户的垂直应用。金融和广告行业是大数据应用起步最早的行业,甚至在大数据概念出现之前就已经开始了。未来大数据还将在更多行业中得到广泛应用,如医疗、生物科技(尤其是基因组学)和教育等。

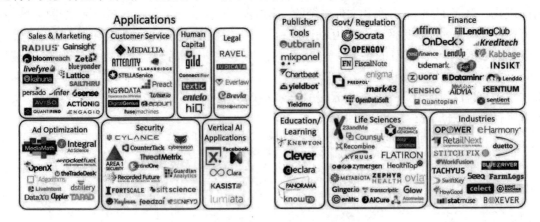

图 2-15　国外大数据分析产业中的具体应用

(4) 架构与分析跨界

架构与分析跨界包括亚马逊、谷歌、微软、IBM 等全球知名企业,如图 2-16 所示。例如全球知名的 Amazon Web Services(AWS)是一个安全的云服务平台,提供计算能力、数据库存储、内容交付以及其他功能来帮助实现业务扩展和增长。了解数以百万计的客户目前如何利用 AWS 云产品和解决方案来构建灵活性、可扩展性和可靠性更高的复杂应用程序。AWS 云提供了各种各样的基础设施服务,例如计算能力、存储选项、联网和数据库等实用服务:按需交付、即时可用、采用按使用量付费定价模式。

图 2-16　国外大数据分析产业中的架构与分析跨界

(5) 大数据开源

大数据已然成为当今最热门的技术之一,正呈爆炸式增长。每天来自全球的新项目如雨后春笋般涌现。幸运的是,开源让越来越多的项目可以直接采用大数据技术(图 2-17)。无

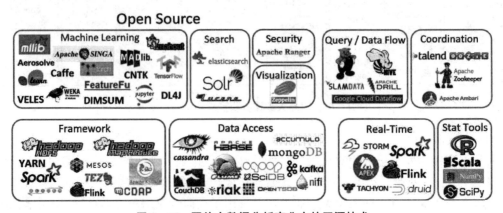

图 2-17　国外大数据分析产业中的开源技术

论是机器学习领域的 Apache,还是基础框架领域的 Hadoop、Spark,都可以免费和自由地进行二次开发,推动大数据产业发展。

(6) 数据源与 API

如图 2－18 所示,大数据应用在各行各业,无论是一直在健康领域努力的苹果公司,还是致力于研发和推广健康乐活产品的 fitbit 公司;无论是在金融数据行业的 Bloomberg,还是航空领域的 Airware,都是大数据产业重要的数据源。

图 2－18　国外大数据分析产业中的数据源与 API

(7) 孵化器与培训

如图 2－19 所示,虽然大数据创业市场已经人山人海,但是依然有足够的空间给新的创业公司,不少大数据创业公司已经形成规模和气候,并且获得了海量融资,例如 MongoDB 已经募集 2.3 亿美元、Plalantir9 亿美元、Cloudera 1 亿美元。但是就成功的 IPO 或公司而言,市场尚处于早期阶段(虽然已经有 Splunk、Tableau 等成功的 IPO)。

图 2－19　国外大数据分析产业中的孵化器与培训

2.3.2　国内大数据分析的产业架构

一项技术从原创到开源社区再到产业化和广泛应用,往往需要若干年的时间。在原创能力和开源文化依然落后的中国,单纯地对底层技术进行创新显然难出成果。尽管如此,在经济转型升级需求的驱动下,创业者大量采用 C2C(Copy to China)的创业模式,快速推动着中国大数据产业的发展。

1. 基于生态圈的国内大数据分析产业架构

从生态圈而言,国内大数据分析产业架构分为四层:产业基础层、IT 架构层、通用技术层和行业应用层(图 2－20)。

(1) 产业基础层

如果说数据是未来企业的核心资产,那么数据分析师便是将资产变现的关键资源。以数据流通及人才培养和流通为目标,社区、众包平台、垂直媒体、数据交易平台是数据产业发展壮大的土壤。

◆ **社区**　大数据技术社区为产业建立了人才根基。社区天然具备社群和媒体属性,自然吸引了众多专业人才。正基于此,开源中国社区(新三板挂牌企业)和 Bi168 大数据交流社区

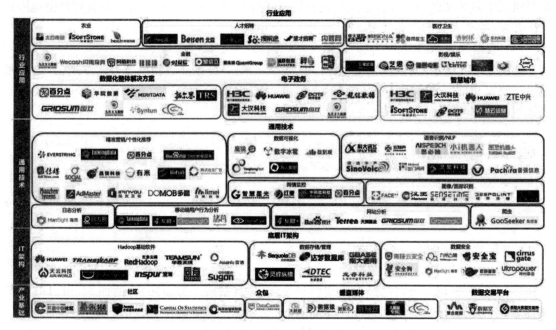

图 2-20 国内大数据分析的产业架构

同时开展了代码托管、测试、培训、招聘、众包等其他全产业链服务。

◆ **众包** 人力资本的高效配置是产业发展的必要条件。Data Castle 类似于硅谷的 Kaggle,是一家数据分析师的众包平台。客户提交数据分析需求、发布竞赛,由社区内众多分析师通过竞赛的方式给予最优解决方案。

◆ **垂直媒体** 36 大数据、数据猿、数据观等大数据垂直媒体的出现推动了大数据技术和文化的传播。它们利用媒体的先天优势,快速积累大量专业用户,因此与社区类似,容易向产业链其他环节延伸。

◆ **数据交易平台** 数据交易平台致力于实现数据资产的最优化配置,推动数据开放和自由流通。数据堂和聚合数据主要采用众包模式采集数据并在 ETL 之后进行交易,数据以 API 的形态提供服务。由于保护隐私和数据安全的特殊要求,数据的脱敏是交易前的重要工序。贵阳大数据交易所是全球范围内落户中国的第一家大数据交易所,在推动政府数据公开和行业数据流通上具有开创性的意义。

(2) IT 架构层

开源文化为 Hadoop 社区和生态带来了蓬勃发展,但也导致了生态的复杂化和组件的碎片化、重复化,这催生了 IBM、MapR、Cloudera、Hortonworks 等众多提供标准化解决方案的企业。中国也诞生了一些提供基础技术服务的公司。

◆ **Hadoop 基础软件** 本领域的企业帮助客户搭建 Hadoop 基础架构。其中,星环科技 TransWarp、华为 FusionInsight 是 Hadoop 发行版的提供商;对标 Cloudera CDH 和 Hortonworks 的 HDP,其软件系统对 Apache 开源社区软件进行了功能增强,推动了 Hadoop 开源技术在中国的落地。星环科技更是上榜 Gartner 2016 数仓魔力象限的唯——家中国公司。

◆ **数据存储/管理** 2013 年"棱镜门"后,数据安全被上升到国家战略高度,去 IOE(去除

IBM 的小型机、Oracle 数据库、EMC 存储设备）正在成为众多企业必不可少的一步。以 SequoiaDB（巨杉数据库）、达梦数据库、南大通用、龙存科技为代表的国产分布式数据库及存储系统在银行、电信、航空等国家战略关键领域具备较大的市场。

◆ **数据安全** 大数据时代，数据安全至关重要。青藤云安全、安全狗等产品从系统层、应用层和网络层建立多层次防御体系，统一实施管理混合云、多公有云的安全方案，并利用大数据分析和可视化展示技术，为用户提供了分布式框架下的 WAF、防 CC、抗 DDoS、拦病毒、防暴力破解等安全监控和防护服务，应对频繁出现的黑客攻击、网络犯罪和安全漏洞。

（3）通用技术层

日志分析、用户行为分析、舆情监控、精准营销、可视化等大数据的通用技术在互联网企业已有相当成熟的应用。如今越来越多的非互联网企业也在利用这些通用技术提高各环节的效率。

◆ **日志分析** 大型企业的系统每天会产生海量的日志，这些非结构化的日志数据蕴含着丰富的信息。例如，美国的 Splunk，日志易和瀚思对运维日志、业务日志进行采集、搜索、分析、可视化，实现运维监控、安全审计、业务数据分析等功能。

◆ **移动端用户行为分析** 为提升产品用户体验，提高用户转化率、留存率，用户行为分析是必不可少的环节。TalkingData 和友盟等企业通过在 APP/手游中接入 SDK，实现对用户行为数据的采集、分析与管理。大量的终端覆盖和数据沉淀使得这类企业具备了提供 DMP 和移动广告效果监测服务的能力。GrowingIO 更是直接面向业务人员，推出了免埋点技术，这一点类似于国外的 Heap Analytics。

◆ **网站分析** 百度统计、CNZZ 及缔元信（后两者已与友盟合并为友盟+）等产品可以帮助网站开发运营人员监测和分析用户的点击、浏览等行为，这些公司也大多提供 DMP 和互联网广告效果监测服务。

◆ **爬虫** 网页爬虫是一种快速搜索海量网页的技术。开源的爬虫技术包括 Nutch 这样的分布式爬虫项目，Crawler4j、WebMagic、WebCollector 等 Java 单机爬虫和 scrapy 这样的非 Java 单机爬虫框架。利用这些开源技术市场上出现了很多爬虫工具，其中八爪鱼的规模和影响力最大，该公司也基于此工具推出了自己的大数据交易平台数多多。

◆ **舆情监控** 智慧星光、红麦等互联网舆情公司利用网络爬虫和 NPL 技术，为企业用户收集和挖掘散落在互联网中的价值信息，帮助企业用户完成竞争分析、公关、收集用户反馈等必要流程。

◆ **精准营销/个性化推荐** 以完整的用户标签为基础，精准营销、个性化推荐技术在广告业、电商、新闻媒体、应用市场等领域得到广泛应用。利用 SDK 植入、cookie 抓取、数据采购和互换等途径，TalkingData、百分点、秒针、AdMaster 等众多 DSP、DMP 服务商积累了大量的用户画像，并可实现用户的精准识别，通过 RTB 技术提高了广告投放的实时性和精准度。将用户画像及关联数据进一步挖掘，利用协同过滤等算法，TalkingData、百分点帮助应用商店和电商平台搭建了个性化推荐系统，呈现出千人千面的效果。另一家利用类似技术的典型企业 Everstring 则专注于 B2B marketing 领域，为用户寻找匹配的企业客户。

◆ **数据可视化** 可视化是大数据价值释放的最后一公里。大数据魔镜、数字冰雹等公司具备丰富的可视化效果库，支持 Excel、CSV、TXT 文本数据以及 Oracle、Microsoft SQL Server、Mysql 等主流的数据库，简单拖曳即可分析出想要的结果，为企业主和业务人员提供数据可视化、分析、挖掘的整套解决方案及技术支持。

◆ **面部/图像识别** 面部/图像识别技术已被广泛应用到了美艳自拍、身份识别、智能硬件和机器人等多个领域。Face ++和 Sensetime 拥有人脸识别云计算平台,为开发者提供了人脸识别接口。汉王、格灵深瞳和图普科技则分别专注于 OCR、安防和鉴黄领域。

◆ **语音识别** NLP(自然语言处理)是实现语音识别的关键技术。科大讯飞、云知声、出门问问、灵聚科技、思必驰等企业已将其语音识别组件使用在智能硬件、智能家居、机器人、语音输入法等多个领域。小 i 机器人和车音网则分别从智能客服和车载语控单点切入。

(4) 行业应用层

每个行业都有其特定的业务逻辑及核心痛点,这些往往不是大数据的通用技术能够解决的。因此,在市场竞争空前激烈的今天,大数据技术在具体行业的场景化应用乃至整体改造,蕴藏着巨大的商业机会。然而受制于企业主的传统思维、行业壁垒、安全顾虑和改造成本等因素,大数据在非互联网行业的应用仍处于初期,未来将加速拓展。

◆ **数据化整体解决方案** 非互联网企业的数据化转型面临着来自业务流程、成本控制及管理层面的巨大挑战,百分点、美林数据、华院数据等服务商针对金融、电信、零售、电商等数据密集型行业提供了较为完整的数据化解决方案,并将随着行业渗透的深入帮助更多的企业完成数据化转型。

◆ **电子政务** 政府效率的高低关系到各行各业的发展和民生福祉,电子政务系统帮助工商、财政、民政、审计、税务、园区、统计、农业等政府部门提高管理和服务效率。由于用户的特殊性,因此电子政务市场进入门槛高、定制性强、服务难度大。典型的服务商包括龙信数据、华三、国双、九次方等。

◆ **智慧城市** 智慧城市就是运用信息和通信技术手段感测、分析、整合城市运行核心系统的各项关键信息,从而对包括民生、环保、公共安全、城市服务、工商业活动在内的各种需求做出智能响应。华三、华为、中兴、软通动力、大汉科技等公司具备强大的软硬件整合能力、丰富的市政合作经验和资源积累,是该领域的典型服务商。

◆ **金融** 大数据技术在金融行业主要应用在征信、风控、反欺诈和量化投资领域。聚信立、量化派结合网络数据、授权数据和采购数据为诸多金融机构提供贷款者的信用评估报告;闪银奇异对个人信用进行在线评分;同盾科技倡导"跨行业联防联控",提供反欺诈 SaaS 服务;91 征信主打多重负债查询服务;数联铭品搭建第三方企业数据平台,提供针对企业的全息画像,为金融和征信决策做参考;通联数据和深圳祥云则专注于量化交易。

◆ **影视/娱乐** 中国电影的市场规模已居全球第二,电影产业的投前风控、精准营销、金融服务存在巨大的市场空间。艾曼、艺恩基于影视娱乐行业的数据和资源积累,抓取全网的娱乐相关信息,提供影视投资风控、明星价值评估、广告精准分发等服务。牧星人影视采集演员档期、性别、外形、社交关系、口碑以及剧组预算等数据,为剧组招募提供精准推荐。

◆ **农业** 大数据在农业主要应用在农作物估产、旱情评估、农作物长势监测等领域。由于农业信息资源分散、价值密度低、实时性差,因此服务商需要有专业的技术背景和行业经验。典型企业包括太谷雨田、软通动力、武汉禾讯科技等。行业整体数据化程度低、进入门槛高。

◆ **人才招聘** 我国人才招聘行业缺乏对人才与职位的科学分析,没有严谨的数据体系和分析方法。E 成招聘、北森、搜前途、哪上班基于全网数据获取候选人完整画像,通过机器学习算法帮助企业进行精准人岗匹配;内聘网基于文本分析,实现简历和职位描述的格式化和自动匹配。

◆ **医疗卫生** 大数据在医疗行业主要应用于基因测序、医疗档案整合和分析、医患沟通、医疗机构数据化和新药研制等环节。华大基因和解码 DNA 提供个人全基因组测序和易感基因检测等服务。杏树林面向医生群体推出了电子病历夹、医学文献库等 APP。医渡云则致力于与领先的大型医院共建"医疗大数据"平台,提高医院效率。

2. 基于大数据分析流程的国内产业架构

大数据分析流程,一般可分为明确分析目的与思路、数据收集、数据处理、数据分析、数据展现和撰写报告 6 个阶段。因此,国内产业架构,也对应地分为了四层(图 2-21):数据源层,数据收集通过互联网、移动互联网、运营商等获取数据;数据存储平台层,通过云服务平台和云存储设备商实现数据存储;数据分析和挖掘层,通过 IBM 等综合服务商以及 Teradata 等专业商,实现数据处理和数据分析;大数据应用层,实现大数据分析的数据展示。

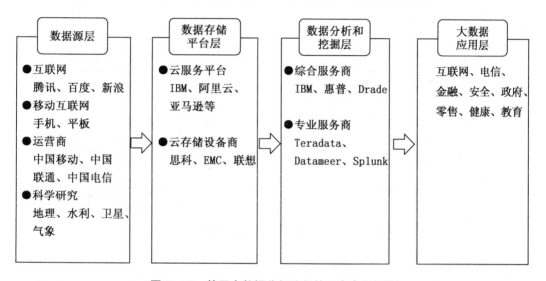

图 2-21　基于大数据分析流程的国内产业架构

具体而言,国内大数据产业主要企业分为三种类型(图 2-22):第一种是互联网企业,以BAT 的阿里巴巴、百度、腾讯为典型代表;第二种是国内公司,以东方国信、拓尔思等为典型代表;第三种是 ICT(Information and Communication Technology)服务商,以华为、浪潮、用友等为典型代表。不难发现,国内大数据产业仍然以传统信息企业为主,创新创业型的大数据公司仍然比较少见和薄弱。

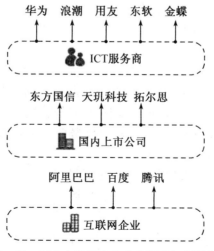

图 2-22　国内大数据产业企业类型与典型代表

延伸阅读思考：携程大数据应用框架的重构

认识到需要应对的挑战，携程重新构造了自己的大数据应用系统整体架构（图 2 - 23）。

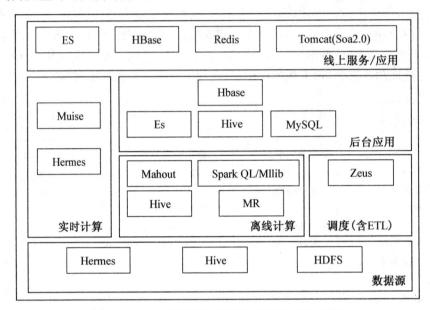

图 2 - 23　携程网应用系统整体架构及模块构成

1. 数据源部分

Hermes 是携程框架部门提供的消息队列，基于 Kafka 和 MySQL 作为底层实现的封装，应用于系统间实时数据传输交互通道。Hive 和 HDFS 是携程海量数据的主要存储，两者来自 Hadoop 生态体系。Hadoop 大家已经很熟悉，如果不熟悉的同学只要知道 Hadoop 主要用于大数据量存储和并行计算批处理工作即可。

Hive 是基于 Hadoop 平台的数据仓库，沿用了关系型数据库的很多概念。比如说数据库和表，还有一套近似于 SQL 的查询接口的支持，在 Hive 里叫作 HQL，但是其底层的实现细节和关系型数据库完全不一样，Hive 底层所有的计算都是基于 MR 来完成的，数据工程师 90% 的数据处理工作都基于它来完成。

2. 离线部分

离线部分包含的模块有 MR、Hive、Mahout、SparkQL/MLLib。Hive 前面已经介绍过，Mahout 简单理解为提供基于 Hadoop 平台进行数据挖掘的一些机器学习的算法包。Spark 类似 Hadoop，也是提供大数据并行批量处理平台，但是它是基于内存的。SparkQL 和 Spark MLLib 是基于 Spark 平台的 SQL 查询引擎和数据挖掘相关算法框架，主要用 Mahout 和 Spark MLLib 进行数据挖掘工作。

调度系统 Zeus，是淘宝开源大数据平台调度系统，于 2015 年引进到携程，之后进行了重构和功能升级，作为携程大数据平台的作业调度平台。

3. 近线部分

基于 Muise 来实现近实时的计算场景，Muise 也是携程 OPS 提供的实时计算流处理平台，内部是基于 Storm 实现与 Hermes 消息队列搭配起来使用。例如，使用 Musie 通过消费来自消息队列里的用户实时行为,订单记录,结合画像等一起基础数据,经一系列复杂的规则和算法,实时地识别出用户的行程意图。

4. 后台/线上应用部分

MySQL 用于支撑后台系统的数据库。ElasticSearch 是基于 Lucene 实现的分布式搜索引擎,用于索引用户画像的数据,支持离线精准营销的用户筛选,同时支持线上应用推荐系统的选品功能。HBase 基于 Hadoop 的 HDFS 上的列存储 NoSQL 数据库,用于后台报表可视化系统和线上服务的数据存储。

实验二:理解大数据分析的体系

一、实验目的
1. 了解大数据分析总体架构的组成与功能。
2. 了解大数据分析的产业现状。

二、实验准备
1. 在明确本章学习目标的基础上,认真阅读课程相关内容,通过网络开展延伸阅读。
2. 准备一台能够访问因特网的计算机。

三、实验内容
1. 概念理解

结合本章内容和相关文献资料,简述不同视角下大数据分析技术体系的关联。

2. 案例拓展

仔细阅读本章的"延伸阅读思考",列举出类似案例,并简述这些框架体系和本章内容的相通之处,以及如何帮助企业提升核心竞争力。

3. 思考辨析

认真阅读本章关于国内外大数据分析产业架构的相关内容,查询网络了解各个层面的典型公司、典型应用工具和典型应用案例,简述国内外大数据分析产业架构的相同点和不同点。

第三章　大数据分析的关键技术

案例导读

消费金融的核心——大数据分析技术

2017年4月25日,国家金融与发展实验室发布的《中国消费金融创新报告》显示:当前我国消费金融市场规模已接近6万亿元,按照20%的增速预测,我国消费信贷的规模到2020年可超过12万亿元。伴随着中国消费升级的大趋势,消费金融已经成为中国下一个"十万亿级"的风口。商业银行、互联网消费平台、P2P公司等,都纷纷涌入消费金融市场这片红海。

传统金融机构繁杂的风控流程效率很低,一次借款可能需要一个月以上才能放款。更为重要的是,传统金融机构在对一个客户进行信用风险评估时,他的社保记录、工资流水、学历、居住地是强变量,但对学生、自由职业者、小企业家等大的客户来讲,工作因素就变成了一个弱变量,无法利用这些变量对客户进行精准画像,最后的风控审核有限,往往把这些客户给排除在外。但是,没有过往金融服务记录的学生、蓝领以及一部分白领等却是具有庞大的消费需求,他们的消费金融需求往往得不到满足。

与传统银行贷款不同,消费金融无需抵押,无需担保,也无需提前申请卡片,就能够方便快捷地满足用户提升生活品质。那么,消费金融是怎样进行风险控制的呢? 它们跟传统银行贷款比,优势在哪里呢? 答案就是大数据分析的相关技术。

消费金融借助大数据分析的相关技术,其风控流程核心是如何利用更多维的数据、更多互联网的足迹、更多传统金融无法触及的数据,进行交叉验证。这些信息看似和一个客户是否可能违约没有直接关系,但实则通过大量的数据累积,能够产生出非常有效的识别客户的能力。

我国消费市场规模大、消费需求旺盛,未来越来越多的数据将被记录和整理,用户消费的行为信息日益丰富和完善,数据分析技术必定会成为消费金融时代的关键技术。

网贷平台利用大数据技术,用海量的基础数据建立底层模型,从用户个性化的消费数据和信贷行为中提取出复杂的变量因素,最终建立高度精准的风险控制模型。网贷平台用这个风控模型评估客户的授信额度和还款能力,合理有序放贷,规避金融欺诈,从而把整体坏账率降到最低。

显然,大数据分析的优势在于在海量数据里筛选出有效的信息,洞察数据背后的逻辑。大数据控制金融风险,推动消费金融的可持续发展,帮助用户理性地选择贷款产品,培养健康的消费金融意识,也有助于建设我国金融系统和全社会信用体系。

目前,国内消费金融还处于起步阶段,在满足用户多期限、多种类的消费金融需求方面还有很大的发展空间,这些空间势必会吸引越来越多的资本机构进军消费金融。新金融将便捷的金融服务带给用户,让用户体验到优质的金融服务。

学习目标
- 掌握大数据分析的关键技术
- 理解大数据分析关键技术彼此的关联
- 熟悉 Hadoop 的基本概念与版本
- 理解 Hadoop 的四层架构和典型组件
- 熟悉云技术的基本概念和特点
- 熟悉存储技术的基本概念与各自特征

3.1 大数据分析的关键技术概述

3.1.1 基于大数据分析流程的关键技术

根据大数据分析流程,大数据分析的关键技术可分为数据采集、数据预处理、数据存储与管理、数据分析挖掘、数据可视化等环节。由于大数据具有大规模、异构、多源等特点,大数据分析技术与传统的数据分析技术也有所不同。在大数据分析的每个环节,都出现了许多针对大数据独特需求的新兴技术(图 3-1)。

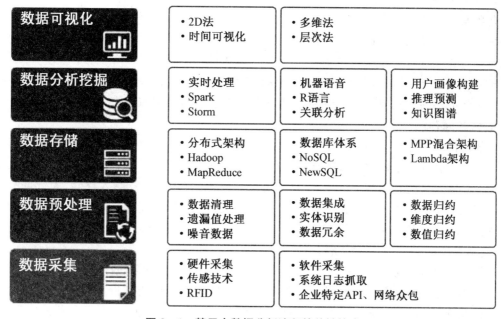

图 3-1 基于大数据分析流程的关键技术

如图 3-1 所示,通过大数据采集技术和预处理技术,利用 ETL(Extract-Transform-Load 的缩写,用来描述将数据从来源端经过抽取(extract)、转换(transform)、加载(load)至目的端的过程)工具将分布的、异构数据源中的数据如关系数据、平面数据文件等,抽取到临时中间层后进行清洗、转换、集成,最后加载到数据仓库或数据集市中,成为联机分析处理、数据挖掘的基础;或者也可以把实时采集的数据作为流计算系统的输入,进行实时处理分析。通过数据存储技术,利用分布式文件系统、数据仓库、关系数据库、NoSQL 数据库、云数据库等,实现对结构化、半结构化和非结构化海量数据的存储和管理。通过数据分析挖掘技术,利用分布式并行编程模型和计算框架,结合机器学习和数据挖掘算法,实现对海量数据的处理和分析。通过数据可视化技术,对分析结果进行可视化呈现,帮助更好地理解数据、分析数据。

1. 大数据采集技术

数据采集是指通过 RFID 射频数据、传感器数据、社交网络交互数据及移动互联网数据等方式获得的各种类型的结构化、半结构化(或称之为弱结构化)及非结构化的海量数据,是大数据知识服务模型的根本。重点要突破分布式高速高可靠数据爬取或采集、高速数据全映像等大数据收集技术;突破高速数据解析、转换与装载等大数据整合技术;设计质量评估模型,开发数据质量技术。

大数据采集一般分为大数据智能感知层和基础支撑层。大数据智能感知层,主要包括数据传感体系、网络通信体系、传感适配体系、智能识别体系及软硬件资源接入系统,实现对结构化、半结构化、非结构化的海量数据的智能化识别、定位、跟踪、接入、传输、信号转换、监控、初步处理和管理等;必须着重攻克针对大数据源的智能识别、感知、适配、传输、接入等技术。基础支撑层,提供大数据服务平台所需的虚拟服务器,结构化、半结构化及非结构化数据的数据库及物联网络资源等基础支撑环境;重点攻克分布式虚拟存储技术,大数据获取、存储、组织、分析和决策操作的可视化接口技术,大数据的网络传输与压缩技术,大数据隐私保护技术等。

2. 大数据预处理技术

大数据预处理主要完成对已接收数据的辨析、抽取、清洗等操作。

◆ **抽取**　因获取的数据可能具有多种结构和类型,数据抽取过程可以将这些复杂的数据转化为单一的或者便于处理的类型,以达到快速分析处理的目的。

◆ **清洗**　对于大数据,并不全是有价值的,有些数据并不是需要关心的内容,而另一些数据则是完全错误的干扰项,因此要对数据通过过滤"去噪"从而提取出有效数据。

3. 大数据存储技术

大数据存储与管理要用存储器把采集到的数据存储起来,建立相应的数据库,并进行管理和调用。大数据存储主要解决大数据的可存储、可表示、可处理、可靠性及有效传输等几个关键问题。开发可靠的分布式文件系统(DFS)、能效优化的存储、计算融入存储、大数据的去冗余及高效低成本的大数据存储技术;突破分布式非关系型大数据管理与处理技术,异构数据的数据融合技术,数据组织技术,研究大数据建模技术;突破大数据索引技术;突破大数据移动、备份、复制等技术;开发大数据可视化技术。

开发新型数据库技术,数据库分为关系型数据库、非关系型数据库以及数据库缓存系统。其中,非关系型数据库主要指的是 NoSQL 数据库,分为键值数据库、列存数据库、图存数据库以及文档数据库等。关系型数据库包含了传统关系数据库系统以及 NewSQL 数据库。

4. 大数据分析挖掘技术

改进已有数据挖掘和机器学习技术;开发数据网络挖掘、特异群组挖掘、图挖掘等新型数据挖掘技术;突破基于对象的数据连接、相似性连接等大数据融合技术;突破用户兴趣分析、网络行为分析、情感语义分析等面向领域的大数据挖掘技术。

数据挖掘就是从大量的、不完全的、有噪声的、模糊的、随机的实际应用数据中,提取隐含在其中的、事先不知道的但又是潜在有用的信息和知识的过程。依据不同的标准,数据挖掘技术的分类结果也各不相同。

根据挖掘任务可分为分类或预测模型发现、数据总结、聚类、关联规则发现、序列模式发现、依赖关系或依赖模型发现、异常和趋势发现等。

根据挖掘对象可分为关系数据库、面向对象数据库、空间数据库、时态数据库、文本数据源、多媒体数据库、异质数据库、遗产数据库等。

根据挖掘方法可分为机器学习方法、统计方法、神经网络方法和数据库方法。机器学习方法中,可细分为归纳学习方法(决策树、规则归纳等)、基于范例学习、遗传算法等。统计方法中,可细分为回归分析(多元回归、自回归等)、判别分析(贝叶斯判别、费歇尔判别、非参数判别等)、聚类分析(系统聚类、动态聚类等)、探索性分析(主元分析法、相关分析法等)等。神经网络方法中,可细分为前向神经网络(BP 算法等)、自组织神经网络(自组织特征映射、竞争学习)等。数据库方法主要是多维数据分析或 OLAP 方法,另外还有面向属性的归纳方法。

从挖掘任务和挖掘方法的角度,大数据分析挖掘技术着重突破:

◆ **可视化分析** 数据可视化无论对于普通用户或是数据分析专家,都是最基本的功能。数据图像化可以让数据自己说话,让用户直观地感受到结果。

◆ **数据挖掘算法** 图像化是将机器语言翻译给人看,而数据挖掘就是机器的母语。分割、集群、孤立点分析还有各种各样五花八门的算法,可以精炼数据、挖掘价值。这些算法一定要能够应付大数据的量,同时还具有很高的处理速度。

◆ **预测性分析** 预测性分析可以让分析师根据图像化分析和数据挖掘的结果做出一些前瞻性判断。

◆ **语义引擎** 语义引擎需要设计到有足够的人工智能以足以从数据中主动地提取信息。语言处理技术包括机器翻译、情感分析、舆情分析、智能输入、问答系统等。

◆ **数据质量和数据管理** 数据质量与管理是管理的最佳实践,透过标准化流程和机器对数据进行处理可以确保获得一个预设质量的分析结果。

5. 数据可视化技术

伴随着大数据时代的到来,数据可视化成为一个热门的话题,引起了极大的关注。无论是通过 Excel 的模板,还是使用 R/GELPHI 等专业工具,无论是使用国内魔镜公司的专业软件,还是使用百度旗下的 Echarts,都可以帮助洞察出数据背后隐藏的潜在信息,都可以有效提高数据挖掘的效率,也都可以方便用户控制数据,更好地实现人机交互。

3.1.2 基于大数据生态的关键技术

大数据如何分析处理仍然是信息技术领域面临的主要难题之一。业务型信息系统,类似淘宝、京东这样的电商数据处理平台,已经可以满足其电商平台业务运营的需要。但是在分析型系统中,如何进行数据复杂分析操作、如何提供满足各种角色的分析产品,在互联网领域仍然面临挑战。建立在大数据基础之上的大分析系统,目前有两个探索方向:

(1)互联网企业直接在 Hadoop 基础之上,借助云计算模式,通过加强开源数据库系统 Hive/Hbase 等工具能力,逐步提升大分析所需的分析能力。

(2)传统的数据仓库处理厂家引入 Hadoop 云计算的技术,扩展原有的信息处理能力,融合传统数据仓库能力和 Hadoop 云计算能力,在应用层支撑更丰富的大分析能力。

无论哪种方向,都需要相关技术与现实社会的有机融合、互动以及协调,形成大数据分析

基础架构、感知、管理、分析与应用服务的新一代信息技术架构和良性增益的闭环生态系统(图
3-2)。

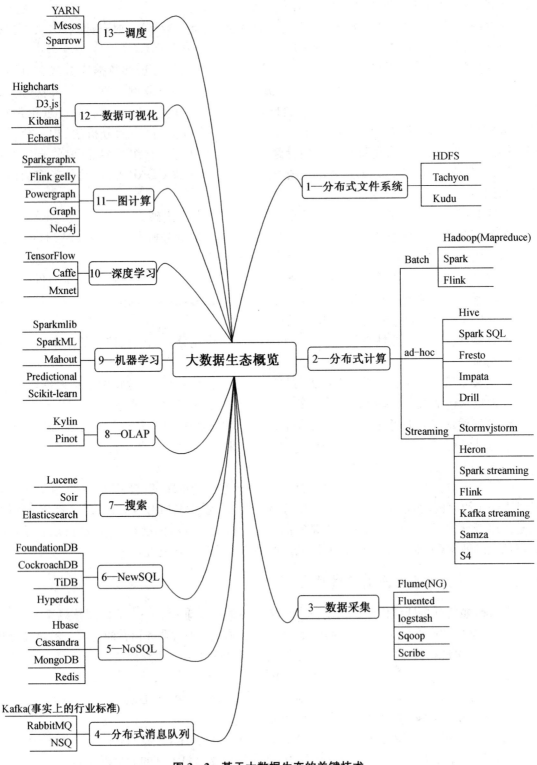

图 3-2　基于大数据生态的关键技术

3.1.3 大数据分析技术的发展趋势

随着对大数据技术的不断发展和研究,其各个环节的技术呈现出新的发展趋势和挑战。2015 年 12 月,中国计算机学会(CCF)大数据专家委员会发布了中国大数据技术与产业发展报告,并对中国大数据发展趋势进行了展望,主要包含以下 6 个方面①:

1. 可视化推动大数据平民化

近几年大数据概念迅速深入人心,大众直接看到的大数据更多是以可视化的方式体现。可视化是通过把复杂的数据转化为可以交互的图形,帮助用户更好地理解分析数据对象,发现、洞察其内在规律。可视化实际上已经极大拉近了大数据和普通民众的距离,即使对 IT 技术不了解的普通民众和非技术专业的常规决策者也能够更好地理解大数据及其分析的效果和价值,从而可以从国计、民生两方面都充分发挥大数据的价值。建议在大数据相关的研究、开发和应用中,保持相应的比例用于可视化和可视分析。

2. 多学科融合与数据科学的兴起

大数据技术是多学科多技术领域的融合,数学和统计学、计算机类技术、管理类等都有涉及,大数据应用更是与多领域产生交叉。这种多学科之间的交叉融合,呼唤并催生了专门的基础性学科——数据学科。基础性学科的夯实,将让学科的交叉融合更趋完美。在大数据领域,许多相关学科从表面上看,研究的方向大不相同,但是从数据的视角看,其实是相通的。随着社会的数字化程度逐步加深,越来越多的学科在数据层面趋于一致,可以采用相似的思想进行统一研究。从事大数据研究的人不仅包括计算机领域的科学家,也包括数学等方面的科学家。希望业界对于大数据的边界采取一个更宽泛、更包容的姿态,包容所谓的"小数据",甚至将领域的边界泛化到"数据科学"所对应的整个数据领域和数据产业。建议共同支持"数据科学"的基础研究,并努力将基础研究的成果导入技术研究和应用的范畴中。

3. 大数据安全与隐私令人忧虑

由大数据带来的安全与隐私问题主要包括以下 3 个方面:第一,大数据所受到的威胁也就是常说的安全问题。当大数据技术、系统和应用聚集了大量价值时,必然成为被攻击的目标。第二,对大数据的过度滥用所带来的问题和副作用。比较典型的就是个人隐私泄露,还包括由大数据分析能力带来的商业秘密泄露和国家机密泄露。第三,心智和意识上的安全问题。对大数据的威胁、大数据的副作用、对大数据的极端心智都会阻碍和破坏大数据的发展。建议在大数据相关的研究和开发中,保持一个基础的比例用于相对应的安全研究,而让安全方面产生实质性进步的驱动力可能是对于大数据的攻击和滥用的负面研究。

4. 新热点融入大数据多样化处理模式

大数据的处理模式更加多样化,Hadoop 不再成为构建大数据平台的必然选择。在应用模式上,大数据处理模式持续丰富,批量处理、流式计算、交互式计算等技术面向不同的需求场景,将持续丰富和发展;在实现技术上,内存计算将继续成为提高大数据处理性能的主要手段,相对传统的硬盘处理方式,在性能上有了显著提升。特别是开源项目 Spark,目前已经被大规模应用于实际业务环境中,并发展成为大数据领域最大的开源社区。Spark 拥有流计算、交互查询、机器学习、图计算等多种计算框架,支持 Java、Scala、Python、R 等语言接口,使得数据使

---

① 新浪博客.大数据进展与发展趋势[EB/OL].(2017 - 06 - 12).http://blog.sina.com.cn/s/blog_1511ba76f0102wnzq.html.

用效率大大提高,吸引了众多开发者和应用厂商的关注。值得说明的是,Spark 系统可以基于 Hadoop 平台构建,也可以不依赖 Hadoop 平台独立运行。

很多新的技术热点持续地融入大数据的多样化模式中,形成一个更加多样、平衡的发展路径,也满足大数据的多样化需求。建议将大数据研究和开发有意识地链接和融入大数据技术生态中,或者利用技术生态的成果,或者回馈技术生态。

5. 深度分析推动大数据智能应用

在学习技术方面,深度分析会继续成为一个代表,推动整个大数据智能的应用。这里谈到的智能,尤其强调促进人的相关能力延伸,比如决策预测、精准推荐等。这些涉及人的思维、影响、理解的延展,都将成为大数据深度分析的关键应用方向。

相比于传统机器学习算法,深度学习提出了一种让计算机自动学习产生特征的方法,并将特征学习融入建立模型的过程中,从而减少了人为设计特征引发的不完备等缺陷。深度学习借助深层次神经网络模型,能够更加智能地提取数据不同层次的特征,对数据进行更加准确、有效地表达。而且训练样本数量越大,深度学习算法相对传统机器学习算法就越有优势。

目前,深度学习已经在容易积累训练样本数据的领域(如图像分类、语音识别、问答系统等)中获得了重大突破,并取得了成功的商业应用。预测随着越来越多的行业和领域逐步完善数据的采集和存储,深度学习的应用会更加广泛。由于大数据应用的复杂性,多种方法的融合将是一个持续的常态。建议保持对于智能技术发展的持续关注,在各自的分析领域(如在策划阶段、技术层面、实践环节等)尝试深度学习。

6. 开源、测评、大赛催生良性人才与技术生态

大数据是应用驱动、技术发力,技术与应用一样至关重要。决定技术的是人才及其技术生产方式。开源系统将成为大数据领域的主流技术和系统选择。以 Hadoop 为代表的开源技术拉开了大数据技术的序幕,大数据应用的发展又促进了开源技术的进一步发展。开源技术的发展降低了数据处理的成本,引领了大数据生态系统的蓬勃发展,同时也给传统数据库厂商带来了挑战。新的替代性技术,都是新技术生态对于旧技术生态的侵蚀、拓展和进化。

对数据处理的能力、性能等进行测试、评估、标杆比对的第三方形态出现,并逐步成为热点。相对公正的技术评价有利于优秀技术占领市场,驱动优秀技术的研发生态。各类创业创新大赛纷纷举办,为人才的培养和选拔提供了新模式。大数据技术生态是一个复杂环境。2016 年,"开源"会一如既往占据主流,而测评和大赛将形成突破性发展。

3.2 大数据分析的基础架构 Hadoop

3.2.1 Hadoop 概述

移动互联网时代,数据量呈现指数级增长,其中文本、音视频等非结构数据的占比已超过 85%,未来将进一步增大。Hadoop 架构的分布式文件系统、分布式数据库和分布式并行计算技术解决了海量多源异构数据在存储、管理和处理上的挑战。

1. 发展简史

Hadoop 原本来自于谷歌一款名为 MapReduce 的编程模型包。谷歌的 MapReduce 框架可以把一个应用程序分解为许多并行计算指令,跨大量地计算节点运行非常巨大的数据集。使用该框架的一个典型例子就是在网络数据上运行的搜索算法。Hadoop 最初只与网页索引有关,后来迅速发展成为分析大数据的领先平台。

Hadoop 项目的发起人为 Doug Cutting,称之为 Hadoop 之父(图 3-3)。1985 年,Cutting 毕业于美国斯坦福大学。Doug Cutting 主导的 Apache Nutch 项目是 Hadoop 软件的源头,该项目始于 2002 年,是 Apache Lucene 的子项目之一。当时的系统架构尚无法扩展到存储并处理拥有数十亿网页的网络化数据。

图 3-3 Hadoop 之父及图标

Google 在 2003 年于 SOSP 上公开了描述其分布式文件系统的论文"The Google File System",为 Nutch 提供了及时的帮助。2004 年,Nutch 的分布式文件系统(Nutch Distributed File System,NDFS)开始开发。同年,Google 在 OSDI 上发表了题为"MapReduce:Simplified Data Processing on Large Clusters"的论文,受到启发的 Doug Cutting 等人开始实现 MapReduce 计算框架并与 NDFS 结合起来,使 Nutch 性能飙升。然后 Yahoo 招安 Doug Gutting 及其项目。2005 年,Hadoop 作为 Lucene 的子项目 Nutch 的一部分正式引入 Apache 基金会。2006 年 2 月被分离出来,成为一套完整独立的软件,起名为 Hadoop。Hadoop 名字不是一个缩写,而是一个生造出来的词,是 Hadoop 之父 Doug Cutting 以自己儿子毛绒玩具为对象命名的。

2008 年 4 月,Hadoop 打破世界纪录,成为最快排序 1 TB 数据的系统,它采用一个由 910 个节点构成的集群进行运算,排序时间只用了 209 秒。2009 年 5 月,Hadoop 更是把 1 TB 数据排序时间缩短到 62 秒。Hadoop 从此名声大振,迅速发展成为大数据时代最具影响力的开源分布式开发平台,并成为事实上的大数据处理标准。

综上所述,Hadoop 起源于 Google 的三大论文:(1) GFS:Google 的分布式文件系统 Google File System;(2) MapReduce:Google 的 MapReduce 开源分布式并行计算框架;(3) BigTable:一个大型的分布式数据库。Hadoop 的演变关系为:(1) GFS→HDFS;(2) Google MapReduce→Hadoop MapReduce;(3) BigTable→HBase。

2. Hadoop 的界定

Hadoop 是一个适合大数据的分布式存储和计算平台,一个由 Apache 基金会所开发的分布式系统基础架构。用户可以在不了解分布式底层细节的情况下开发分布式程序,充分利用集群的威力进行高速运算和存储。Hadoop 的框架最核心的设计就是:HDFS(Hadoop Distributed File System,分布式文件系统)和 MapReduce。

◆ **HDFS** HDFS 为海量的数据提供了分布式存储,是一种数据分布式保存机制,数据被保存在计算机集群上。数据写入一次,读取多次。HDFS 为 HBase 等工具提供了基础。

HDFS 具有高容错性的特点,并且设计用来部署在低廉的硬件上,而且它提供高吞吐量来访问应用程序的数据,适合那些有着超大数据集的应用程序。HDFS 以流的形式访问文件系统中的数据。

◆ **MapReduce** Hadoop 的主要执行框架是 MapReduce,MapReduce 为海量的数据提供了计算与汇总。它是一个分布式、并行处理的编程模型。MapReduce 把任务分为 Map(映射)阶段和 Reduce(化简)。开发人员使用存储在 HDFS 中数据(可实现快速存储),编写 Hadoop 的 MapReduce 任务。由于 MapReduce 工作原理的特性,Hadoop 能以并行的方式访问数据,从而实现快速访问数据。

3. Hadoop 的应用现状

Hadoop 凭借其突出的优势,已经在各个领域得到了广泛的应用,而互联网领域是其应用的主阵地。2007 年,雅虎在 Sunnyvale 总部建立了 M45——一个包含了 4 000 个处理器和 1.5 PB容量的 Hadoop 集群系统。Facebook 作为全球知名的社交网站,主要将 Hadoop 平台用于日志处理、推荐系统和数据仓库等方面。国内采用 Hadoop 的公司主要有百度、淘宝、网易、华为、中国移动等。

4. Hadoop 的特点

Hadoop 是一个能够对大量数据进行分布式处理的软件框架,并且是以一种可靠、高效、可伸缩的方式进行处理的,它具有以下几个方面的特性:

◆ **扩容能力(Scalable)** Hadoop 是在可用的计算机集群间分配数据并完成计算任务的,这些集群可以方便地扩展到数以千计个节点中。

◆ **成本低(Economical)** Hadoop 通过普通廉价的机器组成服务器集群来分发以及处理数据,以至于成本很低。

◆ **高效率(Efficient)** 通过并发数据,Hadoop 可以在节点之间动态并行地移动数据,使得速度非常快。

◆ **可靠性(Rellable)** 能自动维护数据的多份复制,并且在任务失败后能自动地重新部署(redeploy)计算任务。所以,Hadoop 的按位存储和处理数据的能力值得信赖。

3.2.2 Hadoop 的版本与选择

当前 Hadoop 版本比较混乱,让很多用户不知所措。实际上,当前 Hadoop 只有两个版本:Hadoop 1.0 和 Hadoop 2.0。

1. Hadoop 的版本

(1) Hadoop 1.0

第一代 Hadoop,由分布式存储系统 HDFS 和分布式计算框架 MapReduce 组成,其中,HDFS 由一个 NameNode 和多个 DataNode 组成,MapReduce 由一个 JobTracker 和多个 TaskTracker 组成,对应 Hadoop 版本为 Hadoop 1. X 和 0.21. X,0.22. X。

Hadoop 1.0 的核心组件(仅指 MapReduce 和 HDFS,不包括 Hadoop 生态系统内的 Pig、Hive、HBase 等其他组件),主要存在以下不足:

◆ **抽象层次低** 需要手工编写代码来完成,有时只是为了实现一个简单的功能,也需要编写大量的代码。

◆ **表达能力有限** MapReduce 把复杂分布式编程工作高度抽象到两个函数,即 Map 和 Reduce,在降低开发人员程序开发复杂度的同时,却也带来了表达能力有限的问题。实际生产环境中的一些应用,是无法用简单的 Map 和 Reduce 来完成的。

◆ **开发者自己管理作业之间的依赖关系** 一个作业(Job)只包含 Map 和 Reduce 两个阶段,通常的实际应用问题需要大量的作业进行协作才能顺利解决,这些作业之间往往存在复杂的依赖关系,但是,MapReduce 框架本身并没有提供相关的机制对这些依赖关系进行有效管理,只能由开发者自己管理。

◆ **难以看到程序整体逻辑** 用户的处理逻辑都隐藏在代码细节中,没有更高层次的抽象机制对程序整体逻辑进行设计,这就给代码理解和后期维护带来了障碍。

◆ **执行迭代操作效率低** 对于一些大型的机器学习、数据挖掘任务,往往需要多轮迭代才能得到结果。采用 MapReduce 实现这些算法时,每次迭代都是一次执行 Map、Reduce 任务的过程,这个过程的数据来自分布式文件系统 HDFS,本次迭代的处理结果也被存放到 HDFS 中,继续用于下一次迭代过程。反复读写 HDFS 文件中的数据,大大降低了迭代操作的效率。

◆ **资源浪费** 在 MapReduce 框架设计中,Reduce 任务需要等待所有 Map 任务都完成后才可以开始,造成了不必要的资源浪费。

◆ **实时性差** 只适用于离线批数据处理,无法支持交互式数据处理、实时数据处理。

(2) Hadoop 2.0

针对 Hadoop 1.0 存在的局限和不足,在后续发展过程中,Hadoop 对 MapReduce 和 HDFS 的许多方面做了有针对性的改进提升(表 3 - 1),同时,在 Hadoop 生态系统中也融入了更多的新产品(包括 Pig、Spark、OOzie、Tez、Kafka 等),来更好地弥补 Hadoop 1.0 中存在的问题。对应 Hadoop 版本为 Hadoop 0.23.X 和 2.X。

表 3 - 1 Hadoop 框架自身的改进:从 1.0 到 2.0

组件	Hadoop 1.0 的问题	Hadoop 2.0 的改进
HDFS	单一名称节点,存在单点失败问题	设计了 HDFS HA,提供名称节点热备机制
HDFS	单一命名空间,无法实现资源隔离	设计了 HDFS Federation,管理多个命名空间
MapReduce	资源管理效率低	设计了新的资源管理框架 YARN

2. Hadoop 版本的选择

版本的选择依赖于用户打算利用 Hadoop 来解决哪些问题。当公司/部门决定采用一个具体的版本时,应该考虑以下几点:

◆ **技术细节** 包括 Hadoop 的版本、组件、专有功能部件等。

◆ **易于部署** 使用工具箱来实现管理的部署、版本升级、打补丁等。

◆ **易于维护** 主要包括集群管理、多中心的支持、灾难恢复支持等。

◆ **成本** 包括实施成本、计费模式和许可证。

◆ **企业集成的支持** Hadoop 应用程序与企业中其他部分的集成。

由上可知,Hadoop 1.0 由一个分布式文件系统 HDFS 和一个离线计算框架 MapReduce 组成,而 Hadoop 2.0 则包含一个支持 NameNode 横向扩展的 HDFS、一个资源管理系统 YARN 和一个运行在 YARN 上的离线计算框架 MapReduce。相比于 Hadoop 1.0,Hadoop 2.0 功能更加强大,且具有更好的扩展性,并支持多种计算框架。

3.2.3 Hadoop 生态的四层架构

从 2006 年 4 月第一个 Apache Hadoop 版本发布至今,Hadoop 作为一项实现海量数据存储、管理和计算的开源技术,已迭代到了 v2.7.2 稳定版,其构成组件也由传统的三驾马车 HDFS、MapReduce 和 HBase 社区发展为由 60 多个相关组件组成的庞大生态,包括数据存储、执行引擎、编程和数据访问框架等。其生态系统从 1.0 版的三层架构演变为现在的四层架构(图 3-4)。

顶层(高级封装及工具层)				
接口及查询语言 Pig. Hive			机器学习 Mahout, MLLib, Oryx, Torch	
上层(计算引擎层)				
批处理 Spark, Hive, MapReduce	SQL Impala	流处理 Spark, Storm/S4	搜索 Solr	SDK kite
中间层(管理层)				
资源管理平台 YARN			安全 Ranger, Sentry, RecordService	
底层(存储层)				
磁盘文件系统 HDFS	内存文件系统 Tachyon, Ignite, Arrow		关系型数据库 Kudu	NoSQL 数据库 Hbase

图 3-4　Hadoop 生态的四层架构

1. 底层——存储层

现在互联网数据量达到 PB 级,传统的存储方式已无法满足高效的 IO 性能和成本要求,Hadoop 的分布式数据存储和管理技术解决了这一难题。HDFS 现已成为大数据磁盘存储的事实标准,其上层正在涌现越来越多的文件格式封装(如 Parquent)以适应 BI 类数据分析、机器学习类应用等更多的应用场景。未来 HDFS 会继续扩展对于新兴存储介质和服务器架构的支持。另一方面,区别于常用的 Tachyon 或 Ignite,分布式内存文件系统新贵 Arrow 为列式内存存储的处理和交互提供了规范,得到了众多开发者和产业巨头的支持。

区别于传统的关系型数据库,HBase 适合于非结构化数据存储。而 Cloudera 在 2015 年 10 月公布的分布式关系型数据库 Kudu 有望成为下一代分析平台的重要组成,它的出现将进一步把 Hadoop 市场向传统数据仓库市场靠拢。

2. 中间层——管控层

管控层对 Hadoop 集群进行高效可靠的资源及数据管理。脱胎于 MapReduce 1.0 的 YARN 已成为 Hadoop 2.0 的通用资源管理平台。如何与容器技术深度融合,如何提高调度、细粒度管控和多租户支持的能力,是 YARN 需要进一步解决的问题。另一方面,Hortonworks 的 Ranger、Cloudera 的 Sentry 和 RecordService 组件实现了对数据层面的安全管控。

3. 上层——计算引擎层

在搜索引擎时代,数据处理的实时化并不重要,大多采用批处理的方式进行计算。但在 SNS、电子商务、直播等在线应用十分普及的今天,在不同场景下对各类非结构化数据进行实时处理就变得十分重要。Hadoop 在底层共用一份 HDFS 存储,上层有很多个组件分别服务多种应用场景,具备"单一平台多种应用"的特点。例如:Spark 组件善于实时处理流数据,Impala 实现诸如 OLAP 的确定性数据分析,Solr 组件适用于搜索等探索性数据分析,Spark、MapReduce 组件可以完成逻辑回归等预测性数据分析,MapReduce 组件可以完成数据管道等ETL 类任务。其中最耀眼的莫过于 Spark 了,包括 IBM、Cloudera、Hortonworks 在内的产业巨头都在全力支持 Spark 技术,Spark 必将成为未来大数据分析的核心。

4. 顶层——高级封装及工具层

Pig、Hive 等组件是基于 MapReduce、Spark 等计算引擎的接口及查询语言,为业务人员提供更高抽象的访问模型。Hive 为方便用户采用 SQL,但其问题域比 MapReduce、Spark 更窄、表达能力受限。Pig 采用了脚本语言,相比于 Hive SQL,具备更好的表达能力。

在结构化数据主导的时代,通常使用原有模型便可以进行分析和处理,而面对如今实时变化的海量非结构化数据,传统模型已无法应对。在此背景下,机器学习技术正慢慢跨出象牙塔,进入越来越多的应用领域,实现自动化的模型构建和数据分析。除了 Mahout、MLLib、Oryx 等已有项目,最近机器学习开源领域迎来了数个明星巨头的加入。Facebook 开源前沿深度学习工具"Torch"和针对神经网络研究的服务器"Big Sur";Amazon 启动其机器学习平台Amazon Machine Learning;Google 开源其机器学习平台 TensorFlow;IBM 开源 SystemML并成为 Apache 官方孵化项目;Microsoft 亚洲研究院开源分布式机器学习工具 DMTK。

3.2.4 Hadoop 生态中的典型组件

Hadoop 生态系统异常复杂,本节将重点介绍具有代表性的几个组件及其解决的问题。

1. Pig

Pig 是 Hadoop 生态系统的一个组件,包括用来描述数据分析程序的高级程序语言,以及对这些程序进行评估的基础结构。Pig 突出的特点就是它的结构经得起大量并行任务的检验,这使得它能够处理大规模数据集。Pig 的基础结构层包括一个产生 MapReduce 程序的编译器,Pig 的语言层包括一个叫作 Pig Latin 的文本语言。

(1)功能特性

通过提供类似 SQL 的 Pig Latin 语言(包含 Filter、GroupBy、Join、OrderBy 等操作,同时也支持用户自定义函数),允许用户通过编写简单的脚本来实现复杂的数据分析,而不需要编写复杂的 MapReduce 应用程序,Pig 会自动把用户编写的脚本转换成 MapReduce 作业在Hadoop 集群上运行,而且具备对生成的 MapReduce 程序进行自动优化的功能,所以,用户在编写 Pig 程序时,不需要关心程序的运行效率,这就大大减少了用户编程时间。因此,通过配合使用 Pig 和 Hadoop,在处理海量数据时就可以实现事半功倍的效果,比使用 Java、C++等语言编写 MapReduce 程序的难度要小很多,并且用更少的代码量实现了相同的数据处理分析功能。

Pig 可以加载数据、表达转换数据以及存储最终结果,因此,在企业实际应用中,Pig 通常用于 ETL(Extraction、Transformation、Loading)过程,即来自各个不同数据源的数据被收集过来以后,采用 Pig 进行统一加工处理,然后加载到数据仓库 Hive 中,由 Hive 实现对海量数据的分析。需要特别指出的是,每种数据分析工具都有一定的局限性,Pig 的设计和MapReduce 一样,都是面向批处理的,因此,Pig 并不适合所有的数据处理任务,特别是当需要查询大数据集中的一小部分数据时,Pig 仍然需要对整个或绝大部分数据集进行扫描。因此,

Pig 的实现性能不会很好。

（2）运行模式

Pig 有两种运行模式：Local 模式和 MapReduce 模式。当 Pig 在 Local 模式运行时，只能访问本地一台主机；当 Pig 在 MapReduce 模式运行时，它将访问一个 Hadoop 集群和 HDFS 的安装位置，这时 Pig 将自动地对这个集群进行分配和回收。因为 Pig 可以自动地对 MapReduce 程序进行优化，所以当用户使用 Pig Latin 语言进行编程时，可以不必关心程序的运行效率，Pig 系统将会自动地对程序进行优化，这样能够节省大量用户的编程时间。

◆ **Local 模式**　适用于用户对程序进行调试，因为 Local 模式下 Pig 只能访问本地一台主机，他可以在短时间内处理少量的数据，这样用户不必关心 Hadoop 系统对整个集群的控制，这样既能让用户使用 Pig 的功能，又不至于在集群的管理上花费太多的时间。

◆ **MapReduce 模式**　Pig 需要把真正的查询转换成相应的 MapReduce 作业，并提交到 Hadoop 集群去运行（集群可以是真实的分布，也可以是伪分布）。

Pig 的 Local 和 MapReduce 模式都有 3 种运行方式，分别是 Grunt Shell 方式、脚本文件方式和嵌入式程序方式。

（3）Pig 和数据库的区别[1]

首先，Pig Latin 是面向数据流的编程方式，而 SQL 是一种描述型编程语言。对于 SQL 而言，使用 SQL，只需要告诉它需要什么，具体如何实现交给 SQL 就行了。而 Pig Latin 是需要一步一步根据数据流的处理方式来编程的，也就是说要设计数据流的每一个步骤，有点类似 SQL 的查询规划器。

其次，传统的关系数据库（RDBMS）需要预先定义表结构（模式），所有的数据处理都是基于这些有着严格格式的表数据。而 Pig 则不需要这样，可以在运行时动态定义模式。从本质上来说，Pig 可以处理任何格式的元组。在一般情况下，Pig 的数据来源是文件系统，比如 HDFS，而 RDBMS 的数据是存储在数据库中的。（备注：关于元组的概念，基本和 Python 中的 touple 是差不多的）

再次，Pig 支持比较复杂的比如嵌套结构的数据处理。这种特殊的处理能力加上 UDF（用户自定义函数），使得 Pig 具有更好的可定制性。

最后，一些 RDBMS 特有的特性是 Pig 所没有的，比如事务处理和索引。Pig 和 MapReduce 一样，是基于批量的流式写操作。

2. Hive

Hive 是建立在 Hadoop 上的数据仓库基础构架。它提供了一系列的工具，可以用来进行数据提取、转化、加载（ETL），这是一种可以存储、查询和分析存储在 Hadoop 中的大规模数据的机制。Hive 定义了简单的类 SQL 查询语言，称为 HQL，它允许熟悉 SQL 的用户查询数据。同时，这个语言也允许熟悉 MapReduce 的开发者开发自定义的 Mapper 和 Reducer 来处理内建的 Mapper 和 Reducer 无法完成的复杂的分析工作。

（1）适用场景

Hive 构建在基于静态批处理的 Hadoop 之上，Hadoop 通常都有较高的延迟并且在作业提交和调度时需要大量的开销。因此，Hive 并不能够在大规模数据集上实现低延迟快速的查

① 鲍礼彬的 CSDN 博客. Pig 简介[EB/OL]. (2014 - 10 - 04). http://blog. csdn. net/baolibin528/article/details/39783025.

询,例如,Hive 在几百 MB 的数据集上执行查询一般有分钟级的时间延迟。因此,Hive 并不适合那些需要低延迟的应用,例如,联机事务处理(OLTP)。Hive 查询操作过程严格遵守Hadoop MapReduce 的作业执行模型,Hive 将用户的 HiveQL 语句通过解释器转换为MapReduce 作业提交到 Hadoop 集群上,Hadoop 监控作业执行过程,然后返回作业执行结果给用户。Hive 并非为联机事务处理而设计,Hive 并不提供实时的查询和基于行级的数据更新操作。Hive 的最佳使用场合是大数据集的批处理作业,如网络日志分析。

(2) 功能特性

Hive 是一种底层封装了 Hadoop 的数据仓库处理工具,使用类 SQL 的 HiveQL 语言实现数据查询,所有 Hive 的数据都存储在 Hadoop 兼容的文件系统(例如 Amazon S3、HDFS)中。Hive 在加载数据过程中不会对数据进行任何修改,只是将数据移到 HDFS 中 Hive 设定的目录下,因此,Hive 不支持对数据的改写和添加,所有的数据都是在加载时确定。Hive 的功能特性包括:

● 支持索引,加快数据查询。

● 不同的存储类型,例如,纯文本文件、HBase 中的文件。

● 将元数据保存在关系数据库中,大大减少了在查询过程中执行语义检查的时间。

● 可以直接使用存储在 Hadoop 文件系统中的数据。

● 内置大量用户函数 UDF 来操作时间、字符串和其他的数据挖掘工具,支持用户扩展UDF 函数来完成内置函数无法实现的操作。

● 类 SQL 的查询方式,将 SQL 查询转换为 MapReduce 的 Job 在 Hadoop 集群上执行。

(3) Hive 体系结构

Hive 主要分为三个部分:第一部分,用户接口。用户接口主要有三个:CLI、Client 和WUI。其中最常用的是 CLI,CLI 启动时,会同时启动一个 Hive 副本。Client 是 Hive 的客户端,用户连接至 Hive Server。在启动 Client 模式时,需要指出 Hive Server 所在节点,并且在该节点启动 Hive Server。WUI 是通过浏览器访问 Hive。第二部分,元数据存储。Hive将元数据存储在数据库中,如 MySQL、derby。Hive 中的元数据包括表的名字、表的列和分区及其属性、表的属性(是否为外部表等)、表的数据所在目录等。第三部分,解释器、编译器、优化器、执行器。解释器、编译器、优化器完成 HQL 查询语句从词法分析、语法分析、编译、优化以及查询计划的生成。生成的查询计划存储在 HDFS 中,并在随后由 MapReduce调用执行[①]。

(4) Hive 和 Pig 的区别与联系

Hive 和 Pig 是 Hadoop 之上的两个数据查询和处理的工具。和 Pig 一样,Hive 也不支持低时延查询。Hive 的语法与 SQL 很像。Pig 是一种处理数据的脚本语言。如果不用 Hive 和Pig 之类的工具,而是用 Hadoop 上的原生态的 Java 来查数据,开发效率比较低。例如,一个简单的 SQL 语句,就需要写一页代码。

从某种角度而言,Pig 是一种编程语言,它简化了 Hadoop 常见的工作任务。Pig 可加载数据、表达转换数据以及存储最终结果。Pig 内置的操作使得半结构化数据变得有意义(如日志文件)。同时,Pig 可扩展使用 Java 中添加的自定义数据类型并支持数据转换。而 Hive 介

① 百度百科. Hive(数据仓库工具)[EB/OL]. (2017 - 08 - 10). https://baike. baidu. com/item/hive/67986? fr=aladdin.

于 Pig 和传统的 RDBMS 之间，和 Pig 一样，Hive 也被设计为 HDFS 作为存储。所以，Hive 和 Pig 在数据分析中的作用，如图3-5所示。

数据收集　　　　　　　数据加工(Pig)　　　　　数据仓库(Hive)

图3-5　Hive 和 Pig 在数据分析中的作用

但是，Hive 和 Pig 之间有着显著的区别。Hive 的查询语言 HiveQL，是基于 SQL 的。任何熟悉 SQL 的人都可以轻松使用 HiveQL 写查询。和 RDBMS 相同，Hive 要求所有数据必须存储在表中，表必须有模式，而模式由 Hive 进行管理。但是 Hive 允许为预先存在于 HDFS 的数据关联一个模式。所以，数据的加载步骤是可选的。

3. Apache Tez

Apache Tez 是一个针对 Hadoop 数据处理应用程序的新分布式执行框架，它可以将多个有依赖的作业转换为一个作业从而大幅提升 DAG 作业的性能。Tez 并不直接面向最终用户——事实上它允许开发者为最终用户构建性能更快、扩展性更好的应用程序。Hadoop 传统上是一个大量数据批处理平台。但是，有很多用例需要近乎实时的查询处理性能。还有一些工作则不太适合 MapReduce，例如机器学习。Tez 的目的就是帮助 Hadoop 处理这些用例场景。

（1）工作原理

Tez 是 Apache 开源的支持 DAG 作业的计算框架，直接源于 MapReduce 框架，核心思想是将 Map 和 Reduce 两个操作进一步进行拆分，即 Map 被拆分成 Input、Processor、Sort、Merge 和 Output，Reduce 被拆分成 Input、Shuffle、Sort、Merge、Processor 和 Output 等，经过分解后的这些元操作可以进行自由任意组合产生新的操作，然后经过一些控制程序组装后就可形成一个大的 DAG 作业。

通过 DAG 作业的方式运行 MapReduce 作业，提供了程序运行的整体处理逻辑，可以去除工作流中多余的 Map 阶段，减少不必要的操作，提升数据处理的性能。Hortonworks 把 Tez 应用到数据仓库 Hive 的优化中，使得性能提升了约 100 倍。

（2）目的与原因

Tez 项目的目标是支持高度定制化，这样它就能够满足各种用例的需要，使得不必借助其他的外部方式就能完成自己的工作。如果 Hive 和 Pig 这样的项目使用 Tez 而不是 MapReduce 作为其数据处理的骨干，那么将会显著提升它们的响应时间。Tez 构建在 YARN 之上，后者是 Hadoop 所使用的新资源管理框架。

Tez 产生的主要原因是绕开 MapReduce 所施加的限制。除了必须要编写 Mapper 和 Reducer 的限制之外，强制让所有类型的计算都满足这一范例还有效率低下的问题，例如使用 HDFS 存储多个 MR 作业之间的临时数据，这是一个负载。在 Hive 中，查询时经常需要对不相关的 key 进行多次 shuffle 操作，例如 join-grp by-window function-order by。

（3）作用与价值

在 Hadoop 2.0 生态系统中，MapReduce、Hive、Pig 等计算框架，都需要最终以 MapReduce 任务的形式执行数据分析，因此，Tez 框架可以发挥重要的作用。如图 3-6 所示，可以让 Tez 框架运行在 YARN 框架之上,然后让 MapReduce、Pig 和 Hive 等计算框架运行在 Tez 框架之上,从而借助 Tez 框架实现对 MapReduce、Pig 和 Hive 等的性能优化,更好地解决现有 MapReduce 框架在迭代计算(如 PageRank 计算)和交互式计算方面存在的问题。

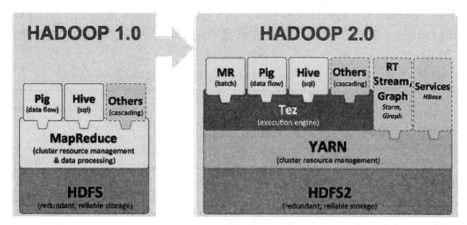

图 3 - 6 Tez 在 Hadoop 生态系统中的作用

可以看出,Tez 在解决 Hive、Pig 延迟大、性能低等问题的思路,和那些支持实时交互式查询分析的产品(如 Impala、Dremel 和 Drill 等)是不同的。Impala、Dremel 和 Drill 的解决问题思路是抛弃 MapReduce 计算框架,不再将类似 SQL 语句的 HiveQL 或者 Pig 语句翻译成 MapReduce 程序,采用与商用并行关系数据库类似的分布式查询引擎,直接从 HDFS 或者 HBase 中用 SQL 语句查询数据,不需要把 SQL 语句转化成 MapReduce 任务来执行,从而大大降低了延迟,很好地满足了实时查询的要求。但是,Tez 则不同,比如,针对 Hive 数据仓库进行优化的"Tez+Hive"解决方案,仍采用 MapReduce 计算框架,但是对 DAG 的作业依赖关系进行了裁剪,并将多个小作业合并成一个大作业,这样,不仅计算量减少了,而且写 HDFS 次数也会大大减少。

3.2.5 Spark

Spark 最初由美国加州伯克利大学(UCBerkeley)的 AMP 实验室于 2009 年开发,是基于内存计算的大数据并行计算框架,可用于构建大型的、低延迟的数据分析应用程序。2013 年 Spark 加入 Apache 孵化器项目后发展迅猛,如今已成为 Apache 软件基金会最重要的三大分布式计算系统开源项目之一(Hadoop、Spark、Storm)。

1. Spark 的界定

Apache Spark 是专为大规模数据处理而设计的快速通用的计算引擎。Spark 是 UC Berkeley AMP lab(加州大学伯克利分校的 AMP 实验室)所开发的类 Hadoop MapReduce 的通用并行框架,Spark,拥有 Hadoop MapReduce 所具有的优点;但不同于 MapReduce 的是 Job 中间输出结果可以保存在内存中,从而不再需要读写 HDFS。因此,Spark 能更好地适用于数据挖掘与机器学习等需要迭代的 MapReduce 的算法。

Spark 是一种与 Hadoop 相似的开源集群计算环境,但是两者之间还存在一些不同之处,这些不同之处使 Spark 在某些工作负载方面表现得更加优越。换句话说,Spark 启用了内存分布数据集,除了能够提供交互式查询外,它还可以优化迭代工作负载。

Spark 是在 Scala 语言中实现的,它将 Scala 用作其应用程序框架。与 Hadoop 不同,

Spark 和 Scala 能够紧密集成,其中的 Scala 可以像操作本地集合对象一样轻松地操作分布式数据集。

2. Spark 与 Hadoop 的测试对比

Spark 的性能相比 Hadoop 有很大提升,2014 年 10 月,Spark 完成了一个 Daytona Gray 类别的 Sort Benchmark 测试,排序完全是在磁盘上进行的,与 Hadoop 之前的测试的对比结果如表 3-2 所示。

表 3-2　Spark 和 Hadoop 的测试对比①

	Hadoop MR Record	Spark Record
Data Size	102.5 TB	100 TB
Elapsed Time	72 min	23 min
♯ Nodes	2 000	206
♯ Cores	50 400 physical	6 592 virtualized
Cluster disk throughput	3 150 GB/s(est.)	618 GB/s
Sort Benchmark Daytona Rules	Yes	Yes
Network	dedicated data center, 10 Gbps	virtualized (EC2) 10 Gbps network
Sort rate	**1.42 TB/min**	**4.27 TB/min**
Sort rate/node	**0.67 GB/min**	**20.7 GB/min**

从表格中可以看出排序 100 TB 的数据(1 万亿条数据),Spark 是 206 个节点、23 分钟,Hadoop 是 2 000 个节点、72 分钟,Spark 只用了 Hadoop 所用 1/10 的计算资源,耗时只有 Hadoop 的 1/3。

3. Spark 生态系统

Spark 的优势不仅体现在性能提升上,Spark 框架为批处理(Spark Core)、交互式(Spark SQL)、流式(Spark Streaming)、机器学习(MLLib)和图计算(GraphX)提供一个统一的数据处理平台,这相对于使用 Hadoop 有很大优势(图 3-7)。

Apache Spark 是专为大规模数据处理而设计的快速通用的计算引擎②,现在形成一个高速发展应用广泛的生态系统。Spark 支持 Hadoop YARN、Apache Mesos 及其自带的独立集群管理器,并提供了大量的库,包括 SQL、DataFrames、MLLib、GraphX、Spark Streaming。开发者可以在同一个应用程序中无缝组合使用这些库。

◆ **Shark**　Shark 基本上就是在 Spark 的框架基础上提供和 Hive 一样的 HiveQL 命令接口,为了最大限度地保持和 Hive 的兼容性,Shark 使用了 Hive 的 API 来实现 query Parsing 和 Logic Plan generation,最后的 PhysicalPlan execution 阶段用 Spark 代替 Hadoop MapReduce。通过配置 Shark 参数,Shark 可以自动在内存中缓存特定的 RDD,实现数据重用,进而加快特定数据集的检索。同时,Shark 通过 UDF 用户自定义函数实现特定的数据分析学习算法,使得 SQL 数据查询和运算分析能结合在一起,最大化 RDD 的重复使用。

---

①　Reynold Xin. Apache spark officially sets a new record in large-scale sorting[EB/OL]. (2014-11-05). https://databricks.com/blog/2014/11/05/spark-officially-sets-a-new-record-in-large-scale-sorting.html.

②　Apache.org. Lightning-fast cluster computing[EB/OL]. (2017-10-12). http://spark.apache.org/.

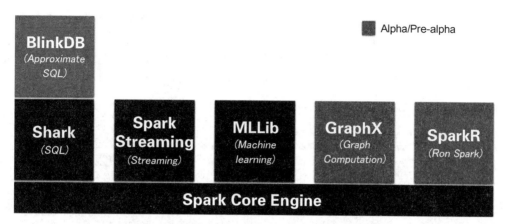

图 3-7 Spark 生态系统

◆ **SparkR** SparkR 是一个为 R 提供了轻量级的 Spark 前端的 R 包。SparkR 提供了一个分布式的 data frame 数据结构,解决了 R 中的 data frame 只能在单机中使用的瓶颈,它和 R 中的 data frame 一样支持许多操作,比如 select、filter、aggregate 等(类似 dplyr 包中的功能),这很好地解决了 R 的大数据级瓶颈问题。SparkR 也支持分布式的机器学习算法,比如使用 MLLib 机器学习库[①]。SparkR 为 Spark 引入了 R 语言社区的活力,吸引了大量的数据科学家开始在 Spark 平台上直接开始数据分析之旅[②]。

4. Hadoop 与 Spark 的替代论

早几年国内外研究者和业界比较关注的是在 Hadoop 平台上的并行化算法设计。然而,Hadoop MapReduce 平台由于网络和磁盘读写开销大,难以高效地实现需要大量迭代计算的机器学习并行化算法。随着 UC Berkeley AMPLab 推出的新一代大数据平台 Spark 系统的出现和逐步发展成熟,近年来国内外开始关注在 Spark 平台上如何实现各种机器学习和数据挖掘并行化算法设计。为了方便一般应用领域的数据分析人员使用所熟悉的 R 语言在 Spark 平台上完成数据分析,Spark 提供了一个称为 SparkR 的编程接口,使得一般应用领域的数据分析人员可以在 R 语言的环境里方便地使用 Spark 的并行化编程接口和强大计算能力[③]。

5. Hadoop 与 Spark 的融合论

Hadoop 是大数据基础生态(存储、计算、资源调度)的事实标准,Spark 正成为大数据生态中计算组件的事实标准,也就是说大数据技术已绕不开 Spark 了,成为泛 Hadoop 不可或缺的一员。Hadoop 包括 HDFS、MapReduce、YARN 三大核心组件,Spark 主要解决计算问题,也就是主要用来替代 MapReduce 的功能,底层存储和资源调度仍然使用 HDFS、YARN 来承载;从两者的 Google 搜索趋势看,Spark 的搜索趋势已与 Hadoop 持平甚至赶超,标志着其成为了计算部分的事实标准。

图 3-8 中大数据组件是日常大数据工作中经常会碰到,蓝色部分是 Hadoop 生态系统组

① Harry Zhu. 海纳百川,有容乃大:SparkR 与 Docker 的机器学习实战[EB/OL]. (2016-03-21). https://segmentfault.com/a/1190000004656388.

② Harry Zhu. 打造大数据产品:Shiny 的 Spark 之旅[EB/OL]. (2016-02-28). https://segmentfault.com/a/1190000004448995.

③ 刘志强等. 基于 SparkR 的分类算法并行化研究[EB/OL]. (2015-07-15). http://www.chinacloud.cn/upload/2015-07/15072107172253.pdf.

件,黄色部分是 Spark 生态组件。虽然它们是两种不同的大数据处理框架,但不是互斥的,Spark 与 Hadoop 中的 MapReduce 是一种相互共生的关系。Hadoop 提供了 Spark 许多没有的功能,比如分布式文件系统;而 Spark 提供了实时内存计算,速度非常快。需要强调的是,Spark 并不是一定要依附于 Hadoop 才能生存,除了 Hadoop 的 HDFS,还可以基于其他的云平台。

图 3 - 8　Hadoop 与 Spark 的融合

3.3　大数据分析的云技术

云技术(Cloud Technology)是基于云计算商业模式应用的网络技术、信息技术、整合技术、管理平台技术、应用技术等的总称,可以组成资源池,按需所用,灵活便利。云计算技术将变成重要支撑。技术网络系统的后台服务需要大量的计算、存储资源,如视频网站、图片类网站和更多的门户网站。伴随着互联网行业的高度发展和应用,将来每个物品都有可能存在自己的识别标志,都需要传输到后台系统进行逻辑处理,不同程度级别的数据将会分开处理,各类行业数据皆需要强大的系统后盾支撑,这些都只能通过云计算来实现。

3.3.1　云计算

云计算(Cloud Computing)是基于互联网的相关服务的增加、使用和交付模式,通常涉及通过互联网来提供动态易扩展且经常是虚拟化的资源①。云是网络、互联网的一种比喻说法。过去在图中往往用云来表示电信网,后来也用来表示互联网和底层基础设施的抽象。因此,云

---

① 南京云创大数据科技股份有限公司.云计算的概念和内涵[EB/OL].(2014 - 02 - 24).http://www.chinacloud.cn/show.aspx? id=14668&cid=17.

计算甚至可以让用户体验每秒 10 万亿次的运算能力,拥有这么强大的计算能力可以模拟核爆炸、预测气候变化和市场发展趋势。用户通过电脑、笔记本、手机等方式接入数据中心,按自己的需求进行运算①。

1. 云计算的界定

对云计算的定义有多种说法。对于到底什么是云计算,至少可以找到 100 种解释②。现阶段广为接受的是美国国家标准与技术研究院(NIST)定义:云计算是一种按使用量付费的模式,这种模式提供可用的、便捷的、按需的网络访问,进入可配置的计算资源共享池(资源包括网络、服务器、存储、应用软件和服务),这些资源能够被快速提供,只需投入很少的管理工作,或与服务供应商进行很少的交互③。

云计算(Cloud Computing)是分布式计算(Distributed Computing)、并行计算(Parallel Computing)、效用计算(Utility Computing)、网络存储(Network Storage Technologies)、虚拟化(Virtualization)、负载均衡(Load Balance)、热备份冗余(High Available)等传统计算机和网络技术发展融合的产物④。

云计算常与网格计算、效用计算、自主计算相混淆。网格计算是分布式计算的一种,由一群松散耦合的计算机组成的一个超级虚拟计算机,常用来执行一些大型任务;效用计算是 IT 资源的一种打包和计费方式,比如按照计算、存储分别计量费用,像传统的电力等公共设施一样;自主计算是指具有自我管理功能的计算机系统。事实上,许多云计算部署依赖于计算机集群(但与网格的组成、体系结构、目的、工作方式大相径庭),也吸收了自主计算和效用计算的特点。

2. 云计算的特点

云计算是通过使计算分布在大量的分布式计算机上,而非本地计算机或远程服务器中,企业数据中心的运行将与互联网更相似。这使得企业能够将资源切换到需要的应用上,根据需求访问计算机和存储系统。好比是从古老的单台发电机模式转向了电厂集中供电的模式。它意味着计算能力也可以作为一种商品进行流通,就像煤气、水电一样,取用方便,费用低廉。被普遍接受的云计算特点包括:

◆ **超大规模**　"云"具有相当的规模,Google 云计算已经拥有 100 多万台服务器,Amazon、IBM、微软、Yahoo 等的"云"均拥有几十万台服务器。企业私有云一般拥有数百上千台服务器。"云"能赋予用户前所未有的计算能力。

◆ **虚拟化**　云计算支持用户在任意位置、使用各种终端获取应用服务。所请求的资源来自"云",而不是固定的有形的实体。应用在"云"中某处运行,但实际上用户无须了解、也不用担心应用运行的具体位置。只需要一台笔记本或者一个手机,就可以通过网络服务来实现需要的一切,甚至包括超级计算这样的任务。

◆ **高可靠性**　"云"使用了数据多副本容错、计算节点同构可互换等措施来保障服务的高

---

① 云创大数据.云计算是什么意思[EB/OL].(2012 - 08 - 09).http://www.cstor.cn/textdetail_4819.html.

② 中国大数据.2014 年云计算大会云计算标准化体系草案形成[EB/OL].(2014 - 03 - 05).http://www.thebigdata.cn/YeJieDongTai/8578.html.

③ 云创大数据.十种方法保持云中数据安全[EB/OL].(2013 - 08 - 23).http://www.cstor.cn/textdetail_4934.html.

④ 中国存储.vNAS 带动网络存储走向可视化趋势[EB/OL].(2014 - 01 - 27).http://www.chinastor.org/NASWangLuoCunChu/1715.html.

可靠性,使用云计算比使用本地计算机可靠。

◆ **通用性** 云计算不针对特定的应用,在"云"的支撑下可以构造出千变万化的应用,同一个"云"可以同时支撑不同的应用运行。

◆ **高可扩展性** "云"的规模可以动态伸缩,满足应用和用户规模增长的需要。

◆ **按需服务** "云"是一个庞大的资源池,用户按需购买;云可以像自来水、电、煤气那样计费。

◆ **极其廉价** 由于"云"的特殊容错措施可以采用极其廉价的节点来构成云,"云"的自动化集中式管理使大量企业无须负担日益高昂的数据中心管理成本,"云"的通用性使资源的利用率较之传统系统大幅提升,因此用户可以充分享受"云"的低成本优势,经常只要花费几百美元、几天时间就能完成以前需要数万美元、数月时间才能完成的任务。云计算可以彻底改变未来的生活,但同时也要重视环境问题,这样才能真正为人类进步做贡献,而不是简单的技术提升。

◆ **潜在的危险性** 云计算服务除了提供计算服务外,还必然提供了存储服务。但是云计算服务当前垄断在私人机构(企业)手中,而他们仅仅能够提供商业信用。对于政府机构、商业机构(特别像银行这样持有敏感数据的商业机构)选择云计算服务时应保持足够的警惕。一旦商业用户大规模使用私人机构提供的云计算服务,无论其技术优势有多强,都不可避免地让这些私人机构以"数据(信息)"的重要性挟制整个社会。对于信息社会而言,"信息"是至关重要的。另一方面,云计算中的数据对于数据所有者以外的其他云计算用户是保密的,但是对于提供云计算的商业机构而言确实毫无秘密可言。所有这些潜在的危险,是商业机构和政府机构选择云计算服务、特别是国外机构提供的云计算服务时,不得不考虑的一个重要的前提①。

3. 云计算的演化

云计算主要经历了四个阶段才发展到现在比较成熟的水平,这四个阶段依次是电厂模式、效用计算、网格计算和云计算。

◆ **电厂模式阶段** 电厂模式就好比是利用电厂的规模效应,来降低电力的价格,并让用户使用起来更方便,且无须维护和购买任何发电设备。

◆ **效用计算阶段** 在1960年左右,当时计算设备的价格是非常高昂的,远非普通企业、学校和机构所能承受,所以很多人产生了共享计算资源的想法。1961年,人工智能之父麦肯锡在一次会议上提出了"效用计算"这个概念,其核心借鉴了电厂模式,具体目标是整合分散在各地的服务器、存储系统以及应用程序来共享给多个用户,让用户能够像把灯泡插入灯座一样来使用计算机资源,并且根据其所使用的量来付费。但由于当时整个IT产业还处于发展初期,很多强大的技术还未诞生,比如互联网等,所以虽然这个想法一直为人称道,但是总体而言"叫好不叫座"。

◆ **网格计算阶段** 网格计算研究如何把一个需要非常巨大的计算能力才能解决的问题分成许多小的部分,然后把这些部分再分配给许多低性能的计算机来处理,最后把这些计算结果综合起来攻克大问题。可惜的是,由于网格计算在商业模式、技术和安全性方面的不足,使其并没有在工程界和商业界取得预期的成功。

◆ **云计算阶段** 云计算的核心与效用计算和网格计算非常类似,也是希望IT技术能像使用电力那样方便,并且成本低廉。但与效用计算和网格计算不同的是,2014年在需求方面已经有了一定的规模,同时在技术方面也已经基本成熟了。

① 中国云计算. 云计算的特点[EB/OL]. (2014-02-24). http://www.chinacloud.cn/show.aspx? id=14668&cid=17.

3.3.2　云平台

云平台(Cloud Platforms)的出现,是云计算的最重要环节之一。云平台,顾名思义,就是允许开发者们或是将写好的程序放在"云"里运行,或是使用"云"里提供的服务,或两者皆是。至于这种平台的名称,类似称呼,包括按需平台(On-demand Platform)、平台即服务(Platform-as-a-Service, PaaS)等等。但无论称呼它什么,这种新的支持应用的方式有着巨大的潜力。

1. 基本组成

云平台一般包含以下三个部分:

◆ **一个基础(Foundation)**　几乎所有应用都会用到一些在机器上运行的平台软件。各种支撑功能(如标准的库与存储,以及基本操作系统等)均属此部分。

◆ **一组基础设施服务(Infrastructure Services)**　在现代分布式环境中,应用经常要用到由其他计算机提供的基本服务。比如提供远程存储服务、集成服务及身份管理服务等都是很常见的。

◆ **一套应用服务(Application Services)**　随着越来越多的应用面向服务化,这些应用提供的功能可为新应用所使用。尽管这些应用主要是为最终用户提供服务的,但这同时也令它们成为应用平台的一部分。

2. 三种云服务

云是网络、互联网的一种比喻说法。过去在图中往往用云来表示电信网,后来也用来表示互联网和底层基础设施的抽象。

云服务指通过网络以按需、易扩展的方式获得所需服务。常见的云服务有公共云(Public Cloud)与私有云(Private Cloud)两种。私有云是为一个客户单独使用而构建的,因而提供对数据、安全性和服务质量的最有效控制。该公司拥有基础设施,并可以控制在此基础设施上部署应用程序的方式。私有云可部署在企业数据中心的防火墙内,也可以将它们部署在一个安全的主机托管场所,私有云的核心属性是专有资源。公共云是最基础的服务,多个客户可共享一个服务提供商的系统资源,他们毋须架设任何设备及配备管理人员,便可享有专业的IT服务,这对于一般创业者、中小企业来说,无疑是一个降低成本的好方法。公共云还可细分为三个类别,包括软件即服务(Software-as-a-Service, SaaS)、平台即服务(Platform-as-a-Service, PaaS)及基础设施即服务(Infrastructure-as-a-Service, IaaS)(图3-9)①。

图3-9　公共云的三种类型

――――――――――――――

①　中国云计算.云计算是什么?［EB/OL］.(2014-04-16). http://www.chinacloud.cn/show.aspx?id=15917&cid=17.

◆ **软件即服务(Software-as-a-Service，SaaS)** 一种通过 Internet 提供软件的模式,用户无须购买软件,而是向提供商租用基于 Web 的软件,来管理企业经营活动。

◆ **平台即服务(Platform-as-a-Service，PaaS)** 指将软件研发的平台作为一种服务,以 SaaS 的模式提交给用户。因此,PaaS 也是 SaaS 模式的一种应用。但是,PaaS 的出现可以加快 SaaS 的发展,尤其是加快 SaaS 应用的开发速度。

◆ **基础设施即服务(Infrastructure-as-a-Service，IaaS)** 消费者通过 Internet 可以从完善的计算机基础设施获得服务①。

3.4 大数据分析的存储技术

3.4.1 分布式文件系统

随着数据量越来越大,在一个操作系统管辖的范围内无法保存,就必须分配到更多的操作系统管理的磁盘中,但是这又不方便管理和维护,故迫切需要一种系统来管理多台机器上的文件,这就是分布式文件管理系统。换而言之,分布式文件系统是一种允许通过网络在多台主机上分享文件的系统,可让多台机器上的多用户分享文件和存储空间。

1. 背景分析

计算机通过文件系统管理、存储数据,而信息爆炸时代中可以获取的数据成指数倍地增长,单纯通过增加硬盘个数来扩展计算机文件系统的存储容量的方式,在容量大小、容量增长速度、数据备份、数据安全等方面的表现都差强人意。分布式文件系统可以有效解决数据的存储和管理难题:将固定于某个地点的某个文件系统,扩展到任意多个地点/多个文件系统,众多的节点组成一个文件系统网络。每个节点可以分布在不同的地点,通过网络进行节点间的通信和数据传输。在使用分布式文件系统时,无须关心数据是存储在哪个节点上、或者是从哪个节点获取的,只需要像使用本地文件系统一样管理和存储文件系统中的数据。

2. 概念的界定

分布式文件系统(Distributed File System)是指文件系统管理的物理存储资源不一定直接连接在本地节点上,而是通过计算机网络与节点相连。

3. 评判标准

文件系统最初设计时,仅仅是为局域网内的本地数据服务的,而分布式文件系统将服务范围扩展到了整个网络。这不仅改变了数据的存储和管理方式,也拥有了本地文件系统所无法具备的数据备份、数据安全等优点。判断一个分布式文件系统是否优秀,取决于以下三个因素:

◆ **数据的存储方式** 例如有 1 000 万个数据文件,可以在一个节点存储全部数据文件,在其他 N 个节点上每个节点存储 1 000/N 万个数据文件作为备份;或者平均分配到 N 个节点上存储,每个节点上存储 1 000/N 万个数据文件。无论采取何种存储方式,目的都是为了保证数据的存储安全和方便获取。

◆ **数据的读取速率** 包括响应用户读取数据文件的请求、定位数据文件所在的节点、读

---

① 百度百科. 云服务[EB/OL]. (2017-10-01). https://baike.baidu.com/item/%E4%BA%91%E6%9C%8D%E5%8A%A1#reference-[3]-2007356-wrap.

取实际硬盘中数据文件的时间、不同节点间的数据传输时间以及一部分处理器的处理时间等,各种因素决定了分布式文件系统的用户体验,即分布式文件系统中数据的读取速率不能与本地文件系统中数据的读取速率相差太大,否则在本地文件系统中打开一个文件需要2秒,而在分布式文件系统中在各种因素的影响下用时超过10秒,就会严重影响用户的使用体验。

◆ **数据的安全机制**　由于数据分散在各个节点中,必须要采取冗余、备份、镜像等方式保证节点在出现故障的情况下,能够进行数据的恢复,确保数据安全。

4. HDFS

自从 Hadoop 问世以后,它的文件存储机制就成为了一种虚拟化存储中的经典,这就是HDFS。HDFS 是 Hadoop 的最高级文件存储系统,包含了其自身特有的文件存储机制、本地文件系统和 Amazon S3 等优秀的系统。

HDFS 的特点之一就是少存储、多读取。减少写入次数,即一次写入大量数据;然后分多次读取数据,把更多的时间留给对数据的处理上。而且,Hadoop 的硬件基础往往是便宜的普通零件,而不是特别高质量的硬件组,所以硬件的损坏还是很可观的。但是,HDFS 又被设计成了具有较高容能力的虚拟化系统。

由于 HDFS 牺牲了一定的时间来换取了较高的吞吐率,所以它的数据访问速度不如 Hive和 HBase。HDFS 的存储块很大,至少大到物理磁盘的 100 多倍,这使得 HDFS 在节省存储空间、寻找数据地址的能力有了一定的提升。HDFS 在大文件上的优势要远远大于小文件。如果小文件的数量足够大,那么在 HDFS 管理下很有可能硬件设备就不满足需求了。

HDFS 的好处在于将所有硬件磁盘虚拟化为一个大仓库。所以,一个文件很有可能被分为几部分,分别存放在不同的物理磁盘上。但在 HDFS 这个层面上看到的还是一个完整的文件,这也就意味着文件的安全性得到了提高——HDFS 的高容错和高回复在这里起到了至关重要的作用。同时,HDFS 中应该有正常空闲或专门用来备用的机器,这些用来在节点被物理破坏后进行数据恢复和维持集群正常、保持负载均衡时使用。

3.4.2　分布式数据库 HBase

HBase(Hadoop Database)是一个高可靠性、高性能、面向列、可伸缩的分布式存储系统,利用 HBase 技术可在廉价 PC Server 上搭建大规模结构化存储集群。

1. HBase 的界定

HBase 是一个分布式的、面向列的开源数据库,该技术来源于 Fay Chang 所撰写的Google 论文"Bigtable:一个结构化数据的分布式存储系统"。就像 Bigtable 利用了 Google 文件系统(File System)所提供的分布式数据存储一样,HBase 在 Hadoop 之上提供了类似于Bigtable 的能力。HBase 是 Apache 的 Hadoop 项目的子项目。HBase 不同于一般的关系数据库,它是一个适合于非结构化数据存储的数据库。另一个不同的是,HBase 是基于列的而不是基于行的模式。

2. HBase 的作用

如图 3 - 10 所示,HBase 位于 Hadoop 生态系统中结构化存储层,Hadoop HDFS 为HBase 提供了高可靠性的底层存储支持,Hadoop MapReduce 为 HBase 提供了高性能的计算能力,Zookeeper 为 HBase 提供了稳定服务和 failover 机制。

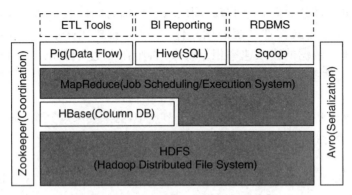

图 3-10 HBase 在 Hadoop 中的作用

此外,Pig 和 Hive 还为 HBase 提供了高层语言支持,使得在 HBase 上进行数据统计处理变得非常简单。Sqoop 则为 HBase 提供了方便的 RDBMS 数据导入功能,使得传统数据库数据向 HBase 中迁移变得非常方便①。

3. HBase 的特点

HBase 不同于一般的关系数据库,它是一个适合于非结构化数据存储的数据库。所谓非结构化数据存储,就是说 HBase 是基于列的而不是基于行的模式,这样方便读写大数据内容。HBase 存储多个属性的数据结构,但没有传统数据库表中那么多的关联关系,这就是所谓的松散数据。简单来说,在 HBase 中的表创建的可以看作是一张很大的表,而这个表的属性可以根据需求去动态增加,在 HBase 中没有表与表之间关联查询。HBase 表的特点表现为:

◆ **大** 一个表可以有数十亿行、上百万列;

◆ **无模式** 每行都有一个可排序的主键和任意多的列,列可以根据需要动态地增加,同一张表中不同的行可以有截然不同的列;

◆ **面向列** 面向列(族)的存储和权限控制,列(族)独立检索;

◆ **稀疏** 空(null)列并不占用存储空间,表可以设计得非常稀疏;

◆ **数据多版本** 每个单元中的数据可以有多个版本,默认情况下版本号自动分配,是单元格插入时的时间戳;

◆ **数据类型单一** HBase 中的数据都是字符串。

3.4.3 NoSQL 数据库

NoSQL(NoSQL=Not Only SQL),泛指非关系型的数据库。随着互联网 web 2.0 网站的兴起,用户的个人信息、社交网络、地理位置、用户生成的数据和用户操作日志已经成倍地增加。传统的关系数据库在应付 web 2.0 网站,特别是超大规模和高并发的 SNS 类型的 web 2.0 纯动态网站已经显得力不从心,暴露了很多难以克服的问题,而非关系型的数据库则由于其本身的特点得到了非常迅速的发展。NoSQL 数据库的产生就是为了解决大规模数据集合多重数据种类带来的挑战,尤其是大数据应用难题。

1. 基本含义

NoSQL,"不仅仅是 SQL",指的是非关系型的数据库,也是对不同于传统的关系型数据库

---

① 开源中国.分布式数据库 Apache HBase[EB/OL].(2008-10-27).http://www.oschina.net/p/hbase? fromerr=YEWoI4Qe.

的数据库管理系统的统称。

NoSQL 用于超大规模数据的存储(例如谷歌或 Facebook 每天为他们的用户收集万亿比特的数据)。这些类型的数据存储不需要固定的模式,无须多余操作就可以横向扩展。因此,NoSQL 数据库在以下的这几种情况下比较适用:

● 数据模型比较简单;
● 需要灵活性更强的 IT 系统;
● 对数据库性能要求较高;
● 不需要高度的数据一致性;
● 对于给定 key,比较容易映射复杂值的环境。

2. NoSQL 简史

NoSQL 一词最早出现于 1998 年,是 Carlo Strozzi 开发的一个轻量、开源、不提供 SQL 功能的关系数据库。2009 年,Last. fm 的 Johan Oskarsson 发起了一次关于分布式开源数据库的讨论,来自 Rackspace 的 Eric Evans 再次提出了 NoSQL 的概念,这时的 NoSQL 主要指非关系型、分布式、不提供 ACID 的数据库设计模式。

2009 年,在亚特兰大举行的"no:sql(east)"的讨论会是一个里程碑,其口号是"select fun, profit from real_world where relational=false;"。因此,对 NoSQL 最普遍的解释是"非关联型的",强调 Key-Value Stores 和文档数据库的优点,而不是单纯的反对 RDBMS。

3. NoSQL 数据库的分类

NoSQL 数据库可以分为六种类型,如表 3-3 所示:

表 3-3 NoSQL 数据库的分类

类型	部分代表	特点	典型应用场景	优点	缺点
列存储	HBase Cassandra Hypertable	顾名思义,是按列存储数据。最大的特点是方便存储结构化和半结构化数据,方便做数据压缩,对进行某一列或者某几列的查询有非常大的 IO 优势	分布式的文件系统	查找速度快,可扩展性强,更容易进行分布式扩展	功能相对局限
文档存储	Mongo DB Couch DB	文档存储一般用类似 json 的格式存储,存储的内容是文档型的。这样也就有机会对某些字段建立索引,实现关系数据库的某些功能	Web 应用(与 key-value 类似,Value 是结构化的,不同的是数据库能够了解 Value 的内容)	数据结构要求不严格,表结构可变,不需要像关系型数据库一样需要预先定义表结构	查询性能不高,而且缺乏统一的查询语法
key-value 存储	Tokyo Cabinet/Tyrant Berkeley DB Memcache DB Redis	可以通过 key 快速查询到其 value。一般来说,存储不管 value 的格式,照单全收(Redis 包含了其他功能)	内容缓存,主要用于处理大量数据的高访问负载,也用于一些日志系统等	查找速度快	数据无结构化,通常只被当作字符串或者二进制数据

（续表）

类型	部分代表	特点	典型应用场景	优点	缺点
图存储	Neo4J Flock DB	图形关系的最佳存储。若使用传统关系数据库来解决,则性能低下,而且设计使用不方便	社交网络、推荐系统等。专注于构建关系图谱	利用图结构相关算法。比如最短路径寻址、N 度关系查找等	很多时候需要对整个图做计算才能得出需要的信息,而且这种结构不太好做分布式的集群方案
对象存储	db4o Versant	通过类似面向对象语言的语法操作数据库,通过对象的方式存取数据。			
XML数据库	Berkeley DB XML BaseX	高效地存储 XML 数据,并支持 XML 的内部查询语法,比如 XQuery、Xpath			

　　NoSQL 数据库并没有一个统一的架构,两种 NoSQL 数据库之间的不同,甚至远远超过两种关系型数据库的不同。可以说,NoSQL 各有所长,成功的 NoSQL 必然特别适用于某些场合或者某些应用,在这些场合中会远远胜过关系型数据库和其他的 NoSQL。但是它们都普遍存在下面一些共同特征:

　　◆ **不需要预定义模式**　不需要事先定义数据模式、预定义表结构。数据中的每条记录都可能有不同的属性和格式。当插入数据时,并不需要预先定义它们的模式。

　　◆ **无共享架构**　相对于将所有数据存储的存储区域网络中的全共享架构。NoSQL 往往将数据划分后存储在各个本地服务器上。因为从本地磁盘读取数据的性能往往好于通过网络传输读取数据的性能,从而提高了系统的性能。

　　◆ **弹性可扩展**　可以在系统运行时动态增加或者删除结点。不需要停机维护,数据可以自动迁移。

　　◆ **分区**　相对于将数据存放于同一个节点,NoSQL 数据库需要将数据进行分区,将记录分散在多个节点上面。并且通常分区的同时还要做复制,这样既提高了并行性能,又能保证没有单点失效的问题。

　　◆ **异步复制**　和 RAID 存储系统不同的是,NoSQL 中的复制,往往是基于日志的异步复制。这样,数据就可以尽快地写入一个节点,而不会被网络传输引起迟延。缺点是并不总能保证一致,这样的方式在出现故障时,可能会丢失少量的数据。

　　◆ **BASE**　相对于事务严格的 ACID 特性,NoSQL 数据库保证的是 BASE 特性。BASE是最终一致性和软事务[1]。

　　5. NoSQL 的优点

　　NoSQL 能够很好地应对海量数据的挑战,相对于关系型数据库,NoSQL 数据存储管理系

---

[1]　百度百科. NoSQL[EB/OL]. (2017 - 06 - 23). https://baike. baidu. com/item/NoSQL/8828247.

统的主要优势有：

◆ **避免不必要的复杂性**　关系型数据库提供各种各样的特性和强一致性，但是许多特性只能在某些特定的应用中使用，大部分功能很少被使用。NoSQL 系统则通过提供较少的功能来提高性能。

◆ **高吞吐量**　一些 NoSQL 数据系统的吞吐量比传统关系数据管理系统要高很多，如 Google 使用 MapReduce 每天可处理 20 PB 存储在 Bigtable 中的数据。

◆ **高水平扩展能力和低端硬件集群**　NoSQL 数据系统能够很好地进行水平扩展，与关系型数据库集群方法不同，这种扩展不需要很大的代价。而基于低端硬件的设计理念为采用 NoSQL 数据系统的用户节省了很多硬件上的开销。

◆ **避免了昂贵的对象——关系映射**　许多 NoSQL 系统能够存储数据对象，这避免了数据库中关系模型和程序中对象模型间的相互转化。

6. NoSQL 的缺点

虽然 NoSQL 数据库提供了高扩展性和灵活性，但是它也有自己的缺点，主要有：

◆ **数据模型和查询语言没有经过数学验证**　SQL 这种基于关系代数和关系演算的查询结构有着坚实的数学保证，即使一个结构化的查询本身很复杂，但是它能够获取满足条件的所有数据。由于 NoSQL 系统都没有使用 SQL，而使用的一些模型还未有完善的数学基础，这也是 NoSQL 系统较为混乱的主要原因之一。

◆ **不支持 ACID 特性**　这为 NoSQL 带来优势的同时也有其缺点，毕竟事务在很多场合下还是需要的，ACID 特性使系统在中断的情况下也能够保证在线事务能够准确执行。

◆ **功能简单**　大多数 NoSQL 系统提供的功能都比较简单，这就增加了应用层的负担。例如，如果在应用层实现 ACID 特性，那么编写代码的程序员一定极其痛苦。

◆ **没有统一的查询模型**　NoSQL 系统一般提供不同查询模型，这在一定程度上增加了开发者的负担。

延伸阅读思考："大数据＋人脸识别"助力众可贷

自 2013 年起，P2P 网贷行业发展迅速，平台数量、成交规模、平台用户数均大幅增长。7 月 18 日，央行等十部委联合发布《关于促进互联网金融健康发展的指导意见》，明确了互联网金融主要业态的业务边界以及监管责任，从此行业将进入规范发展的快车道。

随着上市公司、银行、国资系等机构的介入，行业的隐形门槛被抬高，对平台的资金、技术和风控水平均提出了更高的要求。P2P 网络借贷业务的核心是普惠金融，特征是小额分散。小额分散的特征使用户开发和审核成本过高，借款人成本居高不下，客观上阻碍了平台的扩张。因此，如何降低借款业务的风控成本和提升效率以及精准识别借款人的真实身份、防范欺诈成为平台发展须解决的首要问题。

基于此，众可贷借助"大数据"和"人脸识别技术"解决以上痛点，打造具有智能化小微信贷工厂模式的 P2P 平台，踏上年成交千亿级别 P2P 网贷平台的成长之路。

1. 大数据：风控标准化和流程化

从数据维度上讲，传统金融机构获取的是结构化数据，数据的产生、存储以及调用都是分割的，很多数据在采集之前就已经经过人为的预处理。传统金融机构处理结构化数据手段比较规范、标准，但数据采集的广度和数据分析的深度都略显不足。同时，在传统征信方式中，由于借款人的情形各不相同,加之审贷人员的主观因素,导致对各个借款人风险衡量标准不统一。

众可贷建立的大数据风控模型除了传统的结构化数据以外,还对大量以文字、图像、视频、音频等非结构化形式存在的数据进行深度挖掘和分析。这些非结构化数据均产生于公众无意识的日常活动,具有真实、动态、多维度的特点。数据维度包括宏观经济数据、行业运行数据、物流监控数据、存货变动、个人社保及纳税记录、刷卡记录、社交数据、网络交易及行为数据等。同时,众可贷接入第三方征信等互联网征信系统后,扩大了服务对象数据信息的来源渠道。随着数据来源的丰富、平台数据的积累以及国家数据的开放,众可贷将建立一套基于大数据的业务模式。数据的搜集、分析及信用评价结果输出的整个过程,均由云计算完成,使传统征信方式中非标准程序转变为标准化程序,有效避免传统征信方式中人为主观因素的影响,确保评价结果的客观准确,同时做到流程快捷、高效。大数据风控体系运用后,信贷审批的标准化将会使标的的选择更加快捷,在单位时间内提高借款标的的业务数量,同时标的的潜在违约风险也在可控范围。图 3-11 为众可贷大数据风控模型。

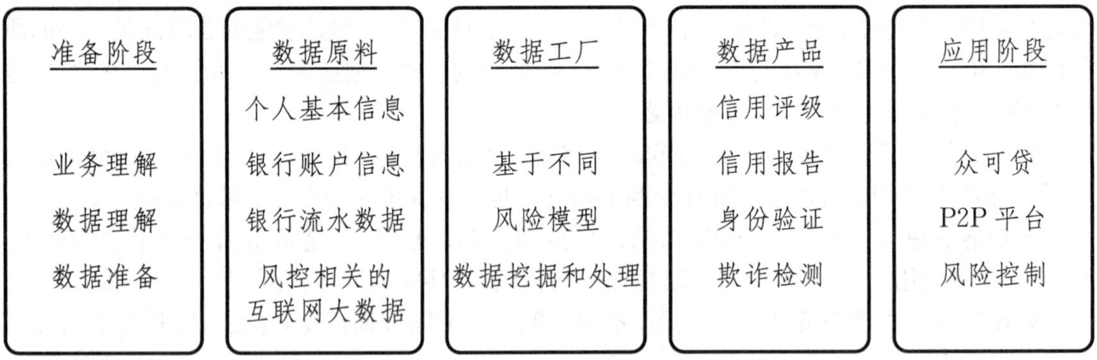

图 3-11 众可贷大数据风控模型

大数据不仅能构建高效的标准化程序、选择更优质的标的,更能有效节约平台与借款人双方的成本,实现双赢。而传统信贷信息一般都是由业务员采集完成,无形中给平台带来了大量的人工成本和额外费用。对借款人而言,由于要完成配合审贷过程,其成本也极高。大数据风控模型的实现将大大精简这些程序。通过大数据,众可贷将在线上进行第一轮筛选,符合条件的直接通过,不合格的直接拒绝,有疑点的会辅助线下措施予以甄别,不仅能够高效选择标的,更能节省成本。而精简下的成本,平台可以让渡给借款人,以期吸引更多的优质借款人,也可以让投资人投资到更多优质的标的,利于平台良性发展,平台规模快速扩大。

2. 人脸识别技术:在线精准识别借款人身份

"人脸识别技术"可以有效提升平台的安全等级。如图 3-12 所示,"人脸识别技术"通过视频画面截取用户脸部特征图像,并与上传的身份证人像信息进行比对,机构在需要进行人脸识别时,可以向公安部所属的全国公民身份证号码查询服务中心提出申请,将采集的照片与权威部门的照片库进行比对,确保借款人身份不被冒用。这将大大便捷借款人。而且,借款人可以通过"刷脸"进行远程识别,不仅降低了借款人的成本,同时也降低了平台的核对成本,实现了双方的共赢。用户在进行人脸识别时,只需要打开手机或电脑的摄像头,拍摄自己的正脸即可,零成本、无门槛。

众可贷已与有关科技公司达成战略合作协议，拟于近期启动人脸识别系统。届时，用户在家里用手机或电脑登录众可贷网站，对准摄像头"刷脸"后，即可快速登录网站。用户无须记忆密码，更无须担心密码被泄露，因为即使是双胞胎，人脸识别系统也能精准匹配唯一性。这为投资者带来的不仅是快捷方便的登录体验，更增加了账户安全性。对于众可贷平台来说，该技术能有效解决传统流程中客户身份核实、欺诈风险防范、远程开户不易等难题，迎接用户的几何级增长，夯实智能化 P2P 平台建设的基础。

图 3-12　人脸识别技术在众可贷的应用

3. 众可贷的智能化信贷工厂之路

"大数据"加"人脸识别"技术，大幅提高了众可贷平台的核心竞争力。在未来，大数据的应用远不止在风控和降低成本这两方面，它还可以成为公司新的利润增长点，为公司带来额外附加值。深挖互联网大数据，可以帮助公司了解投资者的偏好、需求等各方面信息。公司通过开发算法，对这方面的信息进行分析后，可以形成投资者的偏好报告。此类报告将有助于相关企业了解需求，开发产品。此时不仅数据产生价值，公司所开发的算法亦会产生价值。

众可贷高度重视服务水平的提升和创新能力的增强。上述两个技术的应用，能在线精准识别借款人身份，缩减了冗长的审核周期，降低了借款人的成本；而"人脸识别"技术中的"刷脸支付"，不仅能更好地保证投资者的账户安全，更能有效地简化投资流程。

在"大数据＋人脸识别"的助力下，众可贷将建成具有智能化信贷工厂模式的 P2P 平台。这不仅是技术手段在风控模型方面的应用，而且是金融与互联网技术的深度融合统一。

实验三：认知大数据分析工具——以"魔镜"为例

一、实验目的

1. 熟悉大数据分析工具（如魔镜）的操作界面。
2. 能够运用大数据分析工具，完成最基本的操作。

二、实验准备

1. 寻找并确定一种大数据分析工具（如魔镜），下载并正确安装。
2. 通过帮助文件、网络教程等多种途径，熟悉大数据分析工具（如魔镜）的基本操作。

三、实验内容——以"魔镜"为例

1. 了解魔镜

大数据魔镜可视化分析软件（简称"魔镜"）是一款面向企业的大数据商业智能产品。通过魔镜，企业积累的各种来自内部和外部的数据，比如网站数据、销售数据、ERP 数据、财务数据、社会化数据、MySQL 数据库等，都可将其整合在魔镜进行实时分析。

魔镜为企业提供从数据清洗处理、数据仓库、数据分析挖掘到数据可视化展示的全套解决方案,同时针对企业的特定需求,提供定制化的大数据解决方案,从而推动企业实现数据智能化管理,增强核心竞争力,将数据价值转化为商业价值,从而获取利润。

2. 熟悉魔镜的基本界面

输入 www.labbigdata.com,进行用户注册后,输入用户名及密码后进行登录,进入应用管理界面,如图 3-13 所示。

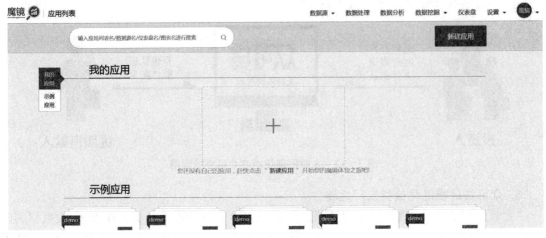

图 3-13 应用管理界面

应用管理界面由"我的应用""示例应用""导航栏""搜索框"等组成。

利用魔镜进行大数据分析以应用为基础,用户可以根据不同的分析主题创建不同的应用,同时可以对项目进行重命名、删除等操作。

"我的应用"是用户自己创建的项目,点击项目图标,进入该项目的第一个仪表盘,即可进行新建图表等操作。

"示例应用"是魔镜系统提供给用户参考的应用项目,用户无重命名、删除、添加/编辑图表操作权限,但拥有调整仪表盘配色方案、添加图标、文字组件、筛选器等操作权限。点击应用图标,即可进入仪表盘界面。

在应用管理界面的右上方为导航栏,魔镜数据分析的操作都是在此处进行的,如图 3-14 所示。

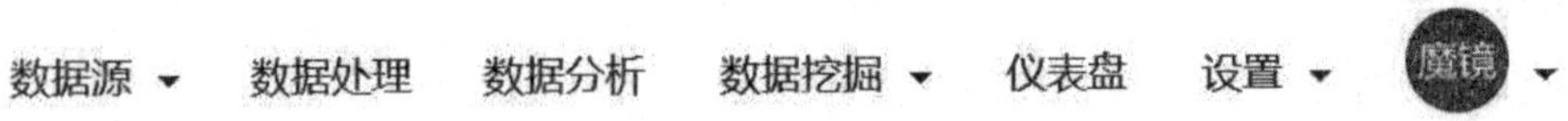

图 3-14 魔镜的导航栏

【数据源】专门用于添加数据源和导入数据源。

【数据处理】用于导入添加的数据源进行再加工,同时将"技术对象"转化为"业务对象"。

【数据分析】用于对"业务对象"进行可视化分析。

【数据挖掘】具有聚类分析、数据预测、关联分析、相关性分析、决策树等功能,可对"业务对象"的维度和度量的数量关系进行进一步挖掘分析。

【仪表盘】集中了数据分析的所有图表,同时可对图表进行编辑与修饰。

【设置】包含"资源管理""权限管理""邀请用户"等功能。

在导航栏左下方有一个搜索框,输入搜索关键词(包含应用列表名、数据源名、仪表盘名、图表名），点击"搜索"按钮，即可得到所需的搜索项。

3. 新建应用

第一步，在应用管理界面中，点击"新建应用"按钮或"我的应用"中的"新建应用"图标，会弹出"选择数据源类型"对话框（图 3 - 15）。

图 3 - 15　选择数据源类型界面

第二步，选择"添加新数据源"，即可进入选择要连接的数据源界面（图 3 - 16）。魔镜可处理的数据类型有"文本类型""数据库类型""大数据集群类型"。

图 3 - 16　选择要连接的数据源界面

第三步，选择须处理的数据类型，点击"下一步"，进入选择数据源文件界面（图 3 - 17）。

图 3 - 17　选择数据源文件界面

第四步,点击图 3 - 17 中的"点击选择文件"按钮,选择合适的文件,进入数据预览界面(图 3 - 18)。

123 编号	A60 课程名称	ABC 班级	ABC 上课时间	ABC 任课老师	ABC 人数	123 上机时数	ABC 软件名称(版本)
1	电子商务	工商1401-1402	5-13周,周五(5-6节)	赵柳榕	63	16	NULL
2	工业统计学	制药1601-2	14周、18周周一(3-4节)	张琳	42	4	NULL
3	管理统计	信管1501-2、电商1501-2	8、11、18、19周周四(5-6节)	张琳	118	8	NULL
4	预测与决策	信管1401-2	5、7、8、9、10周周三(3-4节)	张琳	人选,最多66人	10	NULL
5	预测与决策	信管1501-2、电商1501-2	12-16周周三(5-6节)	陈红艳	120	10	NULL
6	信息架构与web设计	信管1601-2	1-5周,7-13周,周四(1-2节)	胡桓	61	24	DW CS6
7	电商网站设计与管理	电商1401-2	1-5周,7-13周,周四(3-4节)	胡桓	69	24	VS+Sql Server2012
8	信息架构与web设计课程设计	信管1601-2	18-19周(3-6节)	胡桓	61	24	DW CS6

图 3 - 18　数据预览界面

第五步,在图 3 - 18 的数据预览界面中输入应用名称"管理工程系上机实验预约表 2017—2018(1)",单击"保存"按钮,此时即建成一个新的应用,并进入数据处理界面(图 3 - 19)。

图 3 - 19　数据处理界面

4. 应用更改图标、重命名、删除

点击新生成应用中的"应用列表"(图 3-20),回到应用管理界面(图 3-21)。当鼠标移动至"我的应用"中的"管理工程系上机实验预约表 2017—2018(1)"上,此时在应用的右下角出现 ☰ 标记,鼠标移动至 ☰ 标记,此时右侧出现三个选项"封面""重命名""删除"。

点击"封面",出现"应用封面"对话选择界面,此时,可上传新的图像来改变应用封面(图片大小不超过 512 K,支持 JPG、PNG 格式)。

点击"重命名",出现更改"我的应用"名称的界面,在文本框中输入新的应用名称,按右边按钮 ✓ 进行确认,按按钮 ✕ 进行取消。

点击"删除",出现删除我的应用界面,可以删除刚刚完成的新应用。

图 3-20 返回应用管理示例图

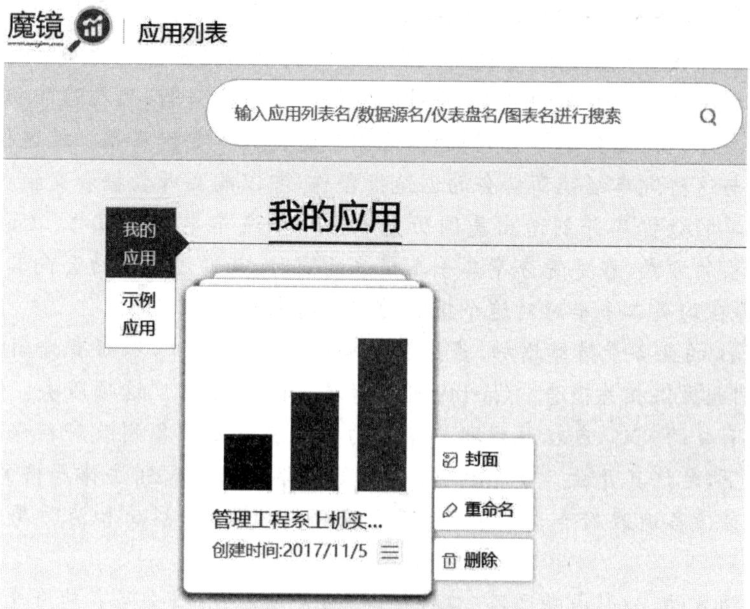

图 3-21 应用管理界面

第四章　大数据分析的数据采集与存储

案例导读

Carfax 大数据采集的曲折历程

Carfax,是美国一家领先的车辆历史信息提供商,拥有超过 60 亿条历史数据记录,其主要业务是通过互联网向美国、加拿大和欧洲的个人消费者和企业提供二手车市场上轿车和轻型卡车的车史报告。计算机专家巴尼特和会计师罗伯特·克拉克于 1984 年在美国密苏里州的哥伦比亚市成立 Carfax。该公司成立的初衷,即巴尼特意识到有些车主在出售汽车时恶意回拨汽车里程表。巴尼特和罗伯特·克拉克看到了这个问题的严重性及其可能产生的巨大商机,决心用计算机技术来揭穿这种欺诈并以此为契机创立了自己的公司。

但是,在创业之初,Carfax 的两位创始人巴尼特和罗伯特的大数据采集之路却异常曲折。起初,Carfax 的两位创始人认为通过汽车身份证号(VIN)、颜色、种类、系列、车身类型、厂商、数据类型、使用对象、使用形式、汽车购进日期、汽车卖出日期、里程表读数、数据记录日期、数据来源,就可以用来检查一辆二手车的车主历史记录。

带着自己的创意,巴尼特和罗伯特信心十足地敲响了拥有汽车数据的政府服务机构——密苏里州哥伦比亚市的车管所的大门。可惜巴尼特和罗伯特的首战失败,按这个州的法律,除非有法庭介入,任何人都不能轻易获得车主的隐私信息。

巴尼特和罗伯特·克拉克没有放弃。他们打听到密苏里州当地的一些汽车经销商协会(属非营利组织)有部分这方面的数据,并对他们讲的故事感兴趣,两人随即和这些协会取得联系。由于汽车经销商协会是非营利机构,他们对这种数据要价不高。就这样,通过改变数据采购渠道及与这些汽车经销商协会的创造性合作,即以购买源数据和交换数据的方式,巴尼特建立了简单的数据库并创造出美国历史上第一个汽车史档案报告。Carfax 与这些协会通过数据交换的方式,在免费分享二手车报告的同时,又通过这些协会向其会员宣传。很快,当地消费者在购买二手车时对这个报告的需求越来越多。

由于 Carfax 的业务量持续增加,声誉和影响逐渐传出州外,不断有外州消费者和公司联系,希望他们也提供相关报告。Carfax 开始考虑向全美国推广这项服务。Carfax 这时采取了几个重大有效的策略,包括雇用职业律师向各州法院要求各州政府在保护车主个人隐私信息的前提下,允许其开放二手车数据;雇用职业游说经理人到法律严格的州议会,说服其通过相关法律使各地政府车管所、公路交通安全管理局、警察局和消防局开放其二手车数据。

在市场推销方面,公司成功通过"口碑推荐"的营销方式,将全美各地汽车经销商协会逐一攻破。他们以收购和数据交换的方式,拿到了这些汽车经销商协会掌握的所有二手车数据。美国加州保护消费者隐私的法律比较严,他们寻求公开汽车信息数据迟迟未果,最后只好诉诸法庭,控告加州政府阻挠数据公开,经过整整 4 年时间,最终于 2004 年达成一个双方都满意的解决方案。时任州长的施瓦辛格最后在法律文件上签字,他们获得梦寐以求的、除去用户隐私的汽车大数据,业务也因此在加州蓬勃展开①。

学习目标
- 掌握大数据采集的基本概念
- 熟悉大数据采集的常见渠道
- 了解大数据采集的常用工具
- 理解大数据采集工具的设计
- 掌握大数据存储的技术路线
- 熟悉常见的大数据存储管理系统

4.1 大数据采集概述

大数据采集是大数据分析的基础,只有完备的数据采集才能增强大数据分析的正确性和有效性。由于各种类型数据采集的难易程度差别很大,需要明确大数据采集的含义、实际平台、面临的困难和可行的对策。

4.1.1 大数据采集的基本概念

大数据采集是大数据价值挖掘中重要的一环,其后的分析挖掘都是建立在大数据采集的基础之上。大数据分析的意义不在于掌握规模庞大的数据信息,而在于对这些数据进行智能处理,从中分析和挖掘出有价值的信息,但前提是拥有大量可信、可用的数据。

1. 大数据采集的含义

大数据采集,即对各种来源(如 RFID 射频数据、传感器数据、移动互联网数据、社交网络数据等)的结构化和非结构化海量数据所进行的数据获取。

大数据采集主要包括数据传感体系、网络通信体系、传感适配体系、智能识别体系及软硬件资源接入系统,实现对结构化、半结构化、非结构化的海量数据的智能化识别、定位、跟踪、接入、传输、信号转换、监控、初步处理和管理等。因此,必须着重攻克针对大数据源的智能识别、感知、适配、传输、接入等技术。

2. 大数据采集与传统数据采集的区别

传统的数据采集来源单一,且存储、管理和分析数据量也相对较小,大多采用关系型数据库和并行数据仓库即可处理。对依靠并行计算提升数据处理速度方面而言,传统的并行数据库技术追求高度一致性和容错性,根据 CAP 理论,难以保证其可用性和扩展性。

大数据采集的数据量巨大,信息来源广泛,可以是页面数据、交互数据、表单数据、会话数据等线上行为数据,也可以是应用日志、电子文档、机器数据、语音数据、社交媒体数据等内容数据;数据类型丰富,包括结构化、半结构化和非结构化数据。

---

① 江晓东. 实战大数据:DT 时代智能组织工作方法[M]. 北京:中信出版集团,2016:56 - 59.

3. 大数据采集的行为模式

对于大数据采集的行为而言,如果以采集的目的为横坐标、采集的工具作为纵坐标,那么可以将大数据采集的行为分为四大类:非定向采集、定向采集、非正式采集和正式采集,如图 4-1 所示。

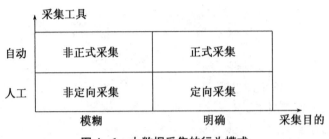

图 4-1 大数据采集的行为模式

◆ **非定向采集** 是指没有明确的采集目标,采用人工手段对数据进行采集。它的目的在于发现或察觉变化信号,其查询的偶然性明显。

◆ **定向采集** 是指具有一定的明确的目的和目标,采用人工手段对数据进行采集。它的目的在于初步进行数据采集,分析获取的数据的重要性,从而评估这些数据对企业运营、政府管理等产生的影响。

◆ **非正式采集** 是指通过积极采集相关数据,以加深对某些问题的认知和理解。采集的目的并非十分明确,只是对某些方面的数据进行了解。

◆ **正式采集** 是指在明确的目的的情况下,通过专门的工具,进行系统、全面、深入的大数据采集。采集的方式将遵循实现设立的程序或者标准,是一种有计划、有组织的采集活动。采集的目的在于全面、深入地掌握相关数据,为后续工作打下坚实的基础。

4.1.2 大数据采集的数据源

在传统的数据采集过程中,通常需要注重数据的载体、获取渠道、采集时间等基本信息,而大数据采集对原始信息的载体、来源、采集时间等基本属性提出了更高的要求。大数据采集能力的大小取决于数据来源及数据渠道两个方面。基于现有研究成果,将大数据采集的采集对象综合为微博、博客、BBS、手持设备 APP(手机 QQ,微信等)等用户生成内容在内的社交媒体等交互型数据源;公共门户网站、新闻媒体网站等传播类数据源;政府网站、政府内部信息等政府数据源。

1. 社交媒体等交互型数据源

社交媒体是指人们彼此之间用来分享意见、见解、经验和观点的工具和平台,现阶段主要包括博客、微博、社交网站、微信、论坛等。社交媒体类信息多为用户生成内容(User-generated Content,UGC),以文本、图像、音频、视频等多种虚拟化方式展现,具备使用者众多、冗余度高、难以组织等特点,主要被关注的数据源有博客、微博、BBS、即时聊天工具等。表 4-1 给出了主要的社交媒体类数据源的实例、特点及其举例。

表 4-1 社交媒体类数据源的实例及其特点

实例	信息源特点	举例
博客	使用者众多,信息较为零散,碎片化程度高,冗余度高,主要为用户生成内容,信息源更新速度快,异构化程度高(包含文字、图片、视频等多种表现形式),数据量巨大	网易博客,科学网博客,CSDN博客等
微博		新浪微博,腾讯微博,Twitter等
即时聊天工具(电脑客户端及手持设备 APP)		QQ空间、微信朋友圈、陌陌、阿里旺旺等
BBS		天涯社区,猫扑论坛

2. 传播类数据源

新闻类网络数据源主要包括公共门户网站以及新闻媒体网站等,如网易新闻、凤凰新闻、QQ新闻、央视新闻等。

3. 政府数据源

政府数据源是一个非常广泛的概念,它涉及面广、表现形式多样,从政策、法规、政府公告到事件调查、民意反馈等。从网络采集角度,政府信息主要指政府行政部门在政府网站发布的公开信息以及政府及企事业单位的内部信息。无论国内还是国外,政府占据了全社会80%以上的数据总量,而且,政府数据的权威性无可替代。所以,政府数据源应该是大数据分析的最重要来源。

显而易见的是,上述数据源在采集过程中,需要注重彼此之间的关联性、相互印证、相互完善,以保证大数据采集的及时性及准确性。

4.1.3 大数据采集架构与场景

数据采集的设计,几乎完全取决于数据源的特性。在数据仓库的语境下,ETL基本上就是数据采集的代表,包括数据的提取(Extract)、转换(Transform)和加载(Load)。在转换过程中,需要针对具体的业务场景对数据进行治理,例如进行非法数据监测与过滤、格式转换与数据规范化、数据替换、保证数据完整性等。但是在大数据平台下,由于数据源具有更复杂的多样性,数据采集的形式也变得更加复杂而多样,当然,业务场景也可能变得迥然不同。图4-2展现了大数据平台比较典型的数据采集架构。

场景1:为了提升业务处理的性能,同时又希望保留历史数据以备数据挖掘与分析。

传统业务处理场景访问的数据库往往是RDB,可伸缩性较差,又需要满足查询与其他数据操作的实时性,这就需要定期将超过时间期限的历史数据执行清除。但是在大数据分析场景下,这些看似无用的历史数据又可能是能够炼成黄金的沙砾。因而需要实时将RDB的数据同步到HDFS中,让HDFS成为备份了完整数据的冗余存储。在这种场景下,数据采集就仅仅是一个简单的同步,无须执行转换。

场景2:数据源已经写入Kafka,需要实时采集数据。

在考虑流处理的业务场景,数据采集会成为Kafka的消费者,就像一个水坝一般将上游源源不断的数据拦截住,然后根据业务场景进行对应的处理(例如去重、去噪、中间计算等),之后再写入到对应的数据存储中。这个过程类似传统的ETL,但它是流式的处理方式,而非定时的批处理Job。

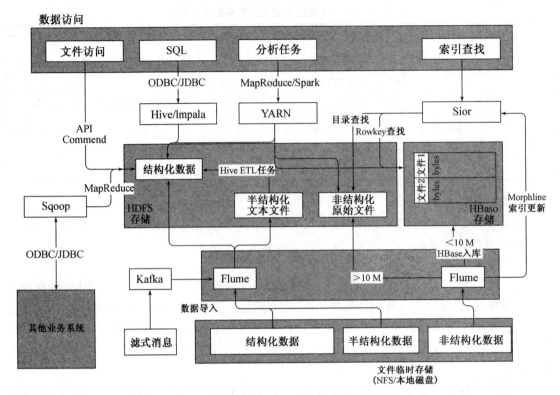

数据访问

图 4-2　大数据平台比较典型的数据采集架构

场景 3：数据源为视频文件，需提取特征数据。

针对视频文件的大数据处理，需要在 Extract 阶段加载图片后，然后根据某种识别算法，识别并提取图片的特征信息，并将其转换为业务场景需要的数据模型。在这个场景下，数据提取的耗时相对较长，也需要较多的内存资源。如果处理不当，可能会成为整个数据阶段的瓶颈。

4.1.4　大数据采集的困境及对策

大数据采集是一个很复杂的工程，其复杂性主要有三点：第一，数据源非常复杂；第二，实时化比较难；第三，存储和管理、保证安全比较难。有大数据专家认为，这些复杂性使大数据采集有四类典型技术难题。

1. 技术视角下的大数据采集困境

第一，各种智能设备中的运行数据是企业大数据的一个重要来源。在这种大数据采集中，很重要的一部分是大数据的智能感知，它能实现大数据源的智能识别、感知、信号转换、适配、传输、载入等技术。尤其是在智能设备的数据中，还会涉及结构化、半结构化、非结构化等各种数据，这与以前的纯粹结构化数据采集会有巨大不同，也因此而存在许多需要克服的技术难题。在智能制造、可穿戴设备等产业数字化、物联网越来越普及的今天，智能设备的数据采集变得非常重要。

第二，社交网络、电商或官方网站、APP 应用是企业大数据的另一个重要来源。在这种大数据采集中，高速、高可靠数据爬取或采集技术、高速大数据预处理技术、视频语音等流数据的实时采集技术是当前需要重点突破的技术方向。同时，采用哪种方法采集，例如埋点或无埋点方法,也是当前非常重要的突破方向。

第三,存储也将越来越成为大数据的关键问题。随着一切产品与物质的智能化、数字化,数据量正以前所未有的速度迅猛扩大。如果没有一套成熟的数据存储和管理方案,用户也终究无法利用这些巨量的数据。大数据专家们一致认为,大数据的索引技术,以及大数据的移动、备份、复制等技术是当前技术难点。

第四,隐私与安全是大数据采集中面临的另一道难关。对于隐私,目前采集的界限就很难界定。一些数据一旦采集了便涉及隐私,不采集又会损失很多重要信息;数据如何利用算是侵犯隐私,怎样才算是合法利用……这些问题,看上去是属于道德或法律范畴,但其实也是和技术实现手段息息相关。另外,如何保证数据不受损、不被修改、不被偷窥、不被偷窃,则是当前大数据采集所要重点解决的安全问题。这会涉及隐私保护和推理控制、数据真伪识别和取证、数据持有完整性验证等技术。

2. 实际操作视角下的大数据采集困境

（1）数据采集不完整

有些公司直接使用友盟、百度统计等第三方统计工具进行数据采集,通过嵌入 JS SDK (Javascript Software Development Kit,基于 Javascript 的软件开发工具包)或 APP SDK 查看相关数据。这种方式的好处是简单、免费,因此使用非常普及。对于了解一些网站访问量、活跃用户量这样的宏观数据需求,基本能够满足。但是,与订单相关的产品,仅仅依靠这些宏观统计数据则远远不够,如果还想做一些深度的用户渠道转化、留存、多维度交叉分析等操作,就会发现很难实现。究其原因,不是因为数据分析能力的薄弱,而是因为数据采集得不完整。

通过这种 SDK 只能够采集到一些基本的用户行为数据,比如设备的基本信息、用户执行的基本操作等。但是服务端、数据库中的数据并没有采集,对于一些提交操作,比如提交订单对应的成本价格、折扣情况等信息也没有采集,这样就导致后续的分析成了"巧妇难为无米之炊"。

通过客户端 SDK 还有一个问题就是经常觉得统计得不准,和自己的业务数据库数据对不上,出现丢数据的情况。这是前端数据采集的先天缺陷,因为网络异常,或者统计口径不一致,都会导致数据对不上。

（2）数据采集对象复杂多变

有些公司直接使用业务数据库作为数据采集来源。采用这种方式,是因为一般的互联网产品和服务,后端都有业务数据库,里面存储了订单、用户注册信息等数据,基于这些数据,一些常用的统计分析都能够胜任。这种方式天然地就能分析业务数据,并且是实时、准确的。但不足之处有两点:一是业务数据库在设计之初就是为了满足正常的业务运转,给机器读写访问的。为了提升性能,会进行一些分表等操作。一个正常的业务都要有几十张甚至上百张数据表,这些表之间有复杂的依赖关系,这就导致业务分析人员很难理解表含义。即使硬着头皮花了两三个月时间明白了表含义,但因为性能问题拆表了,又得重新再来。二是业务数据表的设计针对高并发、低延迟的小操作,而数据分析常常是针对大数据进行批量操作,这样就导致性能很差。

（3）数据采集过于随意

有些公司直接通过 Web 日志进行统计分析,这种方式相比基于业务数据库的方式,使业务运行和统计分析两个数据流相分离。但是,这种方式的问题是打印日志往往是工程师随意实现,完全是以 Debug 的需求来打印日志字段。一旦真正应用在业务分析中,往往发现缺斤少两;并且从打印日志到处理日志再到输出统计结果,整个过程很容易出错。

（4）数据采集工作混乱

在实际工作中,当数据产品经理提出数据采集的需求时,工程师就会按照要求设置对应的数据采集点,然后交给数据产品经理去验证。数据产品经理在试用时,通常感觉不到数据采集点的不足和异常。可是,在产品和服务真正上线后,又会发现预先设置的数据采集点不能满足需求,从而进行升级版操作。如此反复,数据采集效率明显降低。一般而言,公司在发展到一定规模之前,根本没有专人去负责数据采集埋点的管理工作,数据采集完全没有准确性可言。有时在产品上线之后,才发现数据采集的工作没有做,也就是没有确定数据采集点。

（5）"无埋点"数据采集的先天不足

有些公司希望不需要实现确定数据采集点,也可以完成数据采集。2010 年百度 MP3 团队开发了类似产品 ClickMonkey,只要页面上嵌入 SDK,就可以采集页面上所有的点击行为,然后就可以绘制出用户点击的热力图。这种方式适用于探索式的调研工作。2013 年,国外有家名为 Heap Analytics 的数据分析公司把这种方式更进一步完善,将 APP 的操作尽量多地采集下来,然后通过界面配置的方式对关键行为进行定义。这样,数据产品经理可以绕过工程师,直接完成数据采集工作。但是这种方式必须在产品里实现嵌入 SDK,等于做了一个统一的埋点,所以"无埋点"这种叫法本身就不严谨,这种方式实际上是"全埋点"。而且,这种方式只能是进行前端的数据采集,后端服务器和数据库中的数据依旧无法采集。即使进行前端的数据采集,也不能够进行细粒度的数据采集。例如,提交订单操作、订单的运费、成本价格等信息,也没有被采集,导致数据采集实际上只是针对"提交"这么一个行为类型,与业务有关的深度数据分析需求无法直接满足。

3. 大数据采集的对策

首先,数据采集的基本原则是全和细。全就是要把多种数据源都要进行采集,而不只是采集客户端的用户数据。细就是强调多维度,把事件发生的一系列维度信息,比如订单运费、成本价格、频率频次等,尽量多地记录下来,方便后续交叉分析。

其次,要有一个数据架构师对数据采集工作负责。每次增加或变更数据采集点,都要经过审核管理,要系统化。

最后,可以考虑 Event 数据模型,针对用户行为数据,简化成一张宽表,将用户的操作归结为一系列的事件。

4.2　大数据采集工具

4.2.1　已有大数据采集工具的比较

数据采集在所有数据系统中都是必不可少的必要环节。由于数据源多种多样、数据量大且变化迅速等原因,为了保证数据采集的可靠性、避免重复数据、保证数据的质量,必须依靠合适的大数据采集工具。

目前社区已经不乏大量优秀的数据收集工具,如有名的 Elastic Stack（ElasticSearch、Logstash、Kibana)中的 Logstash;CNCF 基金会里面有名的 Fluentd;InfluxData 公司 TICK Stack 中的 Telegraf;Google 出品为 Kubernetes 定制的 cAdvisor;Apache 基金会中的顶级项目 Flume。除了早期诞生的诸如 Fluentd、Flume 等项目,其他项目都是为特定的平台业务定

制而成的,然后在随后的开源中不断进化,变得更为通用。所以,针对特定业务量身定制一款数据收集工具,是一个较为普遍的需求。

1. Apache Flume

Flume 是 Apache 旗下的一款开源、高可靠、高扩展、容易管理、支持客户扩展的数据采集系统(官网:https://flume.apache.org/),依赖 Java 运行环境。Flume 最初是由 Cloudera 的工程师设计用于合并日志数据的系统,后来逐渐发展用于处理流数据事件。Flume 设计成一个分布式的管道架构,可以看作在数据源和目的地之间有一个 Agent 的网络,支持数据路由。每一个 Agent 都由 Source、Channel 和 Sink 组成(图 4-3)。

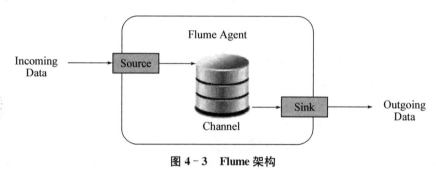

图 4-3 Flume 架构

(1) Source

Source 负责接收输入数据,并将数据写入管道。Flume 的 Source 支持 HTTP、JMS、RPC、NetCat、Exec、Spooling Directory。其中 Spooling 支持监视一个目录或者文件,解析其中新生成的事件。

(2) Channel

Channel 存储,缓存从 Source 到 Sink 的中间数据。可使用不同的配置来做 Channel,例如内存、文件、JDBC 等。使用内存性能高但不持久,有可能丢数据。使用文件更可靠,但性能不如内存。

(3) Sink

Sink 负责从管道中读出数据并发给下一个 Agent 或者最终的目的地。Sink 支持的不同目的地种类包括 HDFS、HBase、Solr、ElasticSearch、File、Logger 或者其他的 Flume Agent。

毋庸置疑,在流式数据处理的场景中,Flume 绝对是开源产品中的不二选择。其架构 Source、Channel、Sink 分别负责从上游服务端获取数据、暂存数据以及解析并发送到下游。Flume 尤以灵活的扩展性和强大的容错处理能力著称,非常适合在大数据量的情况下做数据解析、中转以及上下游适配的工作。

另一方面,Flume 也有一些缺陷,如解析与发送都耦合在 Sink 模块,用户在编写 Sink 插件时不得不编写解析的逻辑,无法复用一些常规的解析方式;依赖 JVM 运行环境,作为服务端程序可以接受,但是部署和运行一个数据收集客户端程序则变得相对笨重;Flume 的配置融合了 Channel 部分,基本配置并不简单,用户想用起来需要的前置知识较多。

2. Fluentd

Fluentd 是数据收集界的老牌工具,也是另一个开源的数据收集框架(官网:http://docs.fluentd.org/articles/quickstart)。Fluentd 使用 C/Ruby 开发,使用 JSON 文件来统一日志数据。它的可插拔架构支持各种不同种类和格式的数据源和数据输出。最后它也同时提供了高可靠和很好的扩展性。Fluentd 的架构设计和 Flume 如出一辙(图 4-4)。

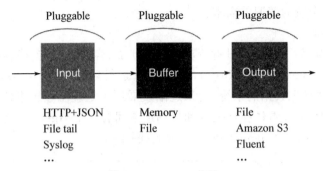

图 4-4　Fluentd 架构

Fluentd 的 Input/Buffer/Output 非常类似于 Flume 的 Source/Channel/Sink。Input 负责接收数据或者主动抓取数据,支持 Syslog、HTTP、File tail 等;Buffer 负责数据获取的性能和可靠性,也有文件或内存等不同类型的 Buffer 可以配置;Output 负责输出数据到目的地,例如文件、AWS S3 或者其他的 Fluentd。

上述两种流行的数据收集平台,都提供高可靠和高扩展的数据收集,都抽象出了输入、输出和中间的缓冲的架构,都利用分布式的网络连接实现一定程度的扩展性和高可靠性。除此之外,还有 Logstash、Chukwa、Scribe 和 Splunk 等①。

Fluentd 由 CRuby 实现,性能表现优良但依赖 Ruby 环境。但是,Fluentd 插件支持相对较少,其配置也过于复杂,使用门槛较高。

3. Logstash

随着 Elastic Stack 广受热捧,Logstash 自然也成为了技术圈家喻户晓的工具,而 Logstash 本身的强大功能也确实名副其实,其架构分为 Inputs、Filters 以及 Outputs 三部分。Inputs 作为所有输入端的集合,包含了各类数据输入插件;Filters 包括解析与数据转换两部分的插件集合,其中就包含了大名鼎鼎的 Grok 解析方式,几乎可以解析所有类型的数据;Outputs 则是输出端的集合。毫无疑问,Logstash 几乎是使用 Elastic Stack 方案时作为数据收集的唯一选择。

4. Telegraf/cAdvisor

这两款均是 Go 语言编写的针对系统信息数据收集的开源工具,其侧重点在 metric 收集,相较于通用的日志收集和处理,其功能面较窄,但是性能方面均表现优异。Telegraf 配合 influxdb,可以让用户对机器各个维度的信息了如指掌;而 cAdvisor 更是 Kubernetes 的绝佳助手,处理容器资源信息几无敌手。

但是这两款工具并无意于发挥通用数据收集的功能,功能上可能无法满足一些日志收集的场景。

4.2.2　大数据采集工具的设计

1. 架构设计

主流数据收集工具的主架构基本分为 Reader、Parser 以及 Sender 三部分,如图 4-5 所

---

① 火星种土豆. 你一定需要六款大数据采集平台的架构分析[EB/OL]. (2016-01-14). http://www. 36dsj. com/archives/39854.

示。除了这三个日志收集常规组成部分,还应该包含可选模块,如基于解析过后的数据转换(Filter/Transformer)以及数据暂存管道(Channel/Buffer)。为了尽可能复用,每个组成部分都应该是插件式的,可以编写不同类型插件并且灵活地组装。Channel/Buffer 部分也应该提供基于内存或者基于磁盘的选择。

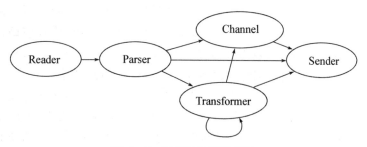

图 4 - 5　数据收集架构设计

对于 Reader、Parser、Sender 等插件共同组装的业务数据收集单元,称之为一个运行单元(Runner),数据收集工具必须可以同时运行多个 Runner,且每个 Runner 可以支持更新。

更新可以通过多种方式实现,最常规的是手动更新配置然后重启;更好的设计是支持热更新,不需要重启,自动识别配置文件的变化;还可以设计一个漂亮的 Web 界面做配置的变更,以此引导用户使用并解决数据收集配置复杂、用户使用门槛高的难题。所以,在整体架构之上还应该构建一个简单的 API 层,支持 Web 界面的功能。

2. 语言选择

数据收集属于轻量级的 Agent 服务,一般选择的语言为 C/C ++或者近年来特别火热的Go。而 Go 语言已经成为这类数据收集工具编写的大众选择,如 Logstash 新开发的 beats 工具、Telegraf、cAdvisor 等,均使用 Go 语言开发。

社区已经有很多文章描述使用 Go 语言的好处,在此就不再赘述。总体而言,用 Go 语言开发门槛较低,性能优良,支持跨多种操作系统平台,部署也极为简便。

3. 分模块设计

(1) 数据读取模块(Reader)

顾名思义,数据读取模块负责从不同数据源中读取数据,设计 Reader 模块时,需要支持插件式数据源接入,且将接口设计得足够简单,方便用户一同贡献更多的读取数据源驱动。自定义数据源,最基本的只需要实现 ReadLine( ) string 和 SyncMeta( ) error 两个方法即可。

从数据来源上分类,数据读取大致可分为从文件读取、从数据存储服务端读取以及从消息队列中读取三类。每一类 Reader 均在发送成功后通过 SyncMeta( )函数记录读取的位置,保证数据不会因为 runner 意外中断而丢失。

从文件读取数据最为常见,针对文件的不同 rotate 方式,有不同的读取模式,主要分为三类:file 模式、dir 模式和 tailx 模式。除此之外,还应支持包括多文件编码格式支持、读取限速等多种功能。

◆ **file 模式**　使用 file 模式的经典日志存储方式,类似于 nginx 的日志 rotate 方式,日志名称是固定的,如 access. log。在 rotate 时,直接 move 成新的文件,如 access. log. 1,新的数据仍然写入 access. log 中,即永远只针对 access. log 这一个固定名称的文件进行收集。而检测文件是否 rotate 的标志是文件的 inode 号,在 windows 下则是 fd 的属性编号。当文件 rotate 后,则从文件头开始读取。

◆ **dir 模式**　使用 dir 模式的经典日志存储方式,在整个文件夹下存储单个服务的业务日志,文件夹下的日志通常有统一前缀,后缀为时间戳,根据日志的大小 rotate 到新的文件。如配置的文件夹为 logdir,下面的文件为 logdir/a. log. 20170621,logdir/a. log. 20170622,logdir/a. log. 20170623,…。每次分割后新命名文件并以时间戳为后缀,并且该文件夹下只有这一个服务。dir 模式首先会对文件夹下文件整体排序,依次读取各个文件,读完最后一个文件后会查找时间(文件 ctime)更新文件并重新排序,依次循环。dir 模式应该将多个文件数据串联起来,即数据读取过程中 a. log. 20170621 中最后一行的下一行就是 a. log. 20170622 的第一行。该模式下自然还包括诸如文件前缀匹配、特定后缀忽略等功能。

◆ **tailx 模式**　以通配的路径模式读取,读取所有被通配符匹配上的日志文件,对于单个日志文件使用 file 模式不断追踪日志更新,例如匹配路径的模式串为/home/ * /path/ * /logdir/ * . log * ,此时会展开并匹配所有符合该表达式的文件,并持续读取所有有数据追加的文件。每隔一定时间,重新获取一遍模式串,添加新增的文件。

从数据存储服务中读取数据,可以采用时间戳策略,在诸如 MongoDB、MySQL 中记录的数据,包含一个时间戳字段,每次读取数据均按这个时间戳字段排序,以此获得新增的数据或者数据更新。另一方面,需要为用户设计类似定时器等策略,方便用户多次运行,不断同步收集服务器中的数据。

从消息队列中读取数据,这个最为简单,直接从消息队列中消费数据即可。注意记录读取的 Offset,防止数据丢失。

(2) 解析模块(Parser)

解析模块负责将数据源中读取的数据解析到对应的字段及类型,目前常见的解析器包括:

◆ **csv parser**　按照分隔符解析成对应字段和类型,分隔符可以自定义,如常见的制表符(t)、空格( )、逗号(,)等。

◆ **json parser**　解析 json 格式的数据,json 是一种自带字段名称及类型的序列化协议,解析 json 格式仅需反序列化即可。

◆ **基于正则表达式(grok) parser**　Logstash grok 解析非常强大,但是它并不指定类型,而 Telegraf 做了一个增强版的 grok 解析器,除了基本的正则表达式和字段名称,还能标志数据类型。能标志数据类型的 grok 解析器基本上是一个完备的数据解析器了,可以解析几乎所有数据。当然,类型解析是相对复杂的功能,可能涉及具体业务,如时间类型等。

◆ **raw parser**　将读取到的一行数据作为一个字段返回,简单实用。

◆ **nginx/apache parser**　读取 nginx/apache 等常见配置文件,自动生成解析的正则表达式,解析 nginx/apache 日志。

除了以上几种内置的解析器,同 Reader 一样,用户也需要实现自定义解析器的插件功能,而 Parser 极为简单,只需要实现最基本的 Parse 方法即可。

每一种 Parser 都是插件式结构,可以复用并任意选择。在不考虑解析性能的情况下,上述几种解析器基本可以满足所有数据解析的需求,将一行行数据解析为带有 Schema(具备字段名称及类型)的数据。但是当用户希望对某个字段做操作时,纯粹的解析器可能不够用。于是作为补充,数据收集工具还需要提供 Transformer/Filter 的功能。

(3) Transformer

Transformer 是 Parser 的补充,针对字段进行数据变化。举例来说,如果有个字段想做字符串替换,比如在所有字段名称为"name"的数据中,将值为"Tom"的数据改为"Tim",那么可

以添加一个字符串替换的 Transformer,针对"name"这个字段做替换。又比如,字段中有个
"IP",用户希望将这个 IP 解析成运营商、城市等信息,那么就可以添加一个 Transformer 做这
个 IP 信息的转换。当然,Transformer 应该可以多个连接到一起连动合作。

　　设计 Transformer 模块是一件有趣而富有挑战的事情,这涉及由 Transformer 功能多样
性带来的三个问题:第一,多样的功能必然涉及多样的配置,如何将不同的配置以优雅而统一
的方式传达到插件中? 第二,多样的功能也涉及不同功能的描述,如何将功能描述以统一的形
式表达给用户,让用户选择相应的配置? 第三,如何将上述两个问题尽可能简单地解决,让用
户编写 Transformer 插件时关注尽可能少的问题?

　　(4) Channel

　　经过解析和变换后的数据可以认为已经处理好了,此时数据会进入待发送队列,即
Channel 部分。Channel 的好坏决定了一个数据收集发送工具的性能及可靠程度,是数据收集
工具中最具技术含量的一环。

　　数据收集工具,顾名思义,就是将数据收集起来,再发送到指定位置,而为了将性能最优
化,必须把收集和发送解耦,中间提供一个缓冲带,而 Channel 就是负责数据暂存的地方。有
了 Channel,读取和发送就解耦了,可以利用多核优势,多线程发送数据,提高数据吞吐量。

　　(5) Sender

　　Sender 的主要作用是将队列中的数据发送至 Sender 支持的各类服务,一个最基本的实现
同样应该设计得尽可能简单,理论上仅需实现一个 Send 接口即可。实现一个发送端时,重要
事项如下所示:

　　◆ 多线程发送　多线程发送可以充分利用 CPU 的多核能力,提升发送效率,这一点在架
构设计中通过设计 ft sender 作为框架解决了该问题。

　　◆ 错误处理与等待　服务端偶尔出现一些异常是很正常的事情,此时就要做好不同错误
情况的处理,不会因为某个错误而导致程序出错;另外一方面,一旦发现出错,应该让 Sender
等待一定时间再发送,故设定一个对后端友好的变长错误等待机制也非常重要。一般情况下,
可以采用随着连续错误出现递增等待时间的方法,直到一个最顶峰(如 10 s),就不再增加,当
服务端恢复后再取消等待。

　　◆ 数据压缩发送　带宽是非常珍贵的资源,通常服务端都会提供 gzip 压缩的数据接收接
口,而 Sender 利用这些接口,将数据压缩后发送,能节省大量带宽成本。

　　◆ 带宽限流　通常情况下数据收集工具只是机器上的一个附属程序,主要资源如带宽还
是要预留给主服务,所以限制 Sender 的带宽用量也是非常重要的功能。

　　◆ 字段填充(UUID/timestamp)　通常情况下收集的数据信息可能不是完备的,需要填充
一些信息进去,如全局唯一的 UUID、代表收集时间的 timestamp 等字段,提供这些字段自动
填充的功能,有利于用户对其数据做唯一性、时效性等方面的判断。

　　◆ 字段别名　解析后的字段名称中经常会出现一些特殊字符,如"$""@"等符号,如果
发送的服务端不支持这些特殊字符,就需要提供重命名功能,将这些字段映射到一个别的
名称。

　　◆ 字段筛选　解析后的字段数据未必都需要发送,这时如果能提供一个字段筛选的功
能,就可以方便用户选择去掉一些无用字段,并节省传输的成本;也可以在 Transformer 中提
供类似 discard transformer 的功能,将某个字段去掉。

　　◆ 类型转换　类型转换是一个说来简单但是做起来非常繁琐的事情,不只是纯粹的整型

转换成浮点型,或者字符串转成整型这么简单,还涉及发送到的服务端支持的一些特殊类型,如 date 时间类型等。更多的类型转换实际上相当于最佳实践,能够做好这些类型转换,就会让用户体验得到极大提升。

◆ **尽可能简单** 除了上述这些,剩下的就是尽可能地让用户使用简单。假设要写一个 MySQL Sender,MySQL 的数据库和表如果不存在,可能数据会发送失败,那就可以考虑提前创建;又比如数据如果有更新,那么就需要将针对这些更新的字段去更新服务的 Schema 等①。

4.3　大数据存储

大数据时代,移动互联、社交网络、数据分析、云服务等应用的迅速普及,对数据中心提出了革命性的需求,大数据存储架构已经成为 IT 核心之一。政府、军队军工、科研院所、航空航天、大型商业连锁、医疗、金融、新媒体、广电等各个领域新兴应用层出不穷。数据的价值日益凸显,数据已经成为不可或缺的资产。作为数据载体和驱动力量,大数据存储成为大数据分析中最为关键的核心。

4.3.1　传统存储面临的挑战

作为数据存取的载体,大数据存储管理系统与传统的存储系统仍然具有许多相似的特性,例如安全性、可用性、可靠性、可扩性及高效性。

1. 安全性

虽然大数据的存储访问位于企业的数据中心内部,对于外部用户已经具有防火墙隔离功能,但是对于企业内部来说,不同部门的数据也并非完全可以共享的。例如,人事部门对于企业内部工资的管理,或者金融企业历史交易数据等。为每一个部门建立一个大数据的存储管理平台并不现实,较为实用的方法是类似于传统的数据库访问,所有部门共享一个大数据存储池,通过添加必要的访问控制来实现数据访问的安全性。

2. 可用性和可靠性

数据的准确性是作为存储管理系统最为基础的要求,对于大数据的存储来说,其准确性的要求可能没有传统数据库这么高,因为其数据规模庞大可以容忍较少量的数据错误。但是,数据准确性依然是不能忽视的重要特性。传统的存储是通过冗余备份(例如磁盘阵列)、定期、强制写入磁盘、双控制器来确保数据的准确性的,而在大数据存储系统中则是通过其中较为简单的多副本(即冗余备份)方式做到容错的。一般来说,同一个机架上拥有两份备份,不同的机架上也有相应的备份,从而达到数据丢失的自动还原功能,进而实现数据的可用性。而为了达到数据备份的一致性,在数据备份创建的过程中也有相应的备份点及重传机制作为保障。从技术方法上来说,两者是十分相似的,甚至在大数据领域所采用的方法较之传统的存储系统技术更为简朴。

3. 可扩性

无论是大数据存储系统还是传统的存储系统,容量规划都是一个重要的问题。容量规划

---

① 孙健波.数据收集工具的设计与最佳实践[EB/OL].(2017 - 10 - 18). http://www.infoq.com/cn/articles/data-collection-tool? utm_source = articles_about_bigdata&utm_medium = link&utm_campaign = bigdata.

一是要满足现有的存储空间和带宽的需求,更重要的是要考虑系统扩张后的容量升级。

4. 高效性

在存储系统中,通过对用户层透明的压缩处理来实现空间及带宽利用的有效性提升是一个普遍的做法,这个在传统的存储系统和大数据系统中都十分重要。尤其是对一些归档备份的数据,自动地压缩开启以及不同压缩算法的提供与选择就显得十分实用。

除了以上的一些共性外,由于大数据的3V特性即Volume、Velocity、Variety(规模大、速度快、多样性),传统的数据存储管理系统面临着更多的挑战,有些甚至已经完全不能满足大数据的存储计算的要求,而需要开发新的针对大数据的数据存储管理平台。

5. 扩容方式

虽然传统存储系统和大数据存储系统都具有可扩性,但是其扩展方式是截然不同的。传统存储是纵向扩容(Scale-up),即当存储容量不够或者存储磁盘带宽不够时,在SAN或者NAS存储池中通过继续添加磁盘(Hard-drive)来达到增加容量和带宽的作用。

但是,大数据时代纵向扩容方式是无法满足其需求的。首先,大数据的数据规模目前已经是EB(Exa-Byte)级别,将来甚至会达到ZB(Zeta-Byte)级别,这个数量级别的存储容量是无法通过单纯地往网络存储池添加硬盘来实现的。其次,即使可以通过纵向扩容达到更大数据规模的需求,其高额的硬件及管理软件成本也是数据存储管理中心无法承担的。

因此,对于大数据存储系统来说横向扩容才能够很好地达到巨量数据规模的需求,才能够实现存储系统的按需(On-demand)动态规模增减。所谓横向扩容,是指当存储容量或者带宽不足以满足现有要求时,添加存储节点来达到扩容的目的。在大数据的应用领域,每一个节点不需要高价的磁盘阵列(RAID),相反只需要一定数量的各种类型的硬盘以独立工作单元方式进行管理(即JBOD存储设备)。根据Google的设想,这些节点甚至可以是一些成本较为低廉的日常用机器(甚至是台式机)。横向扩容意味着数据管理软件将要统筹更多的节点,面对更大的压力。例如,如果采用集中式的主节点管理,主节点的能力可能成为整个大数据存储系统的性能瓶颈,尤其是当规模扩大到成千上万个节点时,单管理节点的模式是不可靠的;如果采用分布式主节点群管理,软件的开发成本和系统本身的复杂度相应就会提高。

6. 存储模式

传统的存储系统依赖于SAN或者NAS这样的网络存储模式,这样的存储模式存在着如上所述纵向扩容瓶颈,更重要的是它们将计算节点与存储节点分隔开,通过网络来共享一个或多个存储池,最终使得数据的存取速度被限制在网络的瓶颈上,即使通过纵向扩容增加了存储池容量和带宽,但最终却受限于它们与数据处理节点之间的网络带宽上。而对于大数据的处理和存取来说,最终的速度都受制于SAN或者NAS的物理网络带宽,这是远远无法满足EB级别数据规模的需求的。因为网络存储对于大数据意味着当计算发生时,PB或者EB级别的数据需要通过SAN或者NAS的网络搬迁到计算节点上进行各种应用的处理,然后再将结果返回,而这样巨量数据的搬迁本身也许比起计算应用更加耗时。所以,目前大数据存储系统普遍采用的是DAS的方式,并且将计算资源搬迁到数据的存储节点上,但是简单的DAS方式仍然给存储管理系统的软件层增加了许多新问题,例如通过网络的跨节点数据访问管理、存储数据块的管理等。

7. 兼容集成

对于大数据存储系统的兼容集成特性涉及若干方面:第一,由大数据的多样性特点所决定,其存储系统需要兼容各种种类的数据,有结构化、半结构化及非结构化数据,而传统的数据库存储则是管理结构化的关系型数据,其数据的种类比较单一。第二,大数据的存储需要和各种数据源和数据存储系统整合集成系统工作,正如之前典型的架构所列举,其数据交换接口需要兼容各种数据传输机制才能够很好地服务数据中心的各种需求。第三,大数据计算要对大量的数据提供各种有效服务,例如有些批处理(Batch style)数据分析或者机器学习算法需要处理大量的数据,有些交互式(Interactive-access)的数据访问或者查询需要快速返回;有些流式(Streaming)计算的及时运算与响应,这些计算服务的数据都被存放在统一的大数据存储系统之上,因为反复地搬迁大规模的数据对于任何大数据应用来说都是降低效率的致命短板,所以基于大数据的存储系统可以支持各种上层应用的需求,提供统一或者兼容性强的读写接口。第四,大数据存储管理系统需要通过支持各种介质的存储设备来满足上层各种应用的需求。例如对于经常访问的热点数据,存储系统可以从磁盘读取数据的同时将数据缓存存放在内存或者 Flash(SSD)中,这要求大数据的存储系统支持多级缓存操作,并且很好地兼容各种硬件存储设备。

8. 故障维护

相较于传统存储系统,大数据的存储系统成本不仅仅意味着花费的多少,涉及更多的是其可用性。当数据管理系统的硬件规模达到成千上万时,每一个节点和节点的磁盘成本就会被成千上万地扩大,根据 Google 最初的设想,大数据的处理集群只需要采用低廉的日常用机即可(甚至可以是台式机),而低廉的存储设备加上众多节点使得故障率会高于一般的传统存储系统。因而对于大数据的存储系统来说,一是需要强大的容错软件管理能力,二是需要更加有效的运维系统来监控各种故障的发生,尤其是对于大数据存储系统可能拥有十万级别的硬盘,磁盘故障可能每天都会发生。

4.3.2 大数据存储概述

1. 大数据存储的背景

大数据时代,数据呈爆炸式增长。从存储服务的发展趋势来看,一方面,对数据的存储量的需求越来越大;另一方面,对数据的有效管理提出了更高的要求。大数据对存储设备的容量、读写性能、可靠性、扩展性等都提出了更高的要求,需要充分考虑功能集成度、数据安全性、数据稳定性、系统可扩展性、性能及成本各方面因素。

大数据的存储不仅在于规模之大,更加要求其传输及处理的响应速度快。相对于以往较小规模的数据处理,在数据中心处理大规模数据时,需要服务集群有很高的吞吐量才能够让巨量的数据在应用开发人员"可接受"的时间内完成任务。这不仅是对于各种应用层面的计算性能要求,更加是对大数据存储管理系统的读写吞吐量的要求。

2. 大数据存储面临的问题

随着互联网的不断扩张和云计算技术的进一步推广,海量的数据在个人、企业、研究机构等源源不断地产生。这些数据为日常生活提供了便利,信息网站可以推送用户定制的新闻,购物网站可以预先提供用户想买的物品,并随时随地分享。但是,如何有效、快速、可靠地存取日益增长的海量数据成了关键的问题。

传统的存储解决方案能提供数据的可靠性和绝对的安全性,但是面对海量的数据及其各种不同的需求,传统的解决方案日益面临越来越多的困难,比如数据量的指数级增长对不断扩容的存储空间提出要求、实时分析海量的数据对存储计算能力提出要求。

(1)要求更快的响应速度

　　大数据的存储及处理不仅在于规模之大,更加要求其传输及处理的响应速度快(Velocity)。相对于以往较小规模的数据处理,在数据中心处理大规模数据时,需要服务集群有很高的吞吐量。只有这样,才能够让巨量的数据在应用开发人员"可接受"的时间内完成任务。这不仅是对于各种应用层面的计算性能要求,更加是对大数据存储管理系统的读写吞吐量的要求。

　　例如,个人用户在网站选购自己感兴趣的货物,网站则根据用户的购买或者浏览网页行为实时进行相关广告的推荐,这需要应用的实时反馈;电子商务网站的数据分析师根据购物者在当季搜索较为热门的关键词,为商家提供推荐的货物关键字,面对每日上亿的访问记录要求机器学习算法在几天内给出较为准确的推荐,否则就丢失了其时效性;出租车行驶在城市的道路上,通过 GPS 反馈的信息及监控设备实施路况信息,大数据处理系统需要不断地给出较为便捷路径的选择。这些都要求大数据的应用层以最快的速度、最高的带宽从存储介质中获得相关海量的数据。

　　另一方面,海量数据存储管理系统与传统的数据库管理系统,或者基于磁带的备份系统之间也在发生数据交换,虽然这种交换实时性不高,可以离线完成,但是,由于数据规模的庞大,较低的数据传输带宽也会降低数据传输的效率,而造成数据迁移瓶颈。因此,大数据的存储与处理的速度或带宽是其性能上的重要指标。

　　(2) 来源和类型更加多样化

　　所谓多样化,一是指数据结构化程度,二是指存储格式,三是指存储介质多样性。对于传统的数据库,其存储的数据都是结构化数据,格式规整。相反,大数据来源于日志、历史数据、用户行为记录等,少部分是结构化数据,而更多的是半结构化或者非结构化数据,这也正是传统数据库存储技术无法适应大数据存储的重要原因之一。

　　所谓存储格式,也正是由于其数据来源不同、应用算法繁多、数据结构化程度不同,其格式才多种多样。例如,有的是以文本文件格式存储,有的则是网页文件,有的是一些被序列化后的比特流文件等。

　　所谓存储介质多样性,是指硬件的兼容,大数据应用需要满足不同的响应速度需求,因此其数据管理提倡分层管理机制。例如,较为实时或者流数据的响应,可以直接从内存或者Flash(SSD)中存取;离线的批处理,可以建立在带有多块磁盘的存储服务器上;有的可以存放在传统的 SAN 或者 NAS 网络存储设备上,而备份数据甚至可以存放在磁带机上。因此,大数据的存储或者处理系统,必须对多种数据及软硬件平台有较好的兼容性,以适应各种应用算法或者数据提取转换与加载(ETL)。

3. 大数据存储的常见数据类型

　　大数据存储的数据有:观测数据,即现场获取的实测数据,它们包括野外实地勘测、量算数据,台站的观测记录数据,遥测数据等;分析测定数据,即利用物理和化学方法分析测定的数据;图形数据,各种地形图和专题地图等;统计调查数据,各种类型的统计报表、社会调查数据等;遥感数据,由地面、航空或航天遥感获得的数据等等。因此,常见的数据类型可以分为三大类:文本类(Excel、TXT、CSV 等)、数据库类型(MySQL、SQLServer、Oracle、PostgreSQL等)、数据集群类型(Hive、Spark 等)。

　　(1) 文本类型(图 4 - 6)

　　Excel 是微软办公套装软件的一个重要的组成部分,它可以进行各种数据的处理、统计分析和辅助决策操作,广泛地应用于管理、统计财经、金融等众多领域。Excel 中大量的公式函数可以应用选择,使用 Microsoft Excel 可以执行计算,分析信息并管理电子表格或网页中的数据信息列表与数据资料图表制作,可以实现许多方便的功能,带给使用者方便。Excel 函数一共有 11 类,分别是数据库函数、日期与时间函数、工程函数、财务函数、信息函数、逻辑函数、查询和引用函数、数学和三角函数、统计函数、文本函数以及用户自定义函数。

TXT 是微软在操作系统上附带的一种文本格式,是最常见的一种文件格式,早在磁盘操作系统(Disk Operating System,DOS)时代应用就很多,主要存文本信息,即为文字信息,现在的操作系统大多使用记事本等程序保存,大多数软件可以查看,如记事本、浏览器等。

CSV 文件由任意数目的记录组成,记录间以某种换行符分隔;每条记录由字段组成,字段间的分隔符是其他字符或字符串,最常见的是逗号或制表符。通常,所有记录都有完全相同的字段序列。CSV 是一种通用的、相对简单的文件格式,被用户、商业和科学广泛应用。最广泛的应用是在程序之间转移表格数据,而这些程序本身是在不兼容的格式上进行操作的。

图 4-6　常见文本类型

(2) 数据库类型(图 4-7)

MySQL 是一个关系型数据库管理系统,由瑞典 MySQL AB 公司开发,目前属于 Oracle 旗下公司。MySQL 是最流行的关系型数据库管理系统,在 Web 应用方面 MySQL 是最好的关系数据库管理系统(Relational Database Management System,RDBMS)应用软件之一。MySQL 是一种关联数据库管理系统,关联数据库将数据保存在不同的表中,而不是将所有数据放在一个大仓库内,这样就增加了速度并提高了灵活性。MySQL 所使用的 SQL 语言是用于访问数据库的最常用标准化语言。

SQLServer 是 Microsoft 公司推出的关系型数据库管理系统,是一个全面的数据库平台,使用集成的商业智能(BI)工具提供了企业级的数据管理。Microsoft SQLServer 数据库引擎为关系型数据和结构化数据提供了更安全可靠的存储功能,使用户可以构建和管理用于业务的高可用和高性能的数据应用程序。

图 4-7　常见数据库类型

Oracle Database,又名 Oracle RDBMS,或简称 Oracle,是甲骨文公司的一款关系数据库管理系统。它是在数据库领域一直处于领先地位的产品。可以说 Oracle 数据库系统是目前世界上流行的关系数据库管理系统,系统可移植性好、使用方便、功能强,适用于各类大、中、小、微机环境。它是一种高效率、可靠性好的适应高吞吐量的数据库解决方案。

PostgreSQL 是以加州大学伯克利分校计算机系开发的 POSTGRES、现在已经更名为 PostgreSQL、版本 4.2 为基础的对象关系型数据库管理系统(ORDBMS)。PostgreSQL 支持大部分 SQL 标准并且提供了许多其他现代特性：复杂查询、外键、触发器、视图、事务完整性、MVCC。同样，PostgreSQL 可以用许多方法扩展，比如，通过增加新的数据类型、函数、操作符、聚集函数、索引。

（3）数据集群类型（图 4-8）

Hive 是基于 Hadoop 的一个数据仓库工具，可以将结构化的数据文件映射为一张数据库表，并提供简单的 SQL 查询功能，可以将 SQL 语句转换为 MapReduce 任务进行运行。

图 4-8　常见数据集群类型

Spark 是 UC Berkeley AMP lab 所开源的类 Hadoop MapReduce 的通用并行框架，Spark 拥有 Hadoop MapReduce 所具有的优点；但不同于 MapReduce 的是 Job 中间输出结果可以保存在内存中，从而不再需要读写 HDFS，因此 Spark 能更好地适用于大数据挖掘与机器学习等需要迭代的 MapReduce 的算法。Spark 是一种与 Hadoop 相似的开源集群计算环境，但是两者之间还存在一些不同之处，这些有用的不同之处使 Spark 在某些工作负载方面表现得更加优越，换句话说，Spark 启用了内存分布数据集，除了能够提供交互式查询外，它还可以优化迭代工作负载。

4. 大数据存储的主流架构

得益于大数据的繁盛发展，分布式存储架构在近几年中得到了前所未有的关注。当前市场上比较主流的 3 种分布式存储文件系统分别有 AFS、GFS、Lustre。它们的共通点是：全局名字空间、缓存一致性、安全性、可用性和可扩展性。

（1）AFS

由卡内基美隆大学最初设计开发的 AFS，目前已经相当成熟，用于研究和部分大型网络中。AFS 是 Andrew File System 的简称，它的主要组件包括 Cells、AFS clients、基本存储单元 Volumes、AFS servers 和 Volume replication。

拥有良好可扩展性的 AFS，能够为客户端带来性能的提升和可用性的提高。AFS 将文件系统的可扩展性放在了设计和实践的首要位置，因此 AFS 拥有很好的扩展性，能够轻松支持数百个节点，甚至数千个节点的分布式环境，而且并不要求在每台服务器上运行所有服务器进程。AFS 的缺点在于管理员界面友好性不足，需要更多的专业知识来支持。

（2）GFS

被称为谷歌文件系统的 GFS(Google File System)，是用以实现非结构化数据的主要技术和文件系统。它的性能、可扩展性、可靠性和可用性都受到了肯定，主要在大量运行 Linux 系统的普通机器上运行，能大大降低它的硬件成本。

文件的大小，一直是文件系统要考虑的问题。对于任何一种文件系统，成千上万的几 kB 的系统很容易压死内存。所以，对于大型的文件，管理要高效；对于小型的文件，也需要支持，但是并不需要进行优化。在 GFS 中,chunkserver(数据块服务器)的大小被固定为 64 MB,这样的块规模比一般的文件系统的块规模要大得多,可以减少元数据 metadata 的开销,减少 Master 的交互。但是,太大的块规模也会产生内部碎片,或者同一个 chunk 中存在多个小文件可能会产生访问热点。

GFS 主要部件包括一个 master 和 n 个 chunkserver,chunkserver 同时可以被多个客户访问。不同于传统的文件系统,GFS 不再将组件错误当成异常,而是将其看作一种常见的情况予以处理。同样地,GFS 也有缺点。经过一系列冗余备份、快速恢复等技术,很难保证它能够正常和高效运行。

(3) Lustre

名称来源于 Linux 和 Clusters 的 Lustre,也被称为平行分布式文件系统,它是 HP、Intel、Cluster File System 公司联合美国能源部开发的 Linux 集群并行文件系统。Lustre 的主要组件包括元数据服务器(Metadata Servers,MDSs)、对象存储服务器(Object Storage Servers,OSSs)和客户端。作为一个遵循 GPL 许可协议的开源软件,Lustre 常用于大型计算机集群和超级电脑中。

Lustre 文件系统针对大文件读写进行了优化,能够提供高性能的 IO 能力。另外,它对源数据独立存储、服务和网络失效的快速恢复、基于意图的分布式锁管理和系统可快速配置方面,表现也十分优异。

5. 大数据存储方案对比

大数据存储方案随着大数据计算的发展也已经历时将近 10 年,有的已经被广泛应用,有的则是被不断地完善中。以下列举若干比较著名的大数据存储方案及其优缺点。

(1) HDFS

大数据计算最为代表性的就是 Google 在 2004 年提出的 MapReduce 框架和相应的 GFS 存储系统。2008 年 Yahoo 的工程师根据 MapReduce 的框架推出了开源的 Hadoop 项目,作为一个大数据处理典型开源实现,如今 Hadoop 项目已经被广泛应用于各大互联网企业的数据中心,并且正努力从一个开源项目走向商业化应用产品。而 HDFS(Hadoop Distributed File System)就是支持 Hadoop 计算框架的分布式大数据存储系统,它具有大数据存储系统几项重要特性,具有很高的容错性、可扩展性和高并发性,并且基于廉价存储服务器设备,是目前最为流行的大数据存储系统。但是它还有许多方面需要进一步完善,例如目前 HDFS 自身不能与 POSIX 文件系统兼容,用户需要通过其自定义的接口对数据进行读写管理,增加了各种数据存储之间交换的开发成本;又如目前 HDFS 为了到达高容错性,在数据中心中推荐及实际操作的副本数目设置为 3,也就意味着用户的任意一份数据都会被复制 3 份保存在存储系统中,这样造成存储系统保存的数据量远大于实际用户需要的存储量,相比传统的 RAID 存储空间效率要低很多。

(2) Tachyon

来自于美国加州大学伯克利分校的 AMPLab 的 Tachyon 是一个高容错的分布式文件系统,允许文件以内存的速度在集群框架中进行可靠的共享,其吞吐量要比 HDFS 高 300 多倍。Tachyon 都是在内存中处理缓存文件,并且让不同的作业任务或查询语句以及分布式计算框架都能以内存的速度来访问缓存文件。由于 Tachyon 是建立在内存基础上的分布式大数据文件系统,所以其高吞吐量也是 HDFS 不能够媲美的。当然截至目前,Tachyon 也只是 0.2 alpha 发行版,其稳定性和鲁棒性还有待检验。

（3）其他

Quantcast File Syste(QFS)是一个高性能、容错、分布式的开源大数据文件系统,其开发是为 HDFS 提供另一种选择,但是其读写性能可以高于 HDFS,并能比 HDFS 节省 50％存储空间。Ceph 是基于 POSIX 的没有单点故障的 PB 级分布式文件系统,从而使得数据能容错和无缝地复制,Ceph 的客户端已经合并到 Linux 内核 2.6.34 中;GlusterFS 是一个可以横向扩展的支持 PB 级的数据量开源存储方案。GlusterFS 通过 TCP/IP 或者 InfiniBand RDMA 方式将分布到不同服务器上的存储资源汇集成一个大的网络并行文件系统,使用单一全局命名空间管理数据。Gluster 存储服务支持 NFS、CIFS、HTTP、FTP 以及 Gluster 自身协议,完全与 POSIX 标准兼容。现有应用程序不需要做任何修改或使用专用 API,就可以对 Gluster 中的数据进行访问。

4.3.3　大数据存储的技术路线

1. MPP 架构的新型数据库集群

重点面向行业大数据,采用 Shared Nothing 架构,通过列存储、粗粒度索引等多项大数据处理技术,再结合 MPP 架构高效的分布式计算模式,完成对分析类应用的支撑,运行环境多为低成本 PC Server,具有高性能和高扩展性的特点,在企业分析类应用领域获得极其广泛的应用。

这类 MPP 产品可以有效支撑 PB 级别的结构化数据分析,这是传统数据库技术无法胜任的。对于企业新一代的数据仓库和结构化数据分析,目前选择 MPP 数据库(图 4-9)。

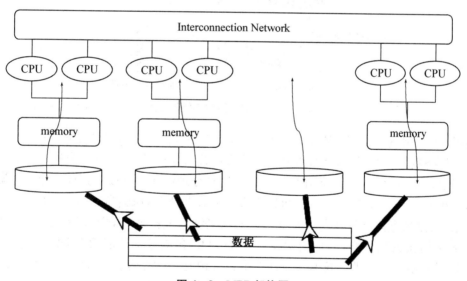

图 4-9　MPP 架构图

2. 基于 Hadoop 的技术扩展和封装

围绕 Hadoop 衍生出相关的大数据存储技术,应对传统关系型数据库较难处理的数据和场景。例如针对非结构化数据的存储和计算等,充分利用 Hadoop 开源的优势,伴随相关技术的不断进步,其应用场景也将逐步扩大,目前非常典型的应用场景就是通过扩展和封装 Hadoop 来实现对互联网大数据存储、分析的支撑。这里面有几十种 NoSQL 技术,也在进一步地细分。对于非结构、半结构化数据处理、复杂的 ETL 流程、复杂的数据挖掘和计算模型,

Hadoop 平台更擅长。

3. 大数据一体机

这是一种专为大数据的分析处理而设计的软、硬件结合的产品,由一组集成的服务器、存储设备、操作系统、数据库管理系统以及为数据查询、处理、分析用途而特别预先安装及优化的软件组成,高性能大数据一体机具有良好的稳定性和纵向扩展性。

4. 新型 MPP 数据库

由于数据价值挖掘得越多、越深入,对大数据存储技术要求就越高。数据仓库只能满足一些静态统计需求,而且是 T+1 模式;同时由于性能问题,运营商无法有效构造超过 PB 级别的大数据仓库,无法提供即席查询、自助分析、复杂模型迭代分析的能力,更无法让大量一线人员使用数据分析手段。

目前没有单一技术和平台能够满足类似运营商的数据分析需求。可选的方案只能是混搭架构,即用不同的分布式技术来支撑一个超越 PB 级的数据仓库系统。这个混搭架构主要的核心是新一代的 MPP 并行数据库集群加 Hadoop 集群,再加上一些内存计算甚至流计算技术等(图 4-10)。

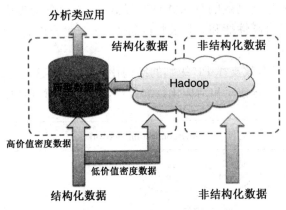

图 4-10　未来大数据存储的思路

从图 4-10 中不难发现,从技术角度而言,基于列存储+MPP 架构的新型数据库在核心技术上跟传统数据库有巨大差别,是为面向结构化数据分析设计开发的,能够有效处理 PB 级别的数据量。在技术上为很多行业用户解决了数据处理性能问题;对用户价值而言,新型数据库是运行在 x-86 PC 服务器之上的,可以大大降低数据处理的成本(1 个数量级)。

未来,新型数据库将逐步与 Hadoop 生态系统结合混搭使用,用 MPP 处理 PB 级别的、高质量的结构化数据,同时为应用提供丰富的 SQL 和事务支持能力;用 Hadoop 实现半结构化、非结构化数据处理。这样可同时满足结构化、半结构化和非结构化数据的处理需求[①]。

4.3.4　大数据存储和管理数据库系统

大数据由于其来源的不同,具有数据多样性的特点。对于传统的数据库,其存储的数据都

① 云创大数据.三种很典型的大数据存储技术路线[EB/OL].(2014-04-22).http://www.cstor.cn/textdetail_6474.html.

是结构化数据,格式规整。相反,大数据来源于日志、历史数据、用户行为记录等,有的是结构化数据,而更多的是半结构化或者非结构化数据,这也正是传统数据库存储技术无法适应大数据存储的重要原因之一。也正是由于其数据来源不同、应用算法繁多、数据结构化程度不同,故其格式也多种多样。因而大数据的存储和管理数据库系统必须对多种数据及软硬件平台有较好的兼容性来适应各种应用算法或者数据提取转换与加载。

1. 并行数据库

（1）并行数据库的含义

并行数据库（Parallel Database）是指那些在无共享的体系结构中进行数据操作的数据库系统,是在 MPP 和集群并行计算环境的基础上建立的数据库系统。这些系统大部分采用了关系数据模型并且支持 SQL 语句查询,但为了能够并行执行 SQL 的查询操作,系统中采用了两个关键技术:关系表的水平划分和 SQL 查询的分区执行。

（2）并行数据库的特点

并行数据库系统的目标是高性能和高可用性,通过多个节点并行执行数据库任务,提高整个数据库系统的性能和可用性。最近几年不断涌现一些提高系统性能的新技术,如索引、压缩、实体化视图、结果缓存、I/O 共享等,这些技术都比较成熟且经得起时间的考验。与一些早期的系统如 Teradata 必须部署在专有硬件上不同,最近开发的系统如 Aster、Vertica 等可以部署在普通的商业机器上,这些数据库系统可以被称为"准云系统"。

（3）并行数据库的缺点

并行数据库系统的主要缺点就是没有较好的弹性,在对并行数据库进行设计和优化时,集群中节点的数量是固定的,若需要对集群进行扩展和收缩,则必须为数据转移过程制订周全的计划。这种数据转移的代价是昂贵的,并且会导致系统在某段时间内不可访问,而这种较差的灵活性直接影响并行数据库的弹性以及现用现付商业模式的实用性。

并行数据库的另一个问题就是系统的容错性较差,过去认为节点故障是个特例,并不经常出现,因此系统只提供事务级别的容错功能。如果在查询过程中节点发生故障,那么整个查询都要从头开始重新执行。这种重启任务的策略,使得并行数据库难以在拥有数以千个节点的集群上处理较长的查询,因为在这类集群中节点的故障经常发生。基于这种分析,并行数据库只适合于资源需求相对固定的应用程序。不管怎样,并行数据库的许多设计原则,为其他海量数据系统的设计和优化提供了比较好的借鉴。

（4）分布式并行数据库现状

分布式并行数据库主要用于处理海量的、结构化的数据,是一种无共享、并行处理架构的数据管理系统。这类型系统主要采用 Slave 或是 Master 架构。Slave 在运用上较多,例如用户数据的存储方面,多是被通过散列方式存储在不同的 Slave 服务器之中,且数据在 Slave 的不同节点上也具有副本,在系统适用性上较高。Master 架构则只用于对元数据的存储。

2. 分布式数据库

分布式数据库,是指利用高速计算机网络,将物理上分散的多个数据存储单元连接起来,组成一个逻辑上统一的数据库。分布式数据库的基本思想,是将原来集中式数据库中的数据分散存储到多个通过网络连接的数据存储节点上,以获取更大的存储容量和更高的并发访问量。

分布式数据库,在逻辑上是一个统一的整体,在物理上则分别存储在不同的物理节点上。

一个应用程序通过网络的连接可以访问分布在不同地理位置的数据库,它的分布性表现在数据库中的数据不是存储在同一场地。更确切地讲,不存储在同一计算机的存储设备上。从用户的角度看,一个分布式数据库系统在逻辑上和集中式数据库系统一样,用户可以在任何一个场地执行全局应用。就好像那些数据是存储在同一台计算机上,有单个数据库管理系统(DBMS)管理一样,用户感觉不出异样。

分布式数据库是在集中式数据库基础上发展而来的,是计算机技术和网络技术结合的产物。分布式数据库系统适合于单位分散的部门,允许各个部门将其常用的数据存储在本地,实施就地存放本地使用,从而提高响应速度,降低通信费用。分布式数据库与集中式数据库相比具有可扩展性,通过增加适当的数据冗余,提高系统的可靠性。

在集中式数据库中,尽量减少冗余度是系统目标之一。究其原因,冗余数据浪费存储空间,而且容易造成各副本之间的不一致性,而为了保证数据的一致性,系统要付出一定的维护代价。减少冗余度的目标,可以用数据共享来实现。

但在分布式数据库中却希望增加冗余数据,在不同的场地存储同一数据的多个副本,其原因是:(1)提高系统的可靠性、可用性。当某一场地出现故障时,系统可以对另一场地上的相同副本进行操作,不会因一处故障而造成整个系统的瘫痪。(2)提高系统性能。系统可以根据距离选择离用户最近的数据副本进行操作,减少通信代价,改善整个系统的性能。

3. NoSQL 数据管理系统

传统关系型数据库在处理数据密集型应用方面显得力不从心,主要表现在灵活性差、扩展性差、性能差等方面。最近出现的一些存储系统,摒弃了传统关系型数据库管理系统的设计思想,转而采用不同的解决方案来满足扩展性方面的需求。这些没有固定数据模式并且可以水平扩展的系统统称为 NoSQL(有些人认为称为 NoREL 更为合理)。

不同于分布式数据库,大多数 NoSQL 系统采用更加简单的数据模型,这种数据模型中,每个记录拥有唯一的键,而且系统只须支持单记录级别的原子性,不支持外键和跨记录的关系。这种一次操作获取单个记录的约束极大地增强了系统的可扩展性,而且数据操作就可以在单台机器中执行,没有分布式事务的开销。

NoSQL 提供了高效便宜的数据管理方案,许多公司不再使用 Oracle 甚至 MySQL,他们借鉴 Amzon 的 Dynamo 和 Google 的 Bigtable 的主要思想,建立自己的海量数据存储管理系统,并开始开源。如 Facebook 将其开发的 Cassandra 捐给了 Apache 软件基金会。

4. NewSQL 数据管理系统

人们曾普遍认为传统数据库支持 ACID 和 SQL 等特性限制了数据库的扩展和处理海量数据的性能,因此尝试通过牺牲这些特性来提升对海量数据的存储管理能力。但是,现在一些人则持有不同的观念,他们认为并不是 ACID 和支持 SQL 的特性,而是其他的一些机制如锁机制、日志机制、缓冲区管理等制约了系统的性能,只要优化这些技术,关系型数据库系统在处理海量数据时仍能获得很好的性能。

为了解决上面的问题,一些新的数据库采用部分不同的设计,它取消了耗费资源的缓冲池,在内存中运行整个数据库。它还摒弃了单线程服务的锁机制,也通过使用冗余机器来实现复制和故障恢复,取代原有的昂贵的恢复操作。这种可扩展、高性能的 SQL 数据库被称为 NewSQL,其中"New"用来表明与传统关系型数据库系统的区别。但是,NewSQL 也是很宽泛的概念,它首先由"451"集团在一份报告中提出,其主要包括两类系统:拥有关系型数据库产品和服务,并将关系模型的好处带到分布式架构上;或者提高关系数据库的性能,使之达到不用考虑水平扩展问题的程度。前一类 NewSQL 包括 Clustrix、GenieDB、ScalArc、ScaleBase、NimbusDB,也包括带有 NDB 的 MySQL 集群、Drizzle 等。后一类 NewSQL 包括 Tokutek、JustOne DB。还有一些"NewSQL 即服务",包括 Amazon 的关系数据库服务、Microsoft 的SQL、Azure、FathomDB 等。

当然,NewSQL 和 NoSQL 也有交叉的地方,例如,RethinkDB 可以看作 NoSQL 数据库中键/值存储的高速缓存系统,也可以当作 NewSQL 数据库中 MySQL 的存储引擎。现在许多 NewSQL 提供商使用自己的数据库为没有固定模式的数据提供存储服务,同时一些NoSQL 数据库开始支持 SQL 查询和 ACID 事务特性。

NewSQL 能够提供 SQL 数据库的质量保证,也能提供 NoSQL 数据库的可扩展性。VoltDB 是 NewSQL 的实现之一,其开发公司的 CTO 宣称,它们的系统使用 NewSQL 的方法处理事务的速度比传统数据库系统快 45 倍。VoltDB 可以扩展到 39 个机器上,在 300 个CPU 内核中每分钟处理 1 600 万事务,其所需的机器数比 Hadoop 集群要少很多。

随着 NoSQL、NewSQL 数据库阵营的迅速崛起,当今数据库系统"百花齐放",现有系统达数百种之多,图 4 - 11 将广义的数据库系统进行了分类。

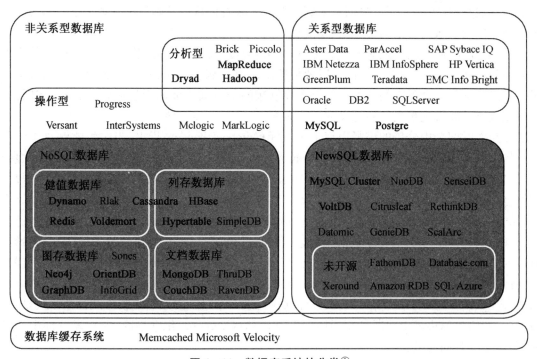

图 4 - 11　数据库系统的分类①

图 4 - 11 中将数据库分为关系型数据库、非关系型数据库以及数据库缓存系统。其中,非关系型数据库主要指的是 NoSQL 数据库,主要分为键值数据库、列存数据库、图存数据库以及文档数据库四大类。关系型数据库包含了传统关系数据库系统以及 NewSQL 数据库。

---

①　博文视点(北京). 大数据的存储和管理[EB/OL]. (2013 - 04 - 17). http://blog. csdn. net/broadview2006/article/details/8812742.

高容量、高分布式、高复杂性应用程序的需求迫使传统数据库不断扩展自己的容量极限，这些驱动传统关系型数据库采用不同的数据管理技术的 6 个关键因素可以概括为"SPRAIN"，即：

- 可扩展性(Scalability)——硬件价格；
- 高性能(Performance)——MySQL 的性能瓶颈；
- 弱一致性(Relaxedconsistency)——CAP 理论；
- 敏捷性(Agility)——持久多样性；
- 复杂性(Intricacy)——海量数据；
- 必然性(Necessity)——开源。

延伸阅读思考：医疗大数据——数据收集或是最难点

IBM、波士顿制药公司 Berg Pharma、纪念斯隆-凯特琳癌症中心（Memorial Sloan Kettering）、加州大学伯克利分校（UC Berkeley）及其他机构的研究人员，正在探索如何利用人工智能和大数据，找到更好的疾病治疗方法。但是，在医疗领域充分利用这些计算工具面临的最大挑战是，这方面的海量数据被束之高阁——或者说从一开始就没有数字化。简而言之，医疗领域应用大数据技术的难题：收集信息。

早期的医学研究成果或病人的病历，往往锁在医药公司的档案或医生办公室的文件柜中。病人的隐私问题、公司间的利益冲突以及纯粹缺乏电子病历，阻碍着医疗领域的信息共享，让每一次治疗都像一个孤立的事件。如果医疗领域的信息共享能取得进展，那么医生在医治过程中就很有可能发现更具普遍意义的治疗方案。

加州大学旧金山分校的讲师迈克尔·凯泽（Michael Keiser）指出，当医生能够对 10 万个病人的临床试验数据、基因组数据和电子病历进行分析时，与以往只能接触少数病人的信息相比，医生将能发现以往所不能发现的治疗方案。鉴于这样的前景，一些组织开始着手将医疗数据整合在一起。

2013 年年底，美国临床肿瘤学会（American Society of Clinical Oncology, ASCO）宣布了旗下"CancerLinQ"项目的初步进展情况。"CancerLinQ"是一个"快速学习系统"，允许研究人员进入、访问和分析匿名癌症患者的病历。2014 年 4 月，一个有众多主要制药公司参与的非营利性组织——"癌症生命科学协会 CEO 圆桌会(the CEO Roundtable on Cancer)"，宣布推出 PDS 计划（Project Data Sphere）。该计划将打造一个第三阶段癌症临床试验数据共享和分析平台，初始数据集已由阿斯利康、拜耳、新基医药（Celgene）、纪念斯隆-凯特琳癌症中心、辉瑞、赛诺菲等共同提供。

这些数据已去除患者的个人信息，并进行了统一编号，供生命科学公司、医院、医疗机构以及独立研究者可以免费使用。他们可以访问平台内置的分析工具，或者将数据插入自己的软件中。

癌症 CEO 圆桌会议首席执行官马丁·墨菲（Martin Murphy）表示，PDS 计划可能有助于发现鲜为人知的癌症候选药物，这些药物可能对某些癌变有一定的疗效。而在某一特定研究中，这些药物可能会因为没有达到研究的主要目标而被抛弃。

其他推进医疗领域信息共享的努力还包括：由从多医疗机构、研究型大学、生命科学公司等组建的全球基因组学与健康联盟（Global Alliance for Genomics and Health）、欧洲生物信息研究所(EMBL-EBI)维护的分子生物数据库,以及美国国立卫生研究院(National Institute of Health，NIH)成立的"生物标记共同体(Biomarker Consortium)"等。

与此同时,用大数据服务肿瘤医疗行业的初创公司 Flatiron Health 于 2014 年 5 月完成了 1.3 亿美元 B 轮融资,由谷歌旗下风投机构谷歌风投(Google Ventures)领投。Flatiron Health 打造了一个"肿瘤学云平台(Oncology Cloud)",能提取和整合病人电子病历(EMR)中的临床数据以及医疗费用数据。

该系统使在医生办公室和医院以不可持续和非结构化格式留存的数据变得有意义,从而能够对大规模癌症患者群体的治疗情况进行分析。在理想情况下,它可以发现哪种治疗方法对哪些类型的癌症患者有效。

Flatiron Health 联合创始人奈特·特纳(Nat Turner)表示:"Flatiron Health 专注于所谓'真实世界'患者的临床资料。在美国,只有 4% 的癌症患者会参与前瞻性临床试验,因此我们正在努力提取和整合剩下 96% 患者的数据。要真正了解什么对癌症有效,其他患者正在接受什么样的治疗,以及癌症领域的研究取得了什么样的成果,相关机构应该开放'去识别(de-identified)'的医疗数据和匿名的典型病例,这是 Flatiron Health 愿景的一部分。"

可以肯定的是,推进医疗信息的开放应该非常谨慎。医疗信息是高度敏感的,所以任何隐私风险需求应慎重考虑。医疗信息能开放到什么程度,取决于全社会所做出的让步。许多人坚定地持有这样的观点:挽救生命最重要。但受旧习惯和过时规章制度的影响,社会的转变速度还不够快。

加州大学伯克利分校的计算机科学教授大卫·帕特森(David Patterson)深有感触,他说:"对于计算机领域的研究人员,我们习惯于互联网时间和摩尔定律。但现在我们无法让官方达成一致,让我们能够大量快速收集数据并进行整合,这是非常令人沮丧的。患者的隐私很重要,但争取癌症治疗领域取得进展同样很重要。将大量治疗信息汇集在一起的好处是,我们可以在攻克这种可怕疾病方面取得进展。"

实验四:大数据分析的数据导入与编辑

一、实验目的

以魔镜软件为例,练习如何将不同格式的数据导入,并对导入的数据进行字段类型更改、非数值型字段的拆分、数值型字段的自定义、数据联想等数据编辑工作。同时,理解和掌握魔镜软件中的"维度"和"度量"。

二、实验准备

在信息系统中,常有不同类型、不同格式的数据,从存储形式和数据关系上看,有文件类型、数据库类型和大数据集群类型。其中,文件类型有 Excel、TXT、CSV 等格式,数据库类型有 MySQL、SQLSever、IBM DB2、Oracle、PostgreSQL 等格式,大数据集群类型有 Hive、Spark、ADS 等格式。只有将不同格式的数据源转换到同一种数据类型,才能进行统一处理和可视化数据分析。

三、实验内容

(一)数据导入

魔镜软件将数据源分为三种类型:文本类型、数据库类型、大数据集成类型。点击"新建应用"或"数据源—添加数据源",会弹框提示选择已有数据源或添加新数据源（若没有应用或所有应用里数据源为空时则不会弹框提示"选择已有数据源或添加新数据源"），如图 4 - 12 所示。

图 4 - 12　添加数据源

图 4 - 12 中的三种数据源，其接入过程基本相似，当数据源接入后，所有的界面操作都一样。

1. 选择已有数据源

点击图 4 - 12 中的"选择已有数据源"，进入选择已有数据源界面，在选择已有数据源界面，可以选择已经上传的数据源，如图 4 - 13 所示，鼠标悬浮在数据源上会显示该数据源所属的应用名。

图 4 - 13　选择已有数据源示例

选择已有的数据源后，点击"下一步"按钮，跳转到数据预览界面，如图 4 - 14 所示。在数据预览界面，鼠标悬浮在字段名上显示字段下拉框，包括对字段的重命名、标记为、自定义拆分、自定义计算、数据联想、数据执行、删除等操作。

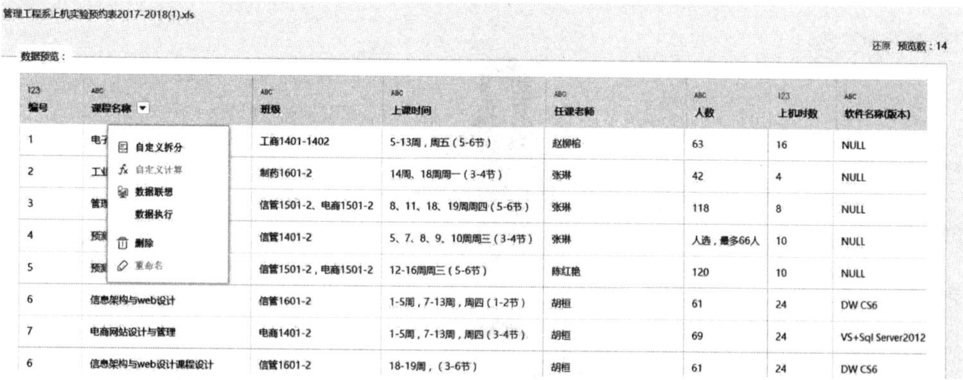

图 4-14　数据预览界面

2. 选择添加新数据源

点击图 4-12 中的"添加新数据源",进入选择数据源类型页,可以看到新界面上出现了很多数据库的图标,这其中包含了魔镜能处理的所有数据类型,如图 4-15 所示。

图 4-15　选择数据类型

文本类型的数据导入,操作界面都是一样的(图 4-16)。数据库类型和大数据集群类型的数据导入,操作类型也都是一样的(图 4-17)。

图 4-16　文本类型的数据导入操作界面

图 4 - 17　数据库类型和大数据集群类型的数据导入界面

（二）数据源的编辑

在完成数据导入后，即进入数据预览界面（图 4 - 18）。在点击"保存"之前，数据源始终处于"数据预览"状态。此时，可对数据源进行编辑。编辑工作包括字段类型的更改。

媒介来源	城市	日期	网站版块	页面	浏览时长	PV	UV	访次数	
hao123.com	兰州	2012/11/15	每日一记	/riji/2012/10/interactivity-checklist-1675	5.580	151	29	58	3
hao123.com	海口	2012/11/16	每日一记	/riji/2012/10/interactivity-checklist-1675	2.430	191	32	64	3
hao123.com	大连	2012/11/19	每日一记	/riji/2011/08/are-movie-sequels-profitable-1279	1.160	229	38	76	4
hao123.com	衢州	2012/11/19	每日一记	/riji/2010/01/hatecrimes	1.350	190	12	24	1
hao123.com	东营	2012/11/21	每日一记	/riji/2011/08/are-movie-sequels-profitable-1279	1.530	167	10	20	1
hao123.com	北京	2012/11/21	每日一记	/riji/2012/10/top-100-q3-2012-1669	1.400	90	30	60	3
hao123.com	上海	2012/11/21	每日一记	/riji/2011/06/which-country-has-most-wimbledo...	2.230	132	19	38	2
hao123.com	重庆	2012/11/21	每日一记	/riji/2010/01/hatecrimes	1.530	130	36	72	4

图 4 - 18　数据预览界面

1. 字段类型的更改

点击字段名上方标记 **ABC** 或 **123** （图 4 - 19），此时根据需要可修改字段的数据类型，包含字符串、整数、整数和小数、日期、日期和时间 5 种类型。当修改完数据类型后，在字段上方的类型图标也会相应地发生变化。

媒介来源	城市	日期	网站版块	页面			浏览时长	PV	UV	访次数
					ABC 字符串					
hao123.com	兰州	2012/11/15	每日一记	/riji/2012/10/inte	123 整数		5.580	151	29	58
hao123.com	海口	2012/11/16	每日一记	/riji/2012/10/inte	123 整数和小数		2.430	191	32	64
hao123.com	大连	2012/11/19	每日一记	/riji/2011/08/are-	日期	-1279	1.160	229	38	76
hao123.com	衢州	2012/11/19	每日一记	/riji/2010/01/hate	日期和时间		1.350	190	12	24

图 4 - 19　字段类型更改界面

当鼠标放至字段上,在字段的右侧出现图标，点击图标，出现下拉菜单,其中标记为:自定义拆分、自定义计算、数据联想、数据执行、删除、重命名6个选项,如图4-20所示。

图4-20　字段编辑下拉菜单

2. 自定义拆分

当字段为字符串、日期或日期和时间类型时,即字段上方图标为 Abc ,此时右击字段名或单击字段右下角，点击"自定义拆分"选项,进入自定义拆分界面(图4-21)。

图4-21　"自定义拆分"界面　　　　　　　**图4-22　"自定义计算"界面**

3. 自定义计算

当字段为整数、整数和小数时,即字段上侧图标为 123 时,此时右击字段名或单击字段右下角 ,点击"自定义计算"菜单项时,出现"自定义计算"对话框(图4-22)。在对话框的左侧选择运算符,在右侧"自定义数字"框中选择需要参与运算的字段,点击"确定",即可得到一个新的自定义运算的字段及字段值。

4. 数据联想

右击字段名或单击字段右下角 ,点击"数据联想"菜单项时,出现"数据联想"选项,可将数据联想为省份、身份证、手机号、IP地址、银行卡、股票等,如图4-23所示。

图4-23　数据联想

（三）技术对象的编辑

完成数据导入后，即进入前文图4-18所示的数据预览界面。直接点击"保存"按钮，进入数据处理界面。此时，数据源出现在数据处理界面的右侧"技术对象"中（图4-24）。单击"添加"，可以进入前文图4-15所示的界面继续增加数据源；单击"字段别名"，出现两个选项："字段别名"及"字段原名"（图4-25）。点击"字段别名"显示字段的原数据源的字段名；点击"字段原名"显示数据源在技术对象中的字段名。

图4-24　数据处理界面的技术对象　　图4-25　单击字段别名示例

如图4-25所示，在技术对象数据源上单击"网站分析"右侧的▼，可以对数据表进行重命名、编辑、预览和删除（图4-26）。

图4-26　单击字段别名示例

在"编辑表"的界面,可以对数据表更改"显示名",也可以更改字段的"显示名""数据类型"、是否为"主键"。同时,还可以添加自定义列及添加数据源列,如图4-27所示。

列名	显示名	数据类型	主键	操作
`c_3`	网站版块	string ▼	☐	⊘ ⊗
`c_4`	页面	string	⚲	☑ ✕
`c_5`	浏览时长	double	⚲	☑ ✕
`c_6`	PV	int	⚲	☑ ✕
`c_7`	UV	int	⚲	☑ ✕
`c_8`	访问数	int	⚲	☑ ✕
`c_9`	退出访客数	int	⚲	☑ ✕

显示名 网站分析　　　　　　　　　　　　　　　编辑所有字段　输入您要搜索的内容 🔍

+添加数据源列 +添加自定义列　　　　　　　　　　　　取消　保存

图4-27　"编辑表"的界面

(四)创建业务对象

业务对象由业务包组成(如图4-28所示,有"网站分析"和"各个行业职位缺口指数占比 & 互联网行业学历占比"两个业务包),每个业务包包含若干个"维度"和若干个"度量"。"维度",简单而言就是保持离散性的数据字段,多为文本和日期等类别的数据字段。例如:产品种类、客户名称、生产日期、城市。"度量",一般是可以聚合的数字数据字段。例如:销售额、员工数、利润率[①]。

业务包的创建有两种方式:快速分组、新建分组(图4-28)。

图4-28　业务对象示意图

---

① 魔镜软件,将包含定性、日期、分类信息的任何字段都视为维度。例如,包括任何含有文本或日期值的字段。不过在复杂数据关系中,维度的实际定义稍微复杂一些。一个维度就是一个可以视为独立变量的字段。魔镜将包含数字、定量信息的任何字段视为度量。不过,在关系数据源中,度量的实际定义稍微复杂一些。一个度量就是一个依赖变量形式的字段;也就是说,它的值是一个或多个维度的函数。度量和维度之间的转换:默认情况下,魔镜将包含数字的所有关系字段视为度量。不过,也可以将其中某些字段作为维度。例如,在魔镜中,默认情况下可能会将包含年龄的字段分类为度量,因为它包含数字数据。但是,如果您要查看每个年龄的人数分布,就可以将"年龄"字段转换为维度。如将维度转换为度量,会将离散的维度信息进行计数,可自定义选择计数与计数(不同)。

1. 快速分组

第一步,点击"快速分组",跳转到"快速生成业务分组"的设置页面。

第二步,选择数据源;从左侧技术对象列表中将技术对象(如图4-29中的"网站分析")拖入上方虚线方框中(也可以直接双击"网站分析")。

第三步,设置合适的业务包名称,单击"确认"按钮,完成业务包的快速分组。

图4-29　"快速分组"设置界面

2. 新建分组

在业务对象操作区点击"快速分组",选择"新建分组",从右侧"技术对象"中,拖拽合适字段,逐个添加到"维度"和"度量"(图4-30),此方法适用于数据量小并且表之间逻辑关系复杂的情况。

图4-30　"新建分组"操作界面

第五章　大数据分析的数据清洗

案例导读

Carfax 的大数据清洗

对于 Carfax 而言,由于二手车报告上的数据来自不同的数据源,Carfax 首先需要对采集的数据进行数据集成和数据变换,也就是在把各方收集到的源数据进行分辨、确认、清洗、集成和变换。换而言之,Carfax 把采集的数据存储进数据库以前,企业负责商务分析和管理的工作人员,需要对其进行"审计",确认供应商提供的数据是否与其合同承诺的相符。例如,源数据数目是否吻合,格式是否符合期望的标准,数据可用、不可用的比例分布,源数据与企业的商业用途是否高度相关,是否有无法辨认的数字、文字、不完整的汽车事故和保修记录描述等。其次,Carfax 还需要进行"数据剖析分析",即对源数据进行统计分析,从中发现诸如有多少数据可以用在企业正在进行和未来规划的产品中等。

Carfax 的"大数据清洗"工作往往由数据分析师来完成。他们要检查所有数据,看其是否符合基本格式要求,是否含有那些最重要的数据单位,如车辆识别代号(VIN),与此汽车相关的重要事件(如重大保修、召回等)、任何事故的日期及其描述记录等。继而通过数据库程序把符合要求的、可用的数据提取出来,把可修正的数据进行修正,将剩余无法利用的数据退回数据供应商。

数据清洗完成后,Carfax 的数据分析师就通过软件程序把数据输入数据库,并按"公用来源——从政府那里获得的数据"和"私有来源——从非政府渠道获得的数据"区分开来。"数据分类"的其他方面是把数据按业务归属、保密属性、可公开程度、用户支持和访问权限等分门别类,从而在需要之时便于搜索查询和跟踪其使用情况。随着企业通过开发大数据进入不同业务领域的需求日益增加,对海量数据进行快速分类和关联的任务就越来越重要。分类原则和指导方向也会随着业务的变化而变化,并由此影响未来数据库的设计和更新。

在管理海量数据时,企业不同业务部门会使用和接触相同的数据,这些数据可能会经过计算衍生出新的数据。由于每个员工来自不同的业务背景,在用自己熟悉的业务术语来诠释这些数据并进行内部沟通和交流时,为了提高效率和避免沟通中产生歧义,还需要制定企业内部统一的元数据规则和数据字典。有了这些数据管理工具,每个员工都可以很清晰地知道到哪里可以找到自己想要的数据、它们的记录如何演变、它们的专业定义如何、它们背后的计算公式是什么、衍生出的逻辑关联如何、谁有权可以更改这些数据等。

数据模式化是数据库管理工作中非常重要的步骤。在掌握了二手车的大量相关数据后,Carfax 会对其进行分析、抽象,从中找出围绕着包括汽车身份代号(VIN)、相关核心业务(如二手车经销商、保修公司、保险公司、银行等)在内的各种信息间的关联关系,进而确定其数据库、数据工场和数据集合的架构,通过逻辑和物理建模手段最终创建和实现对应的中央控制或分布式数据储存方式。数据管理的范畴往往包括数据更新、模型再设计、结构调整、最优化、性能调试、报表生成和风险管理等职能。每天输入数据库的这些数据在经过了一系列的格式化、归类处理后,就变成了 Carfax 庞大资产的重要部分。

5.1 大数据质量

数据是组织最具价值的资产之一。企业的数据质量与业务绩效之间存在着直接联系,高质量的数据可以使公司保持竞争力并在经济动荡时期立于不败之地。有了可信的数据质量,企业在任何时候都可以信任满足自身需求的所有数据。

5.1.1 大数据质量概述

1. 大数据质量的背景

大数据分析的根基是数据,但数据质量是数据的生命,倘若数据质量出了问题,即使分析挖掘数据的工具再先进,在充满"垃圾"的大数据环境中也只能提取出毫无意义的"垃圾"信息。因此,数据质量在大数据环境下显得尤其重要。

随着存储技术的发展,海量数据存在越来越便宜,从而数据越来越大,导致有价值的信息获取难度就越来越大,获取不到有用的信息,就不能继而进行数据挖掘和数据分析。但有许多因素会导致这些"数据资产"的贬值,比如数据的冗余和重复导致信息的不可识别、不可信,信息时效性不强,精确度不够;结构或非结构数据整合有困难;人员变动引发的影响;数据标准不统一,相关规范不完善造成对数据理解的不充分等。在大数据时代到来之时,如何从海量数据中获取高质量的信息则成为大数据应用成败的关键因素之一。

2. 大数据质量的含义

一般而言,脏数据主要指不一致或不准确数据、陈旧数据以及人为造成的错误数据等[1]。但是,对于"大数据质量"没有统一的定义。由于其涉及面较广,从不同的角度对大数据质量的理解也不完全相同[2]。但总的来说,大数据质量应从两方面考虑[3]:(1) 从整个数据的生命周期考虑,各个阶段都有严格的数据规划和约束来防止脏数据的产生;(2) 在事后诊断,由于数据的演化和集成,会有脏数据逐渐涌现,需采用特定算法对脏数据进行检测。无论从哪个角度考虑,解决脏数据问题是提高大数据质量的主要途径。

---

① Fan Wenfei. Extending dependencies with conditions for data cleaning[C]//8th IEEE International Conference on Computer and Information Technology,2008:185-190.

② Lueebber D, Grimmer U. Systematic development of data mining based data quality tools[C]//29th VLDB, 2003: 46-51.

③ 韩晶宇,徐立臻,董逸生.数据质量研究综述[J].计算机科学,2008,35(2):1-5.

　　由于大数据质量与数据消费者的主观判断紧密相关,很难定义和测量,本文引用 ISO9000 质量管理体系对质量的定义,将大数据质量定义为"大数据的一组固有属性满足数据消费者要求的程度"。

3. 大数据质量的基本要素

　　在不同时期,对大数据质量有不同的理解。早期认为大数据的基本要素包括 3 点:真实性,即数据是客观世界的真实反映;及时性,即数据是随着变化及时更新的;相关性,即数据是数据消费者关注和需要的。从数据消费者的角度看,高质量的数据须满足:可得的,当数据消费者需要时能够获取到;及时的,当需要时数据获得且是及时更新的;完整的,数据是完整没有遗漏的;安全的,数据是安全的,避免非授权的访问和操控;可理解的,数据是可理解和解释的;正确的,数据是现实世界的真实反映。

　　现在一般认为,大数据质量具有四大基本要素(图 5 - 1):准确性、完整性、一致性和及时性。

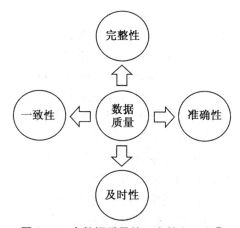

图 5 - 1　大数据质量的四大基本要素①

（1）一致性

　　一致性是指大数据的记录是否符合规范,是否与前后及其他数据集合保持统一。大数据的一致性主要包括数据记录的规范和数据逻辑的一致性。数据记录的规范主要是数据编码和格式的问题,比如网站的用户 ID 是 15 位的数字、商品 ID 是 10 位数字,商品包括 20 个类目、IP 地址一定是用"."分隔的 4 个 0~255 的数字组成的,及一些定义的数据约束,比如完整性的非空约束、唯一值约束等;数据逻辑性主要是指标统计和计算的一致性,比如 PV>=UV,新用户比例在 0~1 之间等。

　　大数据的一致性审核是数据质量审核中比较重要也是比较复杂的一块。如果数据记录格式有标准的编码规则,那么对数据记录的一致性检验比较简单,只要验证所有的记录是否满足这个编码规则就可以,最简单的就是使用字段的长度、唯一值个数这些统计量。

　　比如对用户 ID 的编码是 15 位数字,那么字段的最长和最短字符数都应该是 15;或者商品 ID 是 P 开始后面有 10 位数字,可以用同样的方法检验;如果字段必须保证唯一,那么字段的唯一值个数和记录数应该是一致的,比如用户的注册邮箱;再如地域的省市自治区一定是统

---

　　①　中文互联网数据资讯中心.数据分析前提:数据质量的基本要素[EB/OL].(2014 - 07 - 24).http://www.199it.com/archives/258797.html.

一编码的,记录的一定是"上海"而不是"上海市","浙江"而不是"浙江省",可以把这些唯一值映射到有效的 32 个省市自治区的列表,如果无法映射,那么字段通不过一致性检验。

一致性中逻辑规则的验证相对比较复杂。很多时候,指标的统计逻辑的一致性,需要底层数据质量的保证,同时也要有非常规范和标准的统计逻辑的定义,所有指标的计算规则必须保证一致。

经常犯的错误就是汇总数据和细分数据加起来的结果对不上。导致这个问题出现的原因很有可能是数据在细分时,排除了一些无法明确归到某个细分项的数据。比如在细分访问来源时,如果无法将某些非直接进入的来源明确地归到外部链接、搜索引擎、广告等这些既定的来源分类,但也不应该直接过滤掉这些数据,而应该给一个"未知来源"的分类,以保证根据来源细分之后的数据加起来还是可以与总体的数据保持一致。如果需要审核这些数据逻辑的一致性,可以建立一些"有效性规则",比如 $A>=B$,如果 $C=B/A$,那么 C 的值应该在 $[0,1]$ 的范围内等。数据无法满足这些规则就无法通过一致性检验。

（2）准确性

准确性是指大数据中记录的信息和数据是否准确,是否存在异常或者错误的信息。导致一致性问题出现的原因可能是数据记录的规则不一,但不一定存在错误;而准确性关注的是数据记录中存在的错误,比如字符型数据的乱码现象也应该归到准确性的考核范畴,另外就是异常的数值,异常大或者异常小的数值,不符合有效性要求的数值,如访问量 Visits 一定是整数、年龄一般在 $1\sim100$ 之间、转化率一定是介于 0 到 1 的值等。对数据准确性的审核有时会遇到困难,因为对于没有明显异常的错误值,很难被发现。

大数据的准确性可能存在于个别记录,也可能存在于整个数据集。如果整个数据集的某个字段的数据存在错误,比如常见的数量级的记录错误,这种错误很容易发现,利用平均数和中位数也可以发现这类问题。当数据集中存在个别的异常值时,可以使用最大值和最小值的统计量去审核,或者使用箱线图也可以让异常记录一目了然。

另外,如果发现字符乱码的问题或者字符被截断的问题,可以使用分布来发现这类问题。一般的数据记录基本符合正态分布或者类正态分布,那么那些占比异常小的数据项很可能存在问题,比如某个字符记录只占总体的 0.1%,而其他的占比都在 3% 以上,那么很有可能这个字符记录有异常,一些 ETL 工具的大数据质量审核会标志出这类占比异常小的记录值。而对于数值范围既定的数据,也可以有效性的限制,超过数据有效的值域定义数据记录就是错误的。

需要强调的是,即使数据并没有显著异常,但仍然可能记录的值是错误的,只是这些值与正常的值比较接近而已,这类准确性检验最困难,一般只能通过与其他来源或者统计结果进行比对来发现问题。如果使用超过一套数据收集系统或者网站分析工具,那么通过不同数据来源的数据比对可以发现一些数据记录的准确性问题。

（3）完整性

完整性是指大数据的记录和信息是否完整、是否存在缺失的情况。大数据的缺失主要有记录的缺失和记录中某个字段信息的缺失,两者都会造成统计结果的不准确。所以,完整性是大数据质量的基础保障,而对完整性的评估相对比较容易。

审核完整性,首先是记录的完整性,一般使用统计的记录数和唯一值个数。比如网站每天的日志记录数是相对恒定的,大概在 1 000 万上下波动,如果某天的日志记录数下降到了只有100 万,那很有可能记录缺失了;或者网站的访问记录应该在一天的 24 小时均有分布,如果某个整点完全没有用户访问记录,那么很有可能网站在当时出了问题或者那个时刻的日志记录传输出现了问题;再如统计访客的地域分布时,一般会包括全国 32 个省市自治区,如果统计的省市自治区唯一值个数少于 32,那么很有可能数据也存在缺失。

完整性的另一方面,记录中某个字段的数据缺失,可以使用统计信息中的空值(Null)的个数进行审核。如果某个字段的信息理论上必然存在,比如访问的页面地址、购买的商品 ID 等,那么这些字段的空值个数的统计就应该是 0,这些字段可以使用非空(Not Null)约束来保证数据的完整性;对于某些允许空的字段,比如用户的 cookie 信息不一定存在(用户禁用 cookie),但空值的占比基本恒定,比如 cookie 为空的用户比例通常在 2%~3%,同样可以使用统计的空值个数来计算空值占比,如果空值的占比明显增大,很有可能这个字段的记录出现了问题,信息出现缺失。

(4)及时性

及时性是指大数据从产生到可以查看的时间间隔,也叫数据的延时时长。虽然说分析数据的实时性要求并不是太高,但并不意味就没有要求,分析师可以接受当天的数据要第二天才能查看,但如果数据要延时两三天才能出来,或者每周的数据分析报告要两周后才能出来,那么分析的结论可能已经失去时效性,分析师的工作只是徒劳;同时,某些实时分析和决策需要用到小时或者分钟级的数据,这些需求对数据的时效性要求极高。所以,及时性也是大数据质量的组成要素之一。

5.1.2　大数据质量产生的根源

一般认为,引发大数据质量问题的因素主要来源于四方面:信息因素、技术因素、流程因素和管理因素①(图 5 - 2)。

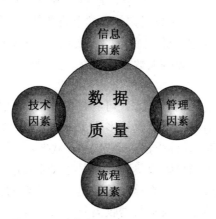

图 5 - 2　大数据质量问题的影响因素

◆ **信息因素**　产生这部分大数据质量问题的原因主要有:元数据描述及理解错误、数据度量的各种性质(如数据源规格不统一)得不到保证和变化频度不恰当等。

◆ **技术因素**　主要是指由于具体数据处理的各技术环节的异常造成的大数据质量问题。大数据质量问题的产生环节主要包括数据创建、数据获取、数据传输、数据装载、数据使用、数

---

① 　百度百科.数据质量管理[EB/OL]. (2017 - 11 - 21). https://baike. baidu. com/item/%E6%95%B0%E6%8D%AE%E8%B4%A8%E9%87%8F%E7%AE%A1%E7%90%86/3894936? fr=aladdin#2_1.

据维护等方面的内容。

◆ **流程因素**　　是指由于系统作业流程和人工操作流程设置不当造成的大数据质量问题，主要来源于系统数据的创建流程、传递流程、装载流程、使用流程、维护流程和稽核流程等各环节。

◆ **管理因素**　　是指由于人员素质及管理机制方面的原因造成的大数据质量问题。如人员培训、人员管理、培训或者奖惩措施不当导致的管理缺失或者管理缺陷。

由上可知，引发大数据质量问题的因素是多方面的，涉及组织的信息系统、组织架构、人、制度流程、企业文化等①。从不同的视角出发，可以更加细化大数据质量的根源。

1. 大数据处理流程视角下的大数据质量根源

大数据处理流程主要包括数据采集、数据存储、数据预处理、数据处理与分析、数据展示/数据可视化、数据应用等环节，其中，大数据质量贯穿于整个大数据流程，每一个数据处理环节都会对大数据质量产生影响作用②。

（1）数据收集环节

数据收集是获取原始大数据集合的过程。大数据通常由不同数据源产生，且由机器自动生成，然后通过网络传输到指定的位置，这是一种大数据生成即收集的方式；或者由企业或组织根据自身需求，有针对性地从各种来源收集所需数据，如用户的各种数据等。总之，数据收集须从不同数据源实时地或及时地收集各种类型数据，并发送给存储系统或数据中间件系统进行后续处理。数据收集环节对大数据质量的真实性、完整性、一致性、准确性、时效性、安全性等维度均产生影响作用。

◆ **数据源**　　大数据的数据源主要指各种网站、系统、传感器设备等，这些数据源的安全运行、防止恶意攻击与篡改是保障大数据真实性、准确性和安全性质量的重要条件。同时，数据源运行的稳定性、无间断性是保障大数据完整性的重要条件。不同数据源之间的统一编码、相互协调是保障同构或异构大数据一致性质量的重要前提，它要求数据源之间的同步与协作。因此，在数据收集环节，数据源是影响大数据真实性、完整性、一致性、准确性和安全性质量的重要因素之一。

◆ **数据收集方式**　　数据的实时收集方式可有效保障大数据的时效性质量，确保大数据分析与预测结果的时效性和价值性。设备收集多为实时的数据收集，且以流式数据进行采集、处理与分析，从而确保大数据的时效性质量。对于 Web 数据，多采用网络爬虫方式进行收集，这需要对爬虫软件进行时间设置以保障收集到的数据时效性质量。

◆ **数据收集技术**　　数据收集技术在这一阶段是非常重要的技术因素，收集技术的好坏直接决定了数据收集的速度和质量。通常数据收集分为两种：设备数据收集和互联网数据爬取，常用的收集软件有 Splunk、Sqoop、Flume、Logstash、Kettle 以及各种网络爬虫，如 Heritrix、Nutch 等，它们水平的高低，直接影响大数据原始质量。

（2）数据存储环节

在大数据存储中，分布式存储与访问是其关键技术，它具有高效、经济、容错性好等特点。

---

① 　王晓刚.引发数据质量问题的根源性因素分析［EB/OL］.（2017 - 01 - 06）. http://pl. sinoins. com/2017 - 01/06/content_218739. htm.

② 　360 图书馆.影响大数据质量的关键因素是什么［EB/OL］.（2017 - 07 - 28）. http://www. 360doc. com/content/17/0728/01/15750360_674668375. shtml.

分布式存储技术与数据存储介质的类型和数据的组织管理形式直接相关。数据存储介质的类型主要有内存、磁盘、磁带等,数据组织管理形式主要包括以行、列、键值、关系等进行组织,不同的存储介质和组织管理形式对应于不同的大数据特征和应用。

分布式文件系统,是大数据领域最基础、最核心的功能组件之一,其关键在于实现分布式存储的高性能、高扩展和高可用性。文档存储,支持对结构化数据的访问,支持嵌套结构、二级索引,以实现数据的高效查询。

这些不同的数据存储技术,具有不同的特征与优势。它们对于提高大数据的时效性、安全性、可用性和准确性等质量维度,具有重要影响。

（3）数据预处理环节

大数据采集过程中通常有一个或多个数据源,这些数据源包括同构或异构的数据库、文件系统、服务接口等,易受噪声数据、数据值缺失、数据冲突等影响,因此须首先对收集到的大数据集合进行预处理,以保证大数据分析与预测结果的准确性与价值性。

大数据的预处理环节主要包括数据清理、数据集成、数据归约与数据转换等内容,可以大大提高大数据的总体质量,是大数据过程质量的体现。

● **数据清理技术**　包括对数据的不一致检测、噪声数据的识别、数据过滤与修正等方面,有利于提高大数据的一致性、准确性、真实性和可用性等方面的质量。

● **数据集成**　是将多个数据源的数据进行集成,从而形成集中、统一的数据库、数据立方体等,这一过程有利于提高大数据的完整性、一致性、安全性和可用性等方面的质量。

● **数据归约**　是在不损害分析结果准确性的前提下降低数据集规模,使之简化,包括维归约、数据归约、数据抽样等技术,这一过程有利于提高大数据的价值密度,即提高大数据存储的价值性。

● **数据转换**　包括基于规则或元数据的转换、基于模型与学习的转换等技术,可通过转换实现数据统一,这一过程有利于提高大数据的一致性和可用性。

总之,数据预处理环节有利于提高大数据的一致性、准确性、真实性、可用性、完整性、安全性和价值性等,而大数据预处理中的相关技术是影响大数据过程质量的关键因素。

（4）数据处理环节

大数据的分布式处理技术与存储形式、业务数据类型等相关,针对大数据处理的主要计算模型有 MapReduce 分布式计算框架、分布式内存计算系统、分布式流计算系统等。MapReduce 是一个批处理的分布式计算框架,可对海量数据进行并行分析与处理,它适合对各种结构化、非结构化数据的处理。分布式内存计算系统可有效减少数据读写和移动的开销,提高大数据处理性能。分布式流计算系统则是对数据流进行实时处理,以保障大数据的时效性和价值性。

无论哪种大数据分布式处理与计算系统,都有利于提高大数据的价值性、可用性、时效性和准确性。大数据的类型和存储形式决定了其所采用的数据处理系统,而数据处理系统的性能与优劣直接影响大数据质量的价值性、可用性、时效性和准确性。因此在进行大数据处理时,要根据大数据类型选择合适的存储形式和数据处理系统,以实现大数据质量的最优化。

（5）数据分析环节

大数据分析技术主要包括已有数据的分布式统计分析技术和未知数据的分布式挖掘、深度学习技术。分布式统计分析可由数据处理技术完成,分布式挖掘和深度学习技术则在大数据分析阶段完成,包括聚类与分类、关联分析、深度学习等,可挖掘大数据集合中的数据关联性,形成对事物的描述模式或属性规则,可通过构建机器学习模型和海量训练数据提升数据分析与预测的准确性。

数据分析是大数据处理与应用的关键环节,它决定了大数据集合的价值性和可用性,以及分析预测结果的准确性。在数据分析环节,应根据大数据应用情境与决策需求,选择合适的数据分析技术,提高大数据分析结果的可用性、价值性和准确性的质量。

(6) 数据可视化与应用环节

数据可视化是指将大数据分析与预测结果以计算机图形或图像的直观方式显示给用户的过程,并可与用户进行交互式处理。数据可视化技术有利于发现大量业务数据中隐含的规律性信息,以支持管理决策。数据可视化环节可大大提高大数据分析结果的直观性,便于用户理解与使用。因此,数据可视化是影响大数据可用性和易于理解性质量的关键因素。

大数据应用是指将经过分析处理后挖掘得到的大数据结果应用于管理决策、战略规划等的过程,它是对大数据分析结果的检验与验证,大数据应用过程直接体现了大数据分析处理结果的价值性和可用性。大数据应用对大数据的分析处理具有引导作用。在大数据收集、处理等一系列操作之前,通过对应用情境的充分调研、对管理决策需求信息的深入分析,可明确大数据处理与分析的目标,从而为大数据收集、存储、处理、分析等过程提供明确的方向,并保障大数据分析结果的可用性、价值性和用户需求的满足。

2. 实际案例视角下的大数据质量根源

Lee、Wang 等人基于多家先进企业的数据质量案例归纳、分析和总结,发现有 10 项因素非常常见。

(1) 数据的多源性

当同一个数据有多个来源时,很可能会带来不同的值。在做数据库设计时,不建议多源储存和更新同一个数据,因为这种方式很难保证数据的诸多副本在被分别更新后仍然保持一致。组织内部多个数据采集流程独立运作,持续地产生不同的数据值。长效的解决措施是组织内使用统一的定义描述数据,并使用一套最终产生一致数据的流程来采集、生产数据。

(2) 在数据产生过程中的主观判断

如果在数据的生成过程中包含主观判断的结果,那么会导致数据中含有主观的偏见因素。大量数据来自于数据采集者的录入,录入过程不可能消除主观判断,甚至有些数据完全依赖于主观判断。针对这个问题,可以采取长效措施,更好地、更广泛地训练数据采集者,丰富他们在业务领域的知识,并且明确告知他们有关主观判断的使用规范。

(3) 有限的计算资源

缺乏足够的计算资源会限制相关数据的可访问性。计算资源包括网络带宽、服务器存储、计算能力等。可以通过技术升级来解决这一问题,同时兼顾数据消费者的预算来分配计算资源投入。

(4) 安全性和可访问性的权衡

数据的可访问性与数据的安全性、隐私和保密性本质上是矛盾的。对数据消费者而言,必须能够访问高质量的数据。同时,出于保护隐私、保密和安全性等原因,必须对访问设置权限。应该对所有的数据在首次采集时,即制定明确的保护政策。

(5) 跨学科的数据编码

来自于不同专业领域的编码总是难以辨识和理解。在数据编码时,必须把完全理解数据编码所需的业务领域和专业知识准确地告诉数据消费者。在可能的情况下,对相同分类的不同代码应该相互映射。

（6）复杂数据的表示方法

数据处理技术快速发展，已能够对文本、图像、视频等非结构化数据进行有效存储和访问，但要汇总、处理、分析这些数据仍然比较困难。在当前的技术背景下，对复杂数据进行编码是一个有效的手段，但长效的解决方案依赖于信息技术的进一步发展。

（7）数据量

数据量过大会使数据消费者难以在合理的时间内获得所需的数据。在数据量大的情况下，提高访问效率对于数据管理者和数据消费者来说是一个巨大挑战。如果要长效解决这个问题，必须按照便于检索和使用的方式组织数据，这就需要准确地收集各种需求，并且权衡所需的额外存储空间、查询时间和需要做出决策的速度。提高访问效能的方式之一，是提供汇总数据。

（8）输入规则过于严苛或被忽视

过于严苛的系统处理规则，或者说引入不必要的数据输入规则，可能会导致某些重要数据的丢失，或者产生错误的数据。这是因为数据采集者可能为了遵守这些规则，随意改变某个或某些字段的值，使之通过规则的审查；或者，由于某些值无法输入对应的字段而丢弃整条记录。企业必须把采集数据作为业务流的一环，有必要采用类似于管理实物产品生产制造流程的方法来理解、记录和控制数据流程。

（9）数据需求的改变

当数据消费者的任务和组织环境发生变化时，所谓"有用的"数据也随之改变。只有满足数据消费者需求的数据才是高质量的数据。作为长效的解决方案，需要规划数据流和系统的变化，并在数据需求的变化成为严重问题之前，预测数据消费者不断改变需求。这要求企业持续地检查业务环境、落实岗位职责、积极地管理数据并使之匹配于数据需求。

（10）分布式异构系统

对于分布式异构的数据系统，如果缺乏适当的整合机制，会导致其内部出现数据定义、格式、规则和值的不一致。数据仓库是目前流行的一种分布式系统解决方案，按照统一标准抽取、整合若干已有的、独立开发的数据系统，以减少前端的不可访问性。

5.1.3　大数据质量问题的分类与实例

1. 大数据质量问题的分类

根据处理的是单数据源还是多数据源以及问题出在模式层还是实例层，Rahm, E. (2000) 将数据质量问题分为4类：单数据源模式层问题、单数据源实例层问题、多数据源模式层问题和多数据源实例层问题。图5-3表示了这种分类，并且分别列出了每一类中典型的数据质量问题。

如图5-3所示，大数据质量问题包括：① 数据质量问题；② 单数据源问题；③ 多数据源问题；④ 模式层；⑤ 实例层；⑥ 缺少完整性约束，糟糕的模式设计；⑦ 数据记录的错误；⑧ 异质的数据模型和模式设计；⑨ 冗余、互相矛盾或者不一致的数据；⑩ 唯一性约束；⑪ 引用约束；⑫ 拼写错误；⑬ 相似重复记录；⑭ 互相矛盾的字段；⑮ 命名冲突；⑯ 结构冲突；⑰ 不一致的汇总；⑱ 不一致的时间选择。

单数据源情形中出现的问题在多数据源的情况下会变得更加严重。图5-3对多数据源没有列出在单数据源情形中就已经出现的问题，模式层次上的问题也会体现在实例层次上。

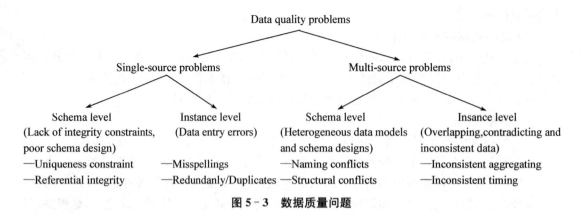

图 5 - 3　数据质量问题

糟糕的模式设计、缺少完整性约束的定义以及多个数据源之间异质的数据模型、命名和结构冲突等，都属于该类问题。可以通过改进模式设计、模式转化和模式集成来解决模式层次上的问题。实例层次上的问题在模式层次上不可见，一些可能的情况有数据拼写错误、无效的数据值、重复记录等。

2. 实例

表 5 - 1　数据质量问题实例

Problem①	Dirty data②	Causes③
Missing values④	phone＝9999～9999999	Unavailable values during data entry⑤
Misspellings⑥	city＝"Londo"	Error introduced during data entry⑦
Strange abbreviations⑧	Experience＝"B", occupation＝"DB Pro. "	Multiple values entered in one attribute⑩
Text in free-form⑨	name＝"J. Smith 12. 02. 70 New York"	
Misfielded values⑪	city＝"Gemany"	
Violated attribute dependencies⑫	city＝"Redmond", zip＝77777	city and zipcode should correspond⑬
Word transpositions⑭	name1＝"J. Smith", name2＝"Miller P. "	In a free-form field⑮
Duplicated records⑯	emp1＝(name＝"John Smith"); emp2＝(name＝"J. Smith")	Two records represent the same real-world entity⑰
Contradicting records⑱	emp1＝(name＝"John Smith", bdate＝12. 02. 70); emp2＝(name＝"John Smith", bdate＝12. 12. 70)	Some attribute of the same real-world entity is described by different values⑲
Wrong references⑳	emp＝(name＝"John Smith", depno＝17)	John Smith is not in the department with depno 17㉑

注：① 问题；② 脏数据；③ 原因；④ 缺少值；⑤ 录入数据时，不知道；⑥ 拼写错误；⑦ 录入时引入的错误；⑧ 不同的缩写；⑨ 自由格式的文本串；⑩ 单一字段中，存放了多种信息；⑪ 值与字段名不匹配；⑫ 字段之间不对应；⑬ 城市和邮政编码不对应；⑭ 词移位；⑮ 该字段无固定格式；⑯ 相似重复记录；⑰ 两条记录对应于同一个现实实体；⑱ 互相矛盾的记录；⑲ 同一个现实实体的某个属性有多个不同的值；⑳ 错误的引用；㉑ John Smith 并不在 17 所对应的部门。

5.2　大数据清洗概述

大数据清洗,是整个大数据分析过程中不可缺少的一个环节,其质量结果直接关系到大数据分析的效果和最终结论。在实际操作中,数据清洗通常会占据分析过程 50% 到 80% 的时间。

5.2.1　大数据清洗定义

迄今为止,大数据清洗还没有公认的定义,不同的应用领域对其有不同的解释。

1. 数据仓库视角下的大数据清洗

因为数据仓库中的数据是面向某一主题的数据的集合,这些数据从多个业务系统中抽取而来且包含历史数据,这样就避免不了有的数据是错误数据、有的数据相互之间有冲突,这些错误的或有冲突的数据显然是不想要的,称为"脏数据"。要按照一定的规则把"脏数据""洗掉",这就是数据清洗。因此,从数据仓库视角出发,大数据清洗被定义为"清除错误和不一致数据的过程,并需要解决元组重复问题"。当然,大数据清洗并不是简单地用优质数据更新记录,它还涉及数据的分解与重组。

2. 数据挖掘视角下的大数据清洗

在数据挖掘(早期又称为数据库的知识发现)过程中,大数据清洗是第一个步骤,即对数据进行预处理的过程。各种不同的 KDD 和 DW 系统都是针对特定的应用领域进行数据清洗的。

3. 数据质量管理领域中的大数据清洗

数据质量管理是一个学术界和商业界都感兴趣的领域,专门解决整个信息业务过程中的数据质量及集成问题。在该领域中,没有直接定义大数据清洗。有些文章从数据质量的角度,将大数据清洗定义为一个评价数据正确性并改善其质量的过程。

也就是说,大数据清洗是一个反复的过程,不可能在几天内完成,是不断地发现问题、解决问题。对于是否过滤、是否修正,一般要求客户确认。对于过滤掉的数据,写入 Excel 文件或者将过滤数据写入数据表,在 ETL 开发的初期可以每天向业务单位发送过滤数据的邮件,促使他们尽快地修正错误,同时也可以作为将来验证数据的依据。大数据清洗需要注意的是不要将有用的数据过滤掉,对于每个过滤规则认真进行验证,并要求用户确认。

5.2.2　大数据清洗的对象

大数据清洗的对象可以按照对象的来源领域与产生原因进行分类。前者属于宏观层面的划分,后者属于微观层面的划分。

1. 宏观领域的大数据清洗对象

很多领域都涉及大数据清洗,如数字化文献服务、搜索引擎、金融领域、政府机构等,大数据清洗的目的是为信息系统提供准确而有效的数据。

(1)数字化文献服务领域

在进行数字化文献资源加工时,OCR 软件有时会造成字符识别错误,或由于标引人员的疏忽而导致标引词的错误等,这是大数据清洗需要完成的任务。

(2)搜索引擎

　　搜索引擎为用户在互联网上查找具体的网页提供了方便,它是通过为某一网页的内容进行索引而实现的。而一个网页的哪些部分需要索引,则是大数据清洗需要关注的问题。例如,网页中的广告部分,通常不需要索引。按照网络大数据清洗的粒度不同,可以将网络大数据清洗分为两类,即 Web 页面级别的大数据清洗和基于页面内部元素级别的大数据清洗,前者以 Google 公司提出的 PageRank 算法和 IBM 公司 Clever 系统的 HITS 算法为代表;而后者的思路则集中体现在作为 MSN 搜索引擎核心技术之一的 VIPS 算法上①。

　　(3) 金融系统

　　在金融系统中也存在很多"脏数据"。主要表现为:数据格式错误、数据不一致、数据重复、数据错误、业务逻辑的不合理、违反业务规则等。例如,未经验证的身份证号码、未经验证的日期字段等,还有账户开户日期晚于用户销户日期、交易处理的操作员号不存在、性别超过取值范围等。

　　(4) 电子政务系统

　　电子政务系统也存在"脏数据"。为了能够更好地对公民负责并且能够与全国的其他警察局共享数据,英国 Hum-berside 州警察局使用数据清洗软件清洗大范围的嫌疑犯和犯罪分子的数据。这次清洗的范围庞大,跨越不同的系统,不仅有该警察局内部系统的数据,还有外部的数据库包括本地的和整个英国范围内的。其中有些数据库能够相连和整合,而有些则不能。例如,"指令部级控制"的犯罪记录数据库是用来记录犯罪事件的,该数据库是和嫌疑犯数据库分开的;而嫌疑犯数据库也许和家庭犯罪或孩童犯罪数据库是分开的②。

　　2. 微观领域的大数据清洗对象

　　在微观领域,大数据清洗的对象分为模式层数据清洗与实例层数据清洗③。大数据清洗的任务是过滤或者修改那些不符合要求的数据,将过滤的结果交给业务主管部门,确认是否过滤还是由业务单位修正之后再进行抽取。

　　◆ **不完整数据**　这一类数据主要是一些应该有的信息缺失,如供应商的名称、分公司的名称、客户的区域信息缺失、业务系统中主表与明细表不能匹配等。对于这一类数据,需要过滤后进行标记,并按缺失的内容分别写入不同的 Excel 文件,提交给数据商,要求其在规定的时间内补全。

　　◆ **错误数据**　这一类数据主要由于业务系统不够健全、在接收输入后没有进行判断而直接写入后台数据库造成的,比如数值数据输成全角数字字符、字符串数据后有一个回车、日期格式不正确、日期越界等。错误值包括输入错误和错误数据:输入错误是由原始数据录入人员的疏忽而造成的;错误数据大多是由一些客观原因引起的,例如人员填写的所属单位因为人员升迁等造成的不一致性。错误数据也要分类,对于类似于全角字符、数据前后有不可见字符的问题,通过 SQL 语句方式找出,然后要求客户在业务系统修正之后抽取;日期格式不正确的或者是日期越界等错误会导致 ETL 运行失败,需要在业务系统数据库中用 SQL 语句方式清洗出来,交给业务主管部门限期修正。

①　刘奕群,张敏,马少平.面向信息检索需要的网络数据清理研究[J].中文信息学报,2007,20(3):70-77.

②　PARS. BICaseStudy[EB/OL].(2007-01-09).http://www.parsintl.com/pdf/14705-BIJ-Informatica.pdf.

③　郭志懋,周傲英.数据质量和数据清洗研究综述[J].软件学报,2002,13(11):2076-2082.

◆ **异常数据** 所有记录中如果一个或几个字段间绝大部分遵循某种模式,其他不遵循该模式的记录,如年龄字段超过历史上的最高记录年龄等,就属于异常数据。

◆ **重复数据** 也就是"相似重复记录",指同一个现实实体在数据集合中用多条不完全相同的记录来表示,由于它们在格式、拼写上的差异,导致数据库管理系统不能正确识别。从狭义的角度看,如果两条记录在某些字段的值相等或足够相似,则认为这两条记录互为相似重复。识别相似重复记录是大数据清洗活动的核心。

◆ **其他数据** 此外,由于法人或作者更换单位造成数据的不一致情况、不同的计量单位、过时的地址、邮编等其他情况也是大数据清洗的对象①。

5.2.3 大数据清洗的总体架构

大数据必须经过清洗、分析、建模、可视化,才能体现其潜在的价值。然而,由于网民数量的增加、业务应用的多样化和社交网络的繁荣,单个文件(比如日志文件、音视频文件等)变得越来越大,硬盘的读取速度和文件的存储成本越来越显得捉襟见肘。与此同时,政府、银行和保险公司等内部存在海量的非结构化、不规则的数据,而只有将这些数据采集并清洗为结构化、规则的数据,才能提高公司决策支撑能力和政府决策服务水平,使之发挥应有的作用。

因此,目前的数据清洗主要是将数据划分为结构化数据和非结构化数据,分别采用传统的数据提取、转换、加载(ETL)工具和分布式并行处理来实现,其总体架构如图 5-4 所示。

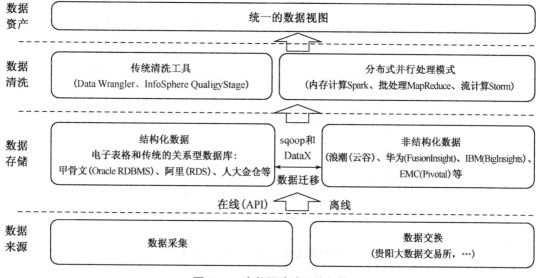

图 5-4 大数据清洗总体架构

具体来讲,结构化数据可以存储在传统的关系型数据库中。关系型数据库在处理事务、及时响应、保证数据的一致性方面有天然的优势。

非结构化数据可以存储在新型的分布式存储中,比如 Hadoop 的 HDFS。分布式存储在系统的横向扩展性、降低存储成本、提高文件读取速度方面有着独特的优势。

此外,就是结构化数据和非结构化数据之间的数据迁移。如果要将传统结构化数据(例如关系型数据库中的数据)导入到分布式存储中,可以利用 sqoop 等工具,先将关系型数据库

---

① 王曰芬,章成志,张蓓蓓,吴婷婷.数据清洗研究综述[J].现代图书情报技术,2007(12):50-56.

(MySQL、PostgreSQL 等)的表结构导入分布式数据库(Hive),然后再向分布式数据库的表中导入结构化数据。

5.2.4　大数据清洗与数据质量的关系

由于大数据清洗主要针对的对象是"脏数据",而脏数据会直接影响数据的质量,因此,大数据清洗(Big Data Cleaning)和数据质量(Data Quality)之间存在着密不可分的关系。随着应用的不断加深,大数据清洗也逐渐成为研究的热点,其主要任务就是检测和修复脏数据(消除错误或者不一致的数据),解决数据质量问题。

但是,在全面数据质量管理方面,大数据清洗并不是提高数据质量的唯一技术途径,还包括数据整合技术。数据整合主要针对模式层的脏数据进行检测和修正,如命名冲突或结构冲突的数据等;而大数据清洗主要针对的是实例层的脏数据,如重复数据或错误数据等。大数据清洗与数据质量的关系描述如图 5-5 所示。

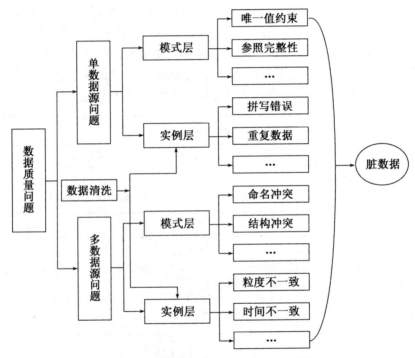

图 5-5　大数据清洗与数据质量之间的关系图

由图 5-5 可以看出,数据质量主要针对单数据源数据和多数据源数据两方面,它们都由实例层数据和模式层数据组成,并且包含不同类型的脏数据。大数据清洗技术是解决数据质量问题的一种有效方法,可以检测和修正实例层的脏数据。在单数据源方面主要包括拼写错误的数据、重复数据和异常数据等;而在多数据源方面主要包括时间不一致和粒度不一致的数据等。但是,在全面数据质量管理方面,大数据清洗技术无法全面地解决数据质量问题中模式层的脏数据,必须借助数据整合技术。

5.3　大数据清洗的方法与工具

5.3.1　大数据清洗方法概述

数据管理技术不断进步,但是对于刚获取的新数据集来说,对它进行数据合法性检查和适合数据分析格式的转换是一个乏味、单调和耗时的过程。"脏"的和"病态"的数据无处不在,并无通用有效的方法完全清除,按照不同的目的和标准,可以有不同的清洗方法。

1. 按照清洗方式划分

按大数据清洗的实现方式划分,大数据清洗方法可以分为 4 种:

(1)手工实现,通过人工检查,只要投入足够的人力、物力、财力,也能发现所有错误,但效率低下。在大数据时代,这种方式几乎不再可行。

(2)通过专门编写的应用程序,这种方法能解决某个特定的问题,但不够灵活,特别是在清洗过程需要反复进行。一般来说,数据清洗需要清洗多次才可能达到要求,这就导致清洗程序过于复杂,清洗工作量偏大。而且,这种方法也没有充分利用目前数据库提供的强大数据处理能力。

(3)解决某类特定应用域的问题,如根据概率统计学原理查找数值异常的记录,对姓名、地址、邮政编码等进行清理,这是目前研究得较多的领域,也是应用最成功的一类。如商用系统:Trillinm Software、System Match Maketr 等。

(4)与特定应用领域无关的数据清理,这一部分的研究主要集中在清洗重复的记录上,如Data Cleanser Data Blade Module、Integrity 系统等。

2. 按照清洗目的划分

大数据清洗的最根本目的,就是解决数据质量问题。大数据清洗就是对各种脏数据进行对应方式的处理,得到标准的、干净的、连续的数据,提供给数据统计、数据挖掘等使用。

已有的数据,存在各种问题——数据的完整性(例如人的属性中缺少性别、籍贯、年龄等)、数据的唯一性(例如不同来源的数据出现重复的情况)、数据的合理性(例如获取的数据与常识不符,年龄大于 150 岁)等。每种问题都有各种情况,每种情况适用不同的处理方法,也就是说,出于不同的目的,大数据清洗需要不同的手段和方法一一处理。

(1)解决数据完整性的大数据清洗

具体方法包括:第一,通过其他信息补全,例如使用身份证件号码推算性别、籍贯、出生日期、年龄等;第二,通过前后数据补全,例如时间序列缺数据了,可以使用前后的均值;第三,以业务知识或经验推测填充缺失值;第四,以同一指标的计算结果(均值、中位数、众数等)填充缺失值。

(2)解决数据唯一性的大数据清洗

解决思路就是去除重复记录,只保留一条。具体方法有:第一,按主键去重,用 SQL 或者Excel"去除重复记录"即可;第二,按规则去重,编写一系列的规则,对重复情况复杂的数据进行去重。例如通过不同渠道来的客户数据,可以通过相同的关键信息进行匹配,合并去重。

(3)解决数据合理性的大数据清洗

解决思路就是设定判定规则。具体方法有:第一,设定强制合法规则,凡是不在此规则范围内的,强制设为最大值,或者判为无效后直接剔除;第二,设定警告规则,凡是不在此规则范围内的,进行警告,然后人工处理。

5.3.2　可视化大数据清洗

随着数据量的迅速增长,传统的大数据清洗方法已经无能为力,而利用可视交互技术可以有效地进行大数据清洗。也就是说,现代的大数据清洗需要融合自动数据处理技术(不合理数据检测、数据实体分析和语义推断等)和可视交互技术,可视大数据清洗成为数据预处理领域最具魅力和前景的研究方向之一。

1. 可视化大数据清洗的含义

为了省事,许多有关数据分析的研究常常只做一些简单的人工数据清洗,或者只采样原始数据集中部分数据,甚至假设数据的原始纯净性,而忽视原始数据集中的质量问题。因此,利用这些数据所做的数据分析结果往往是不正确或片面的。对于与数据相关的研究者来说,这正好呈现了一个研究的切入点,那就是可视化大数据清洗。

可视化大数据清洗是利用可视化及交互技术进行数据检查、纠错和转换,为达到数据分析要求而不断循环迭代的过程。可视化大数据清洗的重要目的之一是可用性,就是将大数据转换为数据分析工具和算法可以识别和处理的模式。数据的可用性是相对于数据处理工具和算法而言的,这些工具包括电子表格、统计工具包和可视化工具等。

也可以说,可视化大数据清洗就是使“原始”数据变为有用的过程。在理想情况下,可视化大数据清洗的结果已经不仅仅是简单的数据集了,而是相对于“原始”数据集来说它是可编辑和可审查的新数据集,这些新数据集具有良好的组织结构、可理解性和极少的数据质量问题。

2. 可视化大数据清洗的过程

可视化大数据清洗贯穿整个数据分析过程,如图 5-6 所示。可视化大数据清洗和可视化

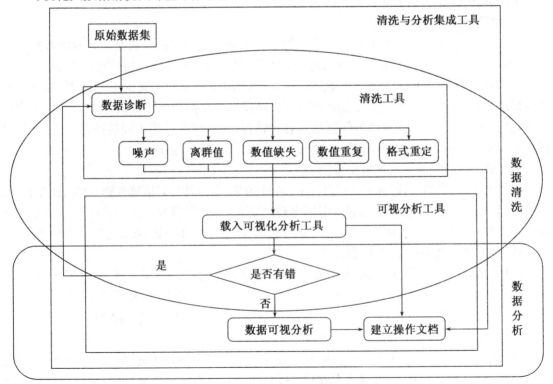

图 5-6　可视化大数据清洗的过程

大数据分析有重叠部分。可视化大数据清洗工具从数据可视化工具中分离出来是一种趋势，但是理想的系统应该是一个集成的系统。图5-6展示了大数据清洗的循环迭代过程。大部分数据清洗工作应该在数据导入可视化分析工具之前完成。然而，无论是在用户从"脏"数据中挖掘出感兴趣内容的过程中，还是在新产生的数据合并进来的过程中，大数据清洗将会渗透到数据分析各个阶段。

3. 可视化大数据清洗的方法

（1）直接可视清洗

原始"脏"数据集中存在的各种数据错误，是影响对可视数据分析结果理解的重要因素之一。数据异常值对可视化结果的影响相当明显，特别是当异常值显著超出正常值的范围时，有可能完全掩盖可视化结果所呈现的事实真相。同时，原始"脏"数据集的可视化结果也可能展示出缺失值、零值、重复或错拼数据等。然而，许多隐含的错误不容易从可视化结果中直观发现，一般要经过适当的数据转换才能较明显地展现出来。

原始数据集可视化的核心问题，是数据展现方式的选择。图5-7展示的是从Facebook网站采集的原始数据的可视化。其中：图5-7(a)是运用强制有向布局的节点连接图，展示多个聚类的数据可视化结果；图5-7(b)为同样的数据运用矩阵图的形式来展示，矩阵的行和列表示人，对应于行与列的交点表示人与人之间的联系，如果行与列的交点上有填充值，则表示行与列对应的两人有联系，否则无联系。然后，通过行与列自动优化排序来展示人与人之间的联系模式。图5-7(b)展示了沿着矩阵的对角线分布着更多的聚类簇。然而，从大数据清洗的角度来看，图5-7(c)的展示方式更能体现这一目的。从图5-7(c)来看，矩阵的右下角完全是空白的，形象地展示了原始数据集的数据缺失问题，让人一目了然。

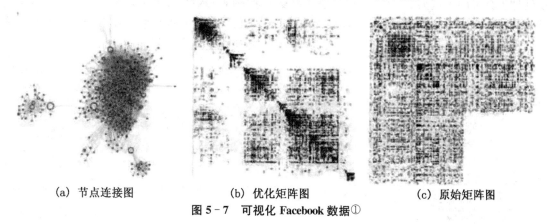

　　　　(a) 节点连接图　　　　　　　(b) 优化矩阵图　　　　　　　(c) 原始矩阵图
图 5-7　可视化 Facebook 数据①

经过分析发现，图5-7中的行与列都是按从Facebook获取数据的顺序进行排列的。缺失数据产生的原因，是由于Facebook每次最多只允许5 000条数据的查询，而当查询数大于此值时，返回空数据，系统并不提示这个错误，直到可视化展示时，这些错误才被发现。这个例子表明，数据可视化展示方式（如矩阵图）和参数（如排序顺序）的选择是揭示数据质量问题的关键。

（2）可视缺失数据

处理数据缺失的方法有删除数据对象、插值计算缺失值、忽略缺失值、用概率模型估算缺

---

① 王铭军,潘巧明,刘真,陈为.可视数据清洗综述[J].中国图象图形学报,2015,20(4):468-482.

失值等。非结构化数据通常存在低质量数据项(如从网页和传感器网络获取的数据),构成了大数据清洗和数据可视化的新挑战。例如,由于火灾,1890 年美国农场工人的人口普查统计数据缺失,图 5-8 的折线图展示了一种数据缺失可视化表示的例子。

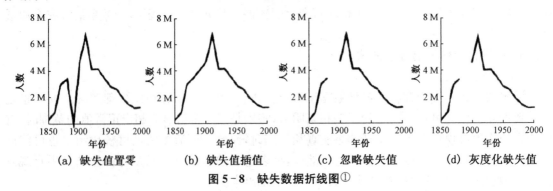

(a) 缺失值置零　　(b) 缺失值插值　　(c) 忽略缺失值　　(d) 灰度化缺失值

图 5-8　缺失数据折线图[①]

Twiddy J C(2004)认为,在可视化大数据清洗中突出地显示缺失数据元素能减少错误的发生。研究还发现,缺失数据经常被忽视,即使缺失数据很重要,仍然武断地以剩余数据为依据进行可视分析,并得出相应的结论,这样的结论是不正确的。最后,研究表明缺失数据并不是多余的,而是必须引起高度关注的数据。同时,从技术角度来看,在可视化大数据清洗中应该运用适当的编码或符号来展示缺失数据问题。

(3) 可视重复记录

重复记录经常会出现在数据集里,如同一实体的地址、名字却用不同的字符串表示。许多自动处理工具可用于这类实体解析,但是要使重复记录保持一致性,需要通过人工交互的方式来进行判断。图 5-9 展示了 David DeWitt、David J De Witt、David De Witt 和 David J. De Witt 这 4 个实体,其实是指向同一个人,只有通过人工判断后才能确定这些名字指向同一个人。

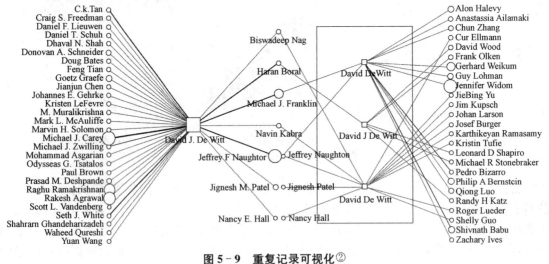

图 5-9　重复记录可视化[②]

①　Twiddy J C, Shiri S M. Restorer: A visualization technique for handling missing data[C]// Proceedings of IEEE Visualization. Austin, USA: IEEE, 2004: 212-216.

②　Kang H, Getoor L, Shneiderman B, et al. Interactive entity resolution in relational data: A visual analytic tool and its evaluation[J]. IEEE Trans. Vis. Comput. Graph., 2008, 14(5): 999-1014.

5.3.3 大数据清洗的工具

市面上有很多的大数据清洗工具，但是真正免费的很少，有的软件只提供限时免费的试用，而有的则是提供部分功能的免费使用。

1. 免费的大数据清洗工具

（1）Microsoft Excel

Excel 可以支持很多来源的数据导入，例如 Microsoft Access、网页、文本文档、SQL Server、XML、CSV 等。但是，日常生活中最常用的导入方法应该就是手动输入。

Excel 为数据清洗提供了一系列的函数，比如删除重复、查找替换以及拼音检查，除此之外还有一些公式 TRIM()、CLEAN()、SUBSTITUTE()。Excel 在进行数据清洗的过程中要注意以下几个方面：

● 避免在数据清单中存在有空行和空列；
● 避免在单元格的开头和末尾键入空格；
● 避免在一张工作表中建立多个数据清单，每张工作表应仅使用一个数据清单；
● 在工作表的数据清单中应与其他数据之间至少留出一个空列和一个空行，以便于检测和选定数据清单；
● 关键数据应置于数据清单的顶部或底部。

使用 Excel 的函数和公式进行数据清洗的技术难度不是很大，但是微软的风格很浓重，如果能设置一个按钮，可以一键删除选定列之外的其他列就好了。Excel 还有一个问题就是函数的使用范围，一些函数可能只适用于选定的数据，但是同时还会有其他函数要应用于所有数据。例如当想要将某一列的一个字段 A 替换成 B，但是因为作用范围选错了，可能将整个工作表中的 A 都替换成 B 了。所以，清洗数据最安全的方法就是备份，先将工作表复制一份，执行完所有的清洗操作，确认无误后再复制到原始表中。

总之，Excel 特别适用于刚刚接触数据清洗的新手。另外，Excel 还有很广泛的支持，可以通过论坛、书籍、电子邮件课程等多种渠道来获得 Excel 的相关知识，帮助新手解决使用过程中遇到的问题。

（2）OpenRefine

OpenRefine 有"Excel on steroids"的美誉，是一款在数据清洗、数据探索以及数据转化方面非常有效的格式化工具。图 5 - 10 为 OpenRefine 的操作界面。

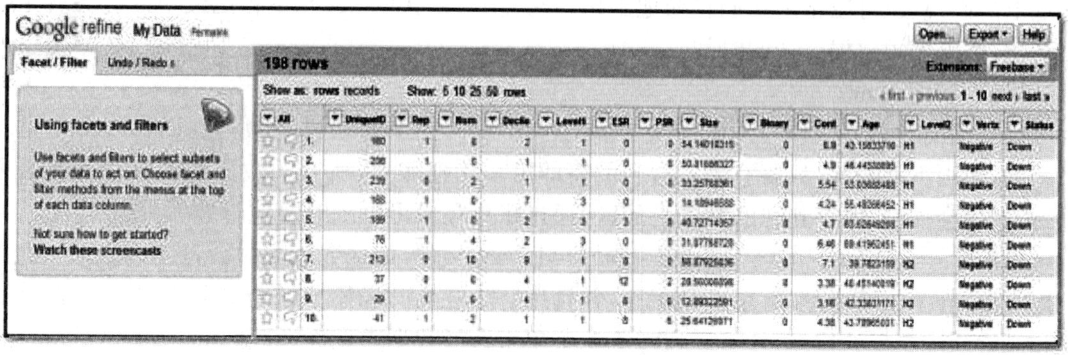

图 5 - 10　OpenRefine 的操作界面

OpenRefine 的数据导入方法很简单,表格的每一列都要有一个列名,每一行都有一个标号。支持多种数据格式的导入导出,例如 CSV、Excel、JSON、XML 和 XHTML 格式等。

数据导入成功之后,OpenRefine 会提供很多功能和工具来进行数据处理,数据处理的操作都会被记录下来,可以随时进行浏览和撤销。OpenRefine 的大多数操作都是基于行、列或者单元格的。基于行的操作,目前有标记和删除,但是还没有添加功能。筛选和搜索功能也十分强大。OpenRefine 的列操作很简单,可以进行列的重命名和删除,也可以根据某一个字段对列进行排序。除此之外,OpenRefine 还提供了更强大的基于列的操作功能,如添加现有列或从 URL 中提取到的列,合并相同的列。OpenRefine 还提供了一些常见的变换,将头尾的空格转换成 String 类型。

总之,OpenRefine 的学习曲线要比 Excel 陡峭,但是功能更加强大,只须花费少量的时间就可以进行数据清洗。和 Excel 相比,它最大的优势莫过于 undo/redo 功能。虽然 OpenRefine 的很多功能考虑比较全面,但是有利就有弊,这也给它带来了操作复杂性,而且如果进行长时间的数据清洗还会导致系统性能下降,甚至可能会直接崩溃。OpenRefine 的相关资料虽然没有 Excel 那么广泛,但是也有一些指导视频和一本书,适用于有一定基础的数据管理人员。

(3) Trifacta Wrangler

Trifacta Wrangler 和 Excel、OpenRefine 不同,是一种对多种数据类型进行清洗的半自动化工具,数据类型包括文本和数值数据、二进制数据等。

下载并安装应用程序之后,需要创建一个账户,它会按时间顺序生成该账户的使用日志,所有的数据操作和工作流程都是在本地完成,并且能够保证程序总是处于最新的状态。

打开 Trifacta Wrangler 应用程序,加载数据集,数据集的格式可以是 CSV、TSV、JSON、Excel,然后找出每一列的数据类型,将整个数据集做一个可视化概述。在每一列的顶部都有一个横向堆叠的柱形图,用来显示有效值和错误值,帮助使用者更加快速地识别错误。

Trifacta Wrangler 的数据清洗是基于列的,手动操作,但是它的操作要比 Excel 和 OpenRefine 容易。虽然,Trifacta Wrangler 需要手动识别数据中的错误和问题,但是它可以自动将数据清洗操作应用于所有列。Trifacta Wrangler 可以轻松地拆分、合并列,也可以通过 Transformer 来进行一些其他的复杂操作。

总之,Trifacta Wrangler 主要集中于业务数据,支持将数据移植到 Tableau,目前 Trifacta Wrangler 只有一个内置教程,并没有太多的相关教程。Trifacta Wrangler 既可以给我们带来视觉上的愉悦,也可以帮助我们轻松地工作。它和 Excel、OpenRefine 相比最大的优势就是半自动化,可以缩短数据清洗的时间。

(4) DataKleenr

DataKleenr 是一款全自动的解决方案,支持 text、数字和二进制数据。DataKleenr 是基于云的,无须下载安装,只要有浏览器和网络即可。创建账户,所有的数据清洗操作都在云上进行,然后会加密、保存到您的私人工作区,通过账户登录可以随时随地管理项目。

目前 DataKleenr 只支持 comma-separated CSV 文件,加载数据集时会自动检测每一列的数据类型,分配连续标签,有序还是无序,并且用一个柱形图来显示已经清洗的数据、未清洗数据和忘记清洗数据的比例,还可以通过下拉菜单来选择数据类型。

DataKleenr 是基于列的数据清洗,它有智能算法,可以自动决定数据清洗的方法,用户只需要检查最终的结果即可,也可以点击一个变量来检查该变量的详细清洗操作。图 5-11 为

DataKleenr 的操作界面。

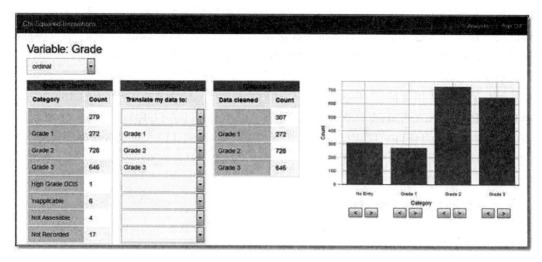

图 5 - 11 **DataKleenr 的操作界面**

DataKleenr 的容错性比较好,它可以纠正拼写错误,并排除它认为的无效数据。条形图有助于显示类别的分布和顺序,另外 DataKleenr 中的所有操作都可以轻松撤回。类似 text、符号或者其他混合数据类型的连续数据、无效数据都会被自动清除。数据清洗完成之后,会得到一个 comma-separated CSV 文件。

总之,DataKleenr 和其他方案相比,最大的优点是完全自动化,直观简单,通常在几分钟内就可以完成数据的清洗。另一方面,DataKleenr 不是针对所有数据类型的工具,它主要针对科学数据。

2. 商业化数据清理工具

(1) 特定功能的清洗工具

特定的清洗工具主要处理特殊领域的问题,基本上是姓名和地址数据的清洗,或者消除重复。转换是由预先定义的规则库或者和用户交互而实现的。

在特殊领域的清洗中,姓名和地址在很多数据库中都有记录而且有很大的基数。特定的清洗工具提供抽取和转换姓名及地址信息到标准元素的功能,与在基于清洗过的数据工具相结合来确认街道名称、城市和邮政编码。特殊领域的清洗工具现有 IDCENTRIC、PUREINTEGRATE、QUICKADDRESS、REUNION、TRILLIUM 等。

消除重复的一类工具根据匹配的要求探测和去除数据集中相似重复记录。有些工具还允许用户指定匹配的规则。目前已有的用于消除重复记录的清洗工具有 DATACLEANSER、MERGE/PURGE LIBRARY、MATCHIT、ASTERMERGE 等。

(2) ETL 工具

现有大量的工具支持数据仓库的 ETL 处理,如 COPYMANAGER、DATASTAGE、EXTRACT、WERMART 等。它们使用建立在 DBMS 上的知识库以统一的方式来管理所有关于数据源、目标模式、映射、教本程序等的原数据。模式和数据通过本地文件和 DBMS 网关、ODBC 等标准接口从操作型数据源收取数据。这些工具提供规则语言和预定义的转换函数库来指定映射步骤。

ETL 工具很少内置数据清洗的功能,但是允许用户通过 API 指定清洗功能。通常这些工具没有用数据分析来支持自动探测错误数据和数据不一致。然而,用户可以通过维护原数据和运用集合函数(Sum、Count、Min、Max 等)决定内容的特征等办法来完成这些工作。这些工具提供的转换工具库包含了许多数据转换和清洗所需的函数,例如数据类转变,字符串函数,数学、科学和统计的函数等。规则语言包含 If-then 和 Case 结构来处理例外情况。

(4) 其他工具

其他与数据清洗相关的工具包括:基于引擎的工具(COPYMANAGER、DECISIONBASE、POWERMART、DATASTAGE 、 WAREHOUSEADMINISTRATOR)、 数 据 分 析 工 具 (MIGRATION ARCHITECT、WIZRULE、DATAMININGSUITE)和业务流程再设计工具(INTEGRITY)、数据轮廓分析工具(如 MIGRATIONARCHITECT Cevoke Software 等)、数据挖掘工具(如 WIZRULE 等)。

表 5 - 2 列出了各种商业化数据清洗工具。

表 5 - 2　各种商业化数据清洗工具一览表

工具名称	厂商	功能
DATACLEANSER	EDD	用来确认重复和消除的工具,通常要求要匹配的数据源已经被清洗。一些用来匹配属性值的方法已经被支持;像 DATACLEANSER 和 MERGE/PURGE LBERARY 也允许用户指定匹配规则的集成
MERGE/PURGE LIBRARY	Sagent QMSofware	
MATCHIT	HeIPIISystems	
ASTERMERGE	PineyBowes	
IDCENIRIC	First Logic	名称和地址在多个数据源中被记录,通常具有很高的行基数。比如,对于用户关系管理,找到客户是很重要的。这些商业工具就是用来清洗这样的数据的。它们提供了像提取和转换名称地址信息到个人标准、规范街道名称、城市和邮编等技术,这些是通过利用基于清洗过的数据衍生的匹配功能联合来实现的。它们与大量的预定义规则协同来处理一般在处理数据中发现的问题。这些工具同时也提供了客户化或者扩展用户为专门用途定义的规则库的功能
PUREINTEGRATE	Orace	
QUICKADDRESS	QASSystem	
REUNION	PineyBowes	
TRILLIUM	Trillium Software	
DATASTAGE	Informix Ardent	针对系统的各个环节可能出现的数据二义性、重复、不完整、违反业务规则等问题,允许通过试抽取,将有问题的记录先剔除出来,根据实际情况调整相应的清洗操作
DECISIONBASE	CA/Platinum	系统维护:表或模型的修改。应用分析:指标管理;血统分析;影响分析;表重要程度分析;表无关程度分析
WAREHOUSEADMINIST RATOR	SAS	建立数据仓库的集成管理工具,包括定义主题、数据转换与汇总、更新汇总数据、元数据管理和数据集市的实现等
Visual Warehousing	IBM	是 IBM 公司推出的一个创建和维护数据仓库的集成工具,可以定义、创建、管理、监控和维护数据仓库,也可以自动地把异质数据源抽取到中央集成的数据仓库管理环境中来,它采用分布式的客户/服务器(Clienty Servery)体系结构

（续表）

工具名称	厂商	功能
ORACLEW arehose Builder	ORACLE	是用于全方位管理数据和元数据的综合工具。它提供对数据和元数据的数据质量、数据审计、完全集成关系和建模以及整个生命周期的管理
DTS	SQL Server	提供数据输入/输出和自动调度功能,在数据传输过程中可以完成数据的验证、清洗和转换等操作,通过与 Microsoft Reposiory 集成,共享有关的元数据
MIGRATION ARCHITECT	Evoke Software	是少量商业数据压型工具之一。对每一个属性来说,它决定了以下真实元数据:数据类型,长度,基数性,离散值和他们的百分比,最小和最大值,丢失的值和唯一性
WIZRULE	WizSoft	显示检验过的列的数目来推断属性和它们的值与计算可信度的关系。特别是 WIZRULE 能显示 3 种规则:数学公式、if-then 规则、基于拼写的规则显示漏拼的名称,也能自动指到偏差位置,从发现规则集合中发现可疑的错误
DATAMININGSUITE	Information Discovery	显示检验过的列的数目来推断属性和它们的值与计算可信度的关系
INTEGRITY	Vality	利用发现的模式和规则来指定和完成清洗转换

5.4　大数据清洗的过程与具体内容

5.4.1　大数据清洗的过程

　　大数据清洗是一项长期工作,不可能一蹴而就。从清洗流程而言,分为五个阶段(图 5-12)。

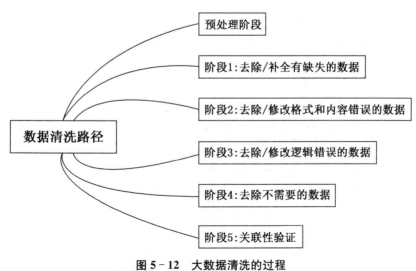

图 5-12　大数据清洗的过程

1. 预处理阶段

预处理阶段主要做两件事情:首先,将数据导入处理工具。通常来说,建议使用数据库,单机跑数搭建 MySQL 环境即可。如果数据量大(千万级以上),可以使用文本文件存储＋Python 操作的方式。其次,看数据。看数据也包含两个部分:一是看元数据,包括字段解释、数据来源、代码表等一切描述数据的信息;二是抽取一部分数据,使用人工查看方式,对数据本身有一个直观的了解,并且初步发现一些问题,为之后的处理做准备。

2. 阶段 1:缺失值清洗

缺失值是最常见的数据问题,处理缺失值也有很多方法,可以按照三个步骤进行:

第一步,确定缺失值范围。对每个字段都计算其缺失值比例,然后按照缺失比例和字段重要性,分别制定策略(图 5 - 13)。

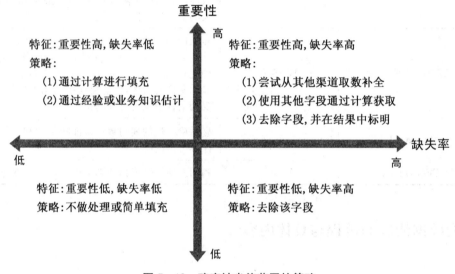

图 5 - 13　确定缺省值范围的策略

第二步,去除不需要的字段,即直接删掉即可……但强烈建议清洗每做一步都备份一下,或者在小规模数据上试验成功再处理全量数据,不然删错了会追悔莫及。另外,如果写 SQL 时 delete 一定要配 where。

第三步,重新取数。如果某些指标非常重要又缺失率高,那就需要和取数人员或业务人员了解,是否有其他渠道可以取到相关数据。

3. 阶段 2:格式和内容清洗

如果数据是由系统日志而来,那么通常在格式和内容方面,会与元数据的描述一致。而如果数据是由人工收集或用户填写而来,则在格式和内容上很有可能存在一些问题。简单来说,格式和内容问题有以下几类:

(1) 时间、日期、数值、全半角等显示格式不一致

这种问题通常与输入端有关,在整合多来源数据时也有可能遇到,将其统一处理成某种格式即可。

(2) 内容中有不该存在的字符

某些内容可能只包括一部分字符,比如身份证号是数字加字母,中国人姓名是汉字(赵 C 这种情况还是少数)。最典型的就是头、尾、中间的空格,也可能出现姓名中存在数字符号、身

份证号中出现汉字等问题。在这种情况下,需要以半自动校验半人工方式来找出可能存在的问题,并去除不需要的字符。

（3）内容与该字段应有内容不符

姓名写了性别、身份证号写了手机号等,均属这种问题。但该问题的特殊性在于:并不能简单地以删除来处理,因为成因有可能是人工填写错误,也有可能是前端没有校验,还有可能是导入数据时部分或全部存在列没有对齐的问题,因此要详细识别问题类型。

格式内容问题是比较细节的问题,但很多分析失误都是栽在这个坑上,比如跨表关联或VLOOKUP 失败（多个空格导致工具认为"陈丹奕"和"陈　丹　奕"不是一个人）、统计值不全（数字里掺个字母,当然求和时结果有问题）、模型输出失败或效果不好（数据对错列了,把日期和年龄混了）。

4. 阶段 3：逻辑错误清洗

这部分的工作是去掉一些使用简单逻辑推理就可以直接发现问题的数据,防止分析结果走偏。主要包含以下几个步骤:

（1）去重

有些分析师喜欢把去重放在第一步,但去重应该放在格式和内容清洗之后。原因非常简单,如果在格式和内容清洗之前,那么多个空格导致工具认为"陈丹奕"和"陈　丹　奕"不是一个人,这样就导致去重失败。而且,并不是所有的重复都能简单去除。例如,在电话销售相关的数据分析中,发现销售员为了自身业绩拼命抢单,会故意给同一家公司输入不同的公司名。一家公司叫作"ABC 管家有限公司"在销售 A 手里,然而销售 B 为了抢这个客户,在系统里故意录入一个"ABC 官家有限公司"。不仅如此,由于地名等高度类似甚至重合（图 5-14）,也不适合简单去除。

图 5-14　地名的重合

（2）去除不合理值

例如:有人填表时瞎填,年龄 200 岁,年收入 100 000 万（估计是没看见"万"字）,这种错误要么删掉,要么按缺失值处理。

逻辑错误除了以上列举的情况,还有很多未列举的情况,在实际操作中要酌情处理。另外,这一步骤在之后的数据分析建模过程中有可能重复,因为即使问题很简单,也并非所有问题都能够一次找出,能做的是使用工具和方法,尽量减少问题出现的可能性,使分析过程更为高效。

5. 阶段 4：非需求数据清洗

清洗非需求数据,就是删除不需要的字段。但实际操作起来,有很多问题。例如:把看上去不需要但实际上对业务很重要的字段删了;某个字段觉得有用,但又没想好怎么用,不知道是否该删……。

6. 关联性验证

如果数据有多个来源,那么有必要进行关联性验证。例如,有汽车的线下购买信息,也有电话客服问卷信息,两者通过姓名和手机号关联,那么要看一下,同一个人线下登记的车辆信息和线上问卷问出来的车辆信息是不是同一辆。

严格意义上来说,这已经脱离数据清洗的范畴了,而且关联数据变动在数据库模型中就应该涉及。同时,多个来源的数据整合是非常复杂的工作,一定要注意数据之间的关联性,尽量在分析过程中不要出现数据之间互相矛盾的情况。

5.4.2 大数据清洗的具体内容

大数据清洗主要包括:纠正错误、删除重复项、统一规格、修正逻辑、转换构造、数据压缩、补足残缺/空值、丢弃数据/变量。

1. 纠正错误

错误数据是数据源环境中经常出现的一类问题。数据错误的形式包括:

◆ **数据值错误**　数据直接是错误的,例如超过固定域集、超过极值、拼写错误、属性错误、源错误等。

◆ **数据类型错误**　数据的存储类型不符合实际情况,如日期类型以数值型存储,时间戳存为字符串等。

◆ **数据编码错误**　数据存储的编码错误,例如将 UTF-8 写成 UTF-80。

◆ **数据格式错误**　数据的存储格式问题,如半角全角字符、中英文字符等。

◆ **数据异常错误**　如数值数据输成全角数字字符、字符串数据后面有一个回车操作、日期越界、数据前后有不可见字符等。

◆ **依赖冲突**　某些数据字段间存储依赖关系,例如城市与邮政编码应该满足对应关系,但可能存在两者不匹配的问题。

◆ **多值错误**　在大多数情况下,每个字段存储的是单个值,但也存在一个字段存储多个值的情况,其中有些可能是不符合实际业务规则的。

这类错误产生的原因是业务系统不够健全,尤其是在数据产生之初的校验和入库规则不规范,导致在接收输入后没有进行判断或无法检测而直接写入后台数据库造成的。

2. 删除重复项

由于各种原因,数据中可能存在重复记录或重复字段(列),对于这些重复项目(行和列)需要做去重处理。

对于重复项的判断,基本思想是"排序和合并",先将数据库中的记录按一定规则排序,然后通过比较邻近记录是否相似来检测记录是否重复。这里面其实包含了两个操作,一是排序,二是计算相似度。

常见的排序算法:插入排序、冒泡排序、选择排序、快速排序、堆排序、归并排序、基数排序、希尔排序;常见的判断相似度的算法:基本的字段匹配算法、标准化欧氏距离、汉明距离、夹角余弦、杰卡德距离、马氏距离、曼哈顿距离、闵可夫斯基距离、欧氏距离、切比雪夫距离、相关系数、信息熵。

对于重复的数据项,尽量需要经过业务确认并进行整理提取出规则。在清洗转换阶段,对于重复数据项尽量不要轻易做出删除决策,尤其不能将重要的或有业务意义的数据过滤掉,校验和重复确认的工作必不可少。

3. 统一规格

由于数据源系统分散在各个业务线,不同业务线对于数据的要求、理解和规格不同,导致对于同一数据对象描述规格完全不同,因此在清洗过程中需要统一数据规格并将一致性的内容抽象出来。

数据字段的规则大致可以从以下几个方面进行统一:

◆ **名称**　对于同一个数据对象的名称首先应该是一致的。例如对于访问深度这个字段,可能的名称包括访问深度、人均页面浏览量、每访问 PV 数。

◆ **类型**　同一个数据对象的数据类型必须统一,且表示方法一致。例如普通日期的类型和时间戳的类型需要区分。

◆ **单位**　对于数值型字段,单位需要统一。例如万、十万、百万等单位度量。

◆ **格式**　在同一类型下,不同的表示格式也会产生差异。例如日期中的日期、短日期、英文、中文、年月日制式和缩写等格式均不一样。

◆ **长度**　同一字段长度必须一致。

◆ **小数位数**　小数位数对于数值型字段尤为重要,尤其当数据量累积较大时会因为位数的不同而产生巨大偏差。

◆ **计数方法**　对于数值型等的千分位、科学计数法等的计数方法的统一。

◆ **缩写规则**　对于常用字段的缩写,例如单位、姓名、日期、月份等的统一。例如将周一表示为 Monday、Mon 还是 M。

◆ **值域**　对于离散型和连续型的变量都应该根据业务规则进行统一的值域约束。

◆ **约束**　是否允许控制、唯一性、外键约束、主键等的统一。

在统一数据规格的过程中,需要重点确认不同业务线带来数据的规格一致性,这需要业务部门的参与、讨论和确认,以明确不同体系数据的统一标准。

4. 修正逻辑

在多数据源的环境下,很可能存在数据异常或冲突的问题。

例如不同的数据源对于订单数量的数据统计冲突问题,结果出现矛盾的记录。通常,这是由于不同系统对于同一个数据对象的统计逻辑不同而造成的,逻辑的不一致会直接导致结果的差异性;除了统计逻辑和口径的差异,也有因为原数据系统基于性能的考虑,放弃了外键约束,从而导致数据不一致的结果;另外,也存在极小的数据丢失的可能性,通常由于并发量和负载过高、服务器延迟甚至宕机等原因导致的数据采集的差异。

对于这类的数据矛盾,首先需要明确各个源系统的逻辑、条件、口径,然后定义一套符合各个系统采集逻辑的规则,并对异常源系统的采集逻辑进行修正。

在某些情况下,也可能存在业务规则的错误导致的数据采集的错误,此时需要从源头纠正错误的采集逻辑,然后再进行数据清洗和转换。

5. 转换构造

数据变换是数据清理过程的重要步骤,是对数据的一个标准的处理,几乎所有的数据处理过程都会涉及该步骤。数据转换常见的内容包括:数据类型转换、数据语义转换、数据粒度转换、表/数据拆分、行列转换、数据离散化、数据标准化提炼新字段、属性构造等。

◆ **数据类型转换**　当数据来自不同数据源时,不同类型的数据源数据类型不兼容可能导致系统报错。这时需要将不同数据源的数据类型进行统一转换为一种兼容的数据类型。

◆ **数据语义转换**　传统数据仓库中基于第三范式可能存在维度表、事实表等,此时在事实表中会有很多字段需要结合维度表才能进行语义上的解析。例如,假如字段 M 的业务含义是浏览器类型,其取值分别是 1/2/3/4/5,这 5 个数字如果不加转换则很难理解为业务语言,更无法在后期被解读和应用。

◆ **数据粒度转换**　业务系统一般存储的是明细数据,有些系统甚至存储的是基于时间戳的数据,而数据仓库中的数据是用来分析的,不需要非常明细的数据,一般情况下,会将业务系统数据按照数据仓库中不同的粒度需求进行聚合。

◆ **表/数据拆分**　某些字段可能存储多种数据信息,例如时间戳中包含了年、月、日、小时、分、秒等信息,有些规则中需要将其中部分或者全部时间属性进行拆分,以此来满足多粒度下的数据聚合需求。同样的,一个表内的多个字段,也可能存在表字段拆分的情况。

◆ **行列转换**　某些情况下,表内的行列数据会需要进行转换(又称为转置),例如协同过滤的计算之前,user 和 term 之间的关系即互为行列并且可相互转换,可用来满足基于项目和基于用户的相似度推荐计算。

◆ **数据离散化**　将连续取值的属性离散化成若干区间,来帮助消减一个连续属性的取值个数。例如对于收入这个字段,为了便于做统计,根据业务经验可能分为几个不同的区间:0～3 000、3 001～5 000、5 001～10 000、10 001～30 000、大于 30 000,或者在此基础上分别用 1、2、3、4、5 来表示。

◆ **数据标准化**　不同字段间由于字段本身的业务含义不同,有些事件需要消除变量之间不同数量级造成的数值之间的悬殊差异。例如将销售额进行离散化处理,以消除不同销售额之间由于量级关系导致的无法进行多列的复合计算。数据标准化过程还可以用来解决个别数值较高的属性对聚类结果的影响。

◆ **提炼新字段**　很多情况下,需要基于业务规则提取新的字段,这些字段也称为复合字段。这些字段通常都是基于单一字段产生,但需要进行复合运算甚至复杂算法模型才能得到新的指标。

◆ **属性构造**　有些建模过程中,也会需要根据已有的属性集构造新的属性。例如,几乎所有的机器学习都会讲样本分为训练集、测试集、验证集三类,那么数据集的分类(或者叫分区)就属于需要新构建的属性,用户做机器学习不同阶段的样本使用。

在某些场景中,也存在一些特殊转换方法。例如在机器学习中,有些值是离散型的数据但存在一定意义,例如最高学历这个字段中包含博士、研究生、大学、高中这 4 个值,某些算法不支持直接对文本进行计算,此时需要将学历这个字段进行转换。常见的方法是将值域集中的每个值拆解为一个字段,每个字段取值为 0 或 1(布尔型或数值型)。这时,就会出现 4 个新的字段,对于一条记录来看(通常是一个人),其最高学历只能满足一个,例如字段博士为 1,那么其余的字段(研究生、大学、高中)则为 0。因此,这个过程实际上是将 1 个字段根据值域(4 个值的集合)拆解为 4 个字段。

6. 数据压缩

数据压缩是指在保持原有数据集的完整性和准确性、不丢失有用信息的前提下,按照一定的算法和方式对数据进行重新组织的一种技术方法。

对大规模的数据进行复杂的数据分析与数据计算通常需要耗费大量时间,所以在这之前需要进行数据的约减和压缩,减小数据规模,而且还可能面临交互式的数据挖掘,根据数据挖掘前后对比对数据进行信息反馈。这样在精简数据集上进行数据挖掘显然效率更高,并且挖掘出来的结果与使用原有数据集所获得的结果基本相同。

数据压缩的意义不止体现在数据计算过程中,还有利于减少存储空间,提高其传输、存储和处理效率,减少数据的冗余和存储的空间,这对于底层大数据平台具有非常重要的意义。

数据压缩有多种方式可供选择:

◆ **数据聚合**　将数据聚合后使用。例如,如果汇总全部数据,那么基于更粗粒度的数据更加便利。

◆ **维度约减**　通过相关分析手动消除多余属性,使得参与计算的维度(字段)减少;也可以使用主成分分析、因子分析等进行维度聚合,得到的同样是更少的参与计算的数据维度。

◆ **数据块消减**　利用聚类或参数模型替代原有数据,这种方式常见于多个模型综合进行机器学习和数据挖掘。

◆ **数据压缩**　数据压缩包括无损压缩和有损压缩两种类型。数据压缩常用于磁盘文件、视频、音频、图像等。

7. 补足残缺/空值

由于各种主客观原因,很多系统存在残缺数据,残缺数据包含行缺失、列缺失、字段缺失三种情况。行缺失指的是丢失了一整条数据记录,列缺失指的是丢失一整列数据,字段缺失指的是字段中的值为空值。其中空值也分两种情况:

◆ **缺失值**　指的是数据原本是必须存在的,但实际上没有数据。例如年龄这个字段每个人都会有,所以如果系统强制验证是不应该为空的。

◆ **空值**　指的是实际存在可能为空的情况,所以空值不一定是数据问题。例如身份证号这个字段,只有成人之后才有这个字符串,因此也可能存在非成人的用户,所以可能为空。

对于缺失值和空值的填充处理主要包含两种方式:

一是手工填入可能的值。

二是利用规则填充可能的值。某些缺失值可以从本数据源或其他数据源推导出来,这就可以用数据分布的状态和特征,使用众数、中位数、平均值、最大值、最小值填充,或者使用近邻分析甚至更为复杂的概率估计代替缺失的值,从而达到填充的目的,某些情况下也可以直接以未知或 unknown 填充,这是一种先期不处理而等到后期业务在处理数据时再处理的方法。

对缺失数据进行填补后,填入的值可能不正确,数据可能会存在偏置,导致数据并不是十分可靠的。除了明显可以确定的规则来填充值以外,基于已有属性来预测缺失值是一种流行的方法。假如性别字段部分记录为空,可以将性别字段作为目标变量进行建模分析,对完整样本建模后得出缺失数据性别为男、女的概率,然后进行填充。对于更多的不确定值的数据样本,如果不影响整体计算逻辑的,建议先保持原样;如果会成为计算和建模噪音的数据,则可以采取上述方法进行处理,尽量消减其在建模过程中的作用。

8. 丢弃数据/变量

对于数据中的异常数据,包括缺失值、空值、错误值、不完整的数据记录等,除了使用上面叙述的方法进行清洗、转换、提升外,还有另外一种方法——丢弃。丢弃也是提升数据质量的一种方法。丢弃数据的类型包含两种:

◆ **整条删除**　指的是删除含有缺失值的样本。某些情况下,由于各种原因可能存在大量的有某些字段缺失的数据记录,这会导致完整的数据很少,此时需要慎重使用。因此,这只适合关键变量缺失,或者含有无效值或缺失值的样本比重很小的情况。

◆ **变量删除** 如果某一变量的无效值和缺失值很多,而且该变量对于所研究的问题不是特别重要,则可以考虑将该变量删除。这种做法减少了供分析用的变量数目,但没有改变样本量。

数据丢弃或删除操作要慎重执行。一方面,被丢弃的数据很可能存在业务实际意义,而这些意义作为开发人员是不清楚的;另一方面,后期可能会需要针对异常数据进行处理,并成为重要的研究课题。例如,营销领域存在流量欺诈、电商领域存在黄牛订单、银行保险领域存在高风险业务,这些课题对应的底层数据可能都是异常数据。

延伸阅读思考:微软与谷歌的拼写检查

在过去的 20 多年中,微软为其 Word 软件开发出了一个强大的拼写检查程序,通过与频繁更新的字典正确拼写相比较来对用户键入的字符流进行判断。字典囊括了所有已知词汇,系统将拼写相似但字典中没有的词汇判断为拼写错误,并对其进行纠正。由于需要不断编译和更新字典,微软 Word 的拼写检查仅适用于最常用的语言,且每年需要花费数百万美元的创建和维护费用。

现在再来看看谷歌是怎么做的吧!可以说,谷歌拥有世界上最完整的拼写检查器,基本上涵盖了世界上的每一种语言。这个系统一直在不断地完善和增加新的词汇,这是每天使用搜索引擎的附加结果。用户输错了 iPad 吗?不要紧,它在那儿呢;Obamacare 是什么?哦,明白了。

而且,谷歌几乎是"免费"地获得了这种拼写检查,它依据的是其每天处理的 30 亿查询中输入搜索框中的错误拼写。一个巧妙的反馈循环可以将用户实际想输入的内容告知系统。当搜索结果页面的顶部显示"你要找的是不是:流行病学"时,用户可以通过点击正确的术语明确地"告诉"谷歌自己需要重新查询的内容。或者,直接在用户访问的页面上显示正确拼写的结果,因为它很可能与正确的拼写高度相关(这实际上比看上去更有意义,因为随着谷歌拼写检查系统的不断完善,用户即使没有完全精确地输入查询内容也能够获得正确的查询结果)。

谷歌的拼写检查系统显示,那些"不合标准""不正确"或"有缺陷"的数据也是非常有用的。有趣的是,谷歌并不是第一个有这种拼写想法的公司。2000 年左右,雅虎也看到了从用户输错的查询中创建拼写检查系统的可能性,但只是停留在了想法阶段,并未付诸实践。旧的搜索查询数据就这样被当成了垃圾对待。同样,Infoseek 和 Alta Vista 这两个早期流行的搜索引擎,虽然在那个年代都拥有世界上最全面的错别字数据库,但他们未懂得欣赏其中的价值。在用户不可见的搜索过程中,他们的系统将错别字作为"相关词"进行了处理,但是它的依据是明确告诉系统对与错的字典,而不是鲜活的、有生命的用户交互的总和。

只有谷歌认识到了用户交互的碎屑实际上是金粉,收集在一起就能锻造成一块闪亮的金元宝。谷歌的一名顶级工程师估计,他们的拼写检查器性能比微软至少高出一个数量级(虽然他在采访时承认这并没有进行过可靠计算)。他还嘲笑了"免费"开发的想法——"虽然原材料拼写错误都是免费获得的,但谷歌在系统开发上的花费可能比微软要多得多。"他大笑着说。

这两家公司的不同做法很能说明问题。微软只看到了拼写检查作为文字处理这一个目的的价值,而谷歌却理解了其更深层次的价值。不仅利用错别字开发了世界上最好、最新式的拼写检查器来提高搜索质量,而且将其应用于许多其他服务中,如搜索的"自动完成"功能、gmail、谷歌文档,甚至翻译系统。

实验五：大数据分析的数据清洗

一、实验目的

数据分析师在刚接触新数据时,数据是混乱的,是不能直接拿出来用的,这时就得学会清洗这些数据,才能把这些混乱的数据变成排列有序、条理清晰的数据。利用 Excel 软件或者大数据分析工具,都可以实现初步和简单的数据清洗。

二、实验准备

熟悉 Excel(2013)软件,实现重复数据的筛选、标记和删除,实现缺失数据的定位、增补、查找和替换。使用魔镜工具,对准备使用的数据进行加工和处理。

三、实验内容

（一）基于 Excel(2013)清洗重复数据

1. 基于高级筛选,筛选重复值

经常因为种种原因,记录中有很多重复内容。如图 5 - 15 所示,基于学号,出现若干重复记录,利用 Excel 的"数据"菜单下的筛选等功能,可以轻松解决重复记录问题。

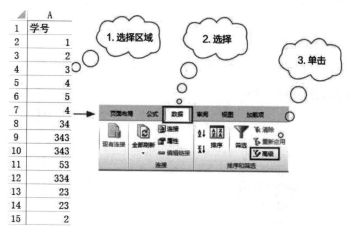

图 5 - 15　包含重复记录的原始记录和 Excel 操作界面

第一步,用鼠标选择单元格 A1～A15 的区域,然后再选择"数据"选项卡,单击"排序和筛选"下的"高级"。

第二步,弹出"高级筛选"对话框,选择"方式"下的"将筛选结果复制到其他位置",单击"复制到"后方按钮[图],单击单元格 B1,则"高级筛选-复制到"框上会出现"Sheet1! B1",单击"高级筛选-复制到"对话框上的按钮[图],如图 5 - 16 所示。

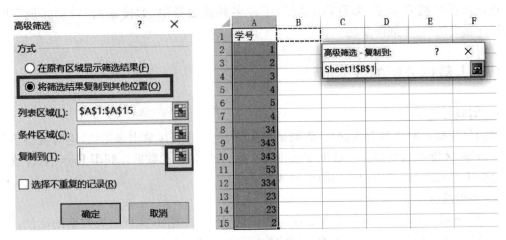

图 5-16　高级筛选操作示意图

第三步,"高级筛选"对话框中的"复制到"后面的白条框上出现"Sheet1！＄B＄1"之后,勾选"选择不重复的记录",单击"确定",则回到单元表格的界面,看到 B2～B11 上的数据,是除去 A1～A15 的重复数据,如图 5-17 所示。

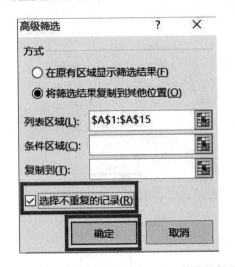

图 5-17　去除重复项后的结果

2. 基于函数,标记重复值

数据分析经常会用到 Excel 中的函数,此处所要用的函数是 COUNTIF 函数,它是对区域中满足单位指定条件的单元格进行计数的。利用 COUNTIF 函数识别重复数据的具体操作如下:

第一步,单击选中 B2 单元格,输入函数公式:＝COUNTIF(A:A,A2),以此类推,标记每个学号重复出现的次数(图 5-18)。所以,B 列大于 1 的单元格所对应的均为重复学号。

第二步,单击选中 C2 单元格,然后输入函数公式:＝COUNTIF(A＄2:A2,A2),以此类推(图 5-18),这样就能标记所有出现两次以上的重复项。

如图 5-18 所示,C 列(第二次重复标记)查找的是出现了两次及其以上的重复项,以 C9 对应的"343"为例,结果"2"代表了从 A1 到 A15,"343"是第二次重复出现。因此,筛选出 C 列中等于 1 的数字,就可以找出数据中所有非重复项。如果对 B 列(重复标记)进行筛选,则无

	A	B	C	D	E
1	学号	重复标记	第二次重复标记	重复项公式	第二次重复项公式
2	1	1	1	=COUNTIF（A：A, A2)	=COUNTIF (A$2: A2, A2)
3	2	2	1	=COUNTIF（A：A, A3)	=COUNTIF (A$2: A3, A3)
4	3	1	1	=COUNTIF（A：A, A4)	=COUNTIF (A$2: A4, A4)
5	4	2	1	=COUNTIF（A：A, A5)	=COUNTIF (A$2: A5, A5)
6	5	1	1	=COUNTIF（A：A, A6)	=COUNTIF (A$2: A6, A6)
7	4	2	2	=COUNTIF（A：A, A7)	=COUNTIF (A$2: A7, A7)
8	34	1	1	=COUNTIF（A：A, A8)	=COUNTIF (A$2: A8, A8)
9	343	2	1	=COUNTIF（A：A, A9)	=COUNTIF (A$2: A9, A9)
10	343	2	2	=COUNTIF（A：A, A10)	=COUNTIF (A$2: A10, A10)
11	53	1	1	=COUNTIF（A：A, A11)	=COUNTIF (A$2: A11, A11)
12	334	1	1	=COUNTIF（A：A, A12)	=COUNTIF (A$2: A12, A12)
13	23	2	1	=COUNTIF（A：A, A13)	=COUNTIF (A$2: A13, A13)
14	23	2	2	=COUNTIF（A：A, A14)	=COUNTIF (A$2: A14, A14)
15	2	2	2	=COUNTIF（A：A, A15)	=COUNTIF (A$2: A15, A15)

图 5 - 18　基于 COUNTIF 函数标记重复值

法完整找出非重复项。

3. 利用"条件格式",标记重复值

Excel 中,直接内置了标记重复项的功能。首先,选择需要筛选的数据列(本例中,是 A1 到 A15);其次,选择"开始"—"条件格式"—"突出显示单元格规则"—"重复值",就可以把重复的数据,以及所在单元格标记为不同的颜色,重复值的颜色可以个性化设置(图 5 - 19)。

图 5 - 19　利用"条件格式",标记重复值

4. 通过菜单操作,直接删除重复项

第一步,选择数据区域,本例中是 A1:A15;

第二步,单击"数据"选项卡中的"删除重复项"(图 5 - 20);

第三步,单击"确定"按钮,Excel 将显示一条消息,提醒有多少条重复值被删除,有多少唯一值被保留(图 5 - 20)。

图 5-20　通过菜单操作删除重复项

5. 通过排序操作,直接删除重复项

第一步,选择"第二次重复项"中的任意一个有数据的单元格;

第二步,在"开始"—"编辑"功能区的"排序和筛选"—"升序"(图 5-21),便得到了重新排序后的数据(图 5-22);

第三步,删除所有数值不为 1 的记录(本例中为最后四项)。

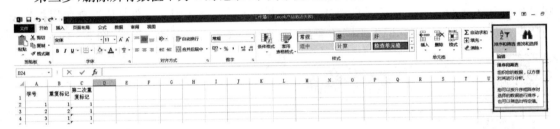

图 5-21　排序和筛选界面

学号	重复标记	第二次重复标记
1	1	1
2	2	1
3	1	1
4	2	1
5	1	1
34	1	1
343	2	1
53	1	1
334	1	1
23	2	1
4	2	2
343	2	2
23	2	2
2	2	2

图 5-22　重新排序后的数据表格

(二) 利用 Excel(2013)清洗缺失数据

实际工作中,缺失数据经常出现。如果缺失数据超过 10%,将会对数据分析产生严重障碍。在数据表中,缺失数据经常表现为空值或者错误标志符。

1. 缺失值的定位

如果缺失值以空白单元格形式出现在数据表中,那么就可以采用 Excel 的定位功能。首先,点击"开始"—"编辑"功能区的"定位条件"选项,或者直接使用快捷键"Ctrl+G",则弹出"定位"对话框(图5-23)。其次,选择对话框中的"定位条件"按钮,在新出现的对话框中选择"空值"。最后,单击"确定"按钮,则所有的空值都被一次性选中。

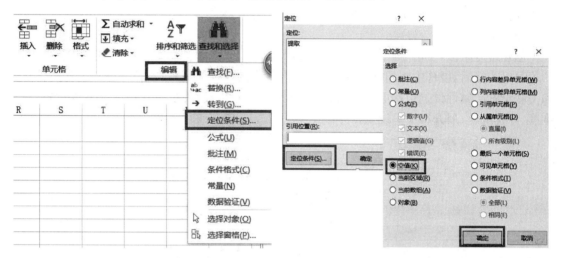

图 5-23　缺失值的定位

2. "Ctrl+Enter"快捷键处理缺失值

当样本数据中出现缺失值时,可以用"Ctrl+Enter"快捷键方式,在不连续的区域中同时输入同一个数据或者公式。

具体做法:第一步,使用"Ctrl+G"定位所有为空值的缺失区域;第二步,在被选中的没有阴影的单元格(图5-24)中输入相应数值,如"缺失值";第三步,先一直按住"Ctrl"键,再按"Enter"回车键,此时,所有被标记为空值的区域就全部自动填充为"缺失值"了(图5-24)。

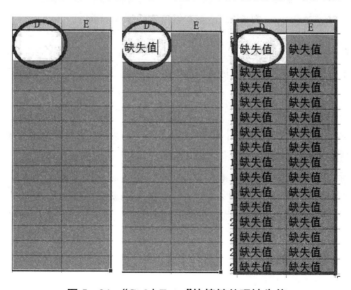

图 5-24　"Ctrl+Enter"快捷键处理缺失值

当缺失值是以某个错误识别符形式出现时,还可以采用"查找替换"的方式,直接处理缺失值。

(三)利用魔镜软件加工数据

魔镜软件加工处理数据,就是将不同格式的数据源转化为同一数据格式的业务对象;同时,还对业务对象中的不同维度及度量的属性进行进一步的设置。具体操作包括:创建字段、创建计算字段、创建参数字段、创建组字段、创建分层结构等。

1. 创建字段

创建维度字段,点击"维度"的下拉框,选择"创建字段",则"维度"在下方打开填写字段名的填写框。然后,屏幕中间的操作区域,出现该字段的属性设置框(图5-25),包含属性设置和关联设置。属性设置包括更改数据类型,配置维度表达式;关联设置包括字典表设置、关联维度、等价维度、展开维度等设置。

图 5 - 25 创建维度字段操作界面

创建度量字段,类似上述操作。在"度量"下拉菜单中选择创建字段,填写新建度量字段名称,填写完成后,在屏幕中间的操作区域出现该度量的属性设置菜单,包括"汇总"和"计数"两种属性设置。

2. 创建计算字段

创建计算字段,是指通过自定义计算形成新的字段;新的字段在维度、度量列表呈现;新的计算字段可进行删除和编辑操作,如图5-26所示。

3. 创建参数字段

点击"创建参数字段",弹出"编辑参数"对话框。参数类似于维度集,可以切换不同的维度,通过创建参数字段,当在"行/列/标记/筛选器"中时,可以快速切换当前参数中维度赋值,如图5-27所示。

图 5 - 26　创建计算字段

图 5 - 27　"编辑参数"对话框

4. 创建组字段

点击任意字段(如本例中的"网站版块")右侧的 ▼ ，或者右键单击任意字段(如本例中的"网站版块")，则出现如图 5 - 28 所示的下拉菜单。点击"创建"—"组字段"，则弹出"创建组"的对话框(图 5 - 28)。

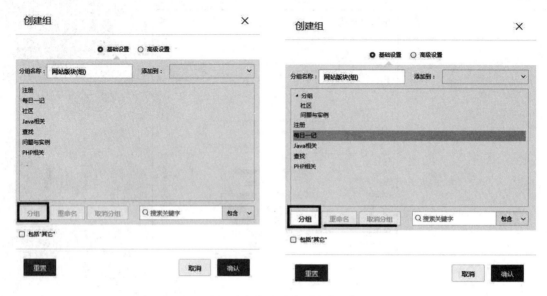

图 5‒28　"创建组字段"对话框

　　如果当前没有分组内容,则"分组"按钮显示为"灰色"(图 5‒28 的左侧图)。首先,需要选择合适的字段(可以按住 Ctrl 键,选择任意个字段),然后,单击"分组",完成一次组字段建立(图 5‒28 的右侧图);完成的分组可以通过"重命名"和"取消分组"进行调整。

　　5. 创建分层结构

　　拖动字段至另一个字段上,会生成"创建分层结构"对话框。如本例,将"度量"中的"访次数"字段直接拖动到"维度"中"页面"字段,则出现了"创建分层结构"对话框(图 5‒29)。

图 5‒29　"创建分层"对话框

　　在图 5‒29 的对话框中,可以编辑分层结构名称。点击"确认"按钮,即可完成对分层结构的创建。创建完成后,在左侧的业务对象区,则显示信息的分层结构关系(图 5‒30),可以点击新分层右侧的 ▼ ,解散分层结构,也可以直接拖动相关字段(如本例中的"访次数"和"页面"),直接改变分层结构的层级关系。

图 5－30　信息分层结构关系

第六章　大数据分析的数据挖掘

《纸牌屋》的秘密武器——数据挖掘

美国政治题材电视剧《纸牌屋》(House of Cards)于 2013 年 2 月 1 日推出后,立刻吸引了大批世界各地的观众争相收看。与传统电视剧有别,《纸牌屋》是一部根据"大数据"制作的作品。制作方 Netflix 是美国最具影响力的影视网站之一,在美国本土有约 2 900 万的订阅用户。

多年来,依赖于种种技术,Netflix 对数据的记忆能力已经炉火纯青。当一位用户通过浏览器登录 Netflix 账号,Netflix 后台技术将用户位置数据、设备数据悄悄地记录下来。这些记忆代码还包括用户收看过程中所做的收藏、推荐到社交网络等动作。在 Netflix 看来,暂停、回放、快进、停止等动作都是一个行为,每天用户在 Netflix 上将产生高达 3 000 多万个行为,此外 Netflix 的订阅用户每天还会给出 400 万个评分、300 万次搜索请求、询问剧集播放时间和设备。这些都被 Netflix 转化成代码,当作内容生产的元素记录下来。正如首席内容官泰德表示,所有这些数据意味着,Netflix 公司已经拥有"可寻址的观众"。

Netflix 要将巨大的数据池变为生产力并非易事。长年以来,为了提高算法精准,它持续地通过举办大型比赛来提高自己的数据挖掘能力。2005 年年底,Netflix 曾开放一数据集,并设立百万美元的奖金(Netflix Prize),征集能够使其推荐系统性能上升 10% 的推荐算法和架构。这个数据集包含了超过 48 万个匿名用户对大约 2 万部电影做的大约 10 亿次评分。

Netflix 也一直在寻找与自身匹配的数据挖掘工具。据一位前 Netflix 云数据库架构师的博客回忆,在 2010 年 Netflix 完成了两次迁移,其一是将 Netflix 的数据中心迁移到了 Amazon AWS 之中,其二是将 Oracle 数据库迁移至 SimpleDB。

Netflix 在下决定投资翻拍《纸牌屋》前至少做了两件与大数据分析紧密相关的事:(1) 挑选演员;(2) 播放形式。

对 Netflix 订阅用户数据的追踪和分析并不是听起来那么简单,对基于基础数据派生的扩展数据量比通常人能想到的大得多。这一过程绝不仅仅只是分析观众喜欢看哪些主题的电影,Netflix 还会统计观众如何观看电影,例如:观影过程中暂停的次数、会在看到几分钟时关闭视频等,这些操作都会被作为数据进入后台分析。过去,Netflix 只是用这些数据来做影片推荐。如今,Netflix 会投其所好,根据这些内容拍摄用户感兴趣的电影。

通过数据分析,Netflix 发现喜欢观看 1990 版《纸牌屋》的影迷们同时喜欢看导演 David Fincher 的作品,另外,他们会经常观看奥斯卡影帝 Kevin Spacey 的作品。因此,新版《纸牌屋》邀请了 David Fincher(制作人)和 Kevin Spacey(男主演)加盟这部作品的翻拍并不是凭空想象,而是基于影迷数据分析得出的结论。

另一个选择在播放形式方面,按照传统连载美剧的习惯,基本都是每周播放一集,而 Netflix 根据相关数据的分析,更多人不喜欢在固定时刻收看电视剧,而是"攒起来",直到全集播放完毕再一次性看完。因此,Netflix 这次选择了一次性播放 13 集《纸牌屋》。

6.1　传统数据挖掘

6.1.1　数据挖掘的界定

1. 数据挖掘的起源

数据挖掘起源于多个学科,故它的理论涉及面很广。如建模部分主要起源于统计学和机器学习。统计学方法以模型为驱动,常常建立一个能够产生数据的模型;而机器学习则以算法为驱动,让计算机通过执行算法来发现知识。而且,数据挖掘除了建模外,还涉及不少其他知识(图 6-1)。

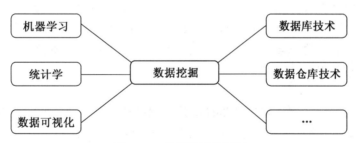

图 6-1　数据挖掘的起源

"数据挖掘"这个术语是在何时被大家普遍接受的,这已经难以考证。但大约在 20 世纪 90 年代,数据挖掘才开始兴起。在科研界,最初一直沿用"数据库中的知识发现"(Knowledge Discovery in Database,KDD)。在第一届 KDD 国际会议中,委员们曾经展开讨论,是继续沿用 KDD,还是改名为数据挖掘(Data Mining)。最后大家决定投票表决,采纳票数多的一方的选择。投票结果颇有戏剧性,一共 14 名委员,其中 7 位投票赞成 KDD,另 7 位赞成 Data Mining。最后一位元老提出"数据挖掘这个术语过于含糊,做科研应该要有知识",于是在科研界便继续沿用 KDD 这个术语。而在商用领域,因为"数据库中的知识发现"显得过于冗长,就普遍采用了更加通俗简单的术语——"数据挖掘"。严格地说,数据挖掘并不是一个全新的领域,它颇有点"新瓶装旧酒"的意味。组成数据挖掘的三大支柱包括统计学、机器学习和数据库等领域内的研究成果,其他还包含了可视化、信息科学等内容。数据挖掘纳入了统计学中的回归分析、判别分析、聚类分析以及置信区间等技术,机器学习中的决策树、神经网络等技术,数据库中的关联分析、序列分析等技术。

2. 数据挖掘的含义

关于什么是数据挖掘,很多学者和专家给出了不同的定义,几种常见的说法包括:

(1) 简单地说,数据挖掘是从大量数据中提取或"挖掘"知识。该术语实际上有点用词不当。数据挖掘应当更正确地命名为"从数据中挖掘知识",不幸的是它有点长。许多人把数据挖掘视为另一个常用的术语"数据库中知识发现"或 KDD 的同义词。而另一些人只是把数据挖掘视为数据库中知识发现过程的一个基本步骤①。

（2）数据挖掘就是对观测到的数据集（经常是很庞大的）进行分析,目的是发现未知的关系和以数据拥有者可以理解并对其有价值的新颖方式来总结数据②。

（3）运用基于计算机的方法,包括新技术,从而在数据中获得有用知识的整个过程,就叫作数据挖掘③。

（4）数据挖掘,简单地说,就是从一个数据库中自动地发现相关模式④。

（5）数据挖掘(DM)是从大型数据库中将隐藏的预测信息抽取出来的过程⑤。

（6）数据挖掘,就是从大型数据库中抽取有意义的（非平凡的、隐含的、以前未知的并且是有潜在价值的）信息或模式的过程⑥。

通过分析已有的数据挖掘含义不难发现,数据挖掘具有五个共性:

（1）基于大量数据

并非说小数据量上就不可以进行挖掘,实际上大多数数据挖掘的算法都可以在小数据量上运行并得到结果。但是,一方面过小的数据量完全可以通过人工分析来总结规律,从另一方面来说,小数据量常常无法反映出真实世界中的普遍特性。

（2）非平凡性

所谓非平凡,指的是挖掘出来的知识应该是不简单的,绝不能是类似某著名体育评论员所说的"经过我的计算,我发现了一个有趣的现象,到本场比赛结束为止,这届世界杯的进球数和失球数是一样的。非常的巧合!"那种知识。这点看起来毋庸赘言,但是很多不懂业务知识的数据挖掘新手却常常犯这种错误。

（3）隐含性

数据挖掘是要发现深藏在数据内部的知识,而不是那些直接浮现在数据表面的信息。常用的 BI 工具,例如报表和 OLAP,完全可以让用户找出这些信息。

（4）新奇性

挖掘出来的知识应该是以前未知的,否则只不过是验证了业务专家的经验而已。只有全新的知识,才可以帮助企业获得进一步的洞察力。

（5）价值性

挖掘的结果必须能给企业带来直接的或间接的效益。有人说数据挖掘只是"屠龙之技",看起来神乎其神,却什么用处也没有。这只是一种误解,不可否认的是在一些数据挖掘项目中,或者因为缺乏明确的业务目标,或者因为数据质量的不足,或者因为对改变业务流程的抵制,或者因为挖掘人员的经验不足,都会导致效果不佳甚至完全没有效果。但大量的成功案例也在证明,数据挖掘的确可以变成提升效益的利器。

---

① Han J W, Kamber M. 数据挖掘:概念与技术[M]. 3 版. 北京:机械工业出版社,2012:234 - 235.

② David Hand, et al. 数据挖掘原理[M]. 北京:机械工业出版社,2003:12 - 14.

③ Mehmed Kantardzic. 数据挖掘——概念、模型、方法和算法[M]. 北京:清华大学出版社,2003:66 - 67.

④ Alex Berson, et al. 构建面向 CRM 的数据挖掘应用[M]. 北京:清华大学出版社,2001:174 - 177.

⑤ 张磊. 当数据遇到挖掘[EB/OL]. (2013 - 03 - 24). http://www. xuebuyuan. com/774529. html.

⑥ 韩家炜. 数据挖掘:概念与技术[EB/OL]. (2017 - 11 - 22). http://vdisk. weibo. com/s/AxZK1Mfw3k4e.

综上所述,数据挖掘(Data Mining),又译为资料探勘、数据采矿,它是数据库知识发现(Knowledge Discovery in Databases,KDD)中的一个步骤。数据挖掘一般是指从大量的数据中通过算法搜索隐藏于其中信息的过程。数据挖掘通常与计算机科学有关,并通过统计、在线分析处理、情报检索、机器学习、专家系统(依靠过去的经验法则)和模式识别等诸多方法来实现上述目标。

3. 数据挖掘的特性

数据挖掘可以用 4 个特性概括[①]:

(1) 应用性

数据挖掘是理论算法和应用实践的完美结合。数据挖掘源于实际生产生活中应用的需求,挖掘的数据来自于具体应用,同时通过数据挖掘发现的知识又要运用到实践中去,辅助实际决策。所以,数据挖掘来自于应用实践,同时也服务于应用实践。

(2) 工程性

数据挖掘是一个由多个步骤组成的工程化过程。数据挖掘的应用特性决定了数据挖掘不仅仅是算法分析和应用,而是一个包含数据准备和管理、数据预处理和转换、挖掘算法开发和应用、结果展示和验证以及知识积累和使用的完整过程。而且在实际应用中,典型的数据挖掘过程还是一个交互和循环的过程。

(3) 集合性

数据挖掘是多种功能的集合。常用的数据挖掘功能包括数据探索分析、关联规则挖掘、时间序列模式挖掘、分类预测、聚类分析、异常检测、数据可视化和链接分析等。一个具体的应用案例往往涉及多个不同的功能。不同的功能通常有不同的理论和技术基础,而且每一个功能都有不同的算法支撑。

(4) 交叉性

数据挖掘是一个交叉学科,它利用了来自统计分析、模式识别、机器学习、人工智能、信息检索、数据库等诸多不同领域的研究成果和学术思想。同时,一些其他领域如随机算法、信息论、可视化、分布式计算和最优化也对数据挖掘的发展起到重要的作用。数据挖掘与这些相关领域的区别可以由前面提到的数据挖掘的 3 个特性来总结,最重要的是它更侧重于应用。

4. 数据挖掘的发展根源与发展脉络

实际应用的需求是数据挖掘领域很多方法提出和发展的根源。从最开始的顾客交易数据分析(Market Basket Analysis)、多媒体数据挖掘(Multimedia Data Mining)、隐私保护数据挖掘(Privacy-Preserving Data Mining)到文本数据挖掘(Text Mining)和 Web 挖掘(Web Mining),再到社交媒体挖掘(Social Media Mining),都是由应用推动的。

数据挖掘的工程性和集合性,决定了数据挖掘研究内容和方向的广泛性。其中,工程性使得整个研究过程里的不同步骤都属于数据挖掘的研究范畴。而集合性使得数据挖掘有多种不同的功能,而如何将多种功能联系和结合起来,从一定程度上影响了数据挖掘研究方法的发展。比如,20 世纪 90 年代中期,数据挖掘的研究主要集中在关联规则和时间序列模式的挖掘。到 20 世纪 90 年代末,研究人员开始研究基于关联规则和时间序列模式的分类算法(如Classification Based on Association),将两种不同的数据挖掘功能有机地结合起来。21 世纪初,一个研究的热点是半监督学习(Semi-supervised Learning)和半监督聚类(Semi-supervised

① 李涛.数据挖掘的应用与实践:大数据时代的案例分析[M].厦门:厦门大学出版社,2013:215.

Clustering），也是将分类和聚类这两种功能有机结合起来。近年来的一些其他研究方向如子空间聚类（Subspace Clustering）（特征抽取和聚类的结合）和图分类（Graph Classification）（图挖掘和分类的结合）也是将多种功能联系和结合在一起。最后，数据挖掘的交叉性，导致了研究思路和方法设计的多样化。

6.1.2 数据挖掘的基本流程

从数据挖掘的流程来看，目前还没有统一的模型来描述其究竟包含哪些基本的步骤。在发展过程中，比较权威的有 SPSS 的 5A 法和 SAS 的 SEMMA 法及 CRISP-DM 模型。

1. CRISP-DM 模型

CRISP-DM（Cross-Industry Standard Process for Data Mining），即为"跨行业数据挖掘标准流程"。此 KDD 过程模型于 1999 年欧盟机构联合起草。通过近几年的发展，CRISP-DM 模型在各种 KDD 过程模型中占据领先位置。由 2014 年统计表明，采用量达到 43%[①]。CRISP-DM 模型为一个 KDD 工程提供了完整的过程描述（图 6-2）。该模型将一个 KDD 工程分为 6 个不同的、但顺序并非完全不变的阶段。

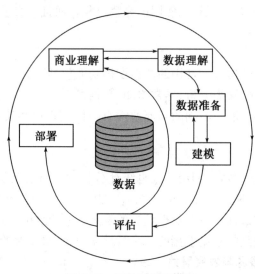

图 6-2 CRISP-DM 模型

（1）商业理解（Business Understanding）

在这一个阶段必须从商业的角度了解项目的要求和最终目的是什么，并将这些目的与数据挖掘的定义以及结果结合起来。主要工作包括：确定商业目标，发现影响结果的重要因素，从商业角度描绘客户的首要目标，评估形势，查找所有的资源、局限、设想以及在确定数据分析目标和项目方案时考虑各种其他的因素，包括风险和意外、相关术语、成本和收益等，接下来确定数据挖掘的目标、制订项目计划。

（2）数据理解（Data Understanding）

数据理解阶段开始于数据的收集工作。接下来就是熟悉数据的工作，具体如下：检测数据

---

① Gregory Piatetsky. CRISP-DM, still the top methodology for analytics, data mining, or data science projects[EB/OL].（2014 - 10 - 01）. http://www. kdnuggets. com/2014/10/crisp-dm-top-methodology-analytics-data-mining-data-science-projects. html.

的量,对数据有初步的理解,探测数据中比较有趣的数据子集,进而形成对潜在信息的假设。收集原始数据,对数据进行装载,描绘数据,并且探索数据特征,进行简单的特征统计,检验数据的质量,包括数据的完整性和正确性,缺失值的填补等。

（3）数据准备（Data Preparation）

数据准备阶段涵盖了从原始粗糙数据中构建最终数据集（将作为建模工具的分析对象）的全部工作。数据准备工作有可能被实施多次,而且其实施顺序并不是预先规定好的。这一阶段的任务主要包括:制表、记录、数据变量的选择和转换,以及为适应建模工具而进行的数据清理等。

根据与挖掘目标的相关性、数据质量以及技术限制,选择作为分析使用的数据,并进一步对数据进行清洗转换,构造衍生变量,整合数据,并根据工具的要求,格式化数据。

（4）建模（Modeling）

在这一阶段,各种各样的建模方法将被加以选择和使用,通过建造,评估模型将其参数校准为最为理想的值。比较典型的是,对于同一个数据挖掘的问题类型,可以有多种方法选择使用。如果有多重技术要使用,那么在这一任务中,对于每一个要使用的技术要分别对待。一些建模方法对数据的形式有具体的要求,因此,在这一阶段重新回到数据准备阶段执行某些任务有时是非常必要的。

（5）评估（Evaluation）

从数据分析的角度考虑,在这一阶段中,已经建立了一个或多个高质量的模型。但在进行最终的模型部署之前,更加彻底地评估模型,回顾在构建模型过程中所执行的每一个步骤,是非常重要的,这样可以确保这些模型是否达到了企业的目标。一个关键的评价指标就是看,是否仍然有一些重要的企业问题还没有被充分地加以注意和考虑。在这一阶段结束之时,有关数据挖掘结果的使用应达成一致的决定。

（6）部署（Deployment）

部署,即将其发现的结果以及过程组织成为可读文本形式。模型的创建并不是项目的最终目的。尽管建模是为了增加更多有关数据的信息,但这些信息仍然需要以一种客户能够使用的方式被组织和呈现。这经常涉及一个组织在处理某些决策过程中,如在决定有关网页的实时人员或者营销数据库的重复得分时,拥有一个"活"的模型。

根据需求的不同,部署阶段可以是仅仅像写一份报告那样简单,也可以像在企业中进行可重复的数据挖掘程序那样复杂。在许多案例中,往往是客户而不是数据分析师来执行部署阶段。然而,尽管数据分析师不需要处理部署阶段的工作,对于客户而言,预先了解需要执行的活动从而正确地使用已构建的模型是非常重要的。

2. SEMMA 法

SAS 研究所不仅有丰富的工具供选用,而且在多年的数据处理研究工作中积累了一套行之有效的数据挖掘方法论——SEMMA,通过使用 SAS 技术进行数据挖掘。SEMMA 是 Sample、Explore、Modify、Model 和 Assess 的首字母缩写。

● Sample——数据取样;

● Explore——数据特征探索、分析和预处理;

● Modify——问题明确化、数据调整和技术选择;

● Model——模型的研发、知识的发现;

● Assess——模型和知识的综合解释和评价。

（1）Sample——数据取样

当进行数据挖掘时，首先要从企业大量数据中取出要探索问题相关的样板数据子集，而不是动用全部企业数据，这就如同在对开采出来的矿石首先要进行选矿一样。通过对数据样本的精选，不仅能减少数据处理量、节省系统资源，而且能通过对数据的筛选，使得想要反映的规律性更加凸现出来。

通过对数据取样，把好数据的质量关。在任何时候都不要忽视数据的质量，即使是从一个数据仓库中进行数据取样，也不要忘记检查其质量如何。因为通过数据挖掘是要探索企业运作的规律性的，原始数据有误，还谈什么从中探索规律性。若真的从中探索出来了什么"规律性"，再以此去指导工作，则很可能是在进行误导。若是从正在运行着的系统中进行数据取样，则更要注意数据的完整性和有效性。

从巨大的企业数据母体中取出哪些数据作为样本数据呢？这取决于所要达到的目标来区分采用不同的办法：若是要进行过程的观察、控制，可进行随机取样，然后根据样本数据对企业或其中某个过程的状况进行估计。SAS 不仅支持这一取样过程，而且可对所取出的样本数据进行各种例行的检验。若是想通过数据挖掘得出企业或其某个过程的全面规律性，必须获得在足够广泛范围变化的数据，以使其有代表性。

（2）Explore——数据特征探索、分析和预处理

前面所叙述的数据取样，多少是带着对如何达到数据挖掘目的的先验的认识进行操作的。当拿到了一个样本数据集后，它是否达到原来设想的要求；其中有没有什么明显的规律和趋势；有没有出现从未设想过的数据状态；因素之间有什么相关性；它们可区分成哪些类别……这都是要首先探索的内容。

进行数据特征的探索、分析，最好是能进行可视化的操作。SAS 有：SAS/INSIGHT 和 SAS/SPECTRAVIEW 两个产品，提供了可视化数据操作的最强有力的工具、方法和图形。它们不仅能做各种不同类型统计分析显示，而且可做多维、动态甚至旋转的显示。

这里的数据探索，就是通常所进行的深入调查的过程，最终要达到的目的可能是要搞清多因素相互影响的、十分复杂的关系。但是，这种复杂的关系不可能一下子建立起来。一开始，可以先观察众多因素之间的相关性；再按其相关的程度，以了解它们之间相互作用的情况。这些探索、分析，并没有一成不变操作规律性；相反，是要有耐心的反复的试探、仔细的观察。在此过程中，原来的专业技术知识是非常有用的，它可进行有效的观察。

（3）Modify——问题明确化、数据调整和技术选择

通过上述两个步骤的操作，对数据的状态和趋势可能有了进一步的了解。对原来要解决的问题可能会有了进一步的明确认识；这时要尽可能进一步量化问题解决的要求。问题越明确，越能进一步量化，问题就向它的解决更前进了一步。这是十分重要的，因为原来的问题很可能是诸如质量不好、生产率低等模糊的问题，没有进一步明确问题，就无法进行有效的数据挖掘操作。

在问题进一步明确化的基础上，就可以按照问题的具体要求来审视数据集，看它是否适应问题的需要。Gartner group 在评论当前一些数据挖掘产品时特别强调指出：在数据挖掘的各个阶段中，数据挖掘的产品都要使所使用的数据和所将建立模型处于十分易于调整、修改和变动的状态，这才能保证数据挖掘有效地进行。

（4）Model——模型的研发、知识的发现

这一步是数据挖掘工作的核心环节。虽然数据挖掘模型化工作涉及非常广阔的技术领

域,但对 SAS 研究所来说并不是一件新鲜事。自从 SAS 问世以来,就一直是统计模型市场领域的领头羊,而且年年提供新产品,并以这些产品体现业界技术的最新发展。

按照 SAS 提出的 SEMMA 方法论走到这一步时,应采用的技术已有了较明确的方向;数据结构和内容也有了充分的适应性。SAS 在这时也提供了充分的可选择的技术手段:回归分析方法等广泛的数理统计方法、关联分析方法、分类及聚类分析方法、人工神经元网络、决策树等。

(5) Assess——模型和知识的综合解释和评价

从上述过程中将会得出一系列的分析结果、模式或模型。同一个数据源可以利用多种数据分析方法和模型进行分析,Assess 的目的之一就是从这些模型中自动找出一个最好的模型,另外就是要对模型进行针对业务的解释和应用。

若能从模型中得出一个直接的结论当然很好。但是,更多的时候会得出对目标问题多个侧面的描述。这时,就要能很好地综合它们的影响规律性,并提供合理决策所需的支持信息。所谓合理,实际上往往是要在所付出的代价和达到预期目标的可靠性的平衡上进行选择。假如在数据挖掘过程中就预见到最后的选择,那么最好把这些平衡的指标尽可能地量化,以利综合抉择。

评价的办法之一,是直接使用原来建立模型的样板数据来进行检验。另一种办法是另外找一批数据,已知这些数据是反映客观实际的规律性的。这次的检验效果可能会比前一种差,但必须要注意差多少。若是差到不能容忍的程度,那就要考虑第一次构建的样本数据是否具有充分的代表性,或是考虑模型本身是否完善。若这一步也得到了肯定的结果,那数据挖掘应得到很好的评价。

3. CRISP-DM 与 SEMMA 的区别

CRISP-DM 是从一个数据挖掘项目执行的角度谈方法论,SEMMA 则是从对具体某个数据集的一次探测和挖掘的角度来谈方法论,CRISP-DM 考虑的范围比 SEMMA 要大。CRISP-DM 关注商业目标、数据的获取和管理,以及模型在商业背景下的有效性。

CRISP-DM 认为数据挖掘是由商业目标驱动的,同时重视数据的获取、净化和管理;SEMMA 不否认商业目标,但更强调数据挖掘是一个探索的过程,在最终确定模式和模型前,要经过充分的探索和比较。

在数据挖掘的各个阶段中,数据挖掘的产品都要使所使用的数据和所将建立模型处于十分易于调整、修改和变动的状态,这才能保证数据挖掘有效地进行。SAS 在同类产品中这一方面尤其强大。SEMMA 是一个特别贴近算法的视角,SAS 将不同的数据挖掘算法放到了这个挖掘过程的不同阶段(Explore,Modify,Model),而 CRISP-DM 是一个不依赖于具体算法的过程框架,CRISP-DM 将所有算法放到过程的相同位置(Phase)。SEMMA 体现了不同算法在项目过程的不同阶段有不同的重要性。SAS 在技术上的另一个特征是强调取样(Sampling)。

SEMMA 强调了 SAS 本身产品的优势,SEMMA 没有如同 CRISP-DM 一样详细而规范的文本,作为项目管理的需要来看 CRISP-DM 更实用一些。由于 CRISP-DM 在阶段间可以反馈,整个流程又是循环的,在逻辑上 CRISP-DM 是可以实现 SEMMA,它们互不矛盾。但由于强调的重点不同,在实践上则会有明显的区别。

6.1.3　数据挖掘面临的主要问题

考虑挖掘方法、用户交互、性能和各种数据类型,数据挖掘主要存在以下问题:

1. 挖掘方法和用户交互问题

挖掘方法和用户交互问题反映所挖掘的知识类型、在多粒度上挖掘知识的能力、知识的使用、特定的挖掘和知识显示。

在数据库中挖掘不同类型的知识　由于不同的用户可能对不同类型的知识感兴趣,数据挖掘系统应当覆盖范围很广的数据分析和知识发现任务,包括数据特征化、区分、关联、分类、聚类、趋势和偏差分析以及类似性分析。这些任务可能以不同的方式使用相同的数据库,并需要开发大量数据挖掘技术。

多个抽象层的交互知识挖掘　由于很难准确地知道能够在数据库中发现什么,数据挖掘过程应当是交互的。对于包含大量数据的数据库,应当使用适当的抽样技术,进行交互式数据探查。交互式挖掘允许用户聚焦搜索模式,根据返回的结果提出精炼数据挖掘请求。特殊情况应类似于 OLAP 在数据立方体上做的那样,通过交互地在数据空间和知识空间下钻、上卷和转轴来挖掘知识。用这种方法,用户可以与数据挖掘系统交互,以不同粒度和从不同的角度观察数据和发现模式。

结合背景知识　可以使用背景知识或关于所研究领域的信息来指导发现过程,并使得发现的模式以简洁的形式在不同的抽象层表示。关于数据库的领域知识,如完整性约束和演绎规则,可以帮助聚焦和加快数据挖掘过程,或评估发现的模式的兴趣度。

数据挖掘查询语言和特定的数据挖掘　关系查询语言(如 SOL)允许用户提出特定的数据检索查询。类似地,需要开发高级数据挖掘查询语言,使得用户通过说明分析任务的相关数据集、领域知识、所挖掘的数据类型、被发现的模式必须满足的条件和约束,描述特定的数据挖掘任务。这种语言应当与数据库或数据仓库查询语言集成,并且对于有效的、灵活的数据挖掘是优化的。

数据挖掘结果的表示和显示　发现的知识应当用高级语言、可视化表示或其他表示形式表示,使得知识易于理解,能够直接被使用。这要求系统采用有表达能力的知识表示技术,如树、表、规则、图、图表、交叉表、矩阵或曲线等。

处理噪声和不完全数据　存放在数据库中数据可能反映噪声、异常情况或不完全的数据对象。这些对象可能搞乱分析过程,导致数据与所构造的知识模型过分适应。其结果是,所发现的模式的精确性可能很差。需要处理数据噪声的数据清理方法和数据分析方法,以及发现和分析异常情况的孤立点挖掘方法。

模式评估——兴趣度问题　数据挖掘系统可能发现数以千计的模式。对于给定的用户,许多模式不是有趣的,它们表示公共知识或缺乏新颖性。关于开发模式兴趣度的评估技术,特别是关于给定用户类,基于用户的信赖或期望,评估模式价值的主观度量,仍然存在一些挑战。使用兴趣度度量,指导发现过程和压缩搜索空间,是又一个活跃的研究领域。

2. 数据挖掘算法的有效性、可伸缩性和并行处理等性能问题

数据挖掘算法的有效性和可伸缩性　为了有效地从数据库中提取信息,数据挖掘算法必须是有效的和可伸缩的,即对于大型数据库,数据挖掘算法的运行时间必须是可预计的和可接受的。从数据库角度看,有效性和可伸缩性是数据挖掘系统实现的关键问题。

并行、分布式和增量挖掘算法　许多数据库的大容量、数据的广泛分布和一些数据挖掘算法的计算复杂性是促使开发并行和分布式数据挖掘算法的因素。这些算法将数据划分成各部分,这些部分可以并行处理,然后合并每部分的结果。此外,增量算法与数据库更新结合在一起,而不必重新挖掘全部数据。这种算法渐增地进行知识更新,修正和加强先前已发现的知识,是一些数据挖掘过程的高花费导致了对增量数据挖掘算法的需要。

3. 关于数据库类型的多样性问题

关系的和复杂的数据类型的处理 由于关系数据库和数据仓库已经被广泛使用,对它们开发有效的数据挖掘系统是重要的。然而,其他数据库可能包含复杂的数据对象、超文本和多媒体数据、空间数据、时间数据或事务数据。由于数据类型的多样性和数据挖掘的目标不同,指望一个系统挖掘所有类型的数据是不现实的。为挖掘特定类型的数据,应当构造特定的数据挖掘系统。同样,对于不同类型的数据,应当有不同的数据挖掘系统。

由异种数据库和全球信息系统挖掘信息 局域网和广域网(如 Internet)连接了许多数据源,形成了庞大的、分布式的和异种的数据库。从具有不同数据语义的结构化的、半结构化的和非结构化的不同数据源发现知识,对数据挖掘提出了巨大挑战。数据挖掘可以帮助发现多个异种数据库中的数据规律,这些规律多半难以被简单的查询系统发现,并可以改进异种数据库的信息交换和互操作性。Web 挖掘发现关于 Web 内容、Web 使用和 Web 动态情况的有趣知识,已经成为数据挖掘的一个非常具有挑战性的领域。

以上问题是数据挖掘技术未来发展的主要需求和挑战。在近年来的数据挖掘研究和开发中,一些挑战业已受到一定程度的关注,并考虑到了各种需求,而另一些仍处于研究阶段。然而,这些问题将继续刺激对数据挖掘进一步的研究和改进。

6.2 大数据和数据挖掘

6.2.1 递进升级学说

从数据本身的复杂程度以及对数据进行处理的复杂度和深度来看,可以把数据分析分为以下 4 个层次:数据统计、OLAP、数据挖掘和大数据。

1. 数据统计

数据统计是最基本、传统的数据分析,自古有之,是指通过统计学方法对数据进行排序、筛选、运算、统计等处理,从而得出一些有意义的结论。

例如,对全年级学生按照平均成绩从高到低排序,前 10% 的学生可以获得申请研究生免试资格。

从图 6-3 中不难发现,传统的查询和报表工具是告诉用户数据库中有什么(What happened)。

图 6-3 数据统计的作用

2. OLAP

联机分析处理(On-Line Analytical Processing,OLAP)是指基于数据仓库的在线多维统计分析。它允许用户在线地从多个维度观察某个度量值,从而为决策提供支持。

例如,学校招生时要决定今年在江苏的招生指标,不能简单地参照去年的计划,而是要参考多个维度的数据积累。学校要在这些数据的支持下做出合理的决策。

从图6-4中不难发现,OLAP更进一步说明下一步会怎么样(What next),如果采取这样的措施又会怎么样(What if)。

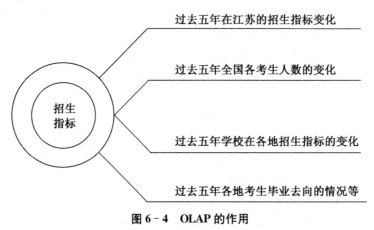

图6-4 OLAP的作用

3. 数据挖掘

数据挖掘是指从海量数据中找到未知的、可能有用的、隐藏的规则,可以通过关联分析、聚类分析、时序分析等各种算法发现一些无法通过观察图表得出的深层次原因。

例如,学校发现高等数学等主干课的不及格率有逐年上升的趋势,一般认为是学习不认真所致,但做了很多工作效果并不明显,这时可通过数据挖掘,采取有针对性的管理措施(图6-5)。

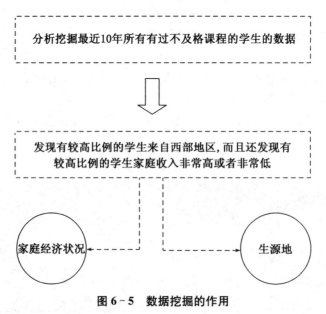

图6-5 数据挖掘的作用

4. 大数据

大数据是指用现有的计算机软硬件设施难以采集、存储、管理、分析和使用的超大规模的数据集。

从数据分析的角度看,目前绝大多数学校的数据应用产品都还处在数据统计和报表分析的阶段,能够实现有效的 OLAP 分析与数据挖掘的还很少,而能够达到大数据应用阶段的非常少,至少还没有用过有效的大数据集(图 6-6)。

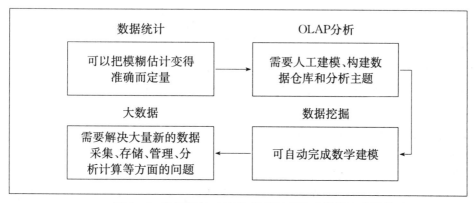

图 6-6　数据统计、OLAP、数据挖掘和大数据之间的关系

6.2.2　一体两面学说

1. 从大数据看数据挖掘

从数据的表现形式看,业界普遍认为大数据具有如下的"4V"特点:Volume(大量)、Variety(多样)、Velocity(高速)和 Value(价值)。从实际应用和大数据处理的复杂性看,大数据还具有如下新的"4V"特点:

◆ **Variable(变化性)**　在不同的场景、不同的研究目标下数据的结构和意义可能会发生变化,因此,在实际研究中要考虑具体的上下文场景。

◆ **Veracity(真实性)**　获取真实、可靠的数据是保证分析结果准确、有效的前提。只有真实而准确的数据才能获取真正有意义的结果。

◆ **Volatility(波动性)**　由于数据本身含有噪音及分析流程的不规范性,导致采用不同的算法或不同分析过程与手段会得到不稳定的分析结果。

◆ **Visualization(可视化)**　在大数据环境下,通过数据可视化可以更加直观地阐释数据的意义,帮助理解数据,解释结果。

结合上述大数据的"8V"特征,大数据的核心和本质是应用、算法、数据和平台 4 个要素的有机结合,如图 6-7 所示。大数据是应用驱动的,它来源于实践,海量数据产生于实际应用中。

数据挖掘正是源于实践中的实际应用需求,用具体的应用数据作为驱动,以算法、工具和平台作为支撑,最终将发现的知识和信息用到实践中去,从而提供量化、合理、可行、能够产生巨大价值的信息。

另外,挖掘大数据所蕴含的有用信息,需要设计和开发相应的数据挖掘和机器学习算法。算法的设计和开发要以具体的应用数据为驱动,同时也要在实际问题中得到应用和验证,而算法的实现与应用需要高效的处理平台。高效的处理平台需要有效地分析海量的数据及对多源

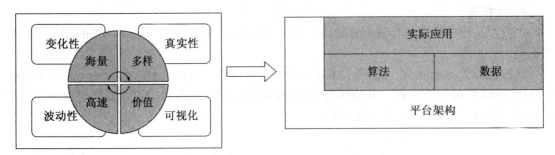

图 6 - 7　大数据的本质

数据进行集成,同时有力支持数据挖掘算法以及数据可视化的执行,并对数据分析的流程进行规范。数据挖掘的未来不再是针对少量或是样本化、随机化的精准数据,而是海量、混杂的大数据。

2. 从数据挖掘应用的角度看大数据

大数据是现象,核心是要挖掘数据的价值。结合数据挖掘的各种特性,尤其是其应用性,从应用业务的角度对大数据提出如下两点的认识。

首先,大数据是"一把手工程"。在一个企业里,大数据通常涉及多个业务部门,业务逻辑复杂。一方面,要对大数据进行收集和整合,需要业务部门的配合和沟通以及业务人员的大力参与,这些需要企业决策人员的重视和认可,提供必要的资源调配和支持。另一方面,要对数据挖掘的结果进行验证和运用,更离不开相关人员的决策。数据挖掘的结果大多是相关关系,而不是因果关系,这些结果还可能有不确定性。另外,有时候数据挖掘的结果与企业运作的常识不一致,甚至相悖。所以,如何看待这些可能的不确定性和反常识的分析结论,充分利用好数据挖掘结果,必然离不开决策者的远见卓识。

其次,大数据需要数据导入、整合和预处理。当面对来自不同数据源的大量复杂数据时,具体业务逻辑复杂与数据之间的关系琐碎直接导致企业的业务流程和数据流程很难理解。因此,企业在实施大数据时可能并不清楚要挖掘和发现什么,对数据挖掘到底能帮助企业做什么并没有直观和清楚的认识。所以,很多时候都不可能先把数据事先规划和准备好,这样在具体的数据挖掘中,就需要在数据的导入、整合和预处理上有很大的灵活性,只有通过业务人员和数据挖掘工程师的配合,不断尝试,才能有效地将企业的业务需求与数据挖掘的功能联系起来。

总之,大数据更强调对于具有数据容量大、产生速度快、数据类型杂的特点的数据的处理,包含了与之相关的存储、计算等方面的技术。数据挖掘更强调不断追求着从更多来源获得更大数据量并进行更高效地分析,以期获得更全面、更准确、更及时的结果。

6.2.3　互相促进学说

1. 数据挖掘是一种方法

早期,处理问题的核心思想在于"样本选取"和"建模分析"。为何需要"样本选取",因为从很久以前到现在,获取数据的能力以及分析数据的能力都是很有限的,这就导致很多数据是无法在需要时采集到的。例如人口普查,近代美国要求 10 年进行一次人口普查,但是随着人口的增长速度越来越快,到后来统计出国家的大致人口都需要 13 年了。因此,不能采用普查方式,必须使用另一种经典的方法,并以此方法达到通过获取少量数据就能够分析大规模问题的目的——抽样。众所周知,抽样调查是有各种各样的要求和准则,而且合理性也经常不如人意,但是在之前获取数据难度很大的前提下(只能亲自去看,一个一个人工考察),这种方法的确赋予了处理大规模数据的能力:从里面完全随机地(实际上这是不可能的)选择一些正确的(数据完全正确也是不可能的)数据进行分析。

至于为何需要"建模分析",那是因为通过抽样方式获得分析问题所需要的数据后,如何利用这些数据又面临重重困难。数据可以很简单,例如长度、温度、时间、重量等;也可以很复杂,例如一本书、一张图、一块石头等。之所以说这些数据复杂,是因为它们是由诸如重量、长度等简单数据构成的。那么,如果要分析石头,将会变得很困难——因为要处理的数据种类实在太多了,各种数据之间还存在这样那样的影响。在早期计算能力严重不足的情况下(只有笔和算盘,各种函数和公式都没有发明),导致需要计算的时间过长,分析结果已经没有价值(参见前文说的人口普查数据)。因此,需要建模分析——用几个对描述这个对象很关键的数据来代替所有的数据,使得计算量和计算难度都有客观的改善。

随着时代的发展、技术的进步,获取数据的难度大大地降低,在拥有越来越多数据的情况下,人脑已经没有办法直接处理,必须通过计算机辅助来找到数据的价值,于是数据挖掘方法产生了。正如一般认知而言:数据挖掘就是从海量的数据中发现隐含的知识和规律。

2. 大数据是一种思维

大数据带来的更多是思路的革新:第一,不使用抽样的数据,而采用全部的数据,即完全所有的数据,包括正确的和不正确的数据、噪声和错误数据、有用的信息;第二,不关心为什么,只关心是什么;第三,相比数据分析方法而言更注重数据获取,即数据为先,因为现代计算机的计算能力使得人类只要能想到办法,它就能替人类完成相应的工作。基于此,要做的就是获取更多的、更全面的数据让计算机分析。例如,国外快递公司在车上装传感器来帮助快递调度、劳斯莱斯公司在飞机发动机上装传感器并通过历史数据和实时数据预先预测潜在故障并提前检修。大数据思维模式中,数据提供最多的可能和最大的价值,所以着重获取数据。

综上,数据挖掘可以概括为:在数据越来越多以后,把数据交给计算机分析的方法集合。而大数据则是跳出传统数据分析和处理方法框架的一种新思维。思维要付诸实现,必然是要以技术为基础的。但是正是由于思维方式的不同,可以从数据中获得更多的东西。大数据是在不断发展数据挖掘技术的过程中诞生出来的一种新思维,这种思维的实际应用以数据挖掘技术为基础,并可以促进开发出更多的数据挖掘技术。而数据挖掘的未来不再是针对少量或是样本化、随机化的精准数据,而是海量、混杂的大数据。数据挖掘和大数据,是互相促进的关系。

6.2.4 其他学说

1. 旧瓶装新酒学说

有人认为,如果要描述数据量非常大,用 Massive Data(海量数据);如果要描述数据非常多样,用 Heterogeneous Data(异构数据);如果要描述数据既多样又量大,用 Massive Heterogeneous Data(海量异构数据);如果要申请基金项目,用 Big Data(大数据)。也就是说,现在只是借用"大数据"这一名词向大众灌输了"数据挖掘"在商业活动和社会生活中的潜藏的巨大作用。

不论是早已威名远播的"啤酒与尿布",还是新鲜出炉的"纸牌屋",无不是对数据挖掘的商业价值的完美诠释。但是,"大数据"无疑比"数据挖掘"更具有吸引眼球的潜质。对于普通大众而言,让他们知道海量数据如何存储和处理并不重要,重要的是告诉他们数据的背后存在着价值。于是乎,"大数据"成为了"数据挖掘"的代名词,通过媒体狂轰滥炸地宣传成功上位,成为某些利益集团用于概念炒作的工具。

2. 对比区分学说

数据挖掘和大数据面临众多区别,由于思维的不同、思考方式的不同,导致后面的方法论、工具有很大的区别。

(1) 数据挖掘还是基于用户假设了的因果,然后进行验证;而大数据则重点在找出关联关系,A 的变化会影响 B 的变化幅度。

(2) 传统的方法只是从内部数据库数据提取,分析数据;大数据则从更多途径、采用更多非结构化的数据。

(3) 处理时间上,传统的对时间要求不高;大数据强调的是实时性,数据在线即用。

(4) 传统的方式,重点还是从数据中挖掘出残值;而大数据则是从数据中找出新的内容,创新的价值。

3. 鱼和渔网学说

如果大数据是海洋,那么大数据中的信息则是鱼,而"数据挖掘"就是捕鱼的网。如果把"大数据"狭义地理解为一类数据源,那么"数据挖掘"就是用来驾驭"大数据"的重要手段之一。由于大数据是一类复杂的、不友好的数据源,用传统的方法往往难以驾驭,为了能够有效利用大数据,就逐渐发明出一套系统的方法工具,来对大数据进行收集、存储、抽取、转化、加载、清洗、分析、挖掘和应用,而"数据挖掘"就是对各种挖掘工具方法的统称。

需要注意的是,大数据源通常不能直接进行数据挖掘,还需要耗费大量工作量进行预处理。当然,完成了数据挖掘还没有结束,还需要对挖掘结果进行业务应用,才能创造价值。就好比有一座铁矿山,得先从矿山中开采出品质达标的铁矿石(预处理过程,数据清洗、集成、变换和规约),才能送到炼钢厂冶炼为钢材(挖掘过程),最终钢材还要用到建筑工地上(应用过程)。

6.3 大数据挖掘的任务

大数据时代的来临使得数据的规模和复杂性都出现爆炸式的增长,促使不同应用领域的数据分析人员利用数据挖掘技术对数据进行分析。在应用领域中,如医疗保健、高端制造、金融等。一个典型的数据挖掘任务往往需要复杂的子任务配置,整合多种不同类型的挖掘算法以及在分布式计算环境中高效运行。而应用、算法、数据和平台相结合的思想,体现了大数据的本质和核心。建立在此架构上的大数据挖掘,能够有效处理大数据的复杂特征,挖掘大数据的价值。

6.3.1 分类

1. 分类的含义

分类是找出数据对象的共同特点并按照分类模式将其划分为不同的类,其目的是通过分类模型,将数据项映射到某个给定的类别。分类是大数据挖掘中的一项非常重要的任务,利用分类技术可以从数据集中提取描述数据类的一个函数或模型(也常称为分类器),并把数据集中的每个对象归结到某个已知的对象类中。从机器学习的观点看,分类技术是一种有指导的学习,即每个训练样本的数据对象已经有类标志,通过学习可以形成表达数据对象与类标志间对应的知识,这样就可以利用该模型来分析已有数据,并预测新数据将属于哪一个组。从这个意义上说,大数据挖掘的目标就是根据样本数据形成的类知识并对源数据进行分类,进而也可以预测未来数据的归类。

分类挖掘所获得的分类模型可以采用多种形式加以描述输出。其中主要的表示方法有分类规则、决策树、数学公式、神经网络、粗糙集等。

2. 分类的过程

分类(Classification)是这样的过程:它找出描述并区分数据类或概念的模型(或函数),以便能够使用模型预测类标记未知的对象类。分类分析在数据挖掘中是一项比较重要的任务,目前在商业上应用最多。分类的目的是学会一个分类函数或分类模型(也常常称作分类器),该模型能把数据库中的数据项映射到给定类别中的某一个类中。

3. 分类的特点

分类和回归都可用于预测,两者的目的都是从历史数据记录中自动推导出对给定数据的推广描述,从而能对未来数据进行预测。与回归不同的是,分类的输出是离散的类别值,而回归的输出是连续数值,两者常表现为决策树的形式,根据数据值从树根开始搜索,沿着数据满足的分支往上走,走到树叶就能确定类别。

另外要注意的是,分类的效果一般和数据的特点有关,有的数据噪声大、有的有空缺值、有的分布稀疏、有的字段或属性间相关性强、有的属性是离散的而有的是连续值或混合式的。

4. 分类的用途

分类在客户管理、医疗诊断、信用卡的信用分级、图像模式识别等领域具有广泛的应用。例如,分类应用到客户的分类、客户的属性和特征分析、客户满意度分析、客户的购买趋势预测等,将客户按照对汽车的喜好划分成不同的类,这样营销人员就可以将新型汽车的广告手册直接邮寄到有这种喜好的客户手中,从而大大增加了商业机会。

5. "二分"问题的实现

有一种很特殊的分类问题,那就是"二分"问题,显而易见,"二分"问题意味着预测的分类结果只有两个类:如是/否、好/坏、高/低……。这类问题也称为0/1问题。之所以说它很特殊,主要是因为解决这类问题时,只须关注预测属于其中一类的概率即可,因为两个类的概率可以互相推导。如预测 $X=1$ 的概率为 $P(X=1)$,那么 $X=0$ 的概率 $P(X=0)=1-P(X=1)$。这一点是非常重要的。

可能很多人已经在关心数据挖掘方法是怎么预测 $P(X=1)$ 这个问题了,其实并不难。解决这类问题的一个大前提就是通过历史数据的收集,已经明确知道了某些用户的分类结果,如已经收集到了 10 000 个用户的分类结果,其中 7 000 个是属于"1"这类,3 000 个属于"0"这类。伴随着收集到分类结果的同时,还收集了这 10 000 个用户的若干特征(指标、变量)。这样的数据集一般在数据挖掘中被称为训练集,顾名思义,分类预测的规则就是通过这个数据集训练出来的。训练的大概思路是这样的:对所有已经收集到的特征/变量分别进行分析,寻找与目标 0/1 变量相关的特征/变量,然后归纳出 $P(X=1)$ 与筛选出来的相关特征/变量之间的关系(不同方法归纳出来的关系的表达方式是各不相同的,如回归的方法是通过函数关系式、决策树方法是通过规则集)。

6.3.2 聚类

1. 聚类的含义

聚类分析是按照某种相近程度度量方法,将用户数据分成一系列有意义的子集合。每一个集合中的数据性质相近(即数据间的相似性尽可能大),不同集合之间的数据性质相差较大(即数据间的相似性尽可能小)。当要分析的数据缺乏描述信息,或者是无法组织成任何分类模式时,可以采用聚类分析。

聚类(Clustering)是指根据"物以类聚"的原理,将本身没有类别的样本聚集成不同的组(这样的一组数据对象的集合叫作簇),并且对每个簇进行描述的过程。它的目的是使得属于同一个簇的样本之间应该彼此相似,而不同簇的样本应该足够不相似。

图 6-8 是聚类算法的一种展示,图中的 Cluster 1 和 Cluster 2 分别代表聚类算法计算出的两类样本。打"+"号的是 Cluster 1,而打"○"标记的是 Cluster 2。

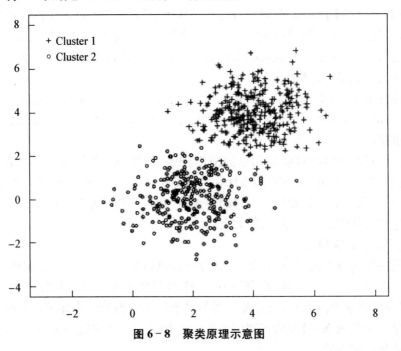

图 6-8　聚类原理示意图

2. 聚类的特点

聚类问题不属于预测性的问题,它主要解决的是把一群对象划分成若干个组的问题,划分的依据是聚类问题的核心。

和分类一样,聚类的目的也是把所有的对象分成不同的群组。与分类规则不同,进行聚类前并不知道将要划分成几个组和什么样的组,也不知道根据哪些空间区分规则来定义组。其目的旨在发现空间实体的属性间的函数关系,挖掘的知识用以属性名为变量的数学方程来表示。而且,在机器学习中,聚类是一种无指导学习。也就是说,聚类是在预先不知道欲划分类的情况下,根据信息相似度原则进行信息聚类的一种方法。

聚类问题容易与分类问题混淆,主要是语言表达的原因,因为常有这样的话:"根据客户的消费行为,把客户分成三个类,第一个类的主要特征是……",实际上这是一个聚类问题,但是在表达上容易让人误解为这是个分类问题。分类问题与聚类问题是有本质区别的:分类问题是预测一个未知类别的用户属于哪个类别（相当于做单选题），而聚类问题是根据选定的指标，对一群用户进行划分（相当于做开放式的论述题），它不属于预测问题。

聚类的目的是使得属于同类别的对象之间的差别尽可能的小，而不同类别上的对象的差别尽可能的大。因此，聚类的意义就在于将观察到的内容组织成类分层结构，把类似的事物组织在一起。通过聚类，能够识别密集的和稀疏的区域，因而发现全局的分布模式，以及数据属性之间的有趣的关系。

3. 聚类的应用

聚类分析广泛应用于商业、生物、地理、网络服务等多种领域，涉及数据挖掘、统计学、机器学习、空间数据库技术、生物学以及市场营销等多个学科，聚类分析已经成为数据挖掘研究领域中一个非常活跃的研究课题。在商业中，聚类可以帮助市场分析人员从消费者数据库中区分出不同的消费群体，并且概括出每一类消费者的消费模式或者消费习惯。它作为数据挖掘中的一个模块，可以作为一个单独的工具以发现数据库中分布的一些深层次的信息，或者把注意力放在某一个特定的类上以作进一步的分析并概括出每一类数据的特点。常见的聚类算法包括：K-均值聚类算法、K-中心点聚类算法、CLARANS、BIRCH、CLIQUE、DBSCAN 等。

4. 聚类的实现

聚类的方法层出不穷，基于用户间彼此距离的长短来对用户进行聚类划分的方法依然是当前最流行的方法。大致的思路是这样的：首先确定选择哪些指标对用户进行聚类；然后在选择的指标上计算用户彼此间的距离，距离的计算公式很多，最常用的就是直线距离（把选择的指标当作维度、用户在每个指标下都有相应的取值，可以看作多维空间中的一个点，用户彼此间的距离就可理解为两者之间的直线距离）；最后聚类方法把彼此间距离比较短的用户聚为一类，类与类之间的距离相对比较长。

聚类主要是以统计方法、机器学习、神经网络等方法为基础，比较有代表性的聚类技术是基于几何距离的聚类方法，如欧氏距离、曼哈顿距离、明考斯基距离等。

6.3.3 关联分析

1. 关联分析的含义

关联分析又称关联挖掘，就是在交易数据、关系数据或其他信息载体中，查找存在于项目集合或对象集合之间的频繁模式、关联、相关性或因果结构，或者说，关联分析是发现交易数据库中不同商品（项）之间的联系。

2. 关联分析中的"三度"

关联分析有三个非常重要的概念，那就是"三度"：支持度、可信度、提升度。假设有 10 000个人购买了产品，其中购买 A 产品的人是 1 000 个，购买 B 产品的人是 2 000 个，A、B 产品同时购买的人是 800 个。支持度指的是关联的产品（假定 A 产品和 B 产品关联）同时购买的人数占总人数的比例，即 800/10 000＝8%，有 8%的用户同时购买了 A 和 B 两个产品；可信度指的是在购买了一个产品之后购买另外一个产品的可能性，例如购买了 A 产品之后购买 B 产品的可信度＝800/1 000＝80%，即 80%的用户在购买了 A 产品之后会购买 B 产品；提升度就是在购买 A 产品这个条件下购买 B 产品的可能性与没有这个条件下购买 B 产品的可能性之比，没有任何条件下购买 B 产品可能性＝2 000/10 000＝20%，那么提升度＝80%/20%＝4。

3. 关联分析的价值

关联分析是一种简单、实用的分析技术，目的是发现存在于大量数据集中的关联性或相关性,从而描述一个事物中某些属性同时出现的规律和模式。最初关联分析主要是在超市应用比较广泛,所以又叫"购物篮分析"(Market Basket Analysis,MBA)。该过程通过发现顾客放入其购物篮中的不同商品之间的联系,分析顾客的购买习惯。通过了解哪些商品频繁地被顾客同时购买,这种关联的发现可以帮助零售商制定营销策略。其他的应用还包括价目表设计、商品促销、商品的排放和基于购买模式的顾客划分。

可从数据中关联分析出形如"由于某些事件的发生而引起另外一些事件的发生"之类的规则。如"'C语言'课程优秀的同学,在学习'数据结构'时为优秀的可能性达88%",那么就可以通过强化"C语言"的学习来提高教学效果。又如"67%的顾客在购买啤酒的同时也会购买尿布",因此通过合理的啤酒和尿布的货架摆放或捆绑销售可提高超市的服务质量和效益。"啤酒和尿布"的启示在于:世界上的万事万物都有着千丝万缕的联系,要善于发现这种关联。

也可以从关联分析分析一群用户购买了很多产品之后,哪些产品同时购买的几率比较高?买了A产品的同时买哪个产品的几率比较高?如果在研究的问题中,一个用户购买的所有产品假定是同时一次性购买的,分析的重点就是所有用户购买的产品之间关联性;如果假定一个用户购买的产品的时间是不同的,而且分析时需要突出时间先后上的关联,如先买了什么,后买什么?那么这类问题称之为序列问题,它是关联问题的一种特殊情况。从某种意义上来说,序列问题也可以按照关联问题来操作。

4. 关联分析的实例

(1)通过关联规则,推出相应的促销礼包或优惠组合套装,快速帮助提高销售额。如市场常见的一些捆绑优惠措施:飘柔洗发水+玉兰油沐浴露、海飞丝洗发水+舒肤佳沐浴露等促销礼包。

(2)零售超市或商场,可以通过产品关联程度大小,指导产品合理摆放,方便顾客购买更多其所需要的产品。最常见的就是超市里面购买肉和购买蔬菜水果等货架会摆放得很近,目前就是很多人会同时购买肉与蔬菜,产品的合理摆放也是提高销售的一个关键。

(3)进行相关产品推荐或者挑选相应的关联产品进行精准营销。最常见的是顾客在亚马逊或京东购买产品时,旁边会出现购买该商品的用户中有百分之多少还会购买其他的产品,从而快速帮助顾客找到其共同爱好的产品。

(4)寻找更多潜在的目标客户。例如:100人里面,购买A产品的有60人,购买B产品的有40人,同时购买A产品和B产品的有30人,说明购买A产品里面的顾客有一半会购买B产品。反推而言,如果推出类似购买B产品的顾客,除了向购买B产品的用户推荐(因为新产品与B产品的功能效果比较类似)之外,还可以向购买A产品的顾客进行推荐,这样就能最大限度地寻找更多的目标客户。

6.3.4　估测和预测

1. 估测和预测的含义

估测(Estimation)和预测(Prediction)是大数据挖掘中比较常用的任务。估测应用是用来猜测现在的未知值,而预测应用是预测未来的某一个未知值。估测和预测在很多时候可以使用同样的算法。估测通常用来为一个存在但是未知的数值填空,而预测的数值对象发生在将来,往往目前并不存在。举例来说,如果不知道某人的收入,可以通过与收入密切相关的量来估测,然后找到具有类似特征的其他人,利用他们的收入来估测未知者的收入和信用值。同理,可以根据历史数据来分析收入和各种变量的关系以及时间序列的变化,从而预测此人在未来某个时间点的具体收入会是多少。

2. 估测和预测的应用

估测和预测在很多时候也可以连起来应用。比如,可以根据购买模式来估测一个家庭的孩子个数和家庭人口结构。或者根据购买模式,估测一个家庭的收入,然后预测这个家庭将来最需要的产品和数量,以及需要这些产品的时间点。

对于估测和预测所做的数据分析,可以称作预测分析(Predictive Analysis),而因为应用非常普遍,现在,预测分析被不少商业客户和数据挖掘行业的从业人员当作数据挖掘的同义词。

6.4　大数据挖掘的流程

大数据挖掘,是挖掘大数据价值的探索过程,分为定义挖掘目标等七个流程。如图6-9所示为大数据挖掘的流程。

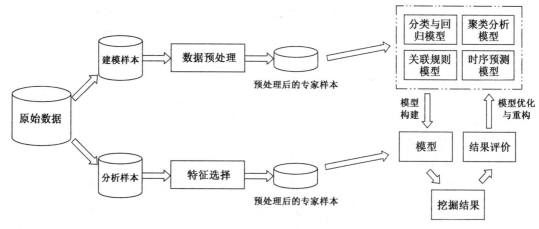

图6-9　大数据挖掘的流程

1. 定义挖掘目标

针对具体的数据挖掘应用需求,首先要非常清楚,本次挖掘的目标是什么,系统完成后能达到什么样的效果。因此,必须分析应用领域,包括应用中的各种知识和应用目标。了解相关领域的有关情况,熟悉背景知识,弄清用户需求。要想充分发挥数据挖掘的价值,必须要对目标有一个清晰明确的定义,即决定到底想干什么。否则,很难得到正确的结果。

2. 数据取样

数据采集前首要考虑的问题包括:哪些数据源可用,哪些数据与当前挖掘目标相关,如何保证取样数据的质量,是否在足够范围内有代表性,数据样本取多少合适,如何分类(训练集、验证集、测试集)等。

在明确了需要进行数据挖掘的目标后,接下来就需要从业务系统中抽取一个与挖掘目标相关的样本数据子集。抽取数据的标准:一是相关性,二是可靠性,三是最新性。

进行数据取样一定要严把质量关,在任何时候都不要忽视数据的质量,即使是从一个数据仓库中进行数据取样,也不要忘记检查其质量如何。因为数据挖掘是探索企业运作的内在规律,若原始数据有误,就很难从中探索规律性。

3. 数据探索

当拿到一个样本数据集后,它是否达到原来设想的要求,其中有没有什么明显的规律和趋势,有没有出现从未设想过的数据状态,因素之间有什么相关性,它们可区分成怎样一些类别,这都是要首先探索的内容。数据探索和预处理的目的是为了保证样本数据的质量,从而为保证预测质量打下基础。数据探索包括异常值分析、缺失值分析、相关分析、周期性分析、样本交叉验证等。

4. 数据预处理和清洗

采样数据维度过大,如何进行降维处理,采用数据中的缺失值如何处理,这些都是数据预处理需要解决的问题。数据预处理主要包含如下内容:数据筛选、数据变量转换、缺失值处理、坏数据处理、数据标准化、主成分分析、属性选择等。

5. 数据挖掘模式发现

样本抽取完成并经预处理后,接下来要考虑的问题是:本次建模属于数据挖掘应用中的哪类问题(分类、聚类、关联规则或者时序分析),选用哪种算法进行模型构建?

模型构建的前提是在样本数据集中发现模式,比如关联规则、分类预测、聚类分析、时序模式等。在目标进一步明确化的基础上,可以按照问题的具体要求来重新审视已经采集的数据,看它是否适合挖掘的需要。

针对挖掘目标的需要可能需要对数据进行增删,也可能按照对整个数据挖掘过程的新认识,要组合或者新生成一些新的变量,以体现对状态的有效的描述。在挖掘目标进一步明确、数据结构和内容进一步调整的基础上,下一步数据挖掘应采用的技术手段就更加清晰、明确。

6. 数据挖掘模型构建

模型构建反映的是采样数据内部结构的一般特征,并与该采样数据的具体结构基本吻合。对于预测模型(包括分类与回归模型、时序预测模型)来说,模型的具体化就是预测公式,公式可以产生与观察值有类似结构的输出,这就是预测值。预测模型是多种多样的,可以适用于不同结构的样本数据。正确选择预测模型是数据挖掘很关键的一步,有时由于模型选择不当,会造成预测误差过大,这就需要改换模型。必要时,可同时采用几种预测模型进行运算,以便对比、选择。对建立模型来说,要记住最重要的就是它是一个反复的过程,需要仔细考察不同的模型,以判断哪个模型对解决问题最有效。

预测模型的构建通常包括模型建立、模型训练、模型验证和模型预测 4 个步骤,但根据不同的数据挖掘分类应用会有细微的变化。

7. 数据挖掘模型评价

评价的目的之一就是从这些模型中自动找出一个最好的模型来,另外就是要针对业务,对模型进行解释和应用。预测模型评价和聚类模型的评价方法是不同的。

预测模型对训练集进行预测而得出的准确率并不能很好地反映分类模型未来的性能,为了能预测分类模型在新数据上的性能表现,需要一组没有参与分类模型建立的数据集,并在该数据集上评价分类器的准确率,这组独立的数据集就是测试集。这是一种基于验证的评估方法,常用的方法有保持法、随机二次抽样、自助法、交叉验证等。

聚类分群效果可以用向量数据之间的相似度来衡量,向量数据之间的相似度定义为两个向量之间的距离(实时向量数据与聚类中心向量数据),距离越近则相似度越大,即该实时向量数据归为某个聚类。

6.5　大数据挖掘的常用算法

6.5.1　决策树

决策树起源于概念学习系统(Concept Learning System，CLS)。决策树(Decision Tree)是在已知各种情况发生概率的基础上，通过构成决策树来求取净现值的期望值大于等于零的概率，评价项目风险，判断其可行性的决策分析方法，是直观运用概率分析的一种图解法。由于这种决策分支画成图形很像一棵树的枝干，故称决策树。

1. 决策树的含义

决策树一般都是自上而下生成的。每个决策或事件(即自然状态)都可能引出两个或多个事件，导致不同的结果，把这种决策分支画成图形很像一棵树的枝干，故称决策树。

决策树就是将决策过程各个阶段之间的结构绘制成一张箭线图(图6-10)。

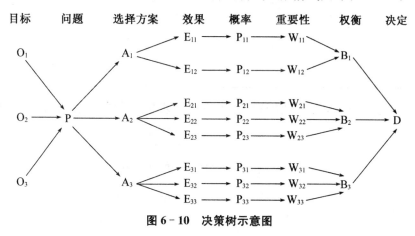

图 6-10　决策树示意图

选择分割的方法有好几种，但是目的都是一致的：对目标类尝试进行最佳的分割。从根到叶子节点都有一条路径，这条路径就是一条"规则"。决策树可以是二叉的，也可以是多叉的。有些规则的效果可以比其他的一些规则要好。

2. 决策树的构成要素

决策树的构成有四个要素：(1) 决策结点；(2) 方案枝；(3) 状态结点；(4) 概率枝(图6-11)。

由图6-11不难发现，决策树一般由方块结点、圆形结点、方案枝、概率枝等组成，方块结点称为决策结点，由结点引出若干条细支，每条细支代表一个方案，称为方案枝；圆形结点称为状态结点，由状态结点引出若干条细支，表示不同的自然状态，称为概率枝。每条概率枝代表一种自然状态。在每条细枝上标明客观状态的内容和其出现概率。在概率枝

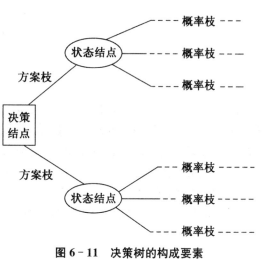

图 6-11　决策树的构成要素

的最末稍标明该方案在该自然状态下所达到的结果(收益值或损失值)。这样树形图由左向右、由简到繁展开,组成一个树状网络图。

3. 决策树法的决策程序

第一步,绘制树状图,根据已知条件排列出各个方案和每一方案的各种自然状态。

第二步,将各状态概率及损益值标于概率枝上。

第三步,计算各个方案期望值并将其标于该方案对应的状态结点上。

第四步,进行剪枝,比较各个方案的期望值,并标于方案枝上,将期望值小的(即劣等方案剪掉)所剩的最后方案为最佳方案。

决策树法在决策中有着广泛的应用。例如,某企业在下年度有甲、乙两种产品方案可供选择。每种方案都面临滞销、一般和畅销三种市场状态。各状态的概率和损益值如表6-1所示。

表6-1　企业产品方案一览表

市场状态损益值方案	滞销	一般	畅销
	0.2	0.3	0.5
甲方案	20	70	100
乙方案	10	50	160

根据给出的条件,运用决策树法选择一个最佳决策方案,解题方法如图6-12所示。

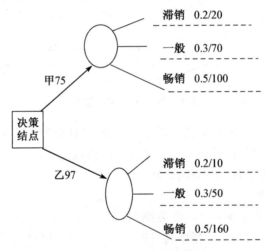

图6-12　企业产品决策树

由图6-12可以看出,决策树法的决策过程就是利用了概率论的原理,并且利用一种树形图作为分析工具。其基本原理是用决策点代表决策问题,用方案枝代表可供选择的方案,用概率枝代表方案可能出现的各种结果,经过对各种方案在各种结果条件下损益值的计算比较,为决策者提供决策依据。

4. 决策树的优点

决策树易于理解和实现,在学习过程中不需要使用者了解很多的背景知识,就能够直接体现数据的特点,只要通过解释后都有能力去理解决策树所表达的意义①。

对于决策树,数据的准备往往是简单或者是不必要的,而且能够同时处理数据型和常规型属性,在相对短的时间内能够对大型数据源做出可行且效果良好的结果。

易于通过静态测试来对模型进行评测,可以测定模型可信度;如果给定一个观察的模型,那么根据所产生的决策树很容易推出相应的逻辑表达式②。

5. 决策树的缺点

(1) 对连续性的字段比较难预测。

(2) 对有时间顺序的数据,需要很多预处理的工作。

(3) 当类别太多时,错误可能就会增加得比较快。

(4) 一般的算法分类时,只是根据一个字段来分类。

6. 决策树的适用范围

科学的决策是现代管理者的一项重要职责。管理实践中,常遇到的情景是:若干个可行性方案制定出来了,分析一下内、外部环境,大部分条件是已知的,但还存在一定的不确定因素。每个方案的执行都可能出现几种结果,各种结果的出现有一定的概率,决策存在着一定的胜算,也存在着一定的风险。这时,决策的标准只能是期望值,即各种状态下的加权平均值。针对上述问题,用决策树法来解决不失为一种好的选择。

决策树法作为一种决策技术,已被广泛地应用于投资决策之中,它是随机决策模型中最常见、最普及的一种方法,此方法有效地控制了由决策带来的风险。所谓决策树法,就是运用树状图表示各决策的期望值,通过计算,最终优选出效益最大、成本最小的决策方法。决策树法属于风险型决策方法,不同于确定型决策方法,两者适用的条件也不同。应用决策树决策方法必须具备以下条件:

● 具有决策者期望达到的明确目标;

● 存在决策者可以选择的两个以上的可行备选方案;

● 存在着决策者无法控制的两种以上的自然状态(如气候变化、市场行情、经济发展动向等);

● 不同行动方案在不同自然状态下的收益值或损失值(简称损益值)可以计算出来;

● 决策者能估计出不同的自然状态发生概率。

7. 决策树中的常用方法

(1) C&R 树

C&R 树(Classification and Regression Trees),即分类与回归树,是一种基于树的分类和预测方法,模型使用简单,易于理解(规则解释起来更简明),该方法通过在每个步骤最大限度降低不纯洁度,使用递归分区将训练记录分割为组。然后,可根据使用的建模方法在每个分割处自动选择最合适的预测变量。如果节点中 100% 的观测值都属于目标字段的一个特定类别,则该节点将被认定为"纯洁"。目标和预测变量字段可以是范围字段,也可以是分类字段;所有分割均为二元分割(即分割为两组)。分割标准用的是基尼系数(Gini Index)。

(2) QUEST 决策树

① 拓步 ERP 资讯网.基于决策树的数据挖掘算法的应用与研究[EB/OL].(2012-10-30).http://www.toberp.com/html/consultation/1083934857.html.

② 陈诚.基于 AFS 理论的模糊分类器设计[D].大连:大连理工大学,2010.

　　QUEST 决策树的优点在于:运算过程比 C&R 树更简单有效。QUEST 节点可提供用于构建决策树的二元分类法,此方法的设计目的是减少大型 C&R 决策树分析所需的处理时间,同时减小分类树方法中常见的偏向类别较多预测变量的趋势。

　　(3) CHAID 决策树

　　CHAID(Chi-squared Automatic Interaction Detection,卡方自动交互检测)决策树是通过使用卡方统计量识别最优分割来构建决策树的分类方法。它有如下优点:

- ● 可产生多分支的决策树;
- ● 目标和预测变量字段可以是范围字段,也可以是分类字段;
- ● 从统计显著性角度确定分枝变量和分割值,进而优化树的分枝过程(前向修剪);
- ● 建立在因果关系探讨中,依据目标变量实现对输入变量众多水平划分。

　　(4) C5.0 决策树

　　C5.0 决策树优点包括:

- ● 执行效率和内存使用改进,适用大数据集;
- ● 面对数据遗漏和输入字段很多的问题时非常稳健;
- ● 通常不需要很长的训练次数进行估计,工作原理是基于产生最大信息增益的字段逐级分割样本;
- ● 比一些其他类型的模型易于理解,模型推出的规则有非常直观的解释;
- ● 允许进行多次多于两个子组的分割,目标字段必须为分类字段。

　　8. 决策树的应用举例

　　(1) 利用决策树评价生产方案

　　决策树是确定生产能力方案的一条简捷的途径。决策树不仅可以帮助用户理解问题,还可以帮助解决问题。决策树是一种通过图示罗列解题的有关步骤以及各步骤发生的条件与结果的一种方法。近年来出现的许多专门软件包可以用来建立和分析决策树,利用这些专门软件包,解决问题就变得更为简便了。

　　决策树由决策结点、机会结点与结点间的分枝连线组成。通常,用方框表示决策结点,用圆圈表示机会结点,从决策结点引出的分枝连线表示决策者可做出的选择,从机会结点引出的分枝连线表示机会结点所示事件发生的概率。

　　在利用决策树解题时,应从决策树末端起,从后向前,步步推进到决策树的始端。在向前推进的过程中,应在每一阶段计算事件发生的期望值。需特别注意:如果决策树所处理问题的计划期较长,计算时应考虑资金的时间价值。

　　计算完毕后,开始对决策树进行剪枝,在每个决策结点删去除了最高期望值以外的其他所有分枝,最后步步推进到第一个决策结点,这时就找到了问题的最佳方案。

　　以南方医院供应公司为例,看一看如何利用决策树规划合适的生产能力计划。南方医院供应公司是一家制造医护人员的工装大褂的公司。该公司正在考虑扩大生产能力。它可以有以下几个选择:① 什么也不做;② 建一个小厂;③ 建一个中型厂;④ 建一个大厂。新增加设备将生产一种新型大褂,目前该产品潜力或市场还是未知数。如果建一个大厂且市场较好就可实现 $100 000 的利润。如果市场不好则会导致 $90 000 的损失。但是,如果市场较好,建中型厂将会获得 $60 000 的利润、小型厂将会获得 $40 000 的利润,市场不好则建中型厂将会损失 $10 000、小型厂将会损失 $5 000。当然,还有一个选择就是什么也不干。最近的市场研究表明,市场好的概率是 0.4,也就是说市场不好的概率是 0.6。图 6-13 为南方医院供应公司的决策树。

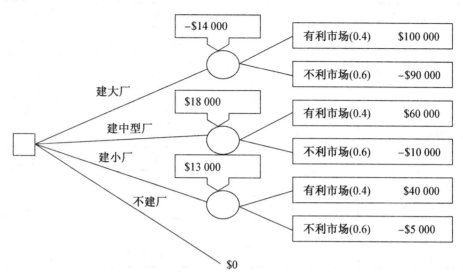

图6-13　南方医院供应公司的决策树

在这些数据的基础上,能产生最大的预期货币价值(EMV)的选择就可找到。

EMV(建大厂)＝0.4×($100 000)＋0.6×(－$90 000)＝－$14 000

EMV(中型厂)＝0.4×($600 000))＋0.6×(－$10 000)＝＋$18 000

EMV(建小厂)＝0.4×($40 000)＋0.6×(－$5 000)＝＋$13 000

EMV(不建厂)＝$0

根据EMV标准,南方公司应该建一个中型厂。

(2)决策树法在投标决策中的应用

施工企业在同一时期内有多个工程项目可以参加投标,由于企业资源条件有限,不可能将这些项目都承包下来,这类问题可用分析风险决策的决策树法进行定量分析。决策树的分析最佳方案过程,是比较各方案的损益值。哪个方案的期望值最大,则该方案为最佳方案。

例如,某市属建筑公司面临A、B两项工程。因受本单位资源条件限制,只能选择其中一项工程投标或者这两项过程均不参加投标。根据过去类似工程投标的经验数据,A工程投高标的中标概率为0.3,投低标的中标概率为0.8,编制该工程投标文件的费用为4万元;B工程投高标的中标概率为0.5,投低标的中标概率为0.6,编制该工程投标文件的费用为2.5万元。各方案承包的效果、概率、损益值如表6-2所示。

表6-2　各投标方案效果、概率、损益值表

方案	效果	概率	损益值/万元
A工程投高标	好	0.3	180
	中	0.5	120
	差	0.2	60

（续表）

方案	效果	概率	损益值/万元
A 工程投低标	好	0.2	125
	中	0.7	75
	差	0.1	0
B 工程投高标	好	0.4	115
	中	0.5	75
	差	0.1	40
B 工程投低标	好	0.2	90
	中	0.5	40
	差	0.3	−20
不投标		1.0	0

计算决策树上各机会点的期望值，并将计算出来的期望值标注在各机会点上方（图 6-14）。

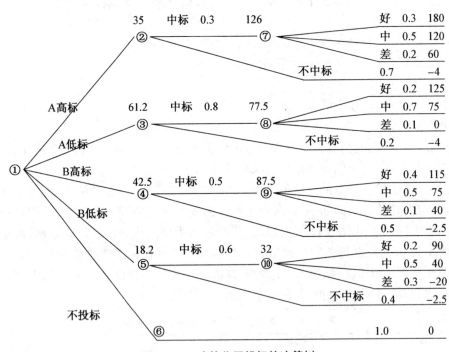

图 6-14 建筑公司投标的决策树

机会点⑦：$180 \times 0.3 + 120 \times 0.5 + 60 \times 0.2 = 126$

机会点②：$126 \times 0.3 - 4 \times 0.7 = 35$

机会点⑧：$125 \times 0.2 + 75 \times 0.7 + 0 \times 0.1 = 77.5$

机会点③：$77.5 \times 0.8 - 4 \times 0.2 = 61.2$

机会点⑨：$115 \times 0.4 + 75 \times 0.5 + 40 \times 0.1 = 87.5$

机会点④：$87.5 \times 0.5 - 2.5 \times 0.5 = 42.5$

机会点⑩:$90 \times 0.2 + 40 \times 0.5 - 20 \times 0.3 = 32$

机会点⑤:$32 \times 0.6 - 2.5 \times 0.4 = 18.2$

机会点⑥:0

选择最佳方案:方案枝上机会点③的期望值最大(61.2),为最佳方案,故该施工企业应对A工程投低标。

6.5.2 遗传算法

1. 遗传算法的含义

遗传算法是一类借鉴生物界的进化规律(适者生存、优胜劣汰遗传机制)演化而来的随机化搜索方法。它是由美国的 J. Holland 教授 1975 年首先提出,其主要特点是直接对结构对象进行操作,不存在求导和函数连续性的限定;具有内在的隐并行性和更好的全局寻优能力;采用概率化的寻优方法,能自动获取和指导优化的搜索空间,自适应地调整搜索方向,不需要确定的规则。遗传算法的这些性质已被广泛地应用于组合优化、机器学习、信号处理、自适应控制和人工生命等领域。它是现代有关智能计算中的关键技术之一。

2. 遗传算法与自然选择

达尔文的自然选择学说是一种被广泛接受的生物进化学说。这种学说认为,生物要生存下去,就必须进行生存斗争。生存斗争包括种内斗争、种间斗争以及生物跟无机环境之间的斗争三个方面。在生存斗争中,具有有利变异的个体容易存活下来,并且有更多的机会将有利变异传给后代;具有不利变异的个体就容易被淘汰,产生后代的机会也少得多。因此,凡是在生存斗争中获胜的个体都是对环境适应性比较强的。达尔文把这种在生存斗争中适者生存、不适者淘汰的过程叫作自然选择。它表明,遗传和变异是决定生物进化的内在因素。自然界中的多种生物之所以能够适应环境而得以生存进化,是和遗传与变异生命现象分不开的。正是生物的这种遗传特性,使生物界的物种能够保持相对的稳定;而生物的变异特性,使生物个体产生新的性状,导致形成新的物种,推动了生物的进化和发展。

遗传算法是模拟达尔文的遗传选择和自然淘汰的生物进化过程的计算模型。它的思想源于生物遗传学和适者生存的自然规律,是具有"生存+检测"的迭代过程的搜索算法。遗传算法以一种群体中的所有个体为对象,并利用随机化技术指导对一个被编码的参数空间进行高效搜索。其中,选择、交叉和变异构成了遗传算法的遗传操作;参数编码、初始群体的设定、适应度函数的设计、遗传操作设计、控制参数设定五个要素组成了遗传算法的核心内容。作为一种新的全局优化搜索算法,遗传算法以其简单通用、鲁棒性强、适于并行处理以及高效、实用等显著特点,在各个领域得到了广泛应用,取得了良好效果,并逐渐成为重要的智能算法之一。

3. 遗传算法的基本原理

长度为 L 的 n 个二进制串 $b_i(i=1,2,\cdots,n)$ 组成了遗传算法的初解群,也称为初始群体。在每个串中,每个二进制位就是个体染色体的基因。根据进化术语,对群体执行的操作有三种:

(1) 选择(Selection)

这是从群体中选择出较适应环境的个体,这些选中的个体用于繁殖下一代,故有时也称这一操作为再生(Reproduction)。由于在选择用于繁殖下一代的个体时,是根据个体对环境的适应度而决定其繁殖量的,故而有时也称为非均匀再生(Differential Reproduction)。

(2) 交叉(Crossover)

这是在选中用于繁殖下一代的个体中,对两个不同的个体的相同位置的基因进行交换,从而产生新的个体。

(3) 变异(Mutation)

这是在选中的个体中,对个体中的某些基因执行异向转化。在串 b_i 中,如果某位基因为 1,产生变异时就是把它变成 0。

4. 遗传算法的过程

遗传算法是从代表问题可能潜在的解集的一个种群(Population)开始的,而一个种群则由经过基因(Gene)编码的一定数目的个体(Individual)组成。每个个体实际上是染色体(Chromosome)带有特征的实体。染色体作为遗传物质的主要载体,即多个基因的集合,其内部表现(即基因型)是某种基因组合,它决定了个体的形状的外部表现,如黑头发的特征是由染色体中控制这一特征的某种基因组合决定的。因此,在一开始需要实现从表现型到基因型的映射即编码工作。由于仿照基因编码的工作很复杂,往往需要进行简化,如二进制编码,初代种群产生之后,按照适者生存和优胜劣汰的原理,逐代(Generation)演化产生出越来越好的近似解,在每一代,根据问题域中个体的适应度(Fitness)大小选择(Selection)个体,并借助自然遗传学的遗传算子(Genetic Operators)进行组合交叉(Crossover)和变异(Mutation),产生出代表新的解集的种群。这个过程将导致种群像自然进化一样的后生代种群比前代更加适应环境,末代种群中的最优个体经过解码(Decoding),可以作为问题近似最优解。

遗传算法的具体执行过程如图 6-15 所示。

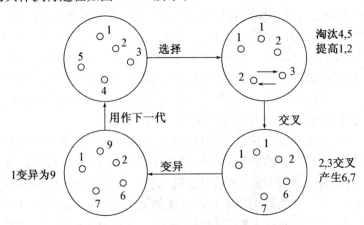

图 6-15　遗传算法的执行过程示例

第一步,初始化

选择一个群体,即选择一个串或个体的集合 $b_i, i=1,2,\cdots,n$。这个初始的群体也就是问题假设解的集合,一般取 $n=30\sim160$。通常以随机方法产生串或个体的集合 $b_i, i=1,2,\cdots,n$。问题的最优解将通过这些初始假设解进化而求出。

第二步,选择

根据适者生存原则选择下一代的个体。在选择时,以适应度为选择原则。适应度准则体现了适者生存、不适应者淘汰的自然法则。

第三步,交叉

对于选中用于繁殖下一代的个体,随机地选择两个个体的相同位置,按交叉概率 P,在选中的位置实行交换。这个过程反映了随机信息交换;目的在于产生新的基因组合,也即产生新的个体。交叉时,可实行单点交叉或多点交叉。例如有个体 $S_1=100101$,$S_2=010111$,选择它们的左边 3 位进行交叉操作,则有 $S_1=010101$,$S_2=100111$。

第四步,变异

根据生物遗传中基因变异的原理,以变异概率 P_m 对某些个体的某些位执行变异。在变异时,对执行变异的串的对应位求反,即把 1 变为 0,把 0 变为 1。变异概率 P_m 与生物变异极小的情况一致,所以,P_m 的取值较小,一般取 $0.01\sim0.2$。例如有个体 $S=101011$,对其的第 1、4 位置的基因进行变异,则有 $S'=001111$。

单靠变异不能在求解中得到好处。但是,它能保证算法过程不会产生无法进化的单一群体。因为在所有的个体一样时,交叉是无法产生新的个体的,这时只能靠变异产生新的个体。也就是说,变异增加了全局优化的特质。

第五步,全局最优收敛(Convergence to the global optimum)

当最优个体的适应度达到给定的阀值或者最优个体的适应度和群体适应度不再上升时,则算法的迭代过程收敛,算法结束。否则,用经过选择、交叉、变异所得到的新一代群体取代上一代群体,并返回到第 2 步即选择操作处继续循环执行。

5. 遗传算法的特点

遗传算法是解决搜索问题的一种通用算法,对于各种通用问题都可以使用。搜索算法的共同特征为:

(1)组成一组候选解;

(2)依据某些适应性条件测算这些候选解的适应度;

(3)根据适应度保留某些候选解,放弃其他候选解;

(4)对保留的候选解进行某些操作,生成新的候选解。

在遗传算法中,上述几个特征以一种特殊的方式组合在一起:基于染色体群的并行搜索,带有猜测性质的选择操作、交换操作和突变操作。这种特殊的组合方式将遗传算法与其他搜索算法区别开来。遗传算法还具有以下几方面的特点:

(1)遗传算法从问题解的中集开始搜索,而不是从单个解开始。这是遗传算法与传统优化算法的极大区别。传统优化算法是从单个初始值迭代求最优解的,容易误入局部最优解;遗传算法从串集开始搜索,覆盖面大,利于全局择优。

(2)遗传算法求解时使用特定问题的信息极少,容易形成通用算法程序。

由于遗传算法使用适应值这一信息进行搜索,并不需要问题导数等与问题直接相关的信息。遗传算法只需适应值和串编码等通用信息,故几乎可处理任何问题。

(3)遗传算法有极强的容错能力。

遗传算法的初始串集本身就带有大量与最优解甚远的信息,通过选择、交叉、变异操作能迅速排除与最优解相差极大的串,这是一个强烈的滤波过程,并且是一个并行滤波机制。因此,遗传算法有很高的容错能力。

(4)遗传算法中的选择、交叉和变异都是随机操作,而不是确定的精确规则。这说明遗传算法是采用随机方法进行最优解搜索,选择体现了向最优解迫近,交叉体现了最优解的产生,变异体现了全局最优解的覆盖。

(5)遗传算法具有隐含的并行性。

6.5.3　神经网络

1. 神经网络的含义

神经网络可以指向两种,一个是生物神经网络,一个是人工神经网络。生物神经网络:一般指生物的大脑神经元、细胞、触点等组成的网络,用于产生生物的意识,帮助生物进行思考和行动。人工神经网络(Artificial Neural Networks,ANNs)也简称为神经网络(NNs)或称作连接模型(Connection Model),它是一种模仿动物神经网络行为特征,进行分布式并行信息处理的算法数学模型。这种网络依靠系统的复杂程度,通过调整内部大量节点之间相互连接的关系,从而达到处理信息的目的。

数据挖掘的神经网络正是人工神经网络,指的是一种应用类似大脑神经突触连接的结构进行信息处理的数学模型。也就是说,神经网络是一种运算模型,由大量的节点(或称神经元)之间相互连接构成。每个节点代表一种特定的输出函数,称为激励函数(Activation Function)。每两个节点间的连接都代表一个对于通过该连接信号的加权值,称之为权重,这相当于人工神经网络的记忆。网络的输出,则以网络的连接方式、权重值和激励函数的不同而不同。而网络自身通常都是对自然界某种算法或者函数的逼近,也可能是对一种逻辑策略的表达。

近十多年来,人工神经网络的研究工作不断深入,已经取得了很大的进展,其在模式识别、智能机器人、自动控制、预测估计、生物、医学、经济等领域已成功地解决了许多现代计算机难以解决的实际问题,表现出了良好的智能特性。

2. 基本特征

神经网络是由大量处理单元互连组成的非线性、自适应信息处理系统。它是在现代神经科学研究成果的基础上提出的,试图通过模拟大脑神经网络处理、记忆信息的方式进行信息处理。神经网络具有四个基本特征:

(1) 非线性

非线性关系是自然界的普遍特性。大脑的智慧就是一种非线性现象。人工神经元处于激活或抑制两种不同的状态,这种行为在数学上表现为一种非线性关系。具有阈值的神经元构成的网络具有更好的性能,可以提高容错性和存储容量。

(2) 非局限性

一个神经网络通常由多个神经元广泛连接而成。一个系统的整体行为不仅取决于单个神经元的特征,而且可能主要由单元之间的相互作用、相互连接所决定。通过单元之间的大量连接模拟大脑的非局限性。联想记忆是非局限性的典型例子。

(3) 非常定性

神经网络具有自适应、自组织、自学习能力。神经网络不但处理的信息可以有各种变化,而且在处理信息的同时,非线性动力系统本身也在不断变化。经常采用迭代过程描写动力系统的演化过程。

(4) 非凸性

一个系统的演化方向,在一定条件下将取决于某个特定的状态函数。例如能量函数,它的极值相应于系统比较稳定的状态。非凸性是指这种函数有多个极值,故系统具有多个较稳定的平衡态,这将导致系统演化的多样性。

神经网络中,神经元处理单元可表示不同的对象,例如特征、字母、概念,或者一些有意义的抽象模式。网络中处理单元的类型分为三类：输入单元、输出单元和隐单元。输入单元接受外部世界的信号与数据；输出单元实现系统处理结果的输出；隐单元是处在输入和输出单元之间不能由系统外部观察的单元。神经元间的连接权值反映了单元间的连接强度，信息的表示和处理体现在网络处理单元的连接关系中。神经网络是一种非程序化、适应性、大脑风格的信息处理，其本质是通过网络的变换和动力学行为得到一种并行分布式的信息处理功能，并在不同程度和层次上模仿人脑神经系统的信息处理功能。它是涉及神经科学、思维科学、人工智能、计算机科学等多个领域的交叉学科。

神经网络是并行分布式系统，采用了与传统人工智能和信息处理技术完全不同的机理，克服了传统的基于逻辑符号的人工智能在处理直觉、非结构化信息方面的缺陷，具有自适应、自组织和实时学习的特点[①]。

3. 神经网络的特点与功能

（1）神经网络的特点

神经网络的以下几个突出的优点使它近年来获得了极大的关注：

● 可以充分逼近任意复杂的非线性关系；

● 所有定量或定性的信息都等势分布储存于网络内的各神经元，故有很强的鲁棒性和容错性；

● 采用并行分布处理方法，使得快速进行大量运算成为可能；

● 可学习和自适应不知道或不确定的系统；

● 能够同时处理定量、定性知识。

（2）神经网络功能

神经网络的特点和优越性，主要表现在三个方面：

第一，具有自学习功能。例如实现图像识别时，只在先把许多不同的图像样板和对应的应识别的结果输入神经网络，网络就会通过自学习功能，慢慢学会识别类似的图像。自学习功能对于预测有特别重要的意义。预期未来的神经网络计算机将为人类提供经济预测、市场预测、效益预测，其应用前途是很远大的。

第二，具有联想存储功能。用神经网络的反馈网络就可以实现这种联想。

第三，具有高速寻找优化解的能力。寻找一个复杂问题的优化解，往往需要很大的计算量，利用一个针对某问题而设计的反馈型神经网络，发挥计算机的高速运算能力，可能很快找到优化解。

4. 神经网络的应用

经过几十年的发展，神经网络理论在模式识别、自动控制、信号处理、辅助决策、人工智能等众多研究领域取得了广泛的成功。下面介绍神经网络在一些领域中的应用现状。

（1）神经网络在信息领域中的应用

在处理许多问题中，信息来源既不完整又包含假象，决策规则有时相互矛盾，有时无章可循，这给传统的信息处理方式带来了很大的困难，而神经网络却能很好地处理这些问题，并给出合理的识别与判断。

◆ **信息处理** 现代信息处理要解决的问题是很复杂的，神经网络具有模仿或代替与人的

---

① 小飞鱼露.人工神经网络简介[EB/OL].(2013-06-06).http://blog.sciencenet.cn/blog-696950-697101.html.

思维有关的功能,可以实现自动诊断、问题求解,解决传统方法所不能或难以解决的问题。神经网络系统具有很高的容错性、鲁棒性及自组织性,即使连接线遭到很高程度的破坏,它仍能处在优化工作状态,这点在军事系统电子设备中得到了广泛的应用。现有的智能信息系统有智能仪器、自动跟踪监测仪器系统、自动控制制导系统、自动故障诊断和报警系统等。

◆ **模式识别** 模式识别是对表征事物或现象的各种形式的信息进行处理和分析,来对事物或现象进行描述、辨认、分类和解释的过程。该技术以贝叶斯概率论和申农的信息论为理论基础,对信息的处理过程更接近人类大脑的逻辑思维过程。现在有两种基本的模式识别方法,即统计模式识别方法和结构模式识别方法。神经网络是模式识别中的常用方法,近年来发展起来的神经网络模式的识别方法逐渐取代传统的模式识别方法。经过多年的研究和发展,模式识别已成为当前比较先进的技术,被广泛应用到文字识别、语音识别、指纹识别、遥感图像识别、人脸识别、手写体字符的识别、工业故障检测、精确制导等方面。

(2) 神经网络在医学中的应用

由于人体和疾病的复杂性、不可预测性,在生物信号与信息的表现形式和变化规律(自身变化与医学干预后变化)上,对其进行检测与信号表达,获取的数据及信息的分析、决策等诸多方面都存在非常复杂的非线性联系,适合神经网络的应用。目前的研究几乎涉及从基础医学到临床医学的各个方面,主要应用在生物信号的检测与自动分析、医学专家系统等。

◆ **生物信号的检测与分析** 大部分医学检测设备都是以连续波形的方式输出数据的,这些波形是诊断的依据。神经网络是由大量的简单处理单元连接而成的自适应动力学系统,具有巨量并行性、分布式存储、自适应学习的自组织等功能,可以用它来解决生物医学信号分析处理中用常规法难以解决或无法解决的问题。神经网络在生物医学信号检测与处理中的应用主要集中在对脑电信号的分析,听觉诱发电位信号的提取、肌电和胃肠电等信号的识别,心电信号的压缩,医学图像的识别和处理等。

◆ **医学专家系统** 传统的专家系统,是把专家的经验和知识以规则的形式存储在计算机中,建立知识库,用逻辑推理的方式进行医疗诊断。但是在实际应用中,随着数据库规模的增大,将导致知识"爆炸",在知识获取途径中也存在"瓶颈"问题,致使工作效率很低。以非线性并行处理为基础的神经网络为专家系统的研究指明了新的发展方向,解决了专家系统的以上问题,并提高了知识的推理、自组织、自学习能力,从而神经网络在医学专家系统中得到了广泛的应用和发展。在麻醉与危重医学等相关领域的研究中,涉及多生理变量的分析与预测,在临床数据中存在着一些尚未发现或无确切证据的关系与现象,信号的处理、干扰信号的自动区分检测、各种临床状况的预测等,都可以应用到神经网络技术。

(3) 神经网络在经济领域的应用

◆ **市场价格预测** 对商品价格变动的分析,可归结为对影响市场供求关系的诸多因素的综合分析。传统的统计经济学方法因其固有的局限性,难以对价格变动做出科学的预测,而神经网络容易处理不完整的、模糊不确定或规律性不明显的数据,所以用神经网络进行价格预测是有着传统方法无法相比的优势。从市场价格的确定机制出发,依据影响商品价格的家庭户数、人均可支配收入、贷款利率、城市化水平等复杂、多变的因素,建立较为准确可靠的模型。该模型可以对商品价格的变动趋势进行科学预测,并得到准确客观的评价结果。

◆ **风险评估** 风险是指在从事某项特定活动的过程中,因其存在的不确定性而产生的经济或财务的损失、自然破坏或损伤的可能性。防范风险的最佳办法就是事先对风险做出科学的预测和评估。应用神经网络的预测思想是根据具体现实的风险来源,构造出适合实际情况的信用风险模型的结构和算法,得到风险评价系数,然后确定实际问题的解决方案。利用该模型进行实证分析能够弥补主观评估的不足,可以取得满意效果。

(4)神经网络在控制领域中的应用

神经网络由于其独特的模型结构和固有的非线性模拟能力,以及高度的自适应和容错特性等突出特征,在控制系统中获得了广泛的应用。其在各类控制器框架结构的基础上,加入了非线性自适应学习机制,从而使控制器具有更好的性能。基本的控制结构有监督控制、直接逆模控制、模型参考控制、内模控制、预测控制、最优决策控制等。

(5)神经网络在交通领域的应用

近年来,对神经网络在交通运输系统中的应用开始了深入的研究。交通运输问题是高度非线性的,可获得的数据通常是大量的、复杂的,用神经网络处理相关问题有它巨大的优越性。应用范围涉及汽车驾驶员行为的模拟、参数估计、路面维护、车辆检测与分类、交通模式分析、货物运营管理、交通流量预测、运输策略与经济、交通环保、空中运输、船舶的自动导航及船只的辨认、地铁运营及交通控制等领域,并已经取得了很好的效果。

(6)神经网络在心理学领域的应用

从神经网络模型的形成开始,它就与心理学就有着密不可分的联系。神经网络抽象于神经元的信息处理功能,神经网络的训练则反映了感觉、记忆、学习等认知过程。通过不断的研究,变化着神经网络的结构模型和学习规则,从不同角度探讨着神经网络的认知功能,为其在心理学的研究中奠定了坚实的基础。近年来,神经网络模型已经成为探讨社会认知、记忆、学习等高级心理过程机制的不可或缺的工具。神经网络模型还可以对脑损伤病人的认知缺陷进行研究,对传统的认知定位机制提出了挑战。

虽然神经网络已经取得了一定的进步,但是还存在许多缺陷。例如:应用的面不够宽阔、结果不够精确;现有模型算法的训练速度不够高;算法的集成度不够高。希望今后在理论上寻找新的突破点,建立新的通用模型和算法;进一步对生物神经元系统进行研究,不断丰富对人脑神经的认识。

6.5.4　关联规则

1. 关联规则的背景

关联规则最初提出的动机是针对购物篮分析(Market Basket Analysis)问题提出的。假设分店经理想更多地了解顾客的购物习惯,特别是想知道哪些商品顾客可能会在一次购物时同时购买。为回答该问题,可以对商店的顾客事物零售数量进行购物篮分析。该过程通过发现顾客放入"购物篮"中的不同商品之间的关联,分析顾客的购物习惯。这种关联的发现可以帮助零售商了解哪些商品频繁地被顾客同时购买,从而帮助他们开发更好的营销策略。

1993 年,Agrawal 等人首先提出关联规则概念,同时给出了相应的挖掘算法 AIS,但是性能较差。1994 年,他们建立了项目集格空间理论,并依据上述两个定理,提出了著名的 Apriori 算法,至今 Apriori 仍然作为关联规则挖掘的经典算法被广泛讨论,以后诸多的研究人员对关联规则的挖掘问题进行了大量的研究[①]。

---

① 百度文库. 关联规则基本算法[EB/OL]. (2012 - 11 - 03). https://wenku. baidu. com/view/
4bb59a1552d380eb62946de2. html.

2. 关联规则的含义

若两个或多个变量的取值之间存在某种规律性,就称为关联。关联可分为简单关联、时序关联、因果关联。关联分析的目的是找出数据库中隐藏的关联网。

关联规则是指数据之间的简单的使用规则,是指数据之间的相互依赖关系。例如,X 为先决条件,Y 为结果;关联规则反映了 X 出现的同时 Y 也会跟着出现。如购买钢笔同时会购买墨水。

衡量关联规则有两个标准,一个叫支持度,另一个叫置信度。如果两个都高于阈值,那么叫作强关联规则。如果只有一个高于阈值,则称为弱关联规则。

3. 关联规则的相关术语

为了更清楚解释概念,借用数据库中存在的 10 条交易(Transaction)记录,具体如表6-4所示。

表6-4　关联规则示例表

交易 ID(TID)	购买商品(Items)(B:bread　C:cream　M:milk　T:tea)
T01	B　C　M　T
T02	B　C　M
T03	C　M
T04	M　T
T05	B　C　M
T06	B　T
T07	B　M　T
T08	B　T
T09	B　C　M　T
T10	B　M　T

(1)项目(Item):其中的 B、C、M、T 都称作 item。

(2)项集(Itemset):item 的集合,例如{B C}、{C M T}等,每个顾客购买的都是一个itemset。其中,itemset 中 item 的个数成为 itemset 的长度,含有 k 个 item 的 itemset 成为 k-itemset.

(3)交易(Transaction):定义 I 为所有商品的集合,在这个例子中 $I=\{B C M T\}$。每个非空的 I 子集都成为一个交易。所有交易构成交易数据库 D。

(4)项集支持度(Support):项集 X 的支持度定义为:项集 X 在交易库中出现的次数(频数)与所有交易次数的比。例如,T02 的项集 $X=\{B C M\}$,则 support$(X)=2/10=0.2$。项集支持度也就是项集出现的频率。

(5)频繁集(Frequent Itemset):如果一个项集的支持度达到一定程度(人为规定),就称该项集为频繁项集,简称频繁集。这个人为规定的界限就被叫作项集最小支持度(记为supmin)。更通俗地说,如果某个项集(商品组合)在交易库中出现的频率达到一定值,就称作频繁集。如果 K 项集支持度大于最小支持度,则称作 K-频繁集,记为 L_K。

(6) 关联规则(Association Rule):$R:X \rightarrow Y$,其中,X、Y 都是 I 的子集,且 X、Y 交集为空。这一规则表示如果项集 X 在某一交易中出现,则会导致项集 Y 以某一概率同时出现在这一交易中。例如 $R_1:\{B\} \rightarrow \{M\}$ 表示如果面包 B 出现在一个购物篮中,则牛奶 M 以某一概率同时出现在该购物篮中。X 称为条件[antecedent or left-hand-side(LHS)],Y 称为结果[consequence or right hand side(RHS)]。衡量某一关联规则有两个指标:关联规则的支持度(Support)和可信度(Confidence)。

(7) 关联规则的支持度:交易库中同时出现 X、Y 的交易数与总交易数之比,记为 support($X \rightarrow Y$)。其实也就是两个项集$\{X\ Y\}$出现在交易库中的频率。

比如,某超市 2016 年有 100 万笔销售,顾客购买可乐又购买薯片有 20 万笔,顾客购买可乐又购买面包有 10 万笔,那可乐和薯片的关联规则的支持度是 20%,可乐和面包的支持度是 10%。

(8) 关联规则的可信度:包含 X、Y 的交易数与包含 X 的交易数之比,记为 confidence($X \rightarrow Y$)。也就是条件概率:当项集 X 出现时,项集 Y 同时出现的概率,$P(Y|X)$。

例如,某超市 2016 年可乐购买次数 40 万笔,购买可乐又购买薯片是 30 万笔,顾客购买可乐又购买面包有 10 万笔,则购买可乐又会购买薯片的可信度是 75%,购买可乐又购买面包的可信度是 25%,这说明买可乐也会买薯片的关联性比面包强,营销上可以做一些组合策略销售。

(9) 关联规则的提升度(Lift):提升度表示先购买 A 对购买 B 的概率的提升作用,用来判断规则是否有实际价值,即使用规则后商品在购物车中出现的次数是否高于商品单独出现在购物车中的频率。如果大于 1 说明规则有效,小于 1 则无效。

可乐和薯片的关联规则的支持度是 20%,购买可乐的支持度是 3%,购买薯片的支持度是 5%,则提升度是 1.33>1,A-B 规则对于商品 B 有提升效果。

(10) Conviction:$\text{conv}(X \rightarrow Y) = [1-\text{sup}(Y)]/[1-\text{conf}(X \rightarrow Y)]$ 表示 X 出现而 Y 不出现的概率,也就是规则预测错误的概率。

综上,关联规则 R 就是:如果项集 X 出现在某一购物篮中,则项集 Y 同时出现在这一购物篮中的概率为 confidence($X \rightarrow Y$)。

如果定义一个关联规则最小支持度和关联规则最小可信,当某一规则两个指标都大于最低要求时,则成为强关联规则。反之成为弱关联规则。

例如,在表 6-4 中,对于规则 $R:B \rightarrow M$,假设这一关联规则的支持度为 6/10=0.6,表示同时包含 C 和 M 的交易数占总交易的 60%。可信度为 6/8=0.75,表示购买面包 B 的人,有 75%可能性同时购买牛奶。也就是当抽样样本足够大时,每 100 个人当中,有 75 个人同时买了面包和牛奶,另外 25 个人只买其中一样。

6.5.5 粗糙集

1. 发展背景

在自然科学、社会科学和工程技术的很多领域中,都不同程度地涉及对不确定因素和对不完备信息的处理。从实际系统中采集到的数据常常包含着噪声,不够精确甚至不完整。采用纯数学上的假设来消除或回避这种不确定性,效果往往不理想。反之,如果正视它对这些信息进行合适地处理,常常有助于相关实际系统问题的解决。

多年来,研究人员一直在努力寻找科学地处理不完整性和不确定性的有效途径。模糊集和基于概率方法的证据理论是处理不确定信息的两种方法,已应用于一些实际领域。但这些方法有时需要一些数据的附加信息或先验知识,如模糊隶属函数、基本概率指派函数和有关统计概率分布等,而这些信息有时并不容易得到。

1982年,波兰数学家 Z. Pawlak 发表了经典论文"Rough Sets",意味着粗糙集理论的诞生。Z. Pawlak 提出的粗糙集理论——它是一种刻画不完整性和不确定性的数学工具,能有效地分析不精确(Inaccuracy),不一致(Inconsistent)、不完整(Incomplete)等各种不完备的信息,还可以对数据进行分析和推理,从中发现隐含的知识,揭示潜在的规律。

2. 粗糙集的含义

粗糙集理论是建立在分类机制的基础上的,它将分类理解为在特定空间上的等价关系,而等价关系构成了对该空间的划分。粗糙集理论将知识理解为对数据的划分,每一被划分的集合称为概念。粗糙集理论的主要思想是利用已知的知识库,将不精确或不确定的知识用已知的知识库中的知识来(近似)刻画。

该理论与其他处理不确定和不精确问题理论最显著的区别是:它无须提供问题所需处理的数据集合之外的任何先验信息,所以对问题的不确定性的描述或处理可以说是比较客观的。由于这个理论未能包含处理不精确或不确定原始数据的机制,所以这个理论与概率论、模糊数学和证据理论等其他处理不确定或不精确问题的理论有很强的互补性。

粗糙集是一种处理不精确、不确定和不完全数据的新的数学方法,它可以通过对数据的分析和推理发现隐含的知识、揭示潜在的规律。在粗糙集理论中,知识被认为是一种分类能力,其核心是利用等价关系对对象集合进行划分。

3. 粗糙集的原理

粗糙集理论的基本框架可归纳为:以不可区分关系划分论域的知识,形成知识表达系统,引入上、下近似逼近所描述对象,并考察属性的重要性,从而删除冗余属性简化知识表达空间、挖掘规则。

粗糙集理论的主要概念有:不可区分关系、上近似与下近似、约简与核、相对约简与相对核信息系统与决策表。

属性约简是粗糙集应用于数据挖掘的核心概念之一。通过约简的计算,粗糙集可以用于特征约简或特征提取,属性关联分析。粗糙集是计算密集的,已经被证明求取所有约简和最小约简的问题都是 NP-hard 的。计算属性约简类似于机器学习中的最小属性子集选择问题,高效的约简算法是粗糙集理论应用于数据挖掘与知识发现领域的基础。

粗糙集合和普通集合的概念有本质的区别,粗糙集中的成员关系、集合的等价关系都与集合的不可区分关系表达的论域知识有关,一个元素是否属于一个集合不是有其客观性决定的,而是取决于知识。所以,粗糙集的特性都不是绝对的,与对事物的了解程度有关。从某种意义上来讲,粗糙集方法可以被看作是对经典集合理论的拓展。

粗糙集理论所有的概念和计算都是以不可区分关系为基础的,通过引入上近似集和下近似集,在集合运算上定义,这通常称为粗糙集理论的代数观。另外,也有一些学者从信息论的角度对粗糙集理论进行研究,以信息熵为基础提出了相应的粗糙集理论的信息观。在协调的决策表中粗糙集理论的代数观和信息观是等价的,而在不协调的决策表中代数观和信息观是不等价的。

4. 粗糙集的特点

粗糙集最主要的特点是:它无须提供对知识或数据的主观评价,仅根据观测数据就能达到删除冗余信息,比较不完备知识的程度(即粗糙度),界定属性间的依赖性和重要性的目的。粗糙集理论提出的知识的约简方法,是在保留基本知识(信息)同时保证对象的分类能力不变的基础上,消除重复、冗余的属性和属性值,实现对知识的压缩和再提炼。其操作步骤为:(1)通过对条件属性的约简,即从决策表中消去某些列;(2)消去重复的行和属性的冗余值。

5. 粗糙集在数据挖掘中的应用

粗糙集理论在数据挖掘中的应用相当广泛,涉及的领域有医疗研究、市场分析、商业风险预测、气象学、语音识别、工程设计等。在众多的数据挖掘系统中,粗糙集理论的作用主要集中在以下几个方面:

(1)数据约简

粗糙集理论可提供有效方法用于对信息系统中的数据进行约简。在数据挖掘系统的预处理阶段,通过粗集理论删除数据中的冗余信息(属性、对象以及属性值等),可大大提高系统的运算速度。

(2)规则抽取

与其他方法(如神经网络)相比,使用粗糙集理论生成规则是相对简单和直接的。信息系统中的每一个对象即对应一条规则,粗糙集方法生成规则的一般步骤为:首先,得到条件属性的一个约简,删去冗余属性;其次,删去每个规则的冗余属性值;最后,对剩余规则进行合并。

(3)增量算法

面对数据挖掘中的大规模、高维数据,寻找有效的增量算法是一个研究热点。

(4)与其他方法的融合

粗糙集理论与其他方法如神经网络、遗传算法、模糊数学、决策树等相结合可以发挥各自的优势,大大增强数据挖掘的效率。

延伸阅读思考:大数据预测——真的有那么神奇吗?

提到分析预测,所有人都知道这是大数据的强项。就拿谷歌公司的大数据预测平台来说,已经成功预测了巴西世界杯16强比赛每场比赛的结果,也就是说世界杯8强全部命中。

谷歌的做法是搜集来自 Opta Sports 的海量赛事数据,通过球队实力的排序模型,以及基于"各个国家球迷到巴西的数量和热情度"的主场优势模型,来构建其最终的预测模型。而微软则与百度类似,是在历史和球队状态数据基础上,通过对必发博彩交易市场数据来分析构建预测模型。第一场半决赛——巴德之战前,当几乎所有的民间预测都一边倒地倾向于巴西队获胜,但百度仍预测德国队具有51%的得胜概率,事实证明日耳曼战车以7:1血洗巴桑军团。百度在自淘汰赛以来的赛果预测中的准确率是100%。

百度的做法是搜索过去5年内全世界987支球队(含国家队和俱乐部队)的3.7万场比赛数据,同时与中国彩票网站乐彩网、"欧洲必发指数"数据供应商 Spdex 进行数据合作,导入博彩市场的预测数据,建立了一个囊括199 972名球员和1.12亿条数据的预测模型,并在此基础上进行结果预测。

可见,谷歌和百度所做的就是搜集数据,再基于这个数据建立预测模型,之后的事情交给机器去做就可以了。

交给机器去做的事情,看似简单,只需要敲几下键盘,但其实却是最难的。这就和足球比赛一样,教练在场下指挥,但是真正在场上拼命的是挥汗如雨的球员。

　　IT业界认为,大数据的精准分析不仅有赖于数据资源的扩充,更要基于大数据引擎的发展进步。还是用足球比赛举例,教练再好,球员不够强,再好的战术也赢不了比赛。多么精密的预测模型,没有足够强悍的大数据引擎做支撑,终归也只能是纸上谈兵。

　　出色的球员代表着强健的体魄、快速的反应能力和更好的体力,出色的硬件设备则需要更强的计算能力、更快的传输速度和更稳定的系统运行时间。用英特尔公司高级副总裁兼数据中心事业部总经理柏安娜(Diane Bryant)的解释,就是能够"利用数据,获取洞察,获得优势"的英特尔服务器。

　　强悍的大数据引擎,加上谷歌和百度工程师的聪明才智,就有了体育预测100%准确率,这才是科学的。

　　为了鼓励更多人参与数据分析预测,英特尔还联手数据挖掘竞赛平台Kaggle举办了"March Madness Learning Mania"(疯狂三月,意即NCAA篮球最激烈的赛期)比赛,让参赛者通过数据分析更精准地预测每场和本年度赛事结果。英特尔的考虑是,通过使它的大数据技术更便宜、有效、简单,使数据信息更有价值,不仅能帮助在预测赛事结果时更富胜算,甚至还会为新型科学技术和商业模型的研发创造更多的便利条件。

实验六:大数据挖掘实验

一、实验目的

　　基于数理统计、人工智能、机器学习、人工神经网络等多种技术的数据挖掘技术已经成为研究和应用的热点,通过大数据分析平台可进行一些基本的数据挖掘。

二、实验准备

　　将数据导入,将其转入技术对象,创建业务包,将技术对象转入业务对象,同时创建维度和度量,进行数据挖掘。学会借助大数据分析平台——魔镜来进行聚类分析、关联分析等方面的数据挖掘。

三、实验内容

（一）聚类分析实验

　　在聚类分析中,聚类要素的选择是十分重要的,它直接影响分类结果的准确性和可靠性。通常被聚类的对象常常是多个要素构成的。不同要素的数据往往具有不同的单位和量纲,其数值的变异可能是很大的,这就会对分类结果产生影响。不同的聚类算法(魔镜7.0软件中有"K-means""Clara"和"Fuzzy")、不同的距离表示法对聚类分析的结果也可能有微小的差异。

　　第一步,点击"数据挖掘"—"聚类分析",拖拽至少一个维度和一个度量(本例中是"访问次数"和"浏览时长");

　　第二步,确定聚类数(默认值为5),选择不同的聚类算法(默认算法为K-means),单击"聚类"按钮,进行聚类。

　　第三步,点击聚类结果图中的圆圈,显示具体内容(图6-16)。

（二）进行关联分析实验

　　在关联分析实验中,第一步,选择"数据挖掘"—"关联分析";第二步,在"维度"中,设置合适的字段;在"度量"中,选择两个以上的字段;第三步,确定"目标分析对象",点击"开始分析"按钮,关联分析的结果就直接显示(图6-17)。

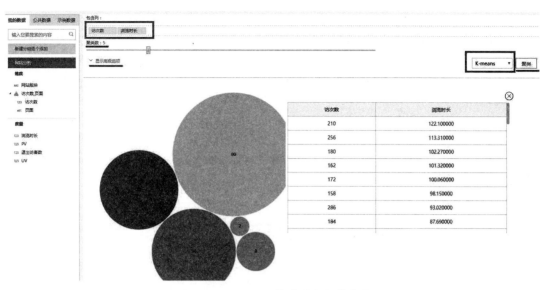

图 6 - 16　K-means 聚类分析具体内容

单击"详情"，便进入关联分析详细参数页面（图 6 - 18）。

图 6 - 17　数据挖掘中的关联分析界面

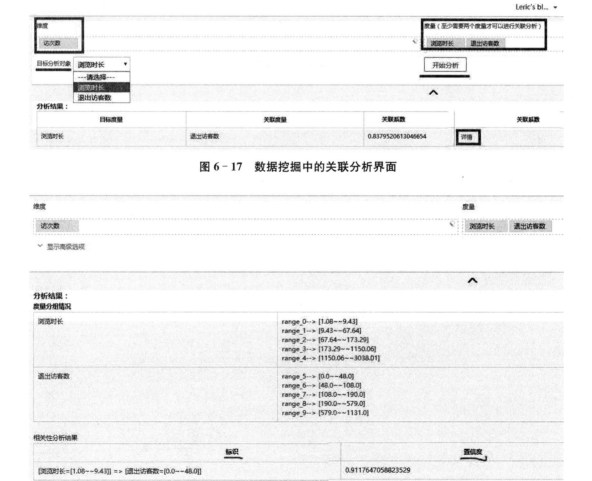

图 6 - 18　数据挖掘中的关联分析详情结果

（三）生成决策树实验

　　生成决策树实验中,第一步,选择"数据挖掘"—"决策树";第二步,在"维度"中设置合适的字段,在"度量"中选择合适的字段;第三步,确定"纯度度量方法"（魔镜中提供两种:gini 和 information）,选择是否"压片修剪";第四步,点击"生成决策树"按钮,则开始生成决策树（图6-19）。

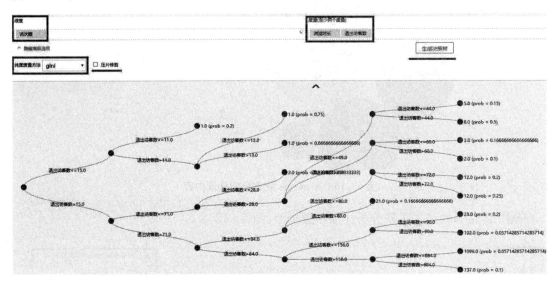

图 6-19　数据挖掘中的决策树界面

第七章　　大数据分析的数据展现

案例导读

百度可视化中国春运迁徙

2014年1月25日晚，中央电视台《晚间新闻》与百度合作，首次启用百度地图定位可视化大数据播报了国内春节人口迁徙情况，引发了巨大关注。央视《晚间新闻》的报道，是基于百度推出的人口迁徙大数据项目——"百度地图春节人口迁徙大数据"（简称"百度迁徙"），该项目利用百度后台每天数十亿次LBS（基于地理位置的服务）定位数据进行计算分析，并采用创新的可视化呈现方式，在业界首次实现了全程、动态、即时、直观地展现中国春节前后人口大迁徙的轨迹与特征。

《晚间新闻》节目报道播出之后，"百度迁徙"（qianxi.baidu.com）已经上线，面对普通网民开放，所有网民都可以访问该专题页面，通过可视化大数据的方式了解全国春运的最新动态，包括当前全国春运最热的线路，最热门的迁出城市、迁入城市等。

截至2013年12月，我国手机网民已高达5亿，"通过分析手机网民的定位信息的大数据，能够映射出人群的迁徙轨迹"，百度LBS技术总监顾维灏介绍，百度LBS开放平台聚集了超过40万的开发者，为数十万款APP提供定位服务，已覆盖数亿部手机，约占手机网民使用设备总量的八成。而根据2013年8月百度对外正式公布的数字，百度地图每日接受35亿次位置请求。

春运是我国乃至全球范围内最大规模的短期人口迁移活动之一，通信是公众在迁徙过程中最基本需求之一，因此手机网民与迁徙人群重合度极高，迁徙人群绝大多数都是手机网民。百度通过云计算平台强大的数据处理能力，加上精准的定位，能够实现全面、准确、即时地反映人口迁徙状况。

百度相关负责人表示，百度在大数据特别是基于移动互联网的大数据领域已有大量的信息积累和技术沉淀。"百度迁徙"项目是一次尝试，百度希望该项目未来能够服务于政府部门科学决策，赋予社会学等科学研究以新的观察视角和方法工具。同时，也能够为公众创造近距离接触大数据的机会，让他们用另一种方式来体验春运。

最新版"百度迁徙"于2015年2月15日上线，功能上相比2014年实现了全面升级，包含人口迁徙、实时航班、机场热度和车站热度四大板块。其中一个新的亮点就是加入了"百度天眼"功能，这是百度开发的一款基于百度地图的航班实时信息查询产品。通过百度天眼，可以看到全国范围内的飞机实时动态和位置，点击要查询的航班图标，还可以查看航班的具体信息，包括起降时间、飞机型号和机龄等。

百度天眼的推出，将以往航班查询软件冷冰冰的航班信息变成了可视化的全图形界面，不仅让接送机的家人和乘坐飞机归家的游子更加方便快捷地掌握航班的最新信息，还能直观地了解航班当前所在的位置，这也是百度地图、大数据技术结合传统出行信息的全新呈现形式。

7.1　数据可视化概述

7.1.1　数据可视化的含义

1. 起源

数据可视化领域的起源可以追溯到 20 世纪 50 年代计算机图形学的早期。当时,人们利用计算机创建出了首批图形图表。1987 年,由布鲁斯·麦考梅克、托马斯·德房蒂和玛克辛·布朗所编写的美国国家科学基金会报告《Visualization in Scientific Computing》(意为"科学计算之中的可视化"),大幅度地促进和刺激了这一领域的产生。这份报告之中强调了新的基于计算机的可视化技术方法的必要性。

随着计算机运算能力的迅速提升,建立了规模越来越大、复杂程度越来越高的数值模型,从而造就了形形色色体积庞大的数值型数据集。同时,不但利用医学扫描仪和显微镜之类的数据采集设备产生大型的数据集,而且还利用可以保存文本、数值和多媒体信息的大型数据库来收集数据。因而,就需要高级的计算机图形学技术与方法来处理和可视化这些规模庞大的数据集。

短语"Visualization in Scientific Computing"(意为"科学计算之中的可视化")后来变成了"Scientific Visualization"(即"科学可视化"),而前者最初指的是作为科学计算之组成部分的可视化,也就是科学与工程实践当中对于计算机建模和模拟的运用。

更近一些的时候,可视化也日益尤为关注数据,包括那些来自商业、财务、行政管理、数字媒体等方面的大型异质性数据集合。20 世纪 90 年代初期,发起了一个新的称为"信息可视化"的研究领域,旨在为许多应用领域之中对于抽象的异质性数据集的分析工作提供支持。因此,21 世纪正在逐渐接受这个同时涵盖科学可视化与信息可视化领域的新生术语"数据可视化"。

从起源而言,数据可视化与信息图形、信息可视化、科学可视化以及统计图形密切相关。当前,在研究、教学和开发领域,数据可视化乃是一个极为活跃而又关键的方面。"数据可视化"这条术语实现了成熟的科学可视化领域与较年轻的信息可视化领域的统一。

2. 数据可视化的界定

数据可视化是关于数据之视觉表现形式的研究;其中,这种数据的视觉表现形式被定义为一种以某种概要形式抽提出来的信息,包括相应信息单位的各种属性和变量。数据可视化主要旨在借助图形化手段,清晰有效地传达与沟通信息。但是,这并不意味着数据可视化就一定因为要实现其功能用途而令人感到枯燥乏味,或者是为了看上去绚丽多彩而显得极端复杂。

为了有效地传达思想概念,美学形式与功能需要齐头并进,通过直观地传达关键的方面与特征,从而实现对于相当稀疏而又复杂的数据集的深入洞察。

数据可视化就是一个处于不断演变之中的概念,其边界在不断地扩大;因而,最好是对其加以宽泛的定义。数据可视化指的是技术上较为高级的技术方法,而这些技术方法允许利用图形、图像处理、计算机视觉以及用户界面,通过表达、建模以及对立体、表面、属性以及动画的显示,对数据加以可视化解释。与立体建模之类的特殊技术方法相比,数据可视化所涵盖的技术方法要广泛得多。

3. 数据可视化的实质

设计人员必须能很好地把握设计与功能之间的平衡,创造出华而不实的数据可视化形式,通过合适的展现效果,传达与沟通信息(图7-1)。

图7-1通过简单的图形变化让降雨量信息一目了然。因此,数据可视化的成功,应归于其背后基本思想的完备性。依据数据及其内在模式和关系,利用计算机生成的图像来获得深入认识和知识。

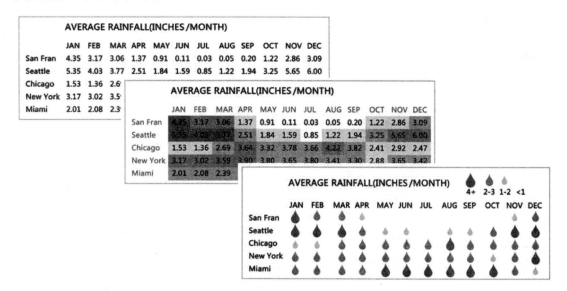

图7-1 数据可视化的实质

4. 数据可视化的特点

(1)多维性

通过数据可视化的呈现,能够清楚对数据的变量或者多个属性进行标志,并且所使用的数据可以根据每一维的量值来进行显示、组合、排序与分类。

(2)交互性

进行数据可视化操作时,用户可以利用交互的方式对数据进行有效的开发和管理。

(3)可视性

通过动画、三维立体、二维图形、图像等显示数据,对数据的相互关系以及模式来进行可视化分析;通过对真实物理效果的模拟和较强的视觉冲击力,加强用户对数据的感知。

7.1.2　数据可视化的应用价值和应用领域

1. 数据可视化的应用价值

视觉是人类最强的信息输入方式,人类感知周围世界最强的方式,在 Brain Rules《大脑法则》一书中,发展分子生物学家 John Medina 写道:"视觉是迄今我们最主要的感官,占用了我们大脑中一半的资源。"数据可视化提供了一种语境的方法(Language of Context),通过展示多个维度数值并且相互比较来为受众提供语境,使内容可以更高效反射到大脑中。

图像和图表已被证明是一种通过有效的方法来进行新信息的传达与教学。有研究表明,80%的人还记得他们所看到的,但只有 20%的人记得他们阅读的!一张图表可能会突出显示一些不同的事项,可以在数据上形成不同的意见。从海量的数据和信息中寻找联系并不容易,但是图形和图表可以在几秒内提供信息。

如图 7-2 所示,通过对数据信息的有效提炼、梳理、传达的功能价值,把枯燥、复杂的数据,根据传达目的,提炼成更简洁、直观的视觉信息。简言之,数据可视化的价值就是让数据说话,让复杂抽象的数据以视觉的形式更准确、快速、清晰、直观地呈现和传达。

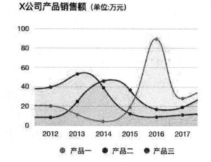

原数据展示　X公司产品销售额

2012年: 产品一20万, 产品二40万, 产品三9万
2013年: 产品一11万, 产品二54万, 产品三25万
2014年: 产品一5万, 产品二39万, 产品三46万
2015年: 产品一19万, 产品二13万, 产品三37万
2016年: 产品一89万, 产品二11万, 产品三18万
2017年: 产品一28万, 产品二12万, 产品三20万

图 7-2　可视化展示示例

2. 数据可视化的应用领域

数据可视化的应用价值的多样性和表现力吸引了许多从业者,而其创作过程中的每一环节都有强大的专业背景支持。无论是动态还是静态的可视化图形,都搭建了新的桥梁,有助于更好地洞察世界的究竟、发现形形色色的关系,感受身边的信息变化,理解其他形式下不易发掘的事物。

● 有的可视化目标是为了观测、跟踪数据,所以就要强调实时性、变化、运算能力,可能就会生成一份不停变化、可读性强的图表。

● 有的为了分析数据,所以要强调数据的呈现度,可能会生成一份可以检索、交互式的图表。

● 有的为了发现数据之间的潜在关联,可能会生成分布式的多维的图表。

● 有的为了帮助普通用户或商业用户快速理解数据的含义或变化,会利用漂亮的颜色、动画创建生动、明了、具有吸引力的图表。

● 有的被用于教育、宣传或政治,被制作成海报、课件,出现在街头、广告手持、杂志和集会上。这类可视化拥有强大的说服力,使用强烈的对比、置换等手段,可以创造出极具冲击力自指人心的图像。在国外许多媒体会根据新闻主题或数据,雇用设计师来创建可视化图表对新闻主题进行辅助。

7.1.3　数据可视化的工具

新型的数据可视化产品层出不穷,基本上各种语言都有自己的可视化库,传统数据分析及BI软件也都扩展出一定的可视化功能,再加上专门用于可视化的成品软件,可选范围实在是太多了。要选择的可视化工具,必须满足互联网爆发的大数据需求,必须快速地收集、筛选、分析、归纳、展现决策者所需要的信息,并根据新增的数据进行实时更新①。

◆ **实时性**　数据可视化工具必须适应大数据时代数据量的爆炸式增长需求,必须快速地收集分析数据、并对数据信息进行实时更新。

◆ **简单操作**　数据可视化工具满足快速开发、易于操作的特性,能满足互联网时代信息多变的特点。

◆ **更丰富的展现**　数据可视化工具需具有更丰富的展现方式,能充分满足数据展现的多维度要求。

◆ **多种数据集成支持方式**　数据的来源不仅仅局限于数据库;很多数据可视化工具都支持团队协作数据、数据仓库、文本等多种方式,并能够通过互联网进行展现。

数据可视化主要通过编程和非编程两类工具实现。主流编程工具包括以下三种类型:从艺术的角度创作的数据可视化,比较典型的工具是 Processing,它是为艺术家提供的编程语言;从统计和数据处理的角度,既可以做数据分析,又可以做图形处理,如 R、SAS;介于两者之间的工具,既要兼顾数据处理,又要兼顾展现效果,D3. js、Echarts 都是很不错的选择,这种基于 Javascript 的数据可视化工具更适合在互联网上互动地展示数据。

1. 入门级可视化工具

入门级的意思是该工具是可视化工作者必须掌握的技能,难度不一定小、门槛也不一定低。相反,对于可视化工作来说,这些工具依旧起到四两拨千斤的妙用。

(1) Excel

Excel 不仅可以处理表格,也可以把它当成数据库,也可以把它当成 IDE,甚至还可以把它当成数据可视化工具来使用。它可以创建专业的数据透视表和基本的统计图表,但由于默认设置了颜色、线条和风格,使其难以创建用于看上去"高大上"的视觉效果。

(2) Tableau

每一个接触到数据可视化的人都听说过 Tableau(图 7 - 3),它需要一些结构化的数据,也需要使用者懂一些 BI。它不需要编程,而仅仅通过简单的拖拽操作即可完成惊艳的效果。对比 Excel,它是专业应对数据可视化方案的利器,主要表现在数据可视化、聚焦/深挖、灵活分析、交互设计等功能。Tableau 最大的缺点在于它是商业软件,若个人使用,则只有 14 天的免费期,而官方售价不菲。

图 7 - 3　Tableau 标志

---

① 知乎.怎样进行大数据的入门级学习[EB/OL]. (2017 - 10 - 30). https://www.zhihu.com/question/24761255/answer/228009507.

2. 在线数据可视化

（1）Google Charts

Google Charts 是一个免费的开源 js 库,使用起来非常简单,只需要在 script 标签中将 src 指向 https://www. gstatic. com/charts/loader. js 然后即可开始绘制。它支持 HTML5/SVG,可以跨平台部署,并特意为兼容旧版本的 IE 采用了 vml(图 7 - 4)。

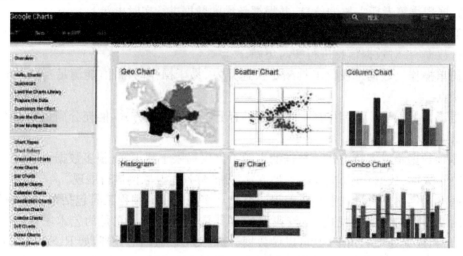

图 7 - 4　Google Charts 操作界面

（2）Flot

Flot 是一个很棒的线图和条形图创建工具,可以运用于支持 Canvas 的所有浏览器——意味着大多数主流浏览器。这是一个 jQuery 库,如果用户已经熟悉 jQuery,就可以容易地对图像进行回调、风格和行为操作。浮悬的优点是可以访问大量的调用函数,这样就可以运行自己的代码。设定一种风格,可以让用户在悬停鼠标、点击、移开鼠标时展示不同的效果。比起其他制图工具,浮悬给予了更多的灵活空间。浮悬提供的选项不多,但它可以很好地执行常见的功能。

（3）D3

D3(Data Driven Documents)是支持 SVG 渲染的另一种 JavaScript 库。但是 D3 能够提供大量线性图和条形图之外的复杂图表样式,例如 Voronoi 图、树形图、圆形集群和单词云等。D3. js 是数据驱动文件(Data Driven Documents)的缩写,通过使用 HTML\\CSS 和 SVG 来渲染精彩的图表和分析图。D3 对网页标准的强调足以满足在所有主流浏览器上使用的可能性,使用户免于被其他类型架构所捆绑的苦恼,它可以将视觉效果很棒的组件和数据驱动方法结合在一起(图 7 - 5)。

（4）Echarts

Echarts 是百度出品的优秀产品之一,也是国内目前开源项目中少有的精品。一个纯 JavaScript 的图表库,可以流畅地运行在 PC 和移动设备上,兼容当前绝大部分浏览器,底层依赖轻量级的 Canvas 类库 ZRender,提供直观、生动、可交互和可高度个性化定制的数据可视化图表。3. 0 版本中更是加入了更多丰富的交互功能以及更多的可视化效果,并且对移动端做了深度的优化。Echarts 最令人心动的是它丰富的图表类型以及极低的上手难度。

图 7 - 5　D3 效果墙①

（5）Highcharts

在 Echarts 出现之初，功能还不是那么完善，可视化工作者往往会选择 Highcharts。Highcharts 系列软件包含 Highcharts JS，Highstock JS，Highmaps JS 共三款软件，均为纯 JavaScript 编写的 HTML5 图表库。Highcharts 是一个用纯 JavaScript 编写的一个图表库，能够很简单便捷地在 Web 网站或是 Web 应用程序添加有交互性的图表。Highstock 是用纯 JavaScript 编写的股票图表控件，可以开发股票走势或大数据量的时间轴图表，Highmaps 是一款基于 HTML5 的优秀地图组件。

（6）R

严格来说，R 是一种数据分析语言，与 Matlab、GNU Octave 并列。然而 ggplot2 的出现让 R 成功跻身于可视化工具的行列，作为 R 中强大的作图软件包，ggplot2 拥有其自成一派的数据可视化理念。它将数据、数据相关绘图、数据无关绘图分离，并采用图层式的开发逻辑，且不拘泥于规则，各种图形要素可以自由组合。当熟悉了 ggplot2 的基本套路后，数据可视化工作将变得非常轻松而有条理。

（7）DataV

阿里出品的数据可视化解决方案，之所以推荐 DataV 这个后起之秀，完全是因为淘宝双"11"活动中实时互动大屏幕太抢眼了。DataV 支持多种数据源，尤其是和阿里系各种数据库完美衔接，如果用户的数据本身就存在阿里云上，那选用 DataV 肯定是个省时省力的好办法。图表方面，DataV 内置了丰富的图表模板，支持实时数据采集和解析。

3. 类 GUI 数据可视化

Crossfilter 是一个用来展示大数据集的 JavaScript 库，它可以把数据可视化和 GUI 控件结合起来，按钮、下拉和滑块演变成更复杂的界面元素，使用户扩展内容，同时改变输入参数和数据。交互速度超快，甚至在上百万或者更多数据下都很快。Crossfilter 也是一种 JavaScript 库，它可以在几乎不影响速度的前提下对数据创建过滤器，将过滤后的数据用于展示，且涉及有限维度，因此可以完成对海量数据集的筛选与加载（图 7 - 6）。

①　D3. Data-Driven Documents[EB/OL]. (2017 - 12 - 02). https://d3js. org/＃introduction.

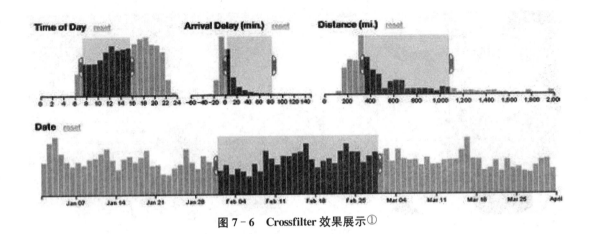

图 7-6　Crossfilter 效果展示①

4. 进阶工具

（1）Processing

Processing 是用 Java 编程语言写的，并且 Java 语言也是在语言树中最接近 Processing 的。所以，如果用户熟悉 C 或 Java 语言，Processing 将很容易学。Processing 并不包括 Java 语言的一些较为高级的特性，但这些特性中的很多特性均已集成到了 Processing。如今，围绕它已经形成了一个专门的社区（https://www.openprocessing.org），致力于构建各种库以供用这种语言和环境进行动画、可视化、网络编程以及很多其他的应用（图 7-7）。

Processing 是一个很棒的进行数据可视化的环境，具有一个简单的接口、一个功能强大的语言以及一套丰富的用于数据以及应用程序导出的机制。

图 7-7　Processing 起始页②

①　第七城市. 20 Sophisticated Data Visualization Tools［EB/OL］.（2014-07-13）. http://www.th7.cn/web/js/201407/45468.shtml.

②　Open 开发经验库. 最流行的编程语言 JavaScript 能做什么［EB/OL］.（2016-04-12）. http://www.genshuixue.com/i-cxy/p/11574801.

（2）Weka

Weka 是一个能根据属性分类和集群大量数据的优秀工具，Weka 不但是数据分析的强大工具，还能生成一些简单的图表。Weka 首先是一个数据挖掘的利器，它能够快速导入结构化数据，然后对数据属性做分类、聚类分析，帮助用户理解数据。但它的可视化功能同样不逊色（图 7-8）。

图 7-8　Weka 操作界面

7.1.4　数据可视化步骤

可视化的结果可能只是一个条形图表，但大多数的时候可视化的过程会很复杂，因为数据本身可能会很复杂。一般流程包括数据收集、数据分析 & 清理、可视化设计，从抽象的原始数据到可视化图像（图 7-9）。

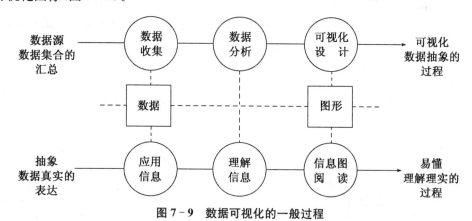

图 7-9　数据可视化的一般过程

1. IPO 视角下的数据可视化过程

数据可视化，不仅仅是统计图表。本质上，任何能够借助图形的方式展示事物原理、规律、逻辑的方法都叫数据可视化。数据可视化不仅是一门包含各种算法的技术，还是一个具有方法论的学科。从 IPO（输入、处理、输出）视角出发，一般而言，完整的可视化流程包括以下内容：

◆　**可视化输入**　包括可视化任务的描述，数据的来源与用途，数据的基本属性、概念模型等。

◆ **可视化处理** 对输入的数据进行各种算法加工，包括数据清洗、筛选、降维、聚类等操作，并将数据与视觉编码进行映射。

◆ **可视化输出** 基于视觉原理和任务特性，选择合理的生成工具和方法，生成可视化作品。

实际上，从"数据可视化"的命名，便很容易看出数据可视化从业者如何开始可视化设计，那便是：处理数据，设计视觉，完成从数据空间到可视空间的映射，必要时重复数据处理和图形绘制的循环组合。

2. 工作实践视角下的数据可视化过程

从工作实践角度而言，数据可视化一般可以分为五个步骤：确定表意正确、优化展现形式、探索视觉风格、完善细节和风格的延展（图7-10）。

图7-10 实践视角下的数据可视化过程

（1）确定表意正确

表意正确，就是能够正确表达和传达信息给受众，这是数据可视化最基本的要求。如果受众不能正确理解可视化产品，那么数据可视化毫无价值。

根据设计师对于问题的了解程度以及问题本身的复杂程度不同，一般有两种做法：

◆ **第一种做法** 如图7-11所示，对于业务比较复杂难理解的产品，可以让产品经理先根据自己的理解画一个图，设计师和产品经理进行沟通，确认双方的理解是一致的；如果产品经理画的图没能正确地表达清楚内容，那么设计师就在自己理解的基础上重新完善，然后双方再度确认，保证图形正确地传达了想表达的含义。

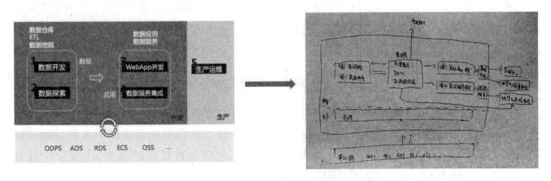

图7-11 难以理解的复杂问题沟通示例

◆ **第二种做法** 如图7-12所示，如果设计师对产品有大致的了解，也可以自己动手画草图。然后产品经理审核看是否正确地表达了产品逻辑，如果有问题则提出，设计师根据意见进行修改,直至双方达成一致。

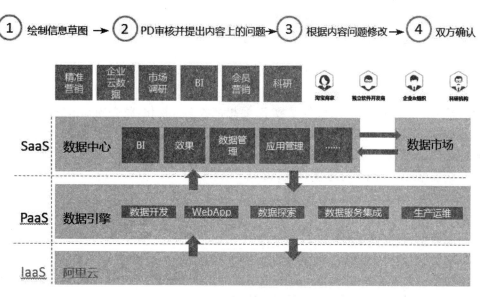

图 7-12 大致了解的问题沟通示例

（2）优化展现形式

内容正确还不够,还要易懂。因此,需要寻找信息图最优表现形式,让读者一目了然,降低理解难度。

正如《淘宝技术这十年》所言,"好的架构图充满美感。"淘宝工程师用十年的时间证明了这件事。而其实不仅是技术架构图,好的流程图、结构图、信息图等都充满美感。一般而言,它们往往是对称、饱满、和谐的。如果绘制的可视化图臃肿、杂乱、不美观,那可能并不是因为事实杂乱无序,而是展现形式出了问题。

（3）探索视觉风格

在探索视觉风格时要注意抓大放小,先定下来最主要模块的风格,再做延展。比如要先定下来产品结构图的视觉风格,再延展到子产品的信息图上。如果先设计子产品的信息图风格,就很难延展到总体结构图上了,会起到事倍功半的效果。

（4）完善细节

探索视觉风格时,并不需要做得非常细,可以先不考虑细节,只考虑主要框架,这样效率会高一些。视觉风格确定后,可根据需要添加、完善细节。

（5）风格延展

整个可视化产品保持一致的视觉设定,有助于用户理解,也能更好地提升品牌形象。所以主风格确定后,需要把它延展到其他有需要的界面上。比如在产品结构图中,四个子产品用的不同的颜色,那么在其他相关的图形内容中,也要用这四种色系来代表这四种产品。定义深浅是考虑到面积、视觉层次的不同来灵活调整,使界面整体和谐统一。这样既保持了整体风格的一致性,又赋予了每种产品独特的个性,增强了信息的识别度。

7.2 数据可视化的基础要素

7.2.1 数据

1. 数据的类型

数据是可视化的基础,它不仅仅是数字,要想把数据可视化,就必须知道它表达的是什么。根据 Ben Shneiderman 的分类,可视化的数据分为以下几类:

- 一维数据:X 轴一个维度,如 1、2、3、4…;
- 二维数据:X、Y 两个二维度,如 $(1、2)$,$(3、4)$,$(5、6)$,$(7、8)$,…;
- 三维数据:X、Y、Z 三个维度,如 $(1、2、3)$,$(4、5、6)$,$(7、8、9)$,…;
- 多维数据:X、Y、Z、…多个维度,如 $(1、2、3、4、…)$,$(5、6、7、8、…)$;
- 时态数据:具有数据属性的数据集合;
- 层次数据:具有等级或层次关系数据集合。

数据种类划分是十分多的,但是这些数据都描述了现实世界中的一部分,是现实世界的一个快照。除了类型,数据的数量级也影响这数据的表达结果(图 7-13)。

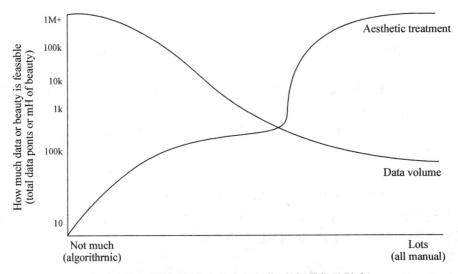

图 7-13 数据可视化和信息可视化(数据量级及影响)

一般而言,小数据量(小于 1k)展示一下静态结果,中数据量(1k~100k)呈现数据反映的事实,大数据量(大于 1M +)用于研究分析、推测结果。数据的关系,一般有对比、构成、分布、关联四种。

2. 数据的解读

首先,需要对数据做一个全面而细致的解读,数据的特点决定着可视化的设计原则。每项数据都有特定的属性(或称特征、维度)和对应的值,一组属性构成特征列表。按照属性的类型,数据可以分为数值型、有序型、类别型,数值型又可以进一步分为固定零点和非固定零点。其中,固定零点数据囊括了大多数的数据对象,它们都可以对应到数轴上的某个点;非固定零点主要包括以数值表示的特定含义,如表示地理信息的经纬度、表示日期的年月日等,在分析非固定零点数据时,应更在意的是它们的区间。

3. 数据的转换

在对数据做过预处理和分析之后,就能够观察出待处理数据的分布和维度,再结合业务逻辑和可视化目标,有可能还要对数据做某些变换,这些变换包括:

◆ **标准化**　常用的手段包括(0,1)标准化或(-1,1)标准化,分别对应的是 sigmoid 函数和 tanh 函数,这么做的目的在于使数据合法和美观,但在这一过程中可能丢失影响数据分布、维度、趋势的信息,应该予以特别注意。

◆ **拟合/平滑**　为表现数据变化趋势,使受众对数据发展有所预测,会引入回归来对数据进行拟合,以达到减少噪音、凸显数据趋势的目的。

◆ **采样**　有些情况下,数据点过多,以至于不易可视化或者影响视觉体验,会使用随机采样的方法抽取部分数据点,抽样结果与全集近似分布,同时不影响可视化元素的对比或趋势。

◆ **降维**　一般而言,同一可视化图表中能够承载的维度有限(很难超过 3 个维度),必须对整个数据集进行降维处理。

图 7-14　世界地图
(公元前 550 年)①

7.2.2　图表

1. 图表的发展史

早在几个世纪前就已出现数据可视化的表现方式,其中公元前 550 年希腊哲学家 Anaximander 创造了第一个出版的世界地图(图 7-14)。

第一个图表则始于公元 950 年的欧洲,被认为是最早的基于时间变化的折线图,展示太阳、月亮等行星的位置变化趋势(图 7-15)。

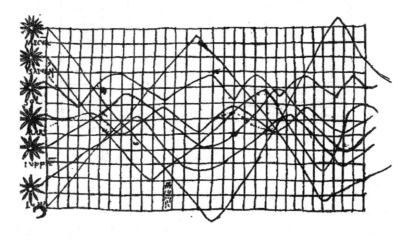

图 7-15　行星位置变化趋势图(公元 950 年)②

①　WorldPress. Who Published the First Map[EB/OL]. (2017 - 12 - 03). https://geekydementia. wordpress. com/2014/11/26/who-published-the-first-map/.

②　Freudenthal-instituut. Historische hoogtepunten van grafische verwerking[EB/OL]. (2017 - 12 - 03). http://www. fi. uu. nl/wiskrant/artikelen/hist_grafieken/begin/images/planeten. gif.

公元 1350 年法国人尼科尔·奥雷斯米（Nicole Oresme）在出版物《The Latitude of Forms》中发明了第一个柱状图，展示加速对象与时间速度的关系，使用图表直观地展示变量之间的关系（图 7 - 16）。

图 7 - 16　奥雷斯米的柱形图（公元 1350 年）[①]

威廉·普莱菲尔（William Playfair）被称为图表设计之父，条形图、饼图、折线图等都是他发明的，在 1786 年出版的《商业和政治图解》中的条形图也被看成图表中的里程碑，在许多数据可视化研究中都有用到这幅条形图（图 7 - 17）。

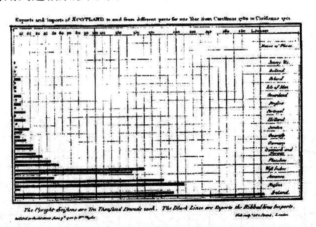

图 7 - 17　威廉·普莱菲尔的条形图（1786 年）[②]

随着时间的流逝，图表发展到现在，在《华尔街日报》《纽约时报》《商业周刊》等商业杂志应用最为优秀，也使得图表类型有一定的认知度，像展示百分比的圆饼图、体现趋势变化的折线图、对比数据的柱状图等。不管在商业中，还是在日常工作汇报中，图表都体现了它的价值。好的图表能用简单的视觉元素，清晰快速地传达复杂的数据信息（关于据可视化发展史细节，请参考：http://www.datavis.ca/milestones/）。

---

①　Wikipedia，Howard G. Funkhouser[EB/OL]. (2017 - 12 - 10). https://en. wikipedia. org/wiki/HowardG. Funkhouser#/media/File:Oresmesdiagrams. gif.

②　Wikipedia，Howard G. Funkhouser[EB/OL]. (2017 - 12 - 12). https://en. wikipedia. org/wiki/File:PlayfairBarchart. gif.

2. 图表的基本构成要素

图表的基本构成元素如图 7 - 18 所示：标题（副标题）、图例、网格线、数据列、数据标签、坐标轴（X、Y）、X 轴标签、Y 轴标签、辅助信息。根据结构的不同会相对增加或减少一些元素，饼图只需要标题、数据列、数据标签就能把数据呈现得清楚。点、线、面是数据列基本视觉元素。

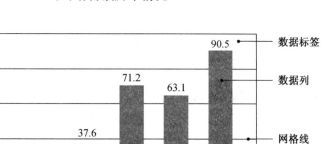

图 7 - 18　图表基本构成示意图

图表层次：文字信息、视觉图形、坐标网格（图 7 - 19）。

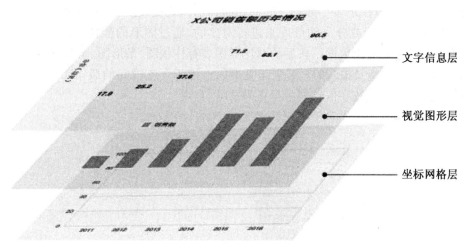

图 7 - 19　图表层次示意图

3. 图表的设计过程

图表设计的目的是通过图表的视觉表现形式，直观、清晰、准确地展示已知多数据或单数据的联系，其过程可以分为六步（图 7 - 20）：首先要获得已知数据，对其进行整理分析筛选，找到想要了解的内容，确定该数据之间的关系，选择视觉表现形式，最后输出想要的图表。

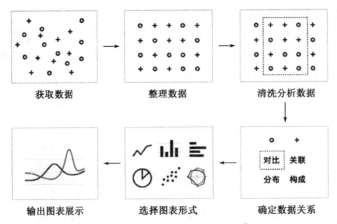

图 7-20　数据可视化的过程①

从图 7-20 可以看到,图表设计过程可分为数据处理层面和视觉展示层面。在数据处理层,包括获取数据、整理数据、清洗分析数据三项任务。其中,获取数据源有 Excel、CSV、Acess、SQL 数据库、Hadoop、HDFS、Spark、API 等,每项任务大数据相关工具提供支撑和帮助。在视觉展示层,包括确定数据关系、选择图表形式、输出图表展示三项任务。其中,确定数据之间的关系,关系有对比、构成、分布、关联;以图 7-2 为例,可知三个产品的销量变化是对比关系;最后选用折线图的展示方式。

4. 图表的作用

（1）对比

对比型的图表可以展示多个数据之间的相同和不同之处,也可以展示单个数据在时间上的变化趋势,是基于时间或分类的维度来进行对比的,通过图形的颜色、长度、宽度、位置、角度、面积等视觉变量来对比数据。典型的对比类图表有柱状图、条形图、折线图、雷达图。

图 7-21 为《华尔街日报》2015 年全球股市前十排行。各国间的股市市值是一种对比关系,选用条形图的方式让数字信息展示得更为清晰、直观。

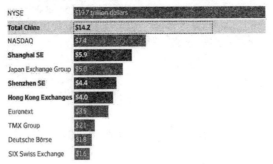

图 7-21　《华尔街日报》2015 年全球股市前十排行②

---

　　① 腾讯大数据可视化设计团队. 遇见大数据可视化:图表设计(一)[EB/OL]. (2017-07-07). https://www. qcloud. com/community/article/791979.

　　② 东方财富网. 华尔街日报:中国股市或将最终被全球接纳[EB/OL]. (2015-06-05). http://stock. eastmoney. com/news/1406,20150605514329773. html.

（2）构成

构成，顾名思义，在同一维度的结构、组成、占比关系，可以是静态的，也可以是随时间变化的。最典型的构成型图表就是饼图、环状图，还有百分比堆积柱状图、条形图、面积图。

图7-22为2016年ComScore统计的流行电视设备销量占比。构成关系的数据通常会采用圆形图，通过圆弧长度面积大小来区分数据之间的构成情况。

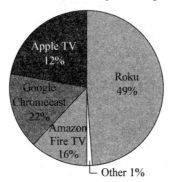

图7-22　2016年ComScore流行电视设备销量占比①

（3）分布

分布型图表通常用于展示连续数据的分布情况，通过图形的颜色、大小、位置、长度的连续变化来展示数据的关系。散点图、直方图、正态分布图、曲面图表现方式都能体现数据的分布关系。

图7-23是一个正态分布图，被称为"IQ Scale Bell-Curve"，它显示IQ从小于60到大于140的范围人数的分布情况。在智商规模从60到100的情况下，人数呈现递增分布，最高人数达到100后，随着IQ递增人数开始下降，很小一部分达到了超过140的智商。可知世界目前的平均智商是100，标准偏差为15。

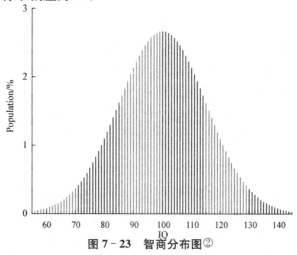

图7-23　智商分布图②

① WSJ. Apple's media tactics alienates cable[EB/OL]. (2016 - 07 - 28). http://www. idownloadblog. com/2016/07/28/wsj-apple-media-tactics-alienates-cable-providers/.

② WIKIMEDIA. File：IQ curve. svg[EB/OL]. (2017 - 12 - 22). https：//commons. wikimedia. org/wiki/File：IQ_curve. svg.

（4）关联

关联型图表用于展示数据之间存在的关系。散点图、气泡图主要通过图形的颜色、位置、大小的变化关系来展示数据的关联性。

《纽约时报》的文章推广与浏览量关系的可视化展示（图 7 - 24），采用气泡图的表现方式，直观地展示了文章放在首页与否的浏览情况。气泡图中数据以圆泡的形式展示在 X 轴、Y 轴构成的直角坐标系上，使用气泡的大小、密度来代表强度，颜色来区分分类，通过这些视觉方式清晰地呈现了数据间的影响程度，从而快速地找到最合适的推广方式。

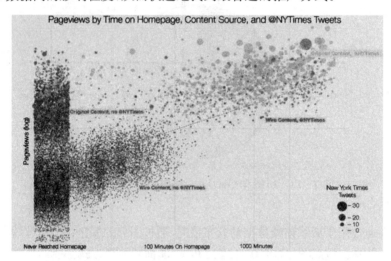

图 7 - 24　《纽约时报》的文章推广与浏览量关系图[1]

7.3　数据可视化的表现形式

早期的数据可视化作为咨询机构、金融企业的专业工具，其应用领域较为单一，应用形态较为保守。步入大数据时代，各行各业对数据的重视程度与日俱增，随之而来的是对数据进行一站式整合、挖掘、分析、可视化的需求日益迫切，数据可视化呈现出愈加旺盛的生命力。表现之一就是视觉元素越来越多样，从朴素的柱状图、饼状图、折线图，扩展到地图、气泡图、树图、仪表盘等各式图形；表现之二是可用的开发工具越来越丰富，从专业的数据库/财务软件，扩展到基于各类编程语言的可视化库，相应的应用门槛也越来越低。

7.3.1　数据可视化的常见方式

数据可视化被普遍认为是用一种简单而有效的方法来概括数据，因此它是可以提高共享信息和学习的一种方法。不同的数据可视化方法技术的发展已导致数据的大爆炸，这反过来又促使数据展示方式的激增。一般来说，大数据可视化分为两种不同的类型：探索型和解释型。勘探类型帮助人们发现数据背后的故事，而解析数据方便演示和展现。此外，有不同的方法可用于创建这两种类型。最常见的数据可视化方式包括：

① 　Brian Abelson. How Promotion Affects Pageviews on the New York Times Website[EB/OL]. (2013 - 11 - 14). https://source. opennews. org/articles/promotion-pageviews/.

◆ **2D区域** 此方法使用地理空间数据可视化技术,往往涉及事物特定表面上的位置。2D区域的数据可视化的例子包括点分布图,可以显示诸如在一定区域内的犯罪情况。

◆ **时态** 时态可视化是数据以线性的方式展示,最为关键的是时态数据可视化有一个起点和一个终点。时态可视化的一个例子可以是连接的散点图,显示诸如某些区域的温度信息。

◆ **多维** 可以通过使用常用的多维方法来展示目前二维或高维度的数据。多维可视化的一个例子可能是一个饼图,它可以显示诸如政府开支。

◆ **分层** 分层方法用于呈现多组数据,这些数据可视化通常展示的是大群体里面的小群体。分层数据可视化的例子包括一个树形图,可以显示语言组。

◆ **网络** 在网络中展示数据间的关系,它是一种常见的展示大数据量的方法。

7.3.2 不同类型数据的展示

大数据可视化可以借助图形化的手段,快速抓住要点信息,清晰、高效地传达与沟通信息。针对不同类型的数据,应该选择合适的展现方式。

1. 单一数据的展示

在展现数据时,有时只需要突出一个最重要的数据,就可直接将这个数据放大或通过简单的颜色对比反映数据(图7-25)。

图7-25 单一数据的展示

2. 对比型数据的展示

在对比型数据表示过程中,一般通用的图表就是条形图或柱形图,长长短短、一目了然(图7-26)。

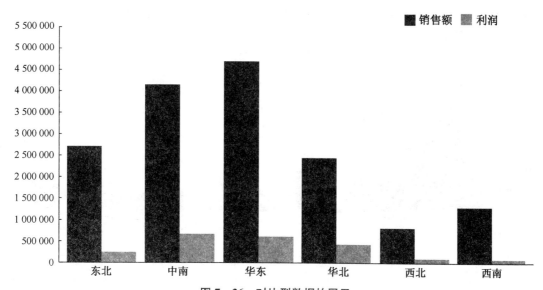

图7-26 对比型数据的展示

3. 比例型数据的展示

对于比例型数据的图表展示,一般都会选择饼图(图7-27)。

图7-27 比例型数据的展示

4. 相关关系数据的展示

如果不清楚两个变量之间的关系,散点图是一个不错的选择(图7-28)。

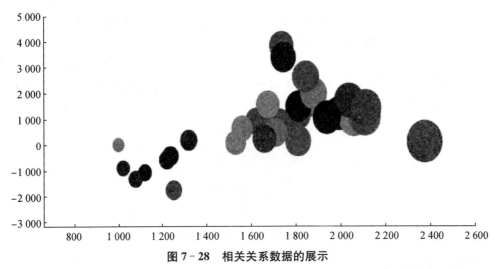

图7-28 相关关系数据的展示

5. 复合关系数据的展示

有时数据包含的信息太多、太杂,单一的图表并不能够全面地传递信息。此时,就可以选择复合图表。柱形图和折线图的复合图,同时可以表现对比和趋势(图7-29)。

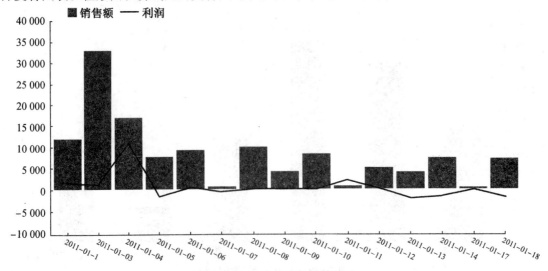

图7-29 复合关系数据的展示

7.3.3　不同类型图形的展示

图表类型表现得更加多样化、丰富化,除了传统的饼图、柱状图、折线图等常见图形外,还有气泡图、面积图、省份地图、词云、瀑布图、漏斗图等图表,甚至还有 GIS 地图。这些种类繁多的图形能满足不同的展示和分析需求。

1. 六类传统图表类型

（1）柱状图

用于展示多个分类的数据变化和同类别各变量之间的比较情况,适用对象为对比分类数据,局限之处在于分类过多则无法展示数据特点。

相似图表有堆积柱状图（比较同类别各变量和不同类别变量总和差异）和百分比堆积柱状图（适合展示同类别的每个变量的比例）。

（2）条形图

类似柱状图,只不过两根轴对调了一下。适用对象为:类别名称过长、将有大量空白位置标示每个类别的名称。局限之处在于类似柱形图,分类过多则无法展示数据特点。

相似图表有堆积条形图（比较同类别各变量和不同类别变量总和差异）、百分比堆积条形图（适合展示同类别的每个变量的比例）和双向柱状图（比较同类别的正反向数值差异）。

（3）折线图

用于展示数据随时间或有序类别的波动情况的趋势变化,适用对象为有序的类别,比如时间,也适用于数据量比较大的场景。局限之处在于无序的类别无法展示数据特点。

相似图表有面积图（用面积展示数值大小、展示数量随时间变化的趋势）、堆积面积图（同类别各变量和不同类别变量总和差异）和百分比堆积面积图（比较同类别的各个变量的比例差异）。

（4）柱线图

用于结合柱状图和折线图在同一个图表展现数据,适用于要同时展现两个项目数据特点的场景中。但是,柱线图有柱状图和折线图两者的缺陷。

（5）散点图

用于发现各变量之间的关系,适用于存在大量数据点而且结果更精准的场景下,比如回归分析。不足之处在于数据量小时会比较混乱。相似图表有气泡图（用气泡代替散点图的数值点,面积大小代表数值大小）。

（6）饼图

用来展示各类别占比,比如男女比例。适用于了解数据的分布情况以及反映部分与整体的关系。不足在于分类过多,则扇形越小,无法展现图表。

相似图表有环形图（挖空的饼图,中间区域可以展现数据或者文本信息）、玫瑰饼图（对比不同类别的数值大小）和旭日图（展示父子层级的不同类别数据的占比）。

2. 其他图表类型

除了常用的图表之外,可供选择的还有:

（1）漏斗图

用梯形面积表示某个环节业务量与上一个环节之间的差异。漏斗图适用于业务流程比较规范、周期长、环节多的流程分析,通过漏斗各环节业务数据的比较,能够直观地发现和说明问题所在,如可以直观地显示转化率和流失率。但是,无序的类别或者没有流程关系的变量,不适合使用漏斗图。

（2）雷达图

将多个分类的数据量映射到坐标轴上，对比某项目不同属性的特点。适合了解同类别的不同属性的综合情况，以及比较不同类别的相同属性差异。如果分类过多或变量过多，会比较混乱。

（3）（矩形）树图

一种有效的实现层次结构可视化的图表结构，适用于表示类似文件目录结构的数据集。可以展现同一层级的不同分类的占比情况，还可以展现同一个分类下子级的占比情况，比如商品品类等。但是，不适合展现不同层级的数据，比如组织架构图，每个分类不适合放在一起看占比情况。

（4）热力图

以特殊高亮的形式显示访客热衷的页面区域和访客所在的地理区域的图示，它可以直观清楚地看到页面上每一个区域的访客兴趣焦点，也可以基于 GIS 坐标，用于显示人或物品的相对密度。不足之处在于：不适用于数值字段是汇总值，需要连续数值数据分布。

（5）指标卡

直观展示具体数据和同环比情况（图 7-30），可以突出显示一两个关键的数据结果，比如同比环比。比较适合展示最终结果和关键数据，但是，没有分类对比，只展示单一数据。

图 7-30　指标卡示意图

（6）地图

用颜色的深浅来展示区域范围的数值大小，有省市自治区或者城市数据即可，适合展现呈面状但属分散分布的数据，比如人口密度等（图 7-31）。局限之处在于：数据分布和地理区域大小的不对称。通常大量数据会集中在地理区域范围小的人口密集区，容易造成用户对数据的误解。

相似图表：气泡地图（用气泡大小展现数据量大小）、点状地图（用描点展现数据在区域的分布情况）、轨迹地图（展现运动轨迹）和 GIS 地图（图 7-31）（更精准的经纬度地图，需要有经纬度数据，可以精确到乡镇等小粒度的区域）。

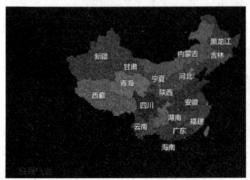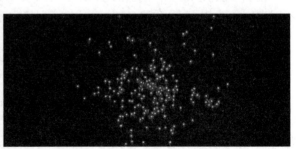

图 7-31　地图和 GIS 地图示例

（7）词云

词云，即标签云，各种关键词的集合，专门展现文本信息，往往以字体的大小或颜色代表对应词的频次，对出现频率较高的"关键词"予以视觉上的突出。适合在大量文本中提取关键词，可以用于展示用户画像的标签。但是不适用于数据太少或数据区分度不大的文本。

（8）桑基图

一种特定类型的流程图，一种有一定宽度的曲线集合表示的图表，图中延伸的分支的宽度对应数据流量的大小，起始流量总和始终与结束流量总和保持平衡（图7－32），比如能量流动等。适用于展现分类维度间的相关性，以流的形式呈现共享同一类别的元素数量，比如展示特定群体的人数分布、数据的流向等。但是，不适用于边的起始流量和结束流量不同的场景，如使用手机的品牌变化。相似图表有和弦图（展现矩阵中数据间相互关系和流量变化。数据节点如果过多则不适用）。

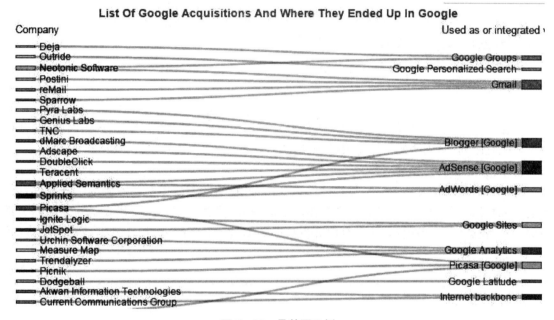

图7－32　桑基图示例

（9）瀑布图

采用绝对值与相对值结合的方式，展示各成分分布构成情况，比如各项生活开支的占比情况。适合展示数据的累计变化过程，但是，如果各类别数据差别太大则难以比较。

（10）箱线图

箱线图是利用数据中的五个统计量：最小值、第一四分位数、中位数、第三四分位数与最大值来描述数据的一种方法。可以用来展示一组数据分散情况，特别用于对几个样本的比较。但是，对于大数据量，反应的形状信息更加模糊。

（11）计量图

可以直观显示数据完成的进度（图7－33）。

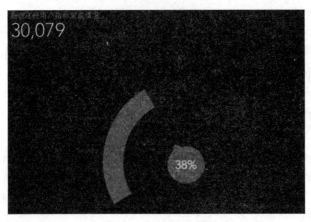

图 7 - 33　计量图示例

7.4　数据可视化的设计

7.4.1　设计的基本理念

数据可视化设计的好坏,直接决定了信息是否以正确的、恰当的方式呈现。因此,在开始数据可视化之前,必须明确一些重要的理念。

1. 数字化叙事

好的可视化设计能让人有一见钟情的感觉,知道眼前的东西就是想看到的。既可以是艺术的,同时又是真实的,而不是直接把数据转换成图表,找到数据和它所代表事物之间的关系按照"数字化叙事"去做设计,这是全面分析数据的关键,同样还是深层次理解数据的关键(图7 - 34)。

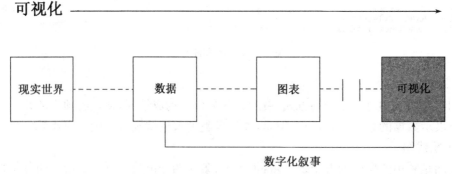

图 7 - 34　可视化核心:数字化叙事

如图 7 - 34 所示,优秀的作品都会以这种"数字化叙事"的方式,告诉用户数据的意义。

2. 不断迭代

当然,好的数据可视化图都是不断迭代优化出来的,判断是不是一个好的数据可视化可以按照以下的步骤去考虑:第一步,有什么数据;第二步,关于数据想知道什么;第三步,数据可视化的表现方式;第四步,看到了什么? 有意义吗? 每一个问题的答案都取决于前一个答案,不断地自问自答,每个环节有没有问题,这样才能做出最好的设计(图 7 - 35)。

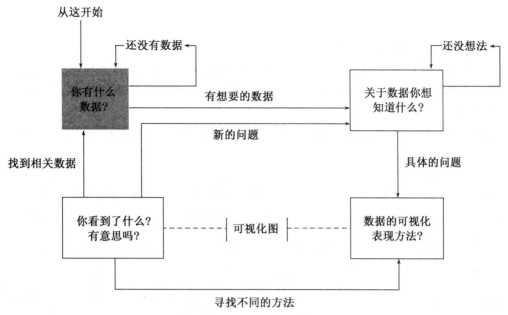

图 7 - 35　数据可视化的迭代过程

3. 了解受众

呈现数据前首先要做的是思考谁将查看这些数据，为找到合适的数据可视化方法，了解受众非常关键。尽管数据可视化通常是一种简化数据的方法，受众可能仍然存在不同的知识背景，需要为此做好准备。如果数据可视化的目标是专业受众，那么可以使用更适合的方法以及使用专业术语来解读数据。另一方面，普通受众可能需要相同的数据提供更加清晰的解释方式。同样重要的是，要知道受众对数据的预期，他们想要的关键点是什么。

4. 了解数据

除了知道目标受众，还需要了解数据的内涵。如果不完全明白数据，那么无法有效将其传达给受众。另外，没有人能够从数据中提取所有信息，所以，需要找到关键信息，并以一致的方式进行呈现。最后，还需要确定数据的正确性。

5. 保持简单

近年来，数据可视化发展迅猛，有很多工具和系统可供使用。接触不同的独特工具、方法和技术，但并不意味着都需要使用。换而言之，需要保持数据可视化方法简单明了，不要想包含太多的数据信息或使用过多不同的技术。拥有过多元素的可视化实际上会偏离数据，也会影响最终效果。数据可视化的好处是直观地呈现大量的数据，如果可视化看起来不够简单、明了、直观，那么就需要重新审视是否使用了错误的数据呈现方法或包含了太多冗杂的信息。

综上所述，数据可视化的目的有两个：一是更好地分享和传达数据信息；二是通过设计之美有效地缩短信息的传达，这是可视化的最根本的目的。可视化的定义在不同人的眼中是不一样的。作为一个整体，可视化的广度每天都在变化，但是这是一个新的领域，可以用一种全新的方式去认识世界的过程。数据可视化，改变对数据的呈现和思考方式，这也正是数据可视化设计的基本理念。

7.4.2 图表设计技巧

1. 选择合适的图表基本类型

各种图表类型都有通用的样式,更多地考虑如何选择常用图表来呈现数据,达到数据可视化的目标。基本方法:(1) 明确目标→(2) 选择图形→(3) 梳理维度→(4) 突出关键信息。

(1) 明确目标

明确数据可视化的目标,通过数据可视化要解决什么样的问题,需要探索什么内容或陈述什么事实。

(2) 选择图形

Andrew Abela 整理的图表类型选择指南图示,将图表展示的关系分为四类(图 7 - 36)。围绕目标找到能提供信息的指标或者数据,选择合适的图形去展示需要可视化的数据。

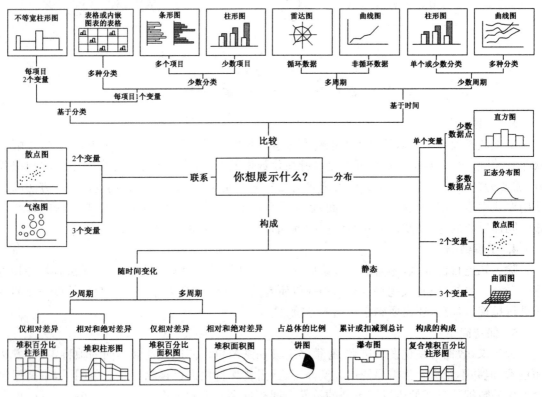

图 7 - 36 选择图形指南

(3) 选择维度

分辨哪些是有价值的值得关注的维度,选择数据展示的视角。基本图表的可用维度,如表 7 - 1 所示。

表7-1　基本图表维度一览表

类型	第1维度	第2维度	第3维度	第4维度	第5维度
柱状图	X轴	Y轴	颜色	宽窄	形状
饼图	面积/颜色				
折线图	X轴	Y轴	虚实	颜色	
条形图	X轴	Y轴	颜色	宽窄	形状
散点图	X轴	Y轴	面积	颜色	形状
地图	经度	纬度	颜色/面积	形状	

（4）突出关键信息

根据可视化展示目标，将重要信息添加辅助线或更改颜色等手段，进行信息的凸显，将用户的注意力引向关键信息，帮助用户理解数据意义。

以CPU使用率监控为例，可视化的目标就是检测CPU的使用情况，特别是异常使用情况。所以，图7-37中将100％最高临界线使用特殊的颜色和线形标志出来，异常的使用线段用颜色帮助用户识别。

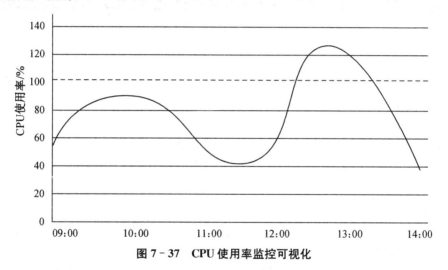

图7-37　CPU使用率监控可视化

2. 图表排布

在可视化展示中，往往有多组数据进行展示。通过信息的构图来突出重点，在主信息图和次信息图之间的排布和大小比例上进行调整，明确信息层级及信息流向，使用户获取重要信息的同时达到视觉平衡。常用的图表排布方式有四种主要方式，如图7-38所示。

图7-38　图表排布的四种方式

以扶贫展示项目为例，以地图的方式展示出扶贫的概况信息，两边排布扶贫的具体内容信息，在构图上突出主次。并在主要信息的背景上做动画处理，进一步加强信息层级及视觉流向的引导（图 7 - 39）。

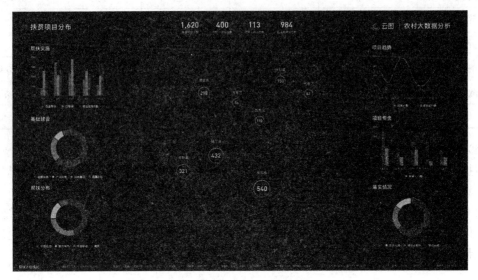

图 7 - 39　　图表排布示例

3. 动效设计

目前越来越多的可视化展示的数据都是实时的，所以动效在可视化项目中的应用越来越广泛，动效设计肩负着承载更多信息和丰富画面效果的重要作用。

（1）信息承载

在可视化设计中经常遇到，非常多的数据信息需要展示在一个大屏幕上。遇到这种情况，需要对信息进行合并整理或通过动画的方式，在有限的屏幕空间里承载更多的信息，使信息更加聚合，同时使信息展示更加清晰，突出重点。

（2）画面效果

增加细节及空间感，背景动效使画面更加丰富。单个图表的出场动画，使画面平衡而流畅，减少了图表在出现或数据变化时的生硬刻板。

数据可视化动画在设计上重要的原则是恰当地展示数据。动画要尽量简单，复杂的动画会导致用户对数据的理解错。动画要使用户可预期，可使用多次重复动画，让用户看到动画从哪里开始到哪里停止。

7.4.3　配色方案设计

由于图表的特殊性，数据可视化的配色方案和配色要求具有独特性。配色方案要充分考虑特殊人群对数据图的可读性。丰富的色系，至少 6 种才可满足图表应用的各种场景。同时配色需要有可辨识性，色彩选择需要有跨度。

1. 配色原则

（1）色调与明度的跨度都要大

要确保配色非常容易辨识与区分，它们的明度差异一定要够大。明度差异需要全局考虑，但是，有一组明度跨度大的配色还不够。配色越多样，用户越容易将数据与图像联系起来。如果能善加利用色调的变化,就能使用户接受起来更加轻松。对于明度与色调,跨度越大,就能承载越多的数据。

(2)使用渐变

无论需要两种颜色还是 10 种,渐变中都能提取出这些颜色,让可视化图表感觉自然,同时确保有足够的色调与明度差异。一个使用渐变的好方法就是:在 Photoshop 中拉辅助线到断点位置,与数据的数量对应上,然后持续对渐变进行测试与调整。

(3)使用配色工具

网上各种免费资源非常多,可以辅助设计出靓丽的可视化效果,例如:

● ColorHunt——高质量配色方案,能够快速预览。如果只需要 4 种颜色,这是绝佳的资源。

● Kuler——Photoshop 配色工具,Adobe 系列软件。

● Chroma. js——Chroma. js 是一个微型的 JavaScript 库,适用于各种颜色处理的、可实现各种颜色的转换和色阶处理。

● Color brewer——地图配色利器。如果对基于地图的可视化配色方案感到困惑,这个在线工具非常实用。

(4)通用配色技巧

关于配色,还有一些小技巧可供参考。例如:遵循公司既定的品牌风格;根据数据描述的对象来定(如果数据描述的是咖啡,则可以考虑使用咖色系);使用季节或者节日相关主题的色彩;如果没有好的思路,就多使用万能的"灰色"和阴影[1]。

2. 背景色定义

配色体系分为深色底、浅色底、彩色底的图表设计。背景色的选择与可视化展示的设备相关。

(1)首页背景色

在首页普遍用黑色(深色)作为底色,以减少屏幕拖尾,观众在视觉上也不会觉得刺眼。所有图表的配色需要以深色背景为基础,以保证可视化图的清晰辨识度。色调与明度变化需要有跨度(图 7 - 40)。

图 7 - 40 淘宝 2015 年"双十一"的首页设计

[1] 知乎.怎样进行大数据的入门级学习[EB/OL]. (2017 - 10 - 30). https://www. zhihu. com/question/24761255/answer/228009507.

（2）中小屏背景色

中小屏幕（例如手机屏幕）显示选择范围就比较广，浅色、彩色、深色均可以做出很好的设计，但是相比之下，浅色底会使数据更加突出。中小屏幕浅色、深色、彩色设计，如图 7 - 41 所示。

图 7 - 41　中小屏背景色设计

3. 图表色定义

在图表的颜色运用上，色彩是最直接的信息表达方式，往往比图形和文字更加直观地传递信息，不同颜色的组合也能体现数据的逻辑关系。

（1）色彩辨识度

要确保配色非常容易辨识与区分，对于使用单一色相配色，明度差异需要全局考虑，明度跨度一定要够大。可以在灰度模式下测试配色的辨识度。

（2）色彩跨度

多色相配色在数据可视化中是相当常见的，多色相配色使用户容易将数据与图像联系起来。

（3）带明度信息的色环

当需要的颜色较少时，避免使用相近的色相同类色和相近色，尽量选择对比色或互补色，这样可以使不同属性数据在图表中展示更加清晰。例如：美国大选，使用红色和蓝色两种对比色，将清晰地将选票结果展示于地图上（图 7 - 42）。

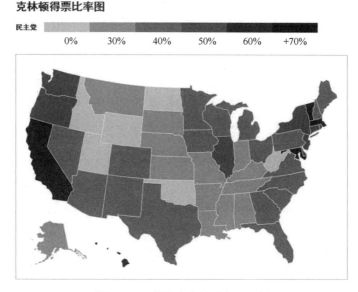

图 7 - 42　美国大选结果色环示例

当图表需要的颜色较多时，建议最多不超过 12 种色相。通常情况下人在不连续的区域内可以分辨 6～12 种不同色相。过多的颜色对传达数据没有作用，反而会让人产生迷惑。

7.4.4　字体设计

文字是数据可视化的核心内容之一，文字和数字是数据信息传达的重要组成部分，为了更加清晰、精确地传达信息、增加信息的可读性，从字体选择到字体大小、字体间距，都有特定的要求。

1. 字体选择

（1）辨识度

UI 设计中使用无衬线字体是 UI 界的共识，但是对于数据可视化设计而言，字体大小的跨度可以非常大，所以在无衬线字体中需要选择辨识度更高的字体。大的宽度比值和较高的 x-height 值的字体有更高的辨识度，选择字母容易辨识，不会产生歧义的字体，更有利于用于数据可视化设计。图 7 - 43 列出了不同字体下的辨识度。

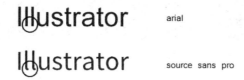

图 7 - 43　不同字体下的辨识度

（2）更加灵活的字体

字体需要更加灵活，应该支持尽可能多的使用场景，数据可视化项目经常显示在不同大小、不同的终端上，需要选择更加灵活的字体可以在低分辨率的小屏或超大屏幕上运行良好。

（3）字间距

宽松的字母间距（字母之间的间距应小于字偶间距）和合适的中文字间距。

2. 字体大小

文字的可读性对数据可视化起着至关重要的作用,设置小字体的极限值,以保证在最小显示时不影响对文字的辨认与阅读。

3. 中西文间隔

中西文混排时,要注意中文和西文间的间隔,一般排版的情况都是中文中混排有西文,所以需要在中西文间留有间隔,帮助用户更快速地扫视文字内容(图7-44)。

字体 Arial 的设计　　　　字体Arial的设计

共计 542 个设计　　　　共计542个设计

　(a) 未添加间隔　　　　　　(b) 添加间隔

图 7 - 44　中西文间隔示例

7.4.5　应用场景设计

1. 大屏

大屏,就是指通过整个超大尺寸的 LED 屏幕来展示关键数据内容。随着许多企业的数据积累和数据可视化的普及,大屏数据可视化需求正在逐步扩大,例如一些监控中心、指挥调度中心这样需要依据实时数据快速做出决策的场所,以及如企业展厅、展览中心之类以数据展示为主的展示场所,还有如电商平台在大促活动时对外公布实时销售数据来作为广告公关手段等,而具体的展示形式又可能分为带触摸等交互式操作或只是做单向的信息展示等。

2016 年淘宝"双十一"购物狂欢节现场,采用实时数据大屏,带给观众更加准确、震撼和清晰的体验(图7-45)。

图 7 - 45　2016 年淘宝"双十一"现场大屏

2. 触摸屏

作为实现交互式数据可视化的方式之一,触屏设备常常用作控制大屏展示内容的操作设备(其中也包括手机和平板),也可以兼顾显示和操作一体来单独展示数据,大大增加了用户与数据之间的互动程度。图7-46列出了触摸屏与3D可视化相结合的数据可视化。

图 7 - 46　触摸屏与 3D 可视化相结合的可视化

3. 网页

目前应用于数据可视化方面的网页技术可以说是琳琅满目，如 D3. js、Processing. js、Three. js、ECharts（来自百度 EFE 数据可视化团队）等，这些工具都能很好地实现各类图表样式，而 Three. js 作为 WebGL 的一个第三方库则相对更侧重于 3D 方向的展示。如图 7 - 47 所示，通过网页方式展示了 1992—2010 年内世界小型武器和弹药的进出口贸易数据，还可以通过鼠标点击等方式，进行互动。

图 7 - 47　1992—2010 年内世界小型武器和弹药的进出口贸易数据展示①

4. 视频

有数据显示，人的平均注意力集中时间已从 2008 年的 12 秒下降到 2015 年的 8 秒，这并不奇怪，在面对越来越多的信息来源时，人会自然倾向于选择更快捷的方法来获取信息，而人类作为视觉动物天生就容易被移动的物体吸引，所以视频也是数据可视化的有效展示手段之一，并且视频受到展示平台的限制更少，可以应用的场景也更广。但是，因为其不可交互的特性，视频展示更适合将数据与更真实、更艺术的视觉效果相结合，预先编排成一个个引人入胜的故事向用户娓娓道来。如图 7 - 48 所示，腾讯视频播放的地球交通路线发展史。

---

① Chromeexperiments. Small arms and ammunition-Imports & Exports［EB/OL］. (2017 - 12 - 22). http://armsglobe. chromeexperiments. com.

图 7 - 48　地球交通路线发展史视频截图

5. 虚拟现实等综合场景

遗憾的是,仅有以上这些展示方式是不够的,人眼仅仅透过平面的屏幕来接收信息仍然存在着限制,VR、AR、MR、全息投影……这些当下最火热的技术已经被应用到游戏、房地产、教育等各行各业,可以预见的是数据可视化也能与这些技术擦出有趣的火花,比如带来更真实的感官体验和更接近现实的交互方式,使用户可以完全"沉浸"到数据之中。可以想象一下,当以360 度全方位的角度去观看、控制、触摸这些数据时,这种冲击力自然比面对一个个仅仅配着冷冰冰的数字的柱状图要强得多。而在不远的未来,触觉、嗅觉甚至味觉,都可能成为接受数据和信息的感知方式。

如图 7 - 49 所示,DeathTools 将新闻事件中抽象的死亡人数数据变成一具具尸体摆放在VR 空间中,给用户更直观的冲击。

图 7 - 49　DeathTools 新闻事件的可视化

综上,数据可视化是一门同时结合了科学、设计和艺术的复杂学科,其核心意义始终在于清晰的叙述和艺术化的呈现,这些需要依靠数据分析师和设计师的精心策划而不是仅有炫酷的效果,最终达到帮助用户理解数据和做出决策的目标,才能发挥它巨大的价值和无限的潜力。

7.5　数据可视化的改进

7.5.1　总体思路

1. 以更细化的形式表达数据

首先,对比一个相对简单的静态可视化图表(图7－50,不安全流产率百分比估计)和一个更复杂的可视化图表(图7－51,1986到2013年间172个国家的移动电话、固话和互联网的订购数量与容量)。

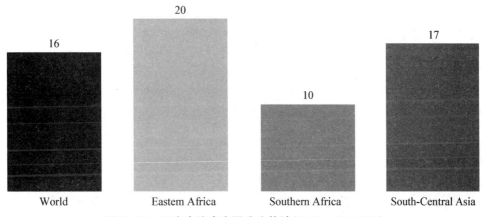

图 7－50　不安全流产率百分比估计(SciDev. Net 2016)

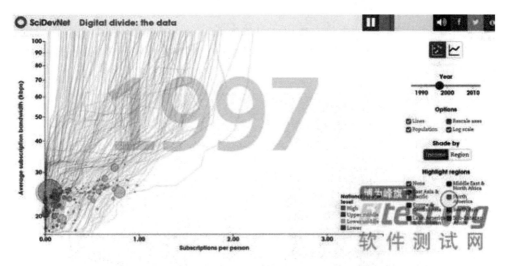

图 7－51　移动电话、固话和互联网的订购数量与容量可视化(SciDev. Net 2015)

图7－50是一个数据量较少的静态可视化图表,可以通过4根柱状图的对比快速得到信息;而显而易见的是,图7－51的数据量大大超出了图7－50,不仅有一百多个国家的数据变化,还包含不同的年份对比。更庞杂的数据量,要求设计者通过更加细化的方式来呈现数据,所以可以看到图7－51以折线图为基础,结合了气泡的动态变化、语音说明,还包括让读者通过交互操作来选择展示哪些数据,才得以恰当和全面地展示这份数据,从而更完整地讲述一个故事。

2. 以更全面的维度理解数据

"随着大数据技术成为我们生活的一部分,我们应该开始从一个比以前更大、更趋全面的角度来理解事物。"这句话来自《大数据时代》,作者的原意是要求在大数据时代应该舍弃精确性的数据,而去接受更全面但是也更混杂的数据,这同样可以用来形容未来在数据可视化方面可以进步的方向①。

众所周知,人类的视觉认知能力是有限的,类似图 7-52 这样的高密度可视化图形,每个节点代表一个 Wiki 页面,每一根线代表页面之间的连接(维基百科链接结构可视化)。虽然看似丰富和具有"艺术感",可中间重叠连接的数据往往导致图形变得复杂和难以理解。

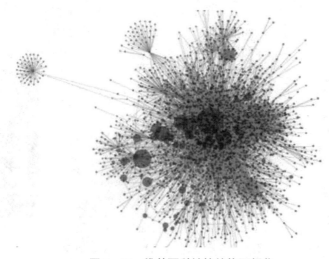

图 7-52 维基百科链接结构可视化

但是,如图 7-53 所示,如果读者可以通过放大或缩小星系、调整视角、甚至像飞进了这些星球之间一样去观察它们,点击它们查看详细介绍……这样一个更"立体"的数据展示,显然可以更好地帮助读者去理解这些信息。

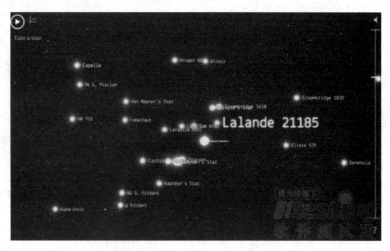

图 7-53 星球信息的可视化

---

① 36 大数据. 遇见大数据可视化:未来已来,变革中的数据可视化[EB/OL]. (2017-06-16). http://www.51testing.com/html/98/n-3718998.html.

如今,用户逐渐已不再满足于平面和静态的数据可视化视觉体验,而是越发想要"更深人"去理解一份数据,传统的数据可视化图表已不再是唯一的表现形式,现代媒介和技术的多样性,能够感知数据的方式也更加多元。

3. 以更美的方式呈现数据

艺术和数据可视化之间一直有着很深的联系,随着数据的指数级增长和技术的日趋成熟,一方面,用户们对可视化的美学标准提出越来越高的要求;另一方面,艺术家和设计师们也可以采用越来越创造性的方式来表现数据,使可视化更加具有冲击力。纵观历史,随着用户接受并习惯了一种新的发明后,接下来就是对其进行优化和美化,以配合时代的要求,数据可视化也是如此,因为它正在变得司空见惯,良好的阅读体验和视觉表现将成为其与竞品所区分的特征之一。例如,CNN ECOSPHERE 项目将"里约+20"地球峰会期间的 Twitter 话题汇集成星球上的一颗颗大树(图 7-54)。

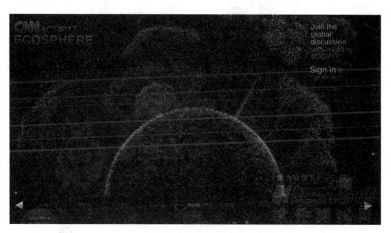

图 7-54 "里约+20"地球峰会期间的 Twitter 话题

7.5.2 图表改进思路

1. 整体图表的改进思路

注重在配色、字体、布局等方面的细节规范、美化与调整。具体包括:

● 尽量使用成熟的配色,因为颜色的明度过高或者过低,都会直接影响图表的专业程度。

● 尽量使用辨识度比较高的字体(如微软雅黑),避免使用衬线字体、书法字体(图7-55)。

● 设计规整平衡的版式,通过对比、紧密、重复、对齐等排版原则,提升图表的观看体验(图 7-56)。

● 尽量淡化网格线,去除多余的网格线,因为网格线过多、过密都会影响主要信息的传递效率。

● 纵坐标的标题,需要横向排列,避免出现斜向或者旋转的文字,影响图表的阅读速度。

● 尽量避免使用 3D 图,因为 3D 图表有时会造成理解上的偏差。数据展示不准确,可以把 3D 图表改为 2D 图表。

● 突出图表想表达的重点。例如,在标题中写明观点,可以帮助受众高效、理解图表;也可以在图形上直接标注出重点信息,避免受众猜测图表的意思(图 7-57)。

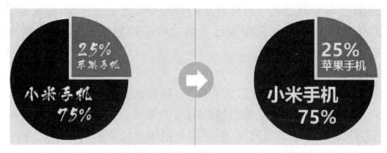

图 7‑55　选择合适的字体

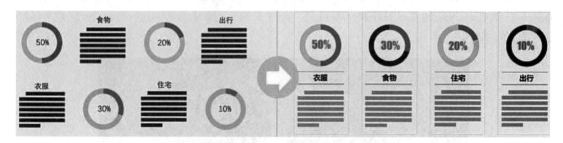

图 7‑56　选择合适的版式、布局

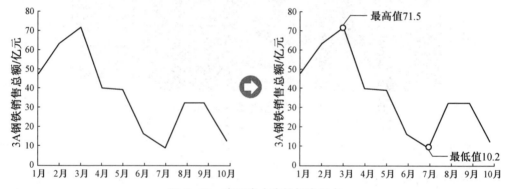

图 7‑57　在图表中直接标出重点

2. 具体图形的改进思路

(1) 柱状图

可以通过加粗柱形,使受众直接接收想传递的信息;严格控制颜色数量,因为颜色过多起不到强调的作用,反而使图表过于花哨;当横坐标不是时间序列时,按照数量大小排列柱状图,方便受众;拒绝斜向的横坐标标签,因为这样不仅不利于阅读,也占据了图表过多的版面;简化纵坐标轴标签,不要出现过多的零,同时需要标明单位。

(2) 折线图

直接在折线旁边标出类别名称,避免受众一一对应折线和名称,因为这样经常会出错;如果折线过多,可以拆分成多个折线图分开展示,因为线条过多时除了表现数据有很多类别之外毫无用处(图 7‑58);折线图适合表现时间序列上的趋势变化,对于非时间类别的数据,显示效果并不理想,应该尽量避免;合适的场景下可以把线条适当加粗,提高数据墨水比,帮助受众加深印象;谨慎使用虚线,因为虚线一般表示预测值。

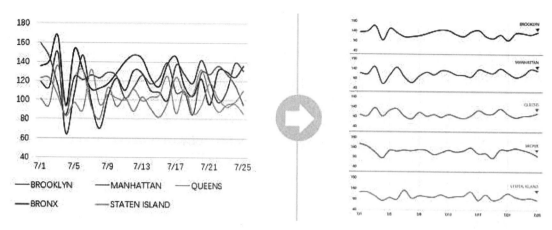

图7-58　折线图中线条太多分开展示

（3）扇形图

控制没有意义的颜色，避免图表过于花哨；可以使用同色系的颜色，通过深浅表现数据大小，用不同颜色突出某一数量；控制扇形的数量，因为扇形数量太多影响扇形之间的大小对比，一般而言，扇形数量以2～7个为宜；可以按照顺时针方向进行大小排序，改善扇形图显示效果；避免受众一一对应扇形与名称，可以直接在扇形内部标上名称；尽量不把扇形完全分离，因为分离的作用是为了强调，否则毫无意义（图7-59）。

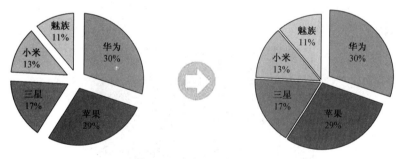

图7-59　扇形不完全分离

（4）其他图形

谨慎使用气泡图宽度表示大小，因为宽度表示气泡大小，会造成大小差距悬殊，不利于数据的正确表现；面积图、气泡图和雷达图，可以适当调整透明度，避免遮挡。

延伸阅读思考：《卫报》的数据可视化与数据新闻

2006年6月13日，《卫报》宣布了"网络优先"的报道策略，要求所有的稿件先在网络上发布，然后才在纸质版本上登出。

2009年《卫报》开创了"数据博客"，可谓数据新闻发展的一个里程碑。这个设于《卫报》网站上的独特栏目从2009年1月14日上线至2013年5月，共制作各类数据新闻2500多则。涵盖政治、经济、体育、战争、灾难、环境、文化、时尚、科技、健康等不同领域，采取的形式有图表、地图以及各种互动效果图，数据类型既有量化数据也有质性数据，还有两者兼顾的混合数据。现在不少钟情于数据新闻的国际媒体均采取了类似的形式，如《洛杉矶时报》的"数据桌"

(data desk)等。

目前,数据新闻的分析与可视化的不少工作都可以采用开放源代码的软件工具实现,如用于互动图表的 Google chart、Google map、IBM Many Eyes、Tableau、Spotfire;用于基于时间顺序的时间线类作品的 Dipity、Timetoast、Xtimeline、Timeslide;用于基于地理信息的 Google earth、Quanum GIS;用于网络分析的 Spicynodes、VIDI、NodeXL;用于社交媒体可视化的 Storify;用于文本可视化即标签云的 Wordle、Tagxedo 等。

《卫报》在早期大量使用 Flash 作为主要的技术支持手段来实现动态效果,但 2012 年 10 月之后,几乎不再制作这类作品。这也是近年来数据新闻制作的一个趋势,主要是由于 Flash 技术与部分移动网络终端不能完全兼容,加之软件成本昂贵,反而各类免费软件成为制作数据新闻的主力军。

数据新闻及其可视化可以采取变化万千的不同形式,在《卫报》的实际操作中使用最多的主要是数据地图、时间线和交互性图表。

1. 数据地图

让《卫报》数据新闻一鸣惊人的是 2010 年 10 月 23 日刊登的一则伊拉克战争日志。《卫报》使用来自维基解密的数据,借用谷歌地图提供的免费软件 Google Fusion 制作了一幅点图(Dot Map),将伊拉克战争中所有的人员伤亡情况均标注于地图之上。地图可以缩放大小,数据多达 39.1 万条左右。在地图上一个红点便代表一次死伤事件,鼠标点击红点后弹出的窗口则有详细的说明:伤亡人数、时间、造成伤亡的具体原因(图 7-60)。这里既没有用枯燥的数字做毫无人性的平静描述,也没有采取夸张的文字进行煽情式的叙述,但地图上密布的红点却显得格外触目惊心。新闻从业者富于人性的思索通过精准的数据和适当的技术被传达出来。

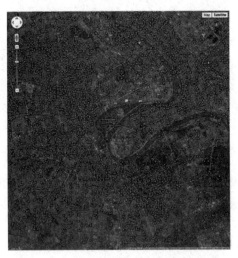

图 7-60　伊拉克战争中人员伤亡情况图

此则新闻刊登后在英国朝野也确实引起了震动,相当程度上推动了英国最终做出撤出驻伊拉克军队的决定。

《卫报》团队在制作数据地图时一般会采用 Google Fusion 作为主要的工作软件,将包括地理信息如经纬度在内的各类数据,整理成表单形式,在导入 Fusion 后,就可以使用软件自带的功能导出地图。

2. 时间线

如果说数据地图在展现数据基于地理或空间的分布时大展身手,时间线则能在表现数据在时间维度的演变时大显神威。

如伦敦骚乱报道中使用的时间线(图7-61),读者拖动其下方的时间滑动条,可以动态地见到骚乱发生时不同时间段的主要事件,点击事件的图标,侧面则会弹出详细的事件描述。

从叙事角度来说,大部分的新闻叙事其实都是基于事件发生和发展的时间序列而讲述的。当讲述的时间跨度较长或是事件众多繁杂之时,传统的新闻文本式叙述就有可能力不从心。如果将众多事件视作数据,就可以使用专门的软件制作成基于时间线的可交互的动态作品。采用时间线的形式,也可以使得众多新闻事件之间的时间顺序甚至因果关系更明晰地凸显出来。因此,时间线不仅使作品信息量增大,而且沉浸感增强,可以供读者持续阅读与使用,让新闻阅读变得如玩电脑游戏一般,使受众大大增强了参与感。

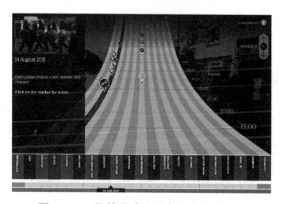

图7-61　伦敦骚乱主要事件的时间线图

制作时间线,并不是手工将事件逐一添加,而是先将事件的相关信息如发生时间、事件描述制作成表单文件,再使用专门的软件生成的。

3. 交互性图表

不少传统媒体在报道涉及财政经济方面的话题时,都尝试过使用界面友好的图表来取代枯燥的数字进行阐释。数据新闻的概念被广泛采用之后,使用各类图表变得更为灵活多变。一方面,尝试使用各种富有创意的图表来说明海量的大数据,如泡泡图、树图;另一方面,借助网络和其他数字平台,使用交互性强的图表形式。

如2011年10月《卫报》推出的关于政府各部门开支的报告堪称经典。数据编辑制作了一个动态的图表,点击后可以通过缩放效果看到不同部门花费之间的对比。而同时制作的一幅静态图,则以大小不同的气泡和不同的层级,简单明了地说明了政府财政开支的分配情况。

当然,数据地图、时间线与交互图表并不是数据可视化的全部,也不是数据新闻的全部,仅就可视化而言,还有不少表现形式,如层级图、社会关系网络图、标签云等。近几年十分流行静态的信息图,虽然有些研究者并不将其视为数据可视化,但也是数据新闻中重要的表现手段,它与传统平面媒体新闻实践中图文并茂表现数据的方式非常接近,不过《卫报》较少使用信息图。

实验七:数据图表规范化和美化

一、实验目的

数据可视化,可以更好地发现数据之间的规律。以大数据魔镜为例,它拥有超过 500 多种可视化效果,包括示意图、地图和标签云图。通过本实验,运用魔镜的可视化分析台,对数据进行可视化分析;通过仪表盘完成新建图表、调整图表布局、设置图表联动等操作。

二、实验准备

将 Leric's blog 网站分析". xls"文件导入魔镜平台,将其转入"技术对象",创建业务包,将"技术对象"转入"业务对象",同时创建"维度"和"度量"。

三、实验内容

1. 创建可视化图形

第一步,点击导航栏中的"数据分析",进入数据可视化分析台;

第二步,用鼠标将"维度"中的"网站版块"和"度量"中的"浏览时长"分别拖拽到可视化分析平台的"行"和"列"上,选择右侧可视化图标库,形成"标准柱状图"类型(图 7 - 62)。

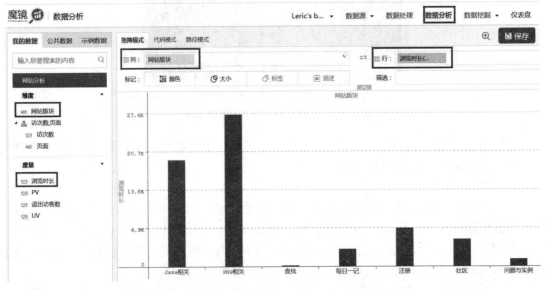

图 7 - 62   "标准柱状图"示意图

2. 优化可视化图形

分析图 7 - 62 不难发现:第一,柱状图"高低起伏",虽然直观发现"PHP 相关"的版块浏览时长最长,但是整个柱状图排列不齐整;第二,柱状图没有显示标志;第三,柱状图颜色单一;第四,柱状图的项目较少,可以调整柱子的粗细,使得屏幕空白处适当减少。这些优化,都可以通过"标记"的"颜色""大小""标签"和"描述"来进行优化。

(1)颜色

颜色标记不同的值,不同的颜色标记不同的维度值,颜色的深浅标志度量的大小,颜色标记除放射树状图外其他图形只能拖入 1 个维度,再拖入颜色,替换之前的字段。将维度或度量拖入颜色,对颜色进行编辑,默认 20 个颜色循环使用,可进行自定义切换色方案。

　　将"维度"中的"网络版块"拖入"颜色"，可以看到不同的颜色标记不同的区域，如图 7-63 所示。

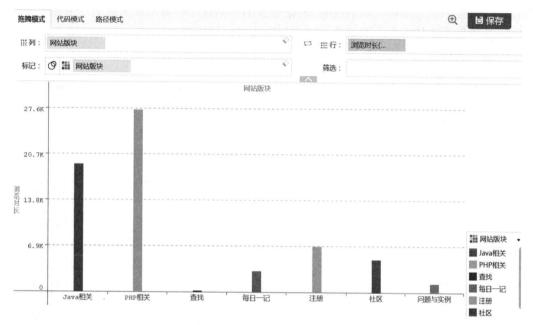

图 7-63　将维度"网络板块"拖入"颜色"

（2）大小

　　调整图表及相应元素的大小，自动适配美观显示。若图表是线图类型，则调整线条的粗细；若图表是柱图类型，则调整柱形的大小。将"度量"中的"浏览时长"拖入"大小"，按正序方式排列，如图 7-64 所示。

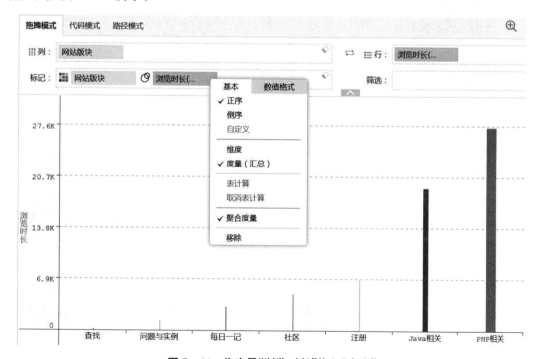

图 7-64　将度量"浏览时长"拖入"大小"

（3）标签

将维度拖入"标签"显示维度值，将度量拖入"标签"显示度量值，"标签"内只能显示一个字段，度量或维度。显示度量值或维度值，根据图形的不同选择性显示相关度量的度量名。在柱形图中，标签显示在柱形中。本例中，将"维度"中的"网络版块"拖入"标签"并点击"大小"调整柱形图粗细，如图 7-65 所示。

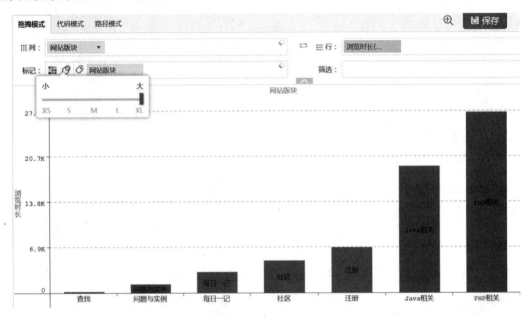

图 7-65 将维度中的"网络版块"拖入"标签"

（4）描述

描述，即详细信息，鼠标悬停时显示的详细信息。本例中，将"网络版块"和"浏览时长"分别拖入"描述"，然后将鼠标悬停在柱形图中，就可以看到它们更详细的信息，如图 7-66 所示。

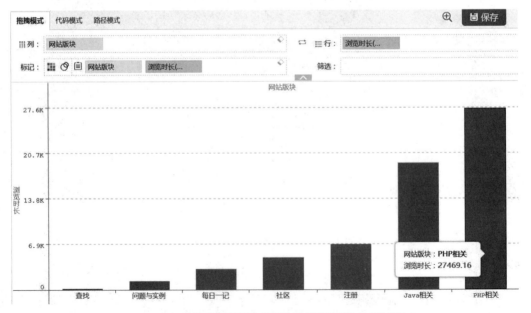

图 7-66 将"网络版块"和"浏览时长"分别拖入"描述"

（5）行列转置

行列转置，点击转置按钮，如图7-67中红色标记处，交换"行"和"列"上的字段。

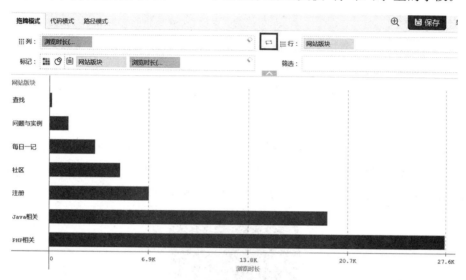

图7-67　转置后的"行"和"列"

（6）筛选器

通过设置筛选器用来缩小显示在视图中的数据范围。通过选择特定维度成员或特定度量值范围，可以定义筛选器。将需要筛选的字段以拖动的方式，从左侧边栏的字段列表拖动到页面中间的筛选器中，点击右侧的下拉标签，就可以进行筛选了。

3. 保存图表

单击导航栏下方的保存图标" 🖫 "，打开"保存"图表对话框，如图7-68所示。输入图表名称，并选择保存到仪表盘，单击"确认"即可保存图表。

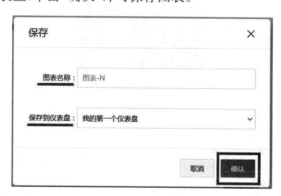

图7-68　保存图表

4. 仪表盘的建立与优化

魔镜仪表盘是由一个个统计图表组合而成的，相当于一个绚丽的统计分析报告。仪表盘也是一个项目的基本组成单位，用户可在仪表盘上进行新建图表、调整图表布局、设置图表联动等操作。

（1）创建和进入仪表盘

点击导航栏"仪表盘"，选择相应的项目，即可进入项目仪表盘，默认进入第一个仪表盘界面，如图 7‑69 所示。

图 7‑69　创建和进入仪表盘

（2）仪表盘的编辑

单击屏幕左上侧的 ⊞，即可进入仪表盘的编辑功能栏，如图 7‑70 所示。不仅可以完成仪表盘的"布局设置""配色设置""背景设置"，还可以通过"图标库""文字组件"完成个性化设置；不仅可以完成仪表盘中图表的添加与优化，也可以完成"图表联动"。

图 7‑70　仪表盘的编辑菜单

（3）仪表盘中图表的优化

仪表盘中图表的优化，是通过图表编辑操作完成的。当鼠标移动到仪表盘图表上时，该图标的右上角会出现 ⊙ 和 ☰。⊙ 表示可以对图表的格式进行编辑（图 7‑71）；☰ 表示可以对图表进行优化，包括重命名、删除图表、编辑图表、复制图表、编辑备注（标记/备注）、全屏显示、导出（图表数据/仪表盘数据/图表为图片/仪表盘为图片）、生成数据表（图 7‑72）。

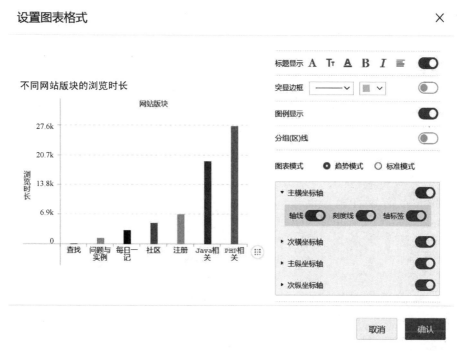

图 7－71 仪表盘中图表格式设置对话框

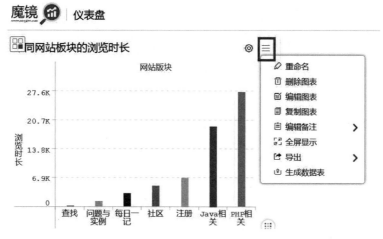

图 7－72 仪表盘中图表的编辑菜单

实 训 篇

第一章　财务数据分析

1.1　实训背景知识

　　财务分析,又称财务报表分析,是通过收集、整理企业财务会计报告中的有关数据,并结合其他有关补充信息,对企业的财务状况、经营成果和现金流量情况进行综合比较和评价,为财务会计报告使用者提供管理决策和控制依据的一项管理工作[①]。

　　财务目标,是指财务活动在一定环境和条件下应达到的根本目的;是评价财务活动是否合理的标准,它决定财务管理的基本方向。财务目标之所以重要,因为它是财务决策的准绳、财务行为的依据、理财绩效的考核标准,明确企业的目标对加强企业管理、不断提高企业经济效益、促进两个根本转变,都有极其重要的意义[②]。

　　财务分析这个题目看似很简单,好像做财务的或者与数据打交道的总能说出一些与分析有关的理论来;但真正要系统地、深入地做好分析,首先要懂业务,其次要懂财务。换而言之,先搞懂业务循环,再通过财报数字去验证业务。

　　财务分析是一项层次高、要求高的工作,设置了专职岗位的通常都是规模达到一定程度的公司。做好财务分析,需要对财务业务有深入的了解、严密的逻辑思维、对数据极高的洞察敏感、数据的深入挖掘能力、极强的报告沟通能力等。一篇好的分析报告需要严谨的逻辑、详实而简明的论据、清晰的结论、对使用者有实质帮助的建议等。从职业发展角度看,财务分析的工作可以帮助全面了解公司财务、业务情况,对未来的发展帮助很大;从个人发展看,即使没有做专职财务分析,在空余时间能做几篇有价值的分析报告呈现给领导,也会对个人能力的提升、职位上升有很大的帮助。

1.2　实训简介

　　本实训通过定量研究某公司 6 月份的财务数据,可视化查看该公司 6 月份各类费用支出情况和收入情况,进而根据已有数据对该公司 6 月份财务管理情况进行分析,并制作仪表盘。

1.2.1　原始数据情况

　　数据情况如图 1－1 所示。

---

　　① 百度百科.财务报表分析[EB/OL].(2017－09－21).https://baike.baidu.com/item/%E8%B4%A2%E5%8A%A1%E6%8A%A5%E8%A1%A8%E5%88%86%E6%9E%90/461.

　　② 百度百科.企业财务目标[EB/OL].(2017－09－21).https://baike.baidu.com/item/%E4%BC%81%E4%B8%9A%E8%B4%A2%E5%8A%A1%E7%9B%AE%E6%A0%87/11038151.

	A	B	C	D	E	F	G
1	科目代码	科目名称	日期	业务日期	凭证字号	费用内容	金额
2	5501	营业费用	2016/6/30	2016/6/30	记-102	计提6月工资	16.20
3	5501	营业费用	2016/6/30	2016/6/30	记-102	计提6月工资	33.82
4	5501	营业费用	2016/6/30	2016/6/30	记-105	支付6月社保公积金	15.26
5	5501	营业费用	2016/6/30	2016/6/30	记-105	支付6月社保公积金	18.25
6	5502	管理费用	2016/6/1	2016/6/30	记-1	支付住宿费及机票	15.80
7	5502	管理费用	2016/6/2	2016/6/30	记-2	支付住宿费及交通费	15.19
8	5502	管理费用	2016/6/3	2016/6/30	记-3	支付工作点心等	15.22
9	5502	管理费用	2016/6/4	2016/6/30	记-4	支付培训费用	15.04
10	5502	管理费用	2016/6/5	2016/6/30	记-5	支付业务招待费	15.20
11	5502	营业费用	2016/6/6	2016/6/30	记-5	支付餐费及交通费	15.52
12	5502	营业费用	2016/6/7	2016/6/30	记-5	支付住宿费	15.08
13	5502	管理费用	2016/6/8	2016/6/30	记-5	支付办公用品	15.05
14	5502	管理费用	2016/6/9	2016/6/30	记-6	支付机票及火车票、住宿费、餐补、交通补贴	15.67
15	5502	管理费用	2016/6/10	2016/6/30	记-6	支付电话补贴	15.18
16	5502	管理费用	2016/6/11	2016/6/30	记-6	支付机票及火车票、住宿费、餐补、交通补贴	15.47
17	5502	管理费用	2016/6/12	2016/6/30	记-6	支付机票及火车票、住宿费、餐补、交通补贴	15.47
18	5502	管理费用	2016/6/13	2016/6/30	记-6	支付招待费	15.10
19	5502	营业费用	2016/6/14	2016/6/30	记-6	支付床上用品	15.17
20	5502	营业费用	2016/6/15	2016/6/30	记-7	支付交通费	15.04
21	5502	管理费用	2016/6/16	2016/6/30	记-8	支付招聘费	15.97

图1-1　财务原始数据截图

1.2.2　实训分析过程

首先,确定问题。通过对费用明细、费用内容数据等,了解企业的月度财务状况。

其次,分解问题。将大问题分解为小问题:(1)各类费用金额;(2)各类费用支出比重;(3)6月份费用支出的变化趋势。

最后,评估总结问题。通过费用细分、时间等进行评估,并发现规律性的现象、问题。

1.3　实训过程

1.3.1　新建项目

进入魔镜系统,点击"新建应用"按钮,在出现的对话框中,选择"添加新数据源",单击"确认"按钮,出现如图1-2对话框,选择"文本类型"中的Excel数据源,点击"下一步"。

图1-2　新建项目中的选择数据源界面

1.3.2　数据导入

在新出现的界面中,单击"点击选择文件"按钮,通过浏览选择"公司 2016 年 6 月费用.xlsx",数据导入成功后,将其命名为"公司 2016 年 6 月费用分析",点击"保存"按钮(图 1-3)。

123 科目代码	ABC 科目名称	📅 日期	📅 业务日期	ABC 凭证字号	ABC 费用内容	
5,501	营业费用	2016-06-30	2016-06-30	记-102	计提6月工资	16.201
5,501	营业费用	2016-06-30	2016-06-30	记-102	计提6月工资	33.818
5,501	营业费用	2016-06-30	2016-06-30	记-105	支付6月社保公积金	15.257
5,501	营业费用	2016-06-30	2016-06-30	记-105	支付6月社保公积金	18.252
5,502	管理费用	2016-06-01	2016-06-30	记-1	支付住宿费及机票	15.799
5,502	管理费用	2016-06-02	2016-06-30	记-2	支付住宿费及交通费	15.186
5,502	管理费用	2016-06-03	2016-06-30	记-3	支付工作点心等	15.216
5,502	管理费用	2016-06-04	2016-06-30	记-4	支付培训费用	15.041

图 1-3　数据导入界面

1.3.3　数据处理

点击"数据处理"菜单,进入"数据处理"页面,完成快速分组等数据处理工作。

1. 快速分组

如图 1-4 所示,点击"快速分组",在出现的"快速生成业务分组"对话框中,选择"公司2016 年 6 月费用"(图 1-5),拖拽至编辑栏,点击"确认"按钮,完成业务快速分组。

图 1-4　数据处理中的"快速分组"界面

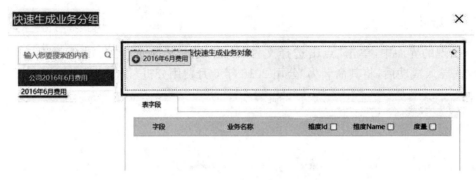

图 1-5 "快速生成业务分组"对话框

2. 建立分组字段

对"维度"中的"费用内容"进行细分,建立分组字段。具体操作为:点击"费用内容"右侧下拉脚标,选择"创建"—"组字段"(图 1-6);在出现的"创建组"对话框中,单击选中"支付交通费""支付交通费及伙食费""支付交通费及餐费""支付住宿费及交通费"等,单击"分组"按钮,将自动出现的"分组 1"命名为"交通费",选择"√"进行确认,就建立了"交通费"组(图 1-7)。以此类推,就将费用内容分为不同的组——交通费、餐费、办公用品、通信费、工资、公积金、加班费、会务培训、服务费、团建、其他。

图 1-6 创建"组字段"界面

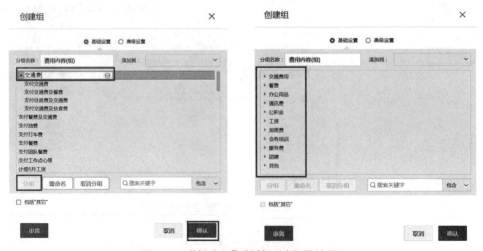

图 1-7 "创建组"对话框(过程及结果)

3. 建立"科目,费用内容(组)"分层结构

操作方法:将"维度"中的"科目"拖拽至"费用内容(组)"之上,弹出"创建分层结构"对话框,点击确定即可建立分层结构,如图 1-8 所示。

图 1-8　建立分层结构界面

1.3.4　数据分析

点击"数据分析",进入可视化分析界面(图 1-9),进行各项指标的可视化分析。

图 1-9　可视化分析界面

1. 分析各科目费用金额

选择右侧图表中的"数字图 1",根据提示,将"金额"拖入标记栏-标签,将"科目"拖入标记栏-描述,将"科目"拖入筛选栏,筛选出管理费(图 1-10)。最后,调整"金额"数值格式,去除小数(图 1-11)。

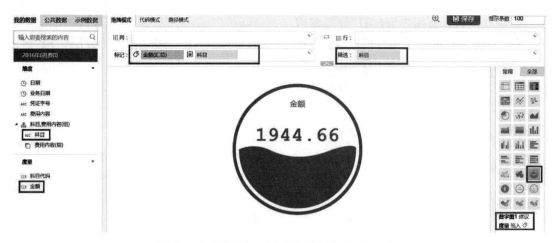

图 1-10 基于"数字图 1"的管理费用可视化图

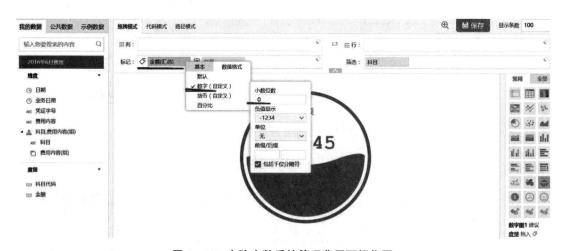

图 1-11 去除小数后的管理费用可视化图

单击"保存"按钮,将该可视化图形命名为"管理费用",并保存至仪表盘。此时,页面跳转到仪表盘,在仪表盘左侧菜单中选择"数据分析",进入可视化分析台。按照图 1-10 和图 1-11 的步骤,继续汇总营业费,如图 1-12 和 1-13 所示。

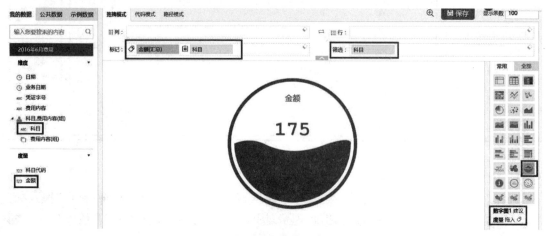

图 1-12 去除小数后的营业费用可视化图

图 1 - 13　营业费用图的保存

通过上述两个图形，可以清晰地得出管理费用、营业费用金额。

2. 分析不同类型的费用占比情况

继续新建图表，进入"数据分析"界面，选择饼图，将"科目"拖入标记栏-颜色，将"金额"拖入标记栏-角度，接下来通过标记栏对可视化进行调整，将"金额"拖至标记栏-标签，修改"金额"数值格式为货币，并去除小数。点击"保存"按钮，将该图形保存为"不同类型的费用占比情况"（图 1 - 14）。

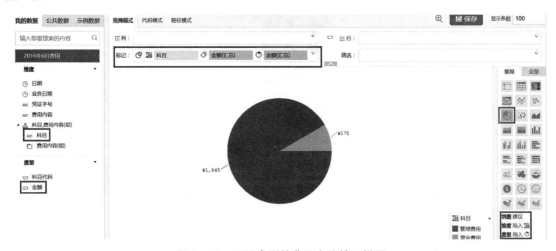

图 1 - 14　不同类型的费用占比情况饼图

由于在数据处理阶段已做过"科目，费用内容（组）"的分层结构，右击图 1 - 14，可进数据查看、下钻、探索等相关操作。例如，选择对"管理费用"进行下钻操作——在"管理费用"的饼图上单击右键，弹出快捷菜单，选择"下钻"（图 1 - 15），可查看管理费用明细情况（图1 - 16）。

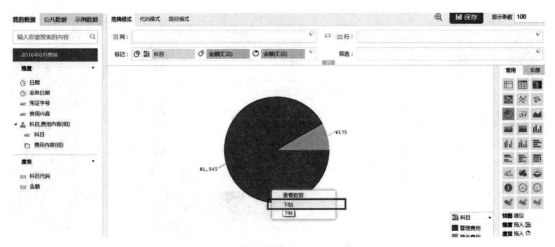

图 1 - 15　针对"管理费用"的下钻操作界面

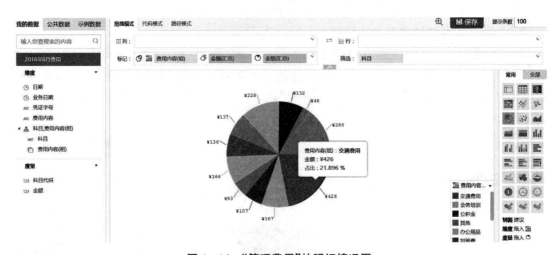

图 1 - 16　"管理费用"的明细情况图

由图 1 - 15 可知,管理费用为 1 945,占比约为 92%,远远高于营业费用;由图 1 - 16 可知,管理费用中交通费(22%)、餐费(15%)占比较高,成本控制过程中可以选择对交通费以及餐费进行把控。

3. 当月每日支出资金变化趋势

选择面积图,根据提示,将"日期"拖入列、"金额"拖入行,如图 1 - 17 所示。点击"保存"按钮,将该图形保存为"当月每日支出资金变化趋势"。

从图 1 - 17 的变化趋势而言,月尾的费用支出呈直线上升趋势。

4. 不同费用内容的分布

选择气泡图,根据提示,将"费用内容(组)"拖入标签、"金额"拖入大小,如图 1 - 18 所示。点击"保存"按钮,将该图形保存为"不同费用内容的气泡图"。

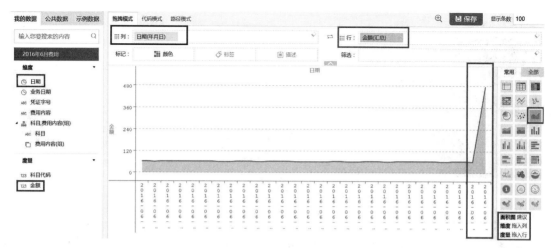

图 1-17　当月每日支出资金变化趋势图

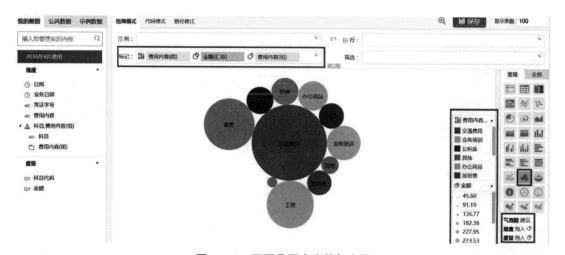

图 1-18　不同费用内容的气泡图

　　从图 1-18 可以分析出，交通费、餐费、工资的支出最高，而通信费较低。

1.3.5　数据可视化

　　完成数据分析后，点击"仪表盘"菜单，进入仪表盘界面，对已完成的图表进行美化调整，并进行相关的联动操作。

1. 仪表盘的重命名

　　如图 1-19 所示，先对仪表盘进行重命名操作。

图 1 - 19　仪表盘的重命名

2. 仪表盘的设置

选择"设置仪表盘",可以对做好的图表进行编辑和排版,设置完成后选择"设置完毕",如图 1 - 20 所示。

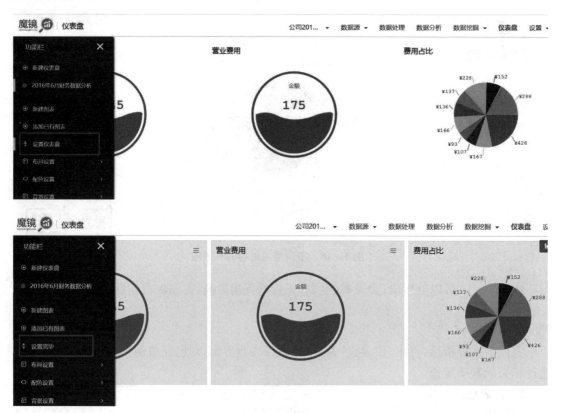

图 1 - 20　仪表盘的设置

3. 图表进行编辑和排版

点击图表右上角隐藏的"设置"按钮可对轴线、图表模式等进行修改,如图 1 - 21 所示。

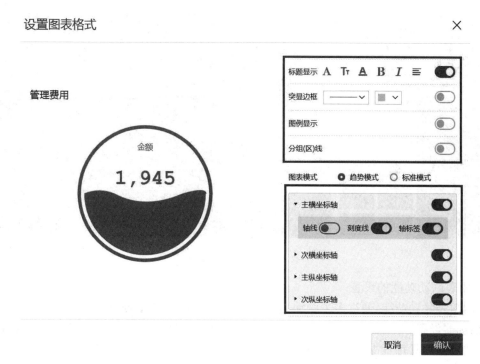

图 1-21 图表的编辑与排版

4. 仪表盘配色与背景设置

调整好图表及轴线后,可以对配色以及背景色进行调整。例如,选择"明亮"的配色设置(图 1-22)以及"深蓝泪雨"的背景设置(图 1-23)。

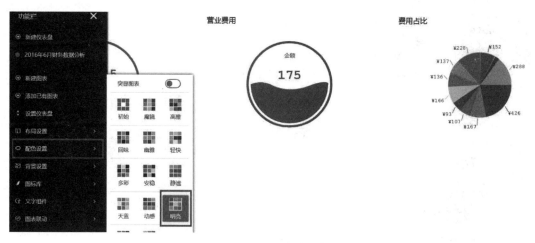

图 1-22 "明亮"的配色设置

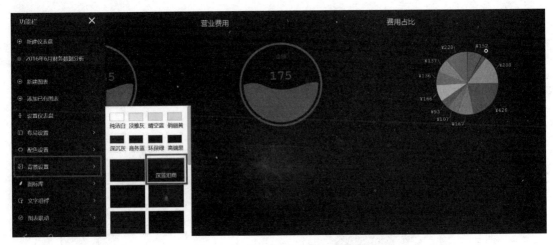

图 1-23　"深蓝泪雨"的背景设置

5. 图表联动功能的设置

使用图表联动功能,通过多表联动分析效果更好。选择"图表联动"—"图表筛选器",出现"图表筛选器设置"对话框(图 1-24)。首先,单击勾选左侧图表(本实训中为"不同费用内容的气泡图"和"当月每日支出资金变化趋势图");其次,在新出现的两张图之间,设置联动关系(本实训中,鼠标放在"当月每日支出资金变化趋势图"上,按住鼠标左键后往左拖动,一直拖到"不同费用内容的气泡图"时,再松开鼠标,此时,出现筛选对话框,选择"日期"并单击"完成"按钮);最后,联动动作选择"筛选"方式,并单击"确认"按钮。

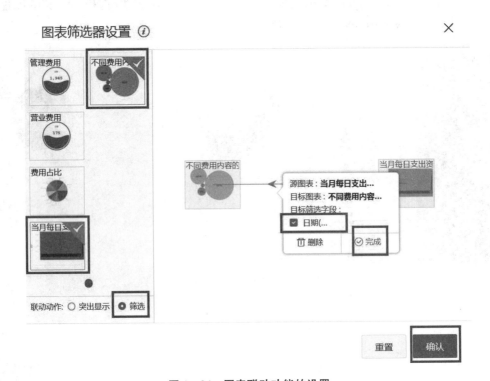

图 1-24　图表联动功能的设置

6. 图表联动效果展示

当图表联动设置完毕后,其联动效果是:选中左侧面积图中的任意一条数据,右侧气泡图都会显示出与之相关联的数据,如图 1-25 和 1-26 所示。

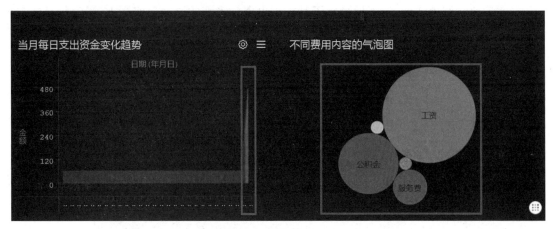

图 1-25 图表联动效果示意图(月末支出资金变化)

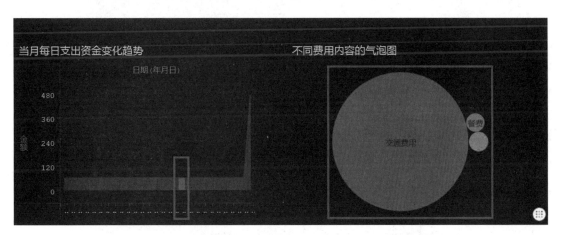

图 1-26 图表联动效果示意图(月中某天的支出资金变化)

1.4 实训总结

通过对财务数据的分析,可以及时了解公司的财务状况,便于财务管理工作。以实训分析为例,可以看到财务支出费用被分为管理费用、营业费用。其中,管理费用为 1945,占比为 92%;营业费用为 175,占比为 8%。从面积图中可以看出该公司 6 月财务支出,在月底费用呈明显的直线上升趋势,其他日期费用支出较为平稳。联合面积图和气泡图进行联动分析,发现月底会有工资、公积金的支出,这有可能是导致月底费用直线上升的主要原因。

1.5 实训思考题

本实训通过图表联动，清晰地显示了月末支出资金飞涨的原因。实际上，平时每日的支出资金，费用内容也不尽相同。请思考：第一，其他实训中，有无需要通过图表联动方式挖掘出新规律的可能性？第二，为什么除了月末之外，费用内容不尽相同，支出资金数却大致相同？

第二章　库龄库存分析

2.1　实训背景知识

随着企业信息化进程的不断推进,企业管理者会思考以下问题:如何统计库存积压? 如何精确地掌握物料库存状态? 怎么统计库龄更为科学合理? 这些关于库龄分析的问题成为现代企业管理者和研究学者的前沿课题,也是现代企业信息系统的核心问题之一。通过库龄分析可以统计出库存物料的存货周期,从而发现库存中的呆滞物料有哪些、有多少、放了多久、剩余价值等等,而通过不同的库龄分析方法,可以提高企业库存的科学化管理水平。

库龄(英文名 Stock Age)是企业仓库中存货物料的时间周期。例如,某企业规定,以当前时间为标准,6个月内没有流动的存货定义为低流动性存货,1年内都没有流动的存货定义为呆滞料。通过库龄可以查看物料账龄情况,存货的库存账龄越长、金额越多,说明产品周转越慢、占压的资金也就越多。物料库龄是现代企业生产、销售、财务等各个部门统计的重点。例如,物料甲在某仓库的库存为1 000个,库存在3个月以内的有200个、3个月以上的有800个,假设该物料的保质期为3个月,那么有效库存为200个,剩余800个是超过了3个月的库存,称之为呆滞库存[①]。通过库龄分析就能很明显地查看库存的呆滞料,以及滞销产品数量,从而进行合理的库存调度和市场营销,降低库存资金的积压。

2.2　实训简介

本实训通过一个定量研究服装库存与库龄分布的数学模型,从而查看各月的库销比、不同品类的库存金额的成分占比、各库存基地的库龄情况。根据已有数据对服装产品库存库龄情况进行分析,制作仪表盘。

2.2.1　原始数据情况

库存库龄的数据情况如图2-1所示。

2.2.2　实训分析过程

首先,确定问题,即通过对库销比率、存货占比等,了解企业的库存库龄状况。其次,

	A	B	C	D	E	F
1	月份	销量	存量	库存金额	库销比	
2	12	4088	6050	6598719	0.675702	
3	11	5083	8363	3383463	0.607796	
4	10	4697	5678	6702705	0.827228	
5	9	3425	5233	7219684	0.6545	
6	8	2212	7221	3550677	0.306329	
7	7	3577	6341	8341596	0.564107	
8	6	4979	5643	9285074	0.882332	
9	5	2350	7170	6574930	0.327755	
10	4	2968	5919	6244773	0.501436	
11	3	5284	8253	7603899	0.640252	
12	2	5865	6821	5834797	0.859845	
13	1	5524	8718	5372643	0.633632	
14						

库销比率　存货占比　库龄　库龄占比　⊕

图2-1　库存库龄原始数据截图

---

① 星论文网.现代企业管理中库龄分析方法研究[EB/OL].(2014-11-27). http://www.starlunwen.com/article/html/57352.html.

分解问题。将大问题分解为小问题：(1) 库存销量；(2) 库存销售比；(3) 存货占比；(4) 库存金额。最后，评估总结问题，即通过存货占比等进行评估，并发现规律性的现象、问题。

2.3　实训过程

2.3.1　新建项目

进入魔镜系统，点击"新建应用"按钮，在出现的对话框中，选择"添加新数据源"，单击"确认"按钮，在出现的对话框中选择"文本类型"中的 Excel 数据源（图 2 - 2），点击"下一步"。

图 2 - 2　新建项目中的选择数据源界面

2.3.2　数据导入

在新出现的界面中，单击"点击选择文件"按钮，通过浏览选择"库存库龄数据库. xlsx"。数据导入成功后，将"库销比率"分组中"月份"的格式从"数字"型更改为"字符串"类型（图 2 - 3）。最后，命名为"库存库龄分析"，点击"保存"按钮。

月份	销量	存量	库存金额	
				0.306
8	2,212	7,221	3,550,677	0.306
7	3,577	6,341	8,341,596	0.564
6	4,979	5,643	9,285,074	0.882
5	2,350	7,170	6,574,930	0.328
4	2,968	5,919	6,244,773	0.501
3	5,284	8,253	7,603,899	0.640
2	5,865	6,821	5,834,797	0.860
1	5,524	8,718	5,372,643	0.634

图 2 - 3　更改原始字段数据类型界面

2.3.3 数据处理

点击"数据处理"菜单,进入"数据处理"页面,完成快速分组等数据处理工作。

具体操作为:点击"数据处理"页面的"快速分组",出现"快速生成业务分组"的对话框,如图2-4所示。选中"库销比率",拖拽至编辑栏,输入分组名称"库销比率",点击"确认"按钮,生成"库销比率"分组。依次创建"存货占比""库龄""库龄占比"分组(图2-5)。

图2-4 "快速生成业务分组"对话框

图2-5 快速分组的结果

2.3.4 数据分析

点击"数据分析",进入可视化分析界面(图2-6),进行各项指标的可视化分析。

图2-6 可视化分析界面

1. 库存销量分析

在"库销比率"分组中，首先，将维度中的"月份"拖入行；接着，将"度量"中的"存量"和"销量"逐个拖入列；最后，选择"堆栈面积图"，结果如图2-7所示。

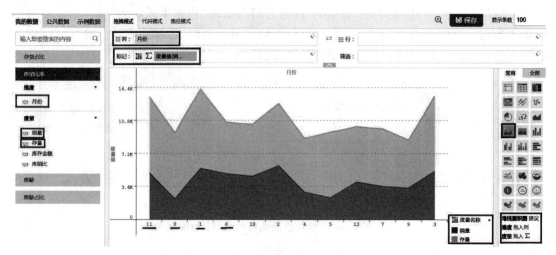

图2-7　库存销量分析堆栈面积图

显然，图2-7中的月份排序是混乱的，可以点击月份进行自定义排序（图2-8）。

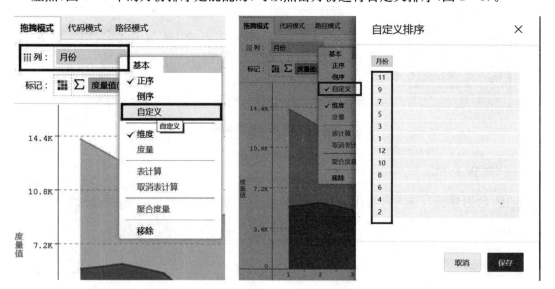

图2-8　自定义排序菜单和对话框

完成"月份"排序的自定义后（图2-9），单击"保存"按钮，保存图形。

将图表命名为"库存销量分析"，从图表上可以看出1~3月库存服装销量较好，5月和8月库存销量较差，可结合当时情况进行总结，为后续年份提供合理的销售策略。

2. 库存销售比率分析

在"库销比率"分组中，首先，将维度中的"月份"拖入行；接着，将"度量"中的"库销比"拖入列；最后，选择"饼图"，结果如图2-10所示。

图 2 - 9　月份排序自定义后的库存销量分析图

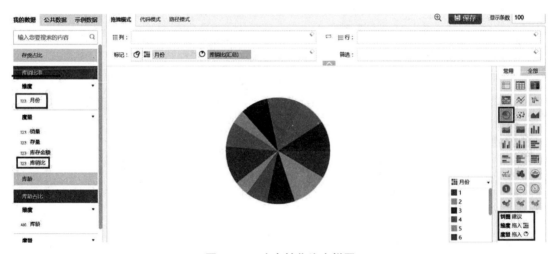

图 2 - 10　库存销售比率饼图

　　查看图 2 - 10 不难发现,该饼图没有按照"库销比"的大小依次排列,也没有任何数字显示。因此,需要显示合适的数字,并将其按照一定的顺序排列,以更清楚地显示规律。在本实训中,按照库销比正序进行排列,操作步骤为:首先,将维度中的"月份"拖入"标记"中的"标签";其次,单击"标记"中的"库销比"右侧的 ，在出现的菜单中选择"正序"。结果如图2 - 11所示。

　　从图 2 - 11 中可以看出,库存销率最好的是 6 月、2 月和 10 月,库存销率较差的是 5 月和8 月,可了解去年 5 月和 8 月的情况,为下一年度销售做准备。将图表保存,命名为"各月库存销售比率"。

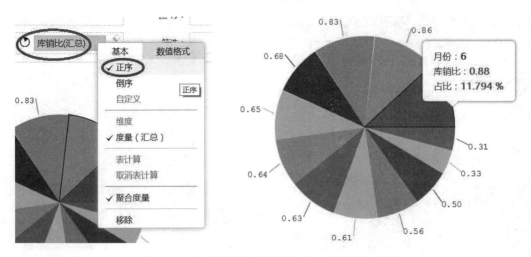

图 2-11　正序排列菜单及新的库存销售比率饼图

3. 存货占比分析

在"存货占比"分组中,首先,将"维度"中的"品类"拖入行;其次,将"度量"中的"库存量"和"销量"拖入列;最后,选择分组柱状图,并将图表保存,命名为"存货占比分析"。如图 2-12 所示,上装的积压较大,应适量减少上装库存。

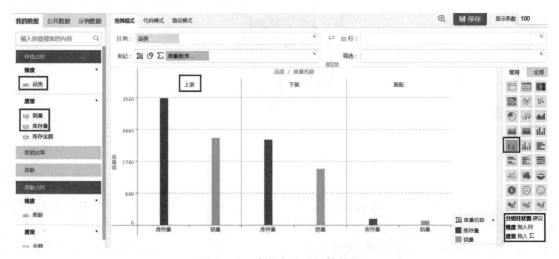

图 2-12　存货占比分组柱状图

4. 各基地库存分析

在"库龄"分组中将"2015 年冬""2015 年秋""2015 年夏""2015 年春""2014 冬""2014 秋"和"6 季以上"拖入列,"库存基地"拖入标记栏中的颜色,选择堆栈柱状图,将图表保存为"各基地库存分析"(图 2-13)。

从图 2-13 不难发现,华东和华北地区库存很多,应该采取适当方法进行打折促销,华东地区 2015 年春和华北地区 2014 年冬的服装库存积压非常严重,必须大力促销,清理库存。

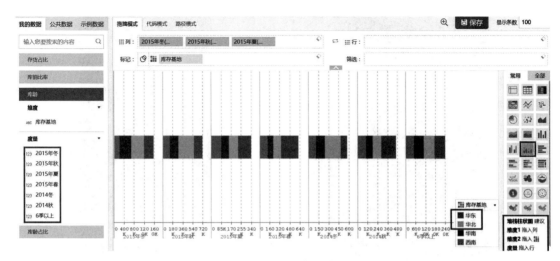

图 2-13　各基地库存堆栈柱状图

5. 库存金额分析

在"库龄占比"分组中，将"库龄""金额"拖入行和列，选择"全部"—"更多"——"圈图"（图2-14），保存图表为"库存金额"。

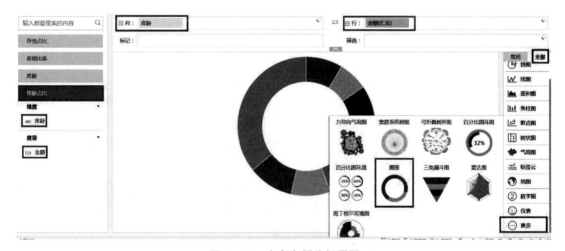

图 2-14　库存金额分析圈图

2.3.5　数据可视化

完成数据分析后，点击"仪表盘"菜单，进入仪表盘界面，对已完成的图表进行美化调整。

1. 仪表盘的重命名

将仪表盘命名为"库龄库存分析"（图2-15）。

2. 仪表盘的美化

类似于"财务数据分析"实训，可以在仪表盘上调整图表位置、调整图表颜色、更改仪表盘背景等（图2-16）。

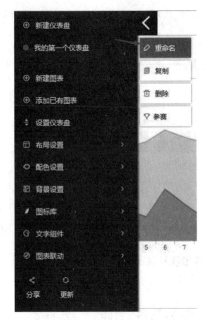

图 2-15　仪表盘的重命名　　　　　　　　图 2-16　仪表盘的美化

2.4　实训总结

　　通过分析得出,总库存中上装积压比例较大,华南地区销售情况比较好,库存积压相对较小,中南大区滞销需要采取合适的策略进行促销。华东大区 6 季以上的库存较大,占总库存的35%,存在比较严重的库存减值积压情况,可以采取网络渠道进行打折促销。

　　在本实训中,只是对库龄库存进行了简单分析。实际上,如何分析和利用这些数据,在服装行业经营中极为重要。例如,当客户选购一件衣服、浏览某一件衣服时,大数据可以进行相似选购行为的分析,根据这位客户浏览的历程对客户的喜好进行分析,最终推荐一系列产品。通过这一推荐,客户将在购买这件衣服的同时购买更多商品。这是客户行为的数据分析,现已普遍应用于电商行业中。不仅如此,大数据还能够帮我们通过成交数据来观察服装行业走向、预测服装流行趋势等。随着大数据技术的发展,在服装业根据数据做出更多分析和预测的可能性越来越广。

2.5　实训思考题

　　本实训只是以时间为考量,简单分析了库存销量、库存销售比率,简单总结了存货占比等情况,并没有综合分析不同品类商品在不同时间段的销量、存量等,也没有挖掘彼此之间的相关性。请通过数据分析和数据挖掘,发现新的规律(如不同库存基地在不同时间段的存货品类、库销比与哪些因素有强相关性等),发现新的机会。

第三章　销售数据分析

3.1　实训背景知识

　　销售数据分析又称内容销售分析,主要用于衡量和评估经理人员所制订的计划销售目标与实际销售之间的关系,它可以采用销售差异分析和微观销售分析两种方法。

　　销售差异分析主要用于分析各个不同的因素对销售绩效的不同作用,如品牌、价格、售后服务、销售策略。主要包括营运资金周转期分析、销售收入结构分析、销售收入对比分析、成本费用分析、利润分析、净资产收益率分析等。针对同一市场不同品牌产品的销售差异分析,主要是为企业的销售策略提供建议和参考。针对不同市场的同一品牌产品的销售差异分析,主要是为企业的市场策略提供建议和参考。微观销售分析,主要分析决定未能达到销售额的特定产品、地区等。

　　销售分析法的不足是没有反映企业相对于竞争者的状况,它没有能够剔除掉一般的环境因素对企业经营状况的影响。

　　销售数据分析,一般主要从六个方面进行:
　　(1) 按周、月、季度、年的分类销售数据汇总;
　　(2) 月、年销售汇总数据的同比、环比分析,了解变化情况;
　　(3) 计划完成情况,及未完成原因分析;
　　(4) 时间序列预测未来的销售额、需求;
　　(5) 客户分类管理;
　　(6) 消费者消费习惯、购物模式等。

3.2　实训简介

　　本实训通过研究某公司 2009 年的销售数据,可视化查看该公司当时的市场状况,并讨论如何通过数据分析的方法分析出市场空间和有力投入点,合理拓展,提高竞争力。

3.2.1　原始数据情况

　　数据情况如图 3-1 所示。

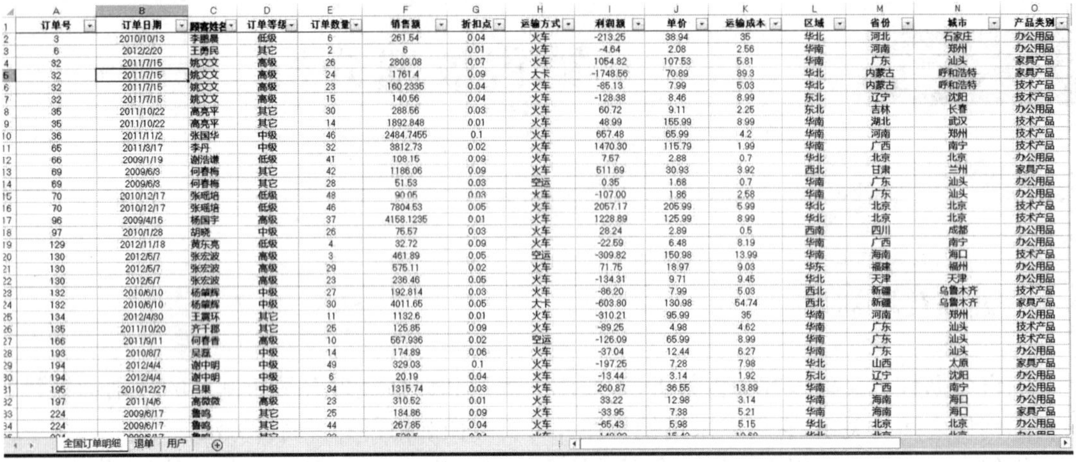

订单号	订单日期	顾客姓名	订单等级	订单数量	销售额	折扣点	运输方式	利润额	单价	运输成本	区域	省份	城市	产品类别
3	2010/10/13	李鹏晨	低级	6	261.54	0.04	火车	-213.25	38.94	35	华北	河北	石家庄	办公用品
6	2012/2/20	王勇民	其它	2	6	0.01	火车	-4.64	2.08	2.56	华南	河南	郑州	办公用品
32	2011/7/15	姚文文	高级	26	2808.08	0.07	火车	1054.82	107.53	5.81	华南	广东	汕头	家具产品
32	2011/7/15	姚文文	高级	24	1761.4	0.09	大卡	-1748.56	70.89	89.3	华北	内蒙古	呼和浩特	家具产品
32	2011/7/15	姚文文	高级	23	160.2335	0.04	火车	-85.13	7.99	5.03	华北	内蒙古	呼和浩特	技术产品
32	2011/7/15	姚文文	高级	15	140.56	0.04	火车	-128.38	8.46	8.99	东北	辽宁	沈阳	技术产品
35	2011/10/22	高亮平	其它	30	288.56	0.03	火车	60.72	9.11	2.25	东北	吉林	长春	办公用品
35	2011/10/22	高亮平	其它	14	1892.848	0.01	火车	48.99	155.99	8.99	华南	湖北	武汉	技术产品
36	2011/11/2	张国华	中级	46	2484.7455	0.1	火车	657.48	65.99	4.2	华南	河南	郑州	技术产品
65	2011/3/17	李丹	中级	32	3812.73	0.02	火车	1470.30	115.79	1.99	华南	广西	南宁	技术产品
66	2009/1/19	谢浩谦	低级	41	108.15	0.09	火车	7.67	2.88	0.7	华北	北京	北京	办公用品
69	2009/6/3	何春梅	其它	42	1186.06	0.09	火车	511.69	30.93	3.92	西北	甘肃	兰州	家具产品
69	2009/6/3	何春梅	其它	28	51.53	0.03	空运	0.35	1.68	0.7	华南	广东	汕头	办公用品
70	2010/12/17	张瑶培	低级	48	90.05	0.03	火车	-107.00	1.86	2.58	华南	广东	汕头	办公用品
70	2010/12/17	张瑶培	低级	46	7804.53	0.05	火车	2057.17	205.99	5.99	华北	北京	北京	技术产品
96	2009/4/16	杨国宇	高级	37	4158.1235	0.01	火车	1228.89	125.99	8.99	华北	北京	北京	技术产品
97	2010/1/28	胡晓	中级	26	75.57	0.03	火车	28.24	2.89	0.5	西南	四川	成都	办公用品
129	2012/11/18	黄东亮	低级	4	32.72	0.09	火车	-22.59	6.48	8.19	华南	广西	南宁	办公用品
130	2012/5/7	张宏波	高级	3	461.89	0.05	空运	-309.82	150.98	13.99	华南	海南	海口	技术产品
130	2012/5/7	张宏波	高级	29	575.11	0.02	火车	71.75	18.97	9.03	华东	福建	福州	办公用品
130	2012/5/7	张宏波	高级	23	236.46	0.05	火车	-134.31	9.71	9.45	华北	天津	天津	办公用品
132	2010/6/10	杨肇辉	中级	27	192.814	0.03	火车	-86.20	7.99	5.03	西北	新疆	乌鲁木齐	技术产品
132	2010/6/10	杨肇辉	中级	30	4011.65	0.05	大卡	-603.80	130.98	54.74	西北	新疆	乌鲁木齐	家具产品
134	2012/4/30	王嘉环	其它	11	1132.6	0.01	火车	-310.21	95.99	35	华南	河南	郑州	办公用品
135	2011/10/20	齐千那	其它	25	125.85	0.09	火车	-89.25	4.98	4.62	华南	广东	汕头	技术产品
166	2011/9/11	何春香	高级	10	567.936	0.02	空运	-126.09	65.99	8.99	华南	广东	汕头	技术产品
193	2010/8/7	吴磊	中级	14	174.89	0.06	火车	-37.04	12.44	6.27	华南	广东	汕头	办公用品
194	2012/4/4	谢中明	中级	49	329.03	0.1	火车	-197.25	7.28	7.98	华北	山西	太原	家具产品
194	2012/4/4	谢中明	中级	6	20.19	0.04	火车	-13.44	3.14	1.92	东北	辽宁	沈阳	办公用品
195	2010/12/27	吕果	中级	34	1315.74	0.03	火车	260.87	36.55	13.89	华南	广西	南宁	办公用品
197	2011/4/6	高微微	高级	23	310.52	0.01	火车	33.22	12.98	3.14	华南	海南	海口	办公用品
224	2009/6/17	鲁鸣	其它	25	184.86	0.09	火车	-33.95	7.38	5.21	华南	海南	海口	家具产品
224	2009/6/17	鲁鸣	其它	44	267.85	0.04	火车	-65.43	5.98	5.15	华北	北京	北京	办公用品

图 3-1 销售原始数据截图

3.2.2 实训分析过程

1. 确定问题

本实训是对某公司的销售数据进行分析,因此,销售额、利润、成本以及销售市场的变化对企业销售而言至关重要。

2. 分解问题

根据原始数据分析可以知道,该公司销售业绩受众多因素的影响。具体包括:各类产品的利润率与销售额、各区域、省份、城市的销售额的比重、企业销售额与利润的季度变化趋势、企业销售额与利润的国内分布情况、未来某个时间段内企业的利润情况。

3. 评估问题

(1) 各类产品的利润率与销售额:利润率=利润/销售额。通过利润率、销售额与各类产品的对比,可以分析出各类产品的销售比重。

(2) 各区域、省份、城市的销售额的比重。通过销售额与区域、省份、城市的对比,表示出各地方的销售额比重。

(3) 企业销售额与利润的季度变化趋势。通过销售额与利润的变化曲线可以判断,企业产品销售业绩的发展趋势,从而调整销售策略。

(4) 企业销售额与利润的国内分布情况:分析销售市场的分布情况。

(5) 未来某个时间段内企业的利润情况:预测销售业绩,有利于企业更早地制定出应对措施。

4. 总结问题

通过上述分析,发现规律性的现象、问题,并提出可行的对策和建议。

3.3 实训过程

3.3.1 新建项目

进入魔镜系统,点击"新建应用"按钮,在出现的对话框中,选择"添加新数据源",单击"确认"按钮,出现如图 3-2 所示对话框,选择"文本类型"中的 Excel 数据源,点击"下一步"。

图 3-2 新建项目中的选择数据源界面

3.3.2 数据导入

在新出现的界面中,单击"点击选择文件"按钮,通过浏览选择"公司销售数据.xlsx"。数据导入成功后,命名为"公司销售数据分析",点击"保存"按钮(图 3-3)。

月份	销量	存量	库存金额	
12	4,088	6,050	6,598,719	0.676
11	5,083	8,363	3,383,463	0.608
10	4,697	5,678	6,702,705	0.827
9	3,425	5,233	7,219,684	0.655
8	2,212	7,221	3,550,677	0.306
7	3,577	6,341	8,341,596	0.564
6	4,979	5,643	9,285,074	0.882
5	2,350	7,170	6,574,930	0.328

图 3-3 数据导入界面

3.3.3 数据处理

点击"数据处理"菜单,进入"数据处理"页面,完成快速分组等数据处理工作。

如图 3-4 所示,点击"快速分组",在出现的"快速生成业务分组"对话框中,选择"全国订单明细",拖拽至编辑栏(图 3-5),点击"确认"按钮,生成"全国订单明细"业务快速分组。依次创建"退单""用户"的业务分组(图 3-6)。

图 3 - 4　数据处理中的"快速分组"界面

图 3 - 5　"快速生成业务分组"对话框

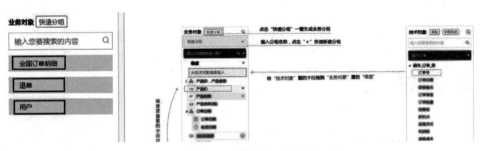

图 3 - 6　快速分组的结果

3.3.4　数据分析

点击"数据分析",进入可视化分析界面(图 3 - 7),进行各项指标的可视化分析。

图 3 - 7　可视化分析界面

1. 建立新度量

由于需要分析各类产品的销售额、利润率(利润/销售额),因此,需要先建立新度量"利润率"(SUM(利润)/SUM(销售额))。

具体操作:在数据分析界面中的业务对象操作区,单击"度量"右侧的 ▼ ,在出现的下拉菜单中选择"创建计算字段"(图3-8),则出现了"创建计算字段"对话框。给新建计算字段命名为"利润率",并配置表达式(如图3-9所示,函数库中提供了丰富的函数,可以实现各种功能的表达式)。

图3-8　新建度量"利润率"的示意图

图3-9　创建计算字段

2. 建立产品分类参数字段

参数字段是维度的集合,用于维度的切换。将维度中的"产品类别"与"产品子类别"创建参数字段,可以在图表中自由切换两者数据。如图3-10所示,在数据分析界面中的业务对象

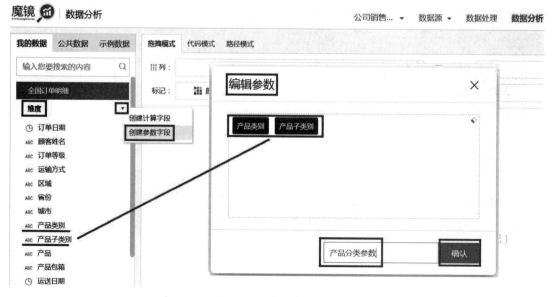

图3-10　创建参数字段

操作区单击"维度"右侧的 ▼,在出现的下拉菜单中,选择"创建参数字段",则出现"编辑参数"对话框。直接拖拽"产品类别""产品子类别"进入编辑框,并在右下角的文本框中输入"产品分类参数",单击"确认"按钮。

3. 销售额和利润率的对比分析

如图 3-11 所示,将维度中的"产品分类参数"拖入列、度量中的新度量"利润率"和"销售额"拖入行,选择图表中的标准柱状图。注意,图 3-11 中选择的是"产品子类别"。可以对参数字段中的维度进行自由切换("产品子类别"和"产品类别"之间自由切换),也可以选择行中的元素的下拉菜单中,选择排序(如"正序""倒序")以及度量的计算方式。

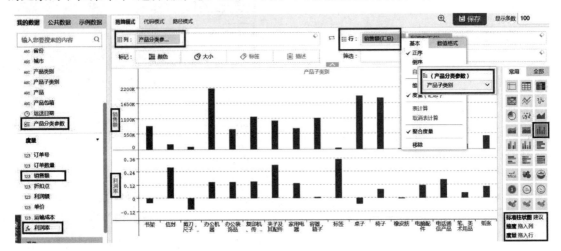

图 3-11　可视化图的表建立

在图 3-11 的基础上,可以通过修改图表的颜色(图 3-12)、大小(图 3-13)、标签(图 3-14)、描述等等,实现图表的美化,并更直观反映数据的规律。最后,点击"保存"按钮,将图形保存为"销售额和利润率的对比"。

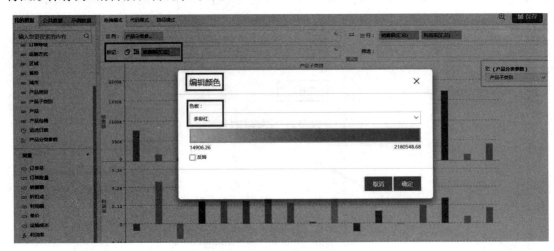

图 3-12　图表颜色的调整

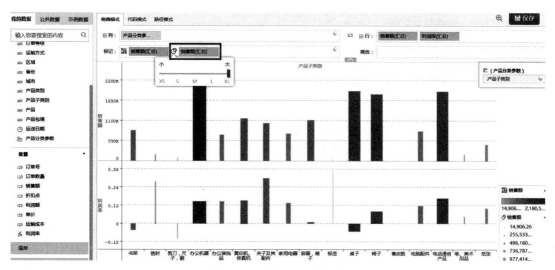

图 3 - 13　图表大小的调整

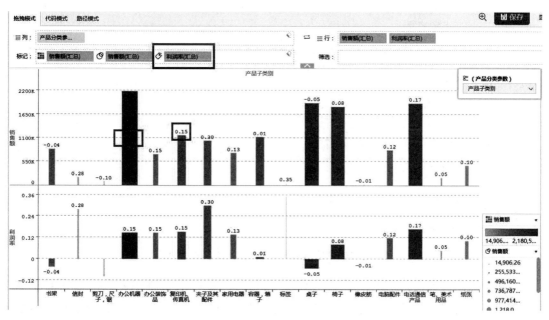

图 3 - 14　图表标签的调整(显示具体数值)

4. 销售业绩分析

销售业绩分析,需要针对不同区域、省份、城市。因此,需要建立分层结构(便于对数据的"上卷"和"下钻")。具体操作:将维度中的"区域"拖拽至"省份"中(图 3 - 15),弹出"创建分层结构"对话框,确立父子维度的关系(本例中,父维度为"区域",子维度为"城市");再将城市拖入刚刚建立的"区域省份"的分层结构中。操作结果如图 3 - 16 所示。

图 3 – 15　"区域省份"分层结构的创建

图 3 – 16　"区域省份城市"分层结构的创建

　　分层结构创建结束后,将"区域"拖入列,将"销售额"拖入行,选择图表中的"标准柱形图",如图 3 – 17 所示。点击"保存"按钮,将该图形保存为"销售业绩分析"。不难发现,华南地区的销售额最大,西南地区的销售额最小。

　　为了进一步深入研究不同省份、地区的销售额,可以进行"下钻"操作。在"华南"区域的柱形图上,单击右键,在出现的快捷菜单中选择"下钻",图形将自动跳转到"省份"(图 3 – 18)。不难发现,广东省的销售额最高,而湖南省的销售额最低。

　　同样,在"广东"省的柱形图上选择"下钻"操作,图形自动转到"城市"销售额(图 3 – 19)。

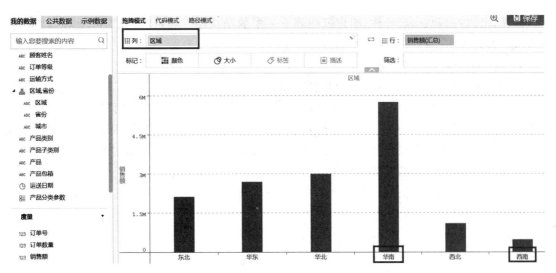

图 3-17　不同区域销售额柱状图

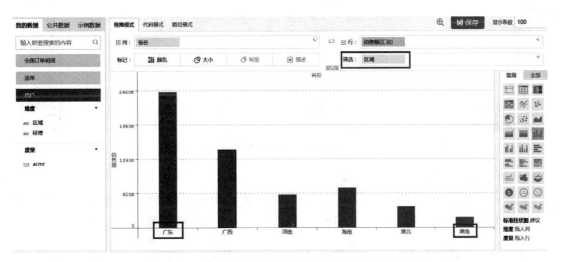

图 3-18　华南地区"下钻"后的"省份"销售额柱状图

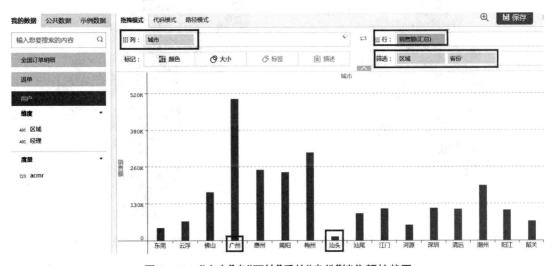

图 3-19　"广东"省"下钻"后的"省份"销售额柱状图

　　同理,可以进行"上卷"操作,组层返回到上一层的结构中。通过"下钻"和"上卷",可以针对区域、省份、城市进行有针对性的分析和总结。

5. 销售额与利润的季度变化趋势

　　为了分析"近几年企业销售额与利润的季度变化趋势",将维度中的"订单日期"拖入列、度量中的"利润额""销售额"拖入列,使用"线图",便得到了近几年企业销售额与利润的季度变化趋势图。由于"订单日期"精确到"日"导致线图过于紧密、趋势不太明显,因此,选择订单日期的下拉菜单中的"年季",使得总体趋势更加简单和清晰(图3-20)。点击"保存"按钮,将该图形保存为"销售额与利润的季度变化"。

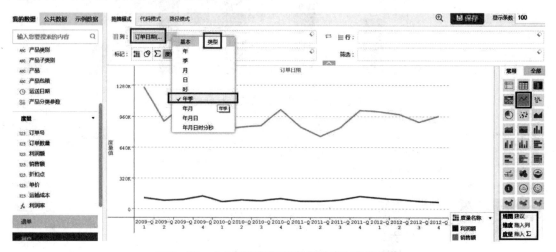

图3-20　企业销售额与利润的季度变化趋势图

6. 销售额与利润的国内分布分析

　　为了对企业销售额与利润的国内分布情况进行分析,将维度中的"城市"拖入列、度量中的"销售额""利润额"拖入行,选择"气泡图",结果如图3-21和3-22所示。

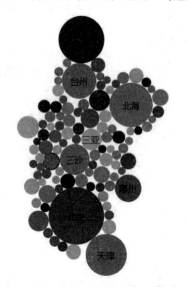

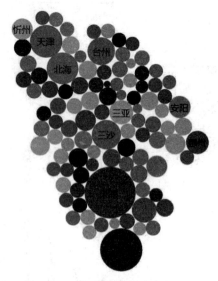

图3-21　销售额的国内分布气泡图　　　　　　**图3-22　利润的国内分布气泡图**

　　从图 3-21 和 3-22 不难发现,销售额与利润的国内分布基本一致。点击"保存"按钮,将图 3-21 和 3-22 分别保存为"销售额的国内分布"和"利润的国内分布"。

3.3.5　数据挖掘

　　点击"数据挖掘",进入数据挖掘分析平台,进行各项指标的数据挖掘分析。魔镜平台提供的"数据挖掘"功能,它包含了聚类分析、数据预测、关联分析、相关性分析、决策树五种分析方法。本实训试图探索"当企业的销售额达到 100 000 时,利润将会达到多少?",需要使用"数据预测"的方法。

　　数据预测是基于历史数据进行预测的,在这里主要是根据历史的销售额情况,来预测如果达到 1 个数量的销售额下的利润情况。首先将时间"订单日期"拖入"时间维度",将"销售额"和"利润额"拖入"度量",选择"利润额"为因变量,如图 3-23 所示,销售额输入 100 000,点击开始预测,预测值显示为 16 447,也就是说如果产品最终销售额是 100 000,利润额预计会在 16 447 左右(图 3-24)。

图 3-23　数据预测的操作界面

图 3-24　预测结果的截图

3.3.6　数据可视化

为了保证美观,需要对数据分析阶段生成的图形进行美化。点击"仪表盘",进入数据可视化平台。

1. 仪表盘的优化和调整

点击 ⊞,在出现的快捷菜单中选择"调整仪表盘",对仪表盘中的图表位置、大小等方面进行调整,调整完毕后,点击"调整完毕"(图 3-25)。

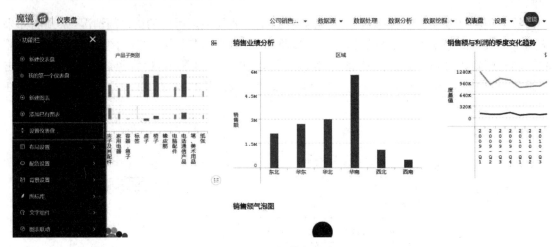

图 3-25　调整仪表盘

2. 图表的优化和调整

鼠标放在需要被调整的图表上,右上角出现 ⚙ 　 ⊞ 　 ☰ 标志,点击 ☰ ,即"操作",出现的快捷菜单中包含了图表的重命名、编辑、删除、导出、备注等功能(图 3-26)。

如果需要对某个图形进行备注,也可以选择"编辑备注"里的"备注"(图 3-27),输入诸如"办公用品-标签的利润率最高,技术产品-办公机器的销售额最高"。那么,鼠标只要移动到该图形上,图形下方就会出现一个深灰色底纹的备注栏(图 3-28)。

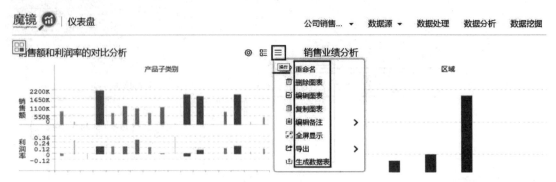

图 3-26　图表优化和调整的快捷菜单

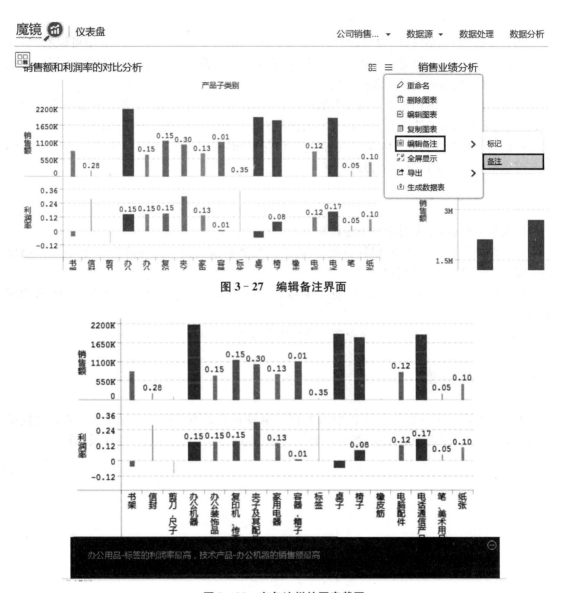

图 3 - 27　编辑备注界面

图 3 - 28　有备注栏的图表截图

3.4　实训总结

3.4.1　实训总结结论

通过分析图 3 - 13 发现,利润率高的商品,销售额也普遍较高(如电话通信产品、办公机器)。因此,需要加大这些利润率高的产品的销售力度,并且加大技术产品的推广。

通过分析图 3 - 16 各区域、省份、城市的销售业绩,可以看到华南地区销售额度最高,西南地区销售额度最低。因此,需要加大对西南地区的产品销售力度。

通过分析"企业销售额与利润的季度变化趋势",从图 3 - 20 中可以看出,2009—2012 这几年间利润与销售额的波动比较大,利润波动不大但有下滑趋势。因此,需要加强成本控制,稳固销售业绩。

　　通过分析"企业销售额与利润的国内分布情况",从图 3-21 和图 3-22 中可以看出,北京、广州等地的销售业绩处于领先地位。因此,需要学习北京、广州等地的销售经验,了解其销售渠道,拓展其他销售业绩薄弱地区的销售渠道。

　　综上,电子类产品销售额度以及利润较高,亏本商品多集中于桌子、剪刀等办公家具类产品,利润的下滑明显说明需加大可控成本的把控力度。开拓中部地区市场,加大对东部以及南部沿海地区产品销售力度。如果销售额达到 10 万,利润额将会在 16 447 左右。企业在新的一年可以根据这些分析进行销售的规划调整。

3.4.2　实训总结建议

　　针对以上问题,企业对应措施建议如下:

　　(1) 积极开展促销活动,根据企业、门店不同发展阶段实施不同的营销策略,利用网络促销手段加大活动力度和知名度宣传。

　　(2) 节约成本,降低费用,针对费用项目设定预算额度,完善企业管理制度,优化管理流程。

　　(3) 加强人员培训力度,提高业务人员整体服务水平,提高服务意识。

3.5　实训思考题

　　本实训并没有考虑订单和退单之间的关系,也没有考虑不同用户的特征等。请通过数据分析和数据挖掘,发现新的规律(如客户聚类分析总结不同用户的特征),发现新的机会。

第四章 油井数据分析

4.1 实训背景知识

大数据技术的发展对于能源行业有重要的影响,为了完善企业生产、管理,企业需要积累大量的数据。能源行业已从基础的生产自动化逐步走向了数据信息化发展,以提高自身的竞争力,从而提高效益。信息化的发展极大地推动了电力、石油、煤矿等产业的发展,通过大数据技术分析与挖掘企业积累的大量数据,大幅提高企业内部管理效率、降低管理成本、提高生产效率、创造新的价值。

4.2 实训简介

本实训主要分析某油井公司的生产及销售数据,从中发现新的机会。

该油井公司以前主要将精力投放在技术研发上,而忽略了对油井的生产及销售数据进行分析。虽然拥有数据,但是却没有掌握数据。因此,当从宏观角度发现问题时,没有办法精确定位发生问题的原因。该公司现在想要对以往的历史数据进行分析,让销售部门经理对检测销售情况有深刻的了解。能从庞大的销售数据了解到销售业绩,从各个角度对整体的销售数据进行切片分析。而作为公司的总经理,要根据市场的走势来制定合适的营销策略。在庞大的数据中,公司总经理能以数字化的方法对市场表现进行精确衡量,精确预测和掌握市场下一步动向。

4.2.1 原始数据情况

数据情况如图 4 − 1 所示。

	A	B	C	D	E	F	G	H	I	J	K
1	日期	所属区域	油井名称	CO2排量(立方英尺/天	瓦斯产量(立方	瓦斯价格(元/立	原油产量(桶/天	原油价格(桶/元	瓦斯收入(元)	原油收入(元)	总收入(元)
2	2011/7/29 0:00	东北	Arkla-7	234412.5	384,655.42	6.71	87.68	46.56	2,581,037.88	4,082.27	2,585,12
3	2011/7/29 0:00	东北	Eloma-10	75905	83,353.60	6.71	17.30	46.56	559,302.68	805.53	560,10
4	2011/7/29 0:00	西北	Enarko-9	223250	343,204.62	6.71	174.50	46.56	2,302,903.02	8,124.72	2,311,02
5	2011/7/29 0:00	华南	Texan-24	174135	73,773.27	6.71	18.63	46.56	495,018.65	867.57	495,88
6	2011/7/29 0:00	华南	Texan-1	129485	213,461.27	6.71	206.44	46.56	1,432,325.13	9,611.97	1,441,93
7	2011/7/29 0:00	华南	Texan-17	44650	434,419.83	6.71	95.51	46.56	2,914,957.03	4,447.15	2,919,40
8	2011/7/30 0:00	东北	Arkla-4	301387.5	359,712.48	6.71	105.58	46.56	2,413,670.73	4,915.75	2,418,58
9	2011/7/30 0:00	东北	Arkla-7	267900	310,579.82	6.71	90.40	46.56	2,083,990.57	4,209.03	2,088,19
10	2011/7/30 0:00	东北	Eloma-10	53580	85,192.33	6.71	26.41	46.56	571,640.51	1,229.68	572,87
11	2011/7/30 0:00	西北	Enarko-9	214320	673,354.48	6.71	176.61	46.56	4,518,208.58	8,222.84	4,526,43
12	2011/7/30 0:00	华南	Texan-24	75905	153,080.76	6.71	28.98	46.56	1,027,171.91	1,349.14	1,028,52

油井数据 | Sheet2 | Sheet3 | ⊕

图 4 − 1 油井数据截图

从图中可看出,数据源文件中有日期、所属地域、CO_2 排放量、瓦斯产量、原油产量等字段。

4.2.2 实训分析过程

1. 确定问题

本实训主要通过对积累的数据进行分析,让销售部门经理了解销售详情,当发生问题时可以精准定位问题发生的原因,从而对整体销售数据进行切片分析。公司总经理根据市场走势,制定合理的营销策略。

2. 分解问题

对于油井数据的分析可以分解成以下几点:

(1) 各地区瓦斯和原油的销售收入情况;

(2) 二氧化碳排放量和瓦斯产量的关系;

(3) 各油井的产出情况;

(4) 探索原油价格与瓦斯价格之间的相关性。

3. 评估问题

影响瓦斯和原油的销售额的因素主要是价格变动、地区、产量、二氧化碳排放量以及天气这个不可控因素。通过分析这些因素,基本可以了解详细的销售情况,并可以预测未来市场行情,掌握市场动向。

4. 总结

不仅能够将问题剖析,而且能提供决策性建议的数据分析。

4.3 实训过程

4.3.1 新建项目

新建项目"油井数据分析",具体操作:进入魔镜系统,点击"新建应用"按钮,在出现的对话框中,选择"添加新数据源",单击"确认"按钮,出现如图4-2对话框,选择"文本类型"中的Excel 数据源,点击"下一步"。

图 4-2　新建项目中的选择数据源界面

4.3.2　数据导入

在新出现的界面中，单击"点击选择文件"按钮，通过浏览选择"油井数据.xlsx"。数据导入成功后，将其命名为"油井数据分析"，点击"保存"按钮（图4-3）。

图4-3　数据导入界面

4.3.3　数据处理

自动跳转到"数据处理"页面（或者点击"数据处理"菜单）。进入"数据处理"页面，完成快速分组等数据处理工作。

1. 快速分组

如图4-4所示，点击"快速分组"，在出现的"快速生成业务分组"对话框中（图4-5），把油井数据下拉列表中的"油井数据"拖拽至编辑栏，点击"确认"按钮，完成业务快速分组。

图4-4　数据处理中的"快速分组"界面

图 4 - 5 "快速生成业务分组"对话框

2. 数据更新

由于之前上传的 Excel 表数据不够完善,日期中含有不规范的时间节点,所以可以使用数据更新功能对表格数据进行更新。

具体操作:进入数据处理界面,选择"油井数据"下拉脚标中的"更新"(图 4 - 6),在出现的"数据更新"对话框中,点击"选择文件"按钮,然后选择需要更新的文件重新上传。数据上传完毕后,在对话框中的更新操作选择"覆盖"(图 4 - 7),然后点击"保存"按钮,完成数据更新。

图 4 - 6 更新数据的快捷菜单

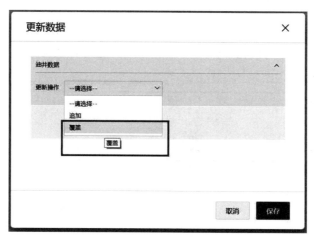

图4-7　"更新数据"对话框

3. 创建分层结构

建立"所属区域-油井"的分层结构,把"所属区域"拖拽至"油井"上方自动覆盖(图4-8),在出现的"创建分层结构"对话框中,点击"确认"按钮(图4-9)。

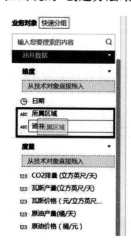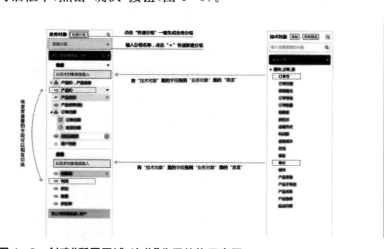

图4-8　创建"所属区域-油井"分层结构示意图

图4-9　"创建分层结构"对话框

4.3.4　数据分析

点击"数据分析",进入可视化分析界面(图4-10),进行各项指标的可视化分析。

图4-10　可视化分析界面

1. 瓦斯、原油销售收入分析

拖拽维度中的"所属区域"到列、度量中的"瓦斯收入""原油收入"到行,选择图表区的"标准柱状图",结果如图4-11所示。

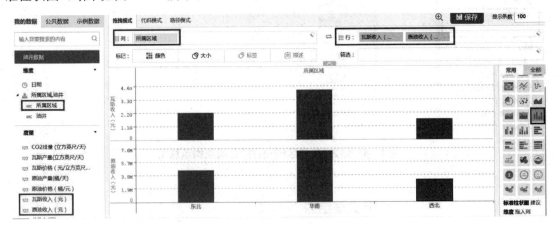

图4-11　瓦斯、原油销售收入柱状图

在图4-11的基础上,在标记栏对可视化进行调整。具体操作:将"所属区域"拖至标记栏-颜色,调整配色(也可以拖至大小、标签等按照需求进行调整),如图4-12所示。点击"保存"按钮,命名"瓦斯、原油销售收入"并保存图表。

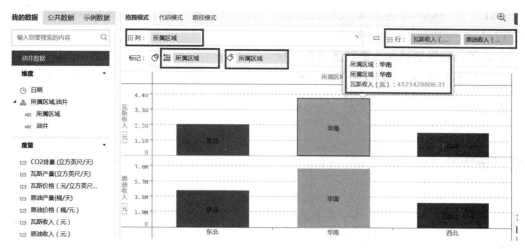

图 4 - 12　优化后的瓦斯、原油销售收入图

在图 4 - 12 的基础上,右击图形,可进行数据查看、下钻、探索等相关操作。例如,选择对华南地区进行下钻操作,可查看华南地区各个油井的收入情况,如图 4 - 13 和 4 - 14 所示。

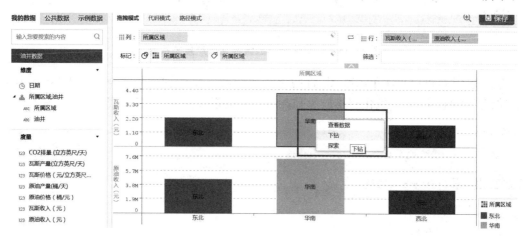

图 4 - 13　华南地区各个油井的"下钻"操作情况

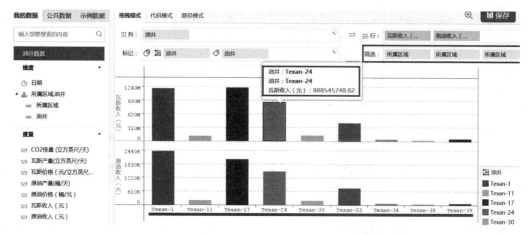

图 4 - 14　华南地区各个油井的瓦斯收入和原油收入

　　由图 4-13 所示,华南地区原油、瓦斯收入最高,西北地区最低。由图 4-14 所示,华南地区的 1、17、24 号油井产出处于明显领先地位。

2. 二氧化碳排放量和瓦斯产量关系分析

　　选择线图,将维度中的"日期"拖入列、度量中的"CO$_2$ 排量""瓦斯产量"拖入行(图4-15)。

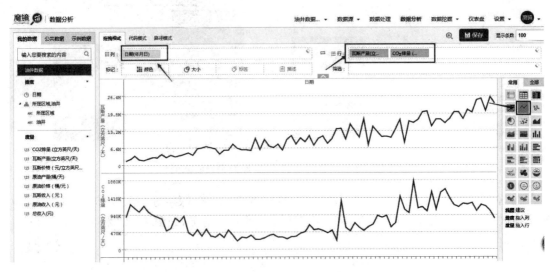

图 4-15　二氧化碳排放量和瓦斯产量关系图

　　建立线图后,可以再次单击线图,将两条线放在同一坐标轴进行考察,如图 4-16 所示。点击"保存"按钮,命名"二氧化碳排放量和瓦斯产量关系分析"并保存图表。

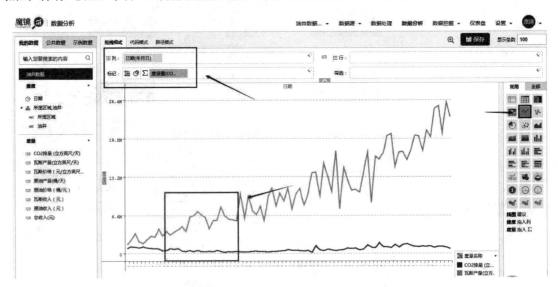

图 4-16　二氧化碳排放量和瓦斯产量关系图(基于同一坐标轴)

　　从图 4-16 可以看出,瓦斯产量和 CO$_2$ 排量是反相关的,可以通过调整工艺流程控制 CO$_2$ 排量,提高瓦斯产量。

3. 各个油井的产出情况分析

　　选择"树图",拖拽维度中的"油井"到标记中的"标签"、度量中的"总收入"拖拽到标记中的"大小",为了提升区分度,将"油井"拖入颜色(编辑颜色,选择"天蓝"),并命名为"各油井的产出情况",如图 4-17 所示,点击"保存"按钮。

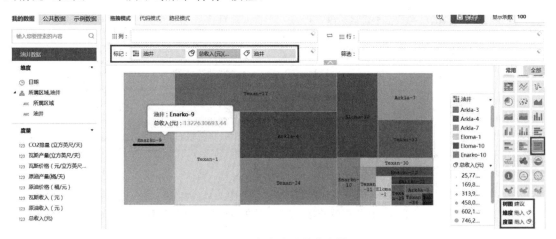

图 4-17　各个油井的产出情况

从图 4-17 中可以看出,Enarko-9 这个油田的产出最高,而 Texan-38 这个油田产出最低。

4.3.5　数据挖掘

点击"数据挖掘",进入数据挖掘分析平台,进行各项指标的数据挖掘分析。魔镜平台提供的"数据挖掘"功能,它包含了聚类分析、数据预测、关联分析、相关性分析、决策树五种分析方法。本实训试图探索"原油价格、瓦斯价格的关联性分析",需要使用"关联分析"的方法。

具体操作:选择数据挖掘中的"关联分析",将"日期"拖入维度、"瓦斯价格""原油价格"拖入度量,选择目标分析对象为原油价格,点击"开始分析",如图 4-18 所示。

图 4-18　原油价格、瓦斯价格的关联性分析

从图 4-18 的分析结果可以看出,"瓦斯价格"与"原油价格"之间的关联系数高达 0.988。进一步,点击图 4-18 中的"详情",出现关联分析的详细信息(图 4-19),置信度从 0.857 到 1.0。因此,可以说"瓦斯价格"与"原油价格"两者之间为正相关关系,瓦斯价格的上涨必定会带来原油价格的上涨。

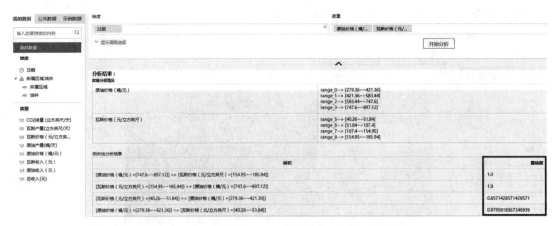

图 4‑19　原油价格、瓦斯价格关联分析的详细信息

4.3.6　数据可视化

为了保证美观,需要对数据分析阶段生成的图形进行美化,并进行图标联动操作,从而更加清晰地显示数据之间的规律。具体操作:点击"仪表盘",进入数据可视化平台。

1. 仪表盘的优化和调整

仪表盘的优化和调整,具体包括仪表盘的重命名操作(如图 4‑20 所示,命名为"油井数据分析")、图表进行编辑和排版(图 4‑21)、仪表盘的布局配置、配色配置以及背景配置(图 4‑22)。

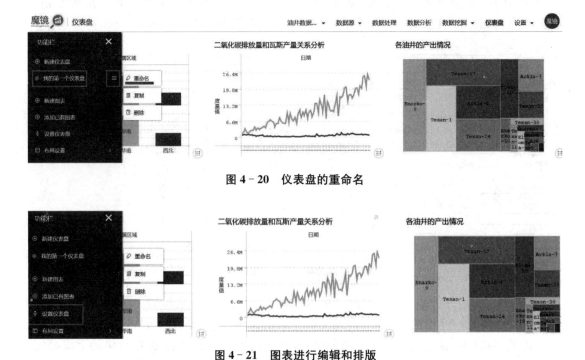

图 4‑20　仪表盘的重命名

图 4‑21　图表进行编辑和排版

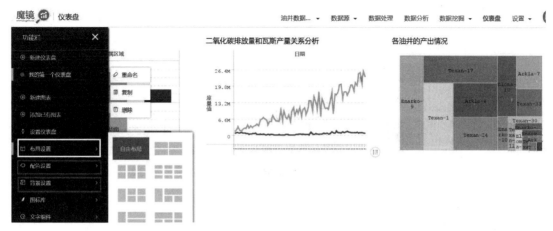

图 4 - 22 仪表盘的布局配置、配色配置以及背景配置

2. 图表联动功能的设置

使用图表联动功能,通过多表联动分析效果更好。具体操作:选择"图表联动"—"图表筛选器",出现"图表筛选器设置"对话框。首先,单击勾选左侧图表(本实训中为"瓦斯、原油销售收入"和"各个油井的产出情况");其次,在新出现的两张图之间,设置联动关系(本实训中,鼠标放在"瓦斯、原油销售收入"上,按住鼠标左键后往右拖动,一直拖到"各个油井的产出情况"时,再松开鼠标,此时,出现筛选对话框,选择"所属区域"并单击"完成"按钮);最后,联动动作选择"筛选"方式,并单击"确认"按钮,如图 4 - 23 所示。

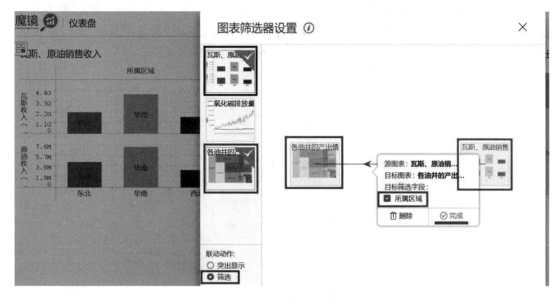

图 4 - 23 图表联动功能的设置

设置完毕后,联动效果为:选中左侧柱状图中的任意一条数据,右侧树状图都会显示出与之相关联的数据。如图 4 - 24 所示,点击"华南"地区,右侧树状图显示了华南地区的油井产出情况。

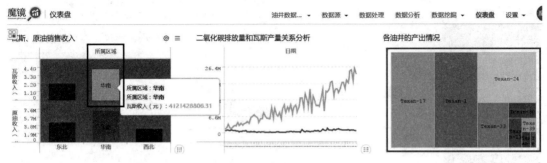

图 4-24　图表联动效果展示

4.4　实训总结

通过分析可以看到各地区瓦斯和原油的主要收入详情,油井公司的主要收入是瓦斯收入,其中主要地区是华南地区,占总收入的 50% 以上。原油及瓦斯带来的收入基本都会随着价格的上涨而增加。销售部门应该根据这些情况做出市场调整。随着二氧化碳排放量降低,瓦斯和原油的产量会逐渐增加,应提高开采能源的技术投入。

4.5　实训思考题

本实训可以看出各地区瓦斯和原油的收入详情、每个地区瓦斯和原油的产量变化、价格变动对瓦斯和原油收入的影响以及二氧化碳排放量对瓦斯和原油产量的影响。请思考:第一,如何精确反映每个油井的瓦斯和原油的收入详情、产量变化;第二,能否运用预测方法,探寻在一定产量下可能的收入;第三,如何加入新的字段数据,提供更全面的数据分析。

第五章 网站流量分析

5.1 实训背景知识

目前,互联网行业作为新兴行业,是大数据应用最为广泛的行业之一。越来越多的网站开启了数据化运营的思路,用数据说话,指导公司决策层的决策,最终创造更大的数据价值。

网站流量分析,是指在获得网站访问量基本数据的情况下对有关数据进行统计、分析,从中发现用户访问网站的规律,并将这些规律与网络营销策略等相结合,从而发现目前网络营销活动中可能存在的问题,并为进一步修正或重新制定网络营销策略提供依据。当然,这样的定义是站在网络营销管理的角度来考虑的,如果出于其他方面的目的,对网站流量分析会有其他相应的解释。

网站访问统计分析的基础是获取网站流量的基本数据,这些数据大致可以分为三类,每类包含若干数量的统计指标[①]。

1. 网站流量指标

网站流量统计指标常用来对网站效果进行评价,主要指标包括:

(1) 独立访问者数量(Unique Visitors);

(2) 重复访问者数量(Repeat Visitors);

(3) 页面浏览数(Page Views);

(4) 每个访问者的页面浏览数(Page Views Peruser);

(5) 某些具体文件/页面的统计指标,如页面显示次数、文件下载次数等。

2. 用户行为指标

用户行为指标主要反映用户是如何来到网站的、在网站上停留了多长时间、访问了哪些页面等,主要的统计指标包括:

(1) 用户在网站的停留时间;

(2) 用户来源网站(也叫"引导网站");

(3) 用户所使用的搜索引擎及其关键词;

(4) 在不同时段的用户访问量情况等。

3. 浏览网站方式

用户浏览网站的方式相关统计指标主要包括:

(1) 用户上网设备类型;

(2) 用户浏览器的名称和版本;

(3) 访问者电脑分辨率显示模式;

---

① https://baike.baidu.com/item/%E7%BD%91%E7%AB%99%E6%B5%81%E9%87%8F%E5%88%86%E6%9E%90/2295210? fr=aladdin.

（4）用户所使用的操作系统名称和版本；

（5）用户所在地理区域分布状况等。

5.2　实训简介

本实训数据主要为 Leric's blog 的网站浏览数据，旨在了解用户的访问分布，访问粘性，网站流量来源分布情况。通过分析了解博客目前的用户访问情况。

5.2.1　原始数据情况

数据情况如图 5-1 所示。

	A	B	C	D	E	F	G	H	I	J
1	媒介来源	城市	日期	网站版块	页面	浏览时长	PV	UV	访次数	退出访客数
2	hao123.com	兰州	2012/11/15	每日一记	/riji/2012/10/interactivit	5.58	151	29	58	3
3	hao123.com	海口	2012/11/16	每日一记	/riji/2012/10/interactivit	2.43	191	32	64	3
4	hao123.com	大连	2012/11/19	每日一记	/riji/2011/08/are-movie-se	1.16	229	38	76	4
5	hao123.com	衢州	2012/11/19	每日一记	/riji/2010/01/hatecrimes	1.35	190	12	24	1
6	hao123.com	东营	2012/11/21	每日一记	/riji/2011/08/are-movie-se	1.53	167	10	20	1
7	hao123.com	北京	2012/11/21	每日一记	/riji/2012/10/top-100-q3-2	1.4	90	30	60	3
8	hao123.com	上海	2012/11/21	每日一记	/riji/2011/06/which-countr	2.23	132	19	38	2
9	hao123.com	重庆	2012/11/21	每日一记	/riji/2010/01/hatecrimes	1.53	130	36	72	4
10	hao123.com	深圳	2012/11/22	每日一记	/riji/2012/10/top-100-q3-2	1.19	94	35	70	4
11	hao123.com	河池	2012/11/22	每日一记	/riji/2012/10/interactivit	1.41	206	30	60	4
12	hao123.com	武汉	2012/11/22	每日一记	/riji/category/government-	2.32	229	44	88	4
13	hao123.com	杭州	2012/11/23	每日一记	/riji/2012/10/interactivit	1.56	288	43	86	4
14	hao123.com	呼和浩特	2012/11/27	每日一记	/riji/2012/10/interactivit	3.26	227	12	24	1
15	hao123.com	潮州	2012/11/27	每日一记	/riji/2012/08/political-pi	1.25	276	30	60	3

网站分析

图 5-1　网站流量原始数据截图

5.2.2　实训分析过程

首先，确定问题。本实训是对 Leric's blog 网站进行基本的网站分析，包括各版块访问量比重、各版块访问趋势、访问来源分布等方面。

其次，分解问题。需要了解：各版块访问量比重；各版块访问量时间趋势；各版块用户访问（停留时间、人均浏览页面数）；分析访问来源 TOP5。

第三，评估问题。上述问题，需要的评估指标包括：

（1）PV：页面被查看的次数。用户多次打开或刷新同一个页面，该指标值累加。

（2）UV：页面的访问人数。所选时间段内，同一访客多次访问会进行去重计算。

（3）访次数：访问次数是访客对您网站进行访问的次数，按 session 计算，一般 session 半小时过期，如用户半小时无操作，即进入到下一次访问。

（4）人均浏览页面数：PV 数/UV 数，该指标反映用户的访问粘性。

（5）页面退出率：用户退出页面的次数除以用户进入浏览页面的次数的百分比。退出率高，考虑此页面出口设计问题；退出率低，说明用户来了都点击很多页才离开，也说明网站内容深受欢迎。

（6）访问来源：访问某页用户的上一个访问页面，反映用户的来源路径。

最后，总结网站运营情况。

5.3　实训过程

5.3.1　新建项目

新建项目"Leric's blog 网站分析"。具体操作:进入魔镜系统,点击"新建应用"按钮,在出现的对话框中,选择"添加新数据源",单击"确认"按钮,出现图 5-2 对话框,选择"文本类型"中的 Excel 数据源,点击"下一步"。

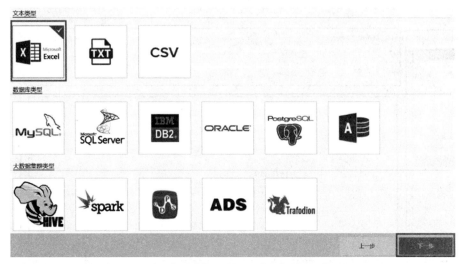

图 5-2　新建项目中的选择数据源界面

5.3.2　数据导入

在新出现的界面中,单击"点击选择文件"按钮,通过浏览选择"Leric's blog 网站分析.xlsx",数据导入成功后,将其命名为"Leric's blog 网站分析",点击"保存"按钮(图 5-3)。

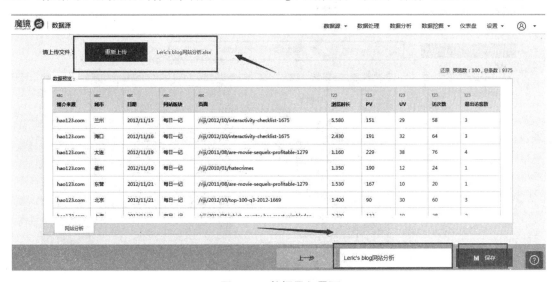

图 5-3　数据导入界面

5.3.3 数据处理

点击"数据处理"菜单,进入"数据处理"页面,完成快速分组等数据处理工作。

点击"快速分组",在出现的"快速生成业务分组"对话框中,把 Leric's blog 网站分析下拉列表中的"网络分析"拖拽至编辑栏,点击"确认"按钮,完成业务快速分组。

5.3.4 数据分析

点击"数据分析",进入可视化分析界面(图 5-4),进行各项指标的可视化分析。

图 5-4　可视化分析界面

1. 各版块访问量分析

拖拽维度中的"网站版块"到列、度量中的"UV"到行,选择图表区的"树图",结果如图5-5所示。点击"保存"按钮,将该图形保存为"各版块访问量"。

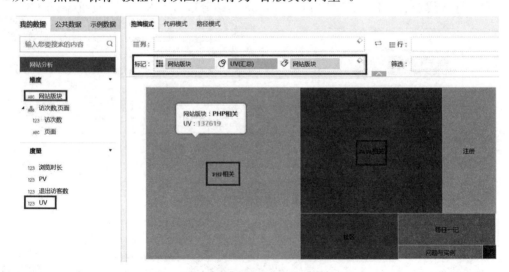

图 5-5　各版块访问量树图

分析图 5 - 5 不难发现,用户对于"PHP 相关"的版块最受欢迎,其次是"Java 相关"的版块。而"查找"版块、"问题和实例"版块的访问量非常小,需要对这两块内容进行优化。

2. 各版块访问量时间趋势分析

在数据分析平台,拖拽维度中的"日期"到列、度量的"PV""UV"到行,形成如图柱状图(图 5 - 6)。

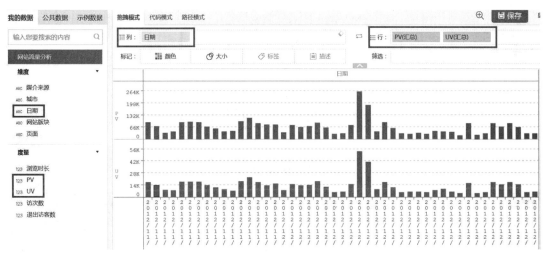

图 5 - 6　各版块访问量时间趋势柱状图

分别拖拽 PV 或 UV 到标记功能区的颜色、大小、标签、描述模块,修改相关属性,如图 5 - 7～5 - 10 所示。

图 5 - 7　"颜色修改"对话框

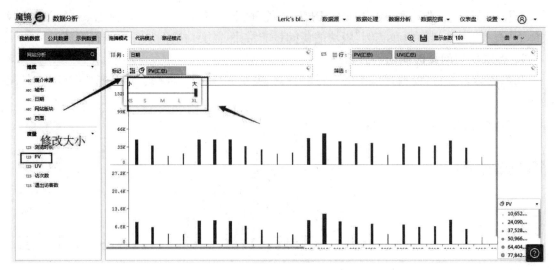

图 5-8　修改大小示意图

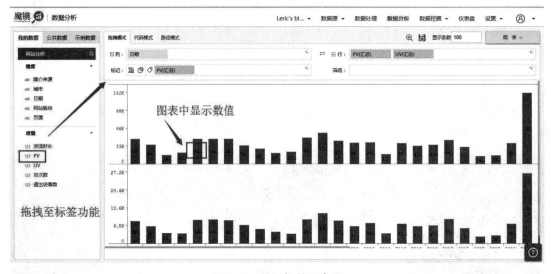

图 5-9　显示标签示意图

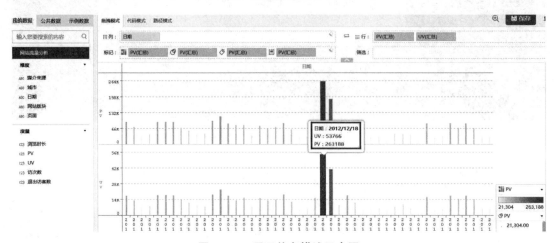

图 5-10　显示信息描述示意图

点击"保存"按钮,将该图形保存为"各版块访问量时间趋势"。分析上述图形不难发现,2012 年 12 月 18 日达到了流量高峰,UV 高达 53 766,PV 达到 263 188。

3. 各版块用户访问分析

各版块用户访问分析,就是分析各版块用户访问的停留时间、人均浏览页面数。

第一步,需要新建度量"人均浏览页面数"。具体操作:选择度量右侧 ▼ ,在出现的下拉菜单中选择"创建计算字段"(图 5-11)。在出现的"创建计算字段"对话框中,将新建计算字段命名为"人均浏览页面数",配置表达式 SUM([PV])/SUM([UV])。

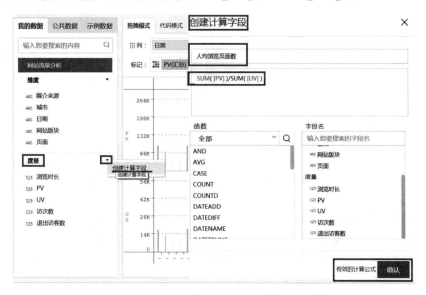

图 5-11 新建计算字段"人均浏览页面数"

第二步,拖拽"网站版块"到列、"人均浏览页面数"到行,拖拽"网站版块"到筛选器后点击"网站版块"右侧的 ▼ ,在出现的下拉框勾选"Java 相关"(图 5-12),点击"全部"—"数字图"—"数字图 3",生成"Java 相关"版块的人均浏览页面数字图。点击"保存"按钮,将该图形保存为"Java 相关版块的人均浏览页面数"。

图 5-12 "Java 相关"版块的人均浏览页面数字图

参考此图表,完成"PHP 相关页面人均浏览页面数",如图 5-13 所示。点击"保存"按钮,将该图形保存为"PHP 相关页面人均浏览页面数"。

图 5-13　"PHP 相关"版块的人均浏览页面数字图

4. 人均浏览页面数趋势分析

在数据分析平台,拖拽维度的"日期"到列、度量的"人均浏览页面数"到行,点击"全部"—"面积图",并把报表命名为"人均浏览页面数趋势图",如图 5-14 所示。点击"保存"按钮,将该图形保存为"人均浏览页面数趋势"。

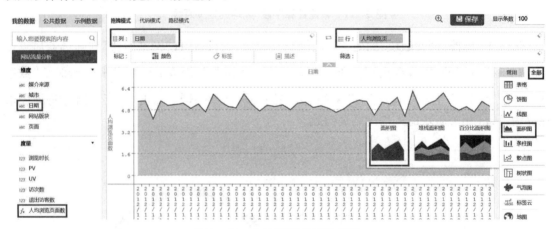

图 5-14　人均浏览页面趋势图

分析图 5-14 可以得出,在这一段时间中,各页面人均浏览页面数变化比较平稳。

5. 各版块浏览时长、人均浏览页面数分析

在数据分析平台,拖拽维度的"网站版块"到列、度量的"浏览时长""人均浏览页面数"到行,点击"散点图",形成各版块浏览时长、人均浏览页面数散点图(图 5-15)。点击"保存"按钮,将该图形保存为"各版块浏览时长、人均浏览页面数"。

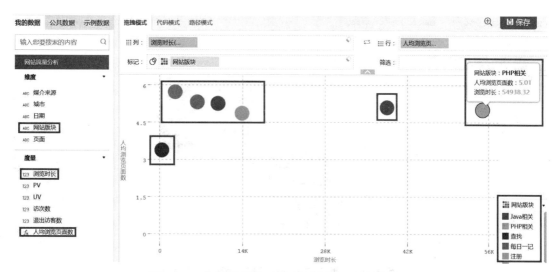

图 5-15　各版块浏览时长、人均浏览页面数散点图

分析图 5-15 发现,从"人均浏览页面数"角度而言,除了"查找"版块明显较少外,其他版块相差无几;从"浏览时长"角度而言,"PHP 相关"版块明显领先,"Java 相关"版块紧随其后,剩余版块相差无几。

6. 流量来源分析

在数据分析平台,拖拽维度的"媒介来源"到列、度量的"UV"到行,选择"标准柱形图",选择按照 UV 数进行降序排列(点击 UV 下拉菜单,选择"倒序"),如图 5-16 所示。点击"保存"按钮,将该图形保存为"流量来源"。

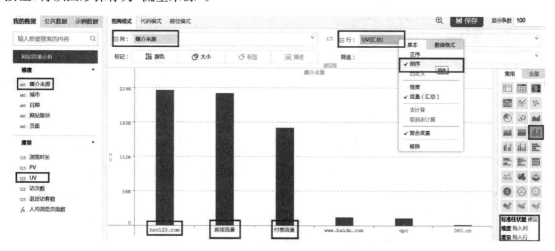

图 5-16　流量来源分析柱形图

分析图 5-16 不难发现,网站的流量来源主要来自 hao123.com、直接流量和付费流量。

7. 退出访客数分析

在数据分析平台,拖拽维度的"网站版块"到列、度量的"退出访客数"到行,选择"气泡图",选择按照"退出访客数"进行升序排列(点击"退出访客数"下拉菜单,选择"正序"),如图 5-17 所示。点击"保存"按钮,将该图形保存为"退出访客数(基于版块)"。

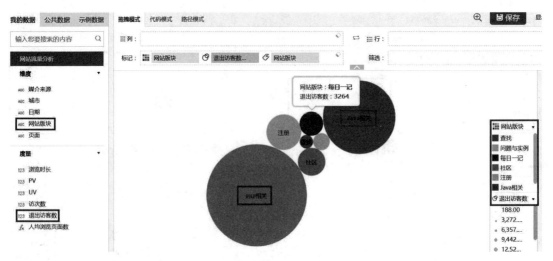

图 5-17　退出访客数分析气泡图(基于版块)

　　分析图 5-17 不难发现,"PHP 相关"版块和"Java 相关"版块的退出访客数最多。结合图 5-5 和 5-17 分析发现,"PHP 相关"版块和"Java 相关"版块的访问量和退出访客数都是最多的。这一方面说明访客的特征——非常感兴趣 PHP 和 Java 的相关信息,也反映了两个版块目前不能满足访客的需求,亟须改善和提高。

　　类似操作,拖拽维度的"日期"到列、度量的"退出访客数"到行,选择"标准柱状图",如图 5-18 所示。点击"保存"按钮,将该图形保存为"退出访客数(基于日期)"。

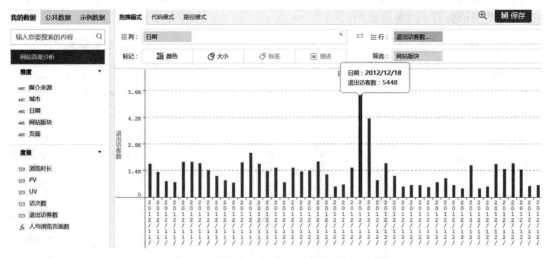

图 5-18　退出访客数分析柱状图(基于日期)

　　分析图 5-18 不难发现,2012 年 12 月 18 日和 19 日的"退出访客数"明显增加,需要进一步收集资料分析原因。

5.3.5　数据挖掘

　　点击"数据挖掘",进入数据挖掘分析平台,进行各项指标的数据挖掘分析。魔镜平台提供的"数据挖掘"功能,它包含了聚类分析、数据预测、关联分析、相关性分析、决策树五种分析方法。本实训试图探索"网站退出用户的相关联因素"和"本网站用户的类型",需要使用"关联分析"和"聚类分析"的方法。

1. 关联分析探索

关联分析又称关联挖掘,就是在交易数据、关系数据或其他信息载体中,查找存在于项目集合或对象集合之间的频繁模式、关联、相关性或因果结构。

本实训中,点击"数据挖掘"—"关联分析",将维度中的"城市"拖拽到关联分析页面中的"维度"、度量中的"浏览时长""退出访客数""访次数"和"人均浏览页面数"拖拽到关联分析页面中的"度量",目标分析对象选择"退出访客数",单击"开始分析"按钮,分析结果如图5-19所示。

图 5-19　关联分析探索结果截图

分析图5-19不难发现,"退出访客数"与"浏览时长"和"访次数"的关联系数均大于0.97,属于正向强关联,"退出访客数"和"人均浏览页面数的"关联系数为负值,且仅为-0.14,说明两者之间属于负向弱关联。

2. 聚类分析探索

聚类分析是一种探索性的分析,能够从样本数据出发,自动进行分类,主要应用在客户细分、市场细分、产品定价区间细分等领域。

本实训中,点击"数据挖掘"—"聚类分析",将"网站版块""浏览时长"拖入"包含列"中(图5-20),聚类数设为4,聚类算法默认为"K-means",点击"聚类"按钮,生成聚类结果。

通过聚类探索发现,"网站版块"分别与"浏览时长"、UV、"访次数""退出访客数"的聚类分析结果一致,四类分别为:PHP相关;Java相关;注册、社区;每日一记、问题与实例、查找。"网站版块"与PV的聚类结果为:PHP相关;Java相关;问题与实例、查找;注册、社区、每日一记。"网站版块"与"人均浏览页面数"的聚类结果为:查找;问题与实例;注册、PHP相关;每日一记、社区、Java相关。在后续分析中,需要针对不同对象进行进一步的深入分析。

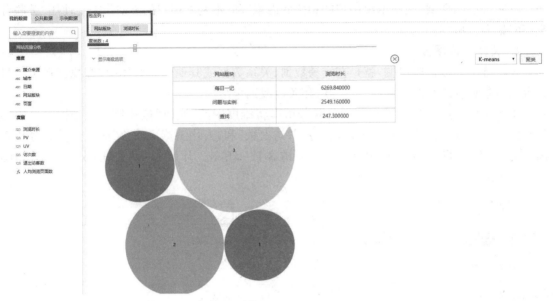

图 5-20 基于"网络版块"和"浏览时长"的聚类探索

5.4 实训总结

网站流量分析是对网站访问信息的分类和归纳,并在此数据基础上进行统计分析,如数据预测、聚类分析、相关性分析等较为复杂的分析算法。常见的分析主题有网站访问量的增长趋势,用户访问量的最高时段,访问最多的网页,停留时间、用户访问来源如搜索引擎、搜索词等,这些都是网站分析基本要素。通过网站流量分析,可以掌握用户的访问趋势、网站访问热点,哪个频道、哪个页面,用户停留时间,重点页面的跳出率、商品购买流程是否顺畅,从而优化网站重点页面和主要流程,提高用户体验。

换而言之,网站流量分析可以起到如下五个作用:第一,及时掌握网站推广的效果,减少盲目性;第二,分析各种网络营销手段的效果,为制定和修正网络营销策略提供依据;第三,通过网站访问数据分析进行网络营销诊断,包括对各项网站推广活动的效果分析、网站优化状况诊断等;第四,有利于用户进行很好的市场定位;第五,作为网络营销效果评价的参考指标。

在本实训中,通过分析,了解了整个博客网站的运营情况,每个访客的平均访问页面数为5页,PHP 和 Java 两个版块用户关注度较高,对于几个退出率较高的页面应该重点优化。对于付费来源的访客应该重点深入挖掘,提高重点关键词的 SEO 优化。

5.5 实训思考题

本实训仅仅考虑了"网站板块"与"浏览时长"、PV、UV 等的特征与关联,并没有考虑"城市""日期""媒介来源"与"浏览时长"、PV、UV 等的特征与关联。请通过数据分析和数据挖掘,发现新的规律(如不同城市访客的特征),解决新的问题。

第六章　楼盘数据分析

6.1　实训背景知识

大数据作为热词,已然不算新鲜,各行各业正在如火如荼地竞相追逐大数据,电子商务、O2O、物流配送都在运用大数据创新自己的业务范围。在房地产界,万科与百度的联手、恒大与阿里的联盟、万达与京东的合作,无不为了得到房地产以外的大数据,为企业的发展保驾护航。

目前大数据已经渗透到地产开发的方方面面,从前期的项目拿地、产品设计到后期的精准营销、物业服务,无不体现着大数据的种种优势。例如,对于住宅项目来说,开发商往往会通过区域环境、经济、人口、房地产历史成交数据,来判断一个区域拿地的可行性,但是开发商无法获取房地产以外的数据,例如对于区域人口的实际规模、家庭的实际收入水平、消费情况、支出结构、存款还款信息。而这些信息恰恰对于房地产市场的需求预测和购买者的偏好有很大的帮助。因此,我们需要借助大数据平台,让我们的拿地更精准。很显然,大数据已经渗透到房地产开发的方方面面,从大数据在拿地阶段的需求预测、选址定位、产品设计阶段的用户需求定制,到营销阶段的精准销售、社区服务阶段的精细化服务,无不体现出大数据应用的强大势能。

未来的房地产,出售的不再是房子,而是基于大数据的服务,通过 APP 入口,物业将创新商业模式,成为房企新的利润增长点。开发商很可能会用自己拥有的大数据做三件大事:整合社区微商圈与设置电商最后一公里入口,提供社区金融服务,提供社区养生养老服务,而能不能用互联网思维重组自己的社区平台数据库,可能是未来十年开发商能不能持续增长的关键。

大数据时代,楼盘数据分析,不仅可以通过海量的房产数据将准确地指示出每年的房地产行业趋势与变化,找出关键问题;也可以快速得知目前房产的利用情况,了解城市建设在此方面的轨迹和未来方向,指导和引导与此相关的各项工作。

6.2　实训简介

本实训选择 2015 年 1~11 月的苏州市商办成交数据,以其作为样本,研究 2015 年苏州的商办房交易情况,主要通过对地区成交面积、数量、金额、均价等数据的分析,对苏州市特别是工业园区的商办售房做出分析和有利决策。

6.2.1　原始数据情况

数据情况如图 6-1 所示。

项目名称	区县	成交套数(套)	成交面积(m²)	成交均价(元/m²)	成交金额(万元)	计数项:套	求和项:建筑面积(m²)	求和项:成交总价(元)	12月万元	1-12月套	1-12月面	总金额(万	复核算均价
美嘉商业广场	吴中区	494	20666	16771	34658.52	41	1183.07	27023600	2702.36	535	21849.07	37360.88	17099.53
合景领峰	吴中区	492	20996	7534	15817.03	64	2614.4	19608000	1960.8	556	23610.4	17777.83	7529.661
东方时代广场	相城区	458	37859	9219	34903.91	103	7917.75	64869441	6486.944	561	45778.75	41390.85	9041.894
新区港龙城市商业广	高新区	434	19974	10645	21263.02	33	1584.95	20338665	2033.867	467	21558.95	23296.89	10806.13
大运城	吴中区	428	18982	14924	28329.18	44	2368.39	35662050.74	3566.205	472	21350.39	31895.39	14939.02
睿峰商务广场	吴中区	388	17681	7391	13067.86	49	2196.1	14274285	1427.429	437	19877.1	14495.29	7292.456
星湖都市生活广场	工业园区	379	16159	16480	26629.57	57	2564.38	27503950	2750.395	436	18723.38	29379.97	15691.59
星汇汇生活广场	相城区	357	17785	8836	15714.26	78	3784.56	35953320	3595.332	435	21569.56	19309.59	8952.242
星浩花海	相城区	325	11467	7563	8672.94	33	1233.91	15787330	1578.733	358	12700.91	10251.67	8071.605
苏州世茂运河城	姑苏区	303	42283	15089	63802.48	21	1148.6	13312078.25	1331.208	324	43431.6	65133.69	14996.84
丽丰时代商业广场	高新区	301	7257	21117	15324.47	2	49.95	1248750	124.875	303	7306.95	15449.35	21143.36
宝隆乌托邦	钬新区	295	13311	8590	11434.86	10	446.16	3795068.881	379.5069	305	13757.16	11814.37	8587.795
浙镂 枫牛爱园	吴中区	285	13914	7009	9752.45	08	3311.33	23179310	2317.931	353	17225.33	12070.38	7007.344
高扬国际广场	工业园区	283	29575	14811	43802.35	0	0	0	0	283	29575	43802.35	14810.6
吴宫馆	吴中区	242	10712	8509	9115.01	17	855.29	9888455	988.8455	259	11567.29	10103.86	8734.851
合景峰上	相城区	241	11987	9898	11864.64	27	2786.03	75778700	7577.87	268	14773.03	19442.51	13160.81
欧蓓莎中华美食城	吴中区	231	10545	8229	8677.59	19	923.24	6906349.518	690.635	250	11468.24	9368.225	8168.843

楼盘数据

图 6-1　楼市楼盘原始数据截图

6.2.2　实训分析过程

首先,确定问题,即通过对各区县房产交易套数、金额、均价等,了解目前房地产的总体情况。其次,分解问题。将大问题分解为小问题:(1)均价与成交金额关系;(2)成交面积、成交均价和成交金额之间的关系。最后,通过图表联动等功能,可视化评估、总结问题,发现规律性的现象。

6.3　实训过程

6.3.1　新建项目

新建项目"楼市楼盘分析",具体操作:进入魔镜系统,点击"新建应用"按钮,在出现的对话框中,选择"添加新数据源",单击"确认"按钮,出现图6-2对话框,选择"文本类型"中的Excel数据源,点击"下一步"。

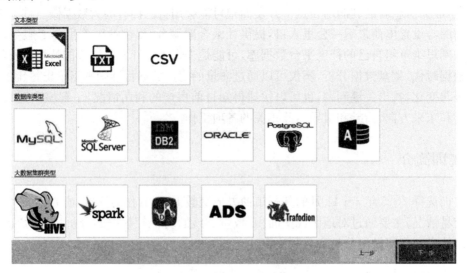

图 6-2　新建项目中的选择数据源界面

6.3.2　数据导入

在新出现的界面中,单击"点击选择文件"按钮,通过浏览选择"楼盘数据.xlsx",数据导入成功后,将其命名为"楼市数据分析",点击"保存"按钮(图6-3)。

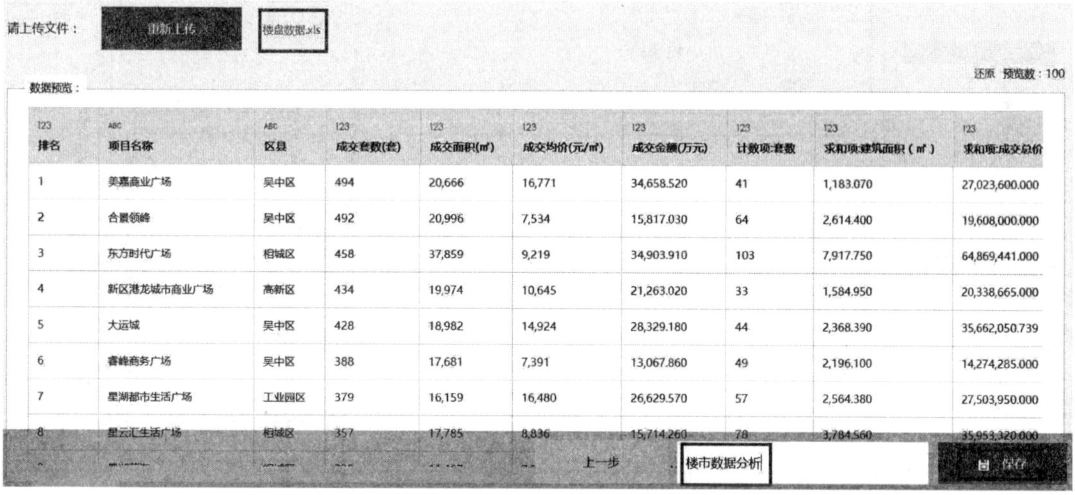

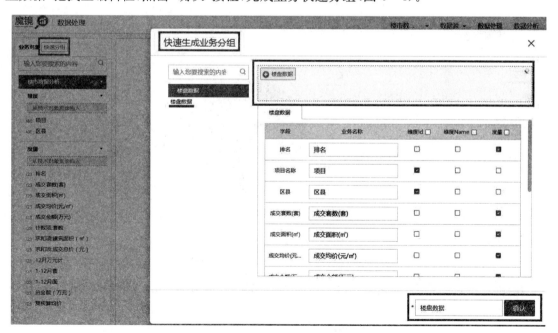

图6-3　数据导入界面

6.3.3　数据处理

点击"数据处理"菜单,进入"数据处理"页面,完成快速分组等数据处理工作。

点击"快速分组",在出现的"快速生成业务分组"对话框中,把楼盘数据下拉列表中的"楼盘数据"拖拽至编辑栏,点击"确认"按钮,完成业务快速分组(图6-4)。

图6-4　快速分组示意图

6.3.4 数据分析

点击"数据分析",进入可视化分析界面(图6-5),进行各项指标的可视化分析。

图6-5 可视化分析界面

1. 各区县房产成交套数分析

拖拽维度中的"区县"到列、度量中的"成交套数"到行,选择图表区的"饼图",将"成交套数"按照正序排列,结果如图6-6所示。点击"保存"按钮,将该图形保存为"2015年苏州各区县房产成交套数"。

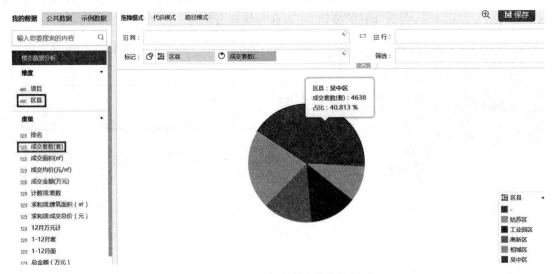

图6-6 各区县房产成交套数比例图

由图6-6可以看出:苏州吴中区2015年成交房产套数最多,为4 683套,占苏州2015年房产总成交套数的40%。

2. 房产均价与成交金额关系分析

拖拽维度中的"区县"到列、度量中的"成交金额""成交均价"到行,选择图表区的"散点图"，结果如图 6-7 所示。

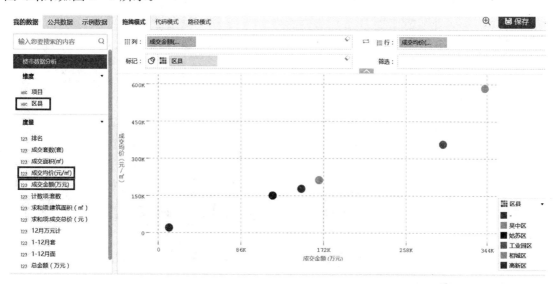

图 6-7　房产均价与成交金额关系分析散点图（"成交均价"的"度量"为"汇总"）

将"成交均价"改为平均值（图 6-8），点击"保存"按钮，将该图形保存为"2015 苏州各区房产均价与成交金额关系"。

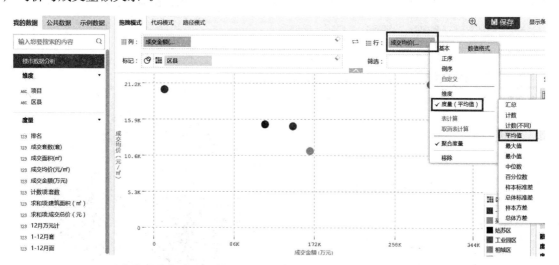

图 6-8　房产均价与成交金额关系分析散点图（"成交均价"的"度量"为"平均值"）

从图 6-8 中可以看出，2015 年苏州工业园区房产均价最高，为每平方米 21 091 元；姑苏区（15 253 元）、高新区（14 970 元）房产成交均价相差无几。

3. 地段成交面积分析

拖拽维度中的"项目"到列、度量中的"成交面积"到行，将"区县"拖入筛选器（选择"工业园区"），选择图表区的"标准柱形图"，结果如图 6-9 所示。调整柱形图显示大小，保存图表为"2015 苏州工业园区各地段成交面积"。

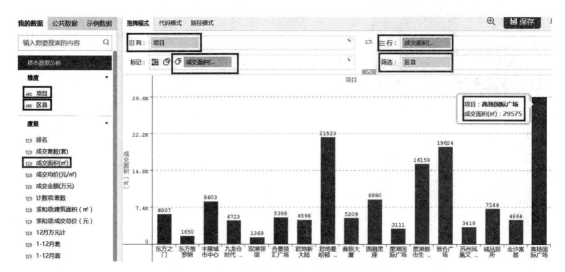

图 6-9　2015 苏州工业园区各地段成交面积

4. 各地段房产均价分析

拖拽维度中的"项目"到列、度量中的"成交均价"到行（度量选为平均值），将"区县"拖入筛选器（选择"工业园区"），选择图表区的"气泡图"，调整显示大小，将"成交均价"设置倒序排列，结果如图 6-10 所示。单击"保存"按钮，保存图表为"2015 苏州工业园区各地段房产均价"。

图 6-10　2015 苏州工业园区各地段房产均价

5. 各地段成交金额分析

拖拽维度中的"项目"到列、度量中的"成交金额"到行（设置正序排列），将"区县"拖入筛选器（选择"工业园区"），选择图表区的"面积图"，结果如图 6-11 所示。单击"保存"按钮，保存图表为"2015 苏州工业园区各地段成交金额"。

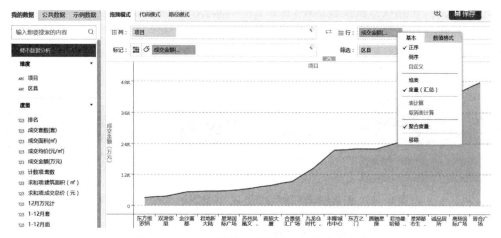

图 6 - 11　2015 苏州工业园区各地段成交金额

6.3.5 数据可视化

完成数据分析后,点击"仪表盘"菜单,进入仪表盘界面,对已完成的图表进行美化调整,并进行相关的联动操作。

使用图表联动功能,通过多表联动分析效果更好。选择"图表联动"—"图表筛选器",出现"图表筛选器设置"对话框。

在对话框中,首先,单击勾选左侧图表(本实训中为"2015 年苏州工业园区各地段成交面积"(图 6 - 9)、"2015 苏州工业园区各地段房产均价"(图 6 - 10)、"2015 苏州工业园区各地段成交金额"(图 6 - 11))。其次,在新出现的三张图之间,设置联动关系(本实训中,鼠标放在"2015 年苏州工业园区各地段成交面积"上,按住鼠标左键后,分别往左上和左下拖动,一直拖到另两张图上时,再松开鼠标。此时,出现筛选对话框,选择"项目"并单击"完成"按钮)。最后,联动动作选择"突出显示"方式,并单击"确认"按钮(图 6 - 12),完成图表联动设置。

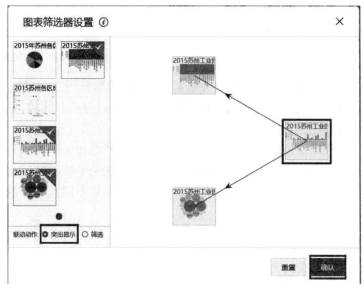

图 6 - 12　设置图表联动的图表筛选器对话框

图表联动设置完毕后,在仪表盘中,点击"2015年苏州工业园区各地段成交面积"图表上"高扬国际广场"地段,"2015苏州工业园区各地段房产均价"和"2015苏州工业园区各地段成交金额"图表上就会突出显示与"高扬国际广场"地段有关的信息(图6-13)。

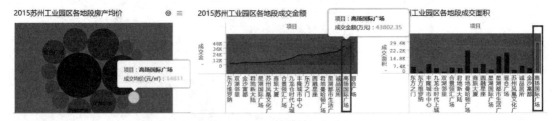

图6-13　图表联动效果示意图(以"高扬国际广场"地段为例)

分析图6-13可以看出,晋和广场和高扬国际广场的成交面积、成交金额均很高,但成交均价却偏低,这说明这两个楼盘购销旺,销售定位准确,当地需求旺盛,商品房的价格能够被主要消费者承受。与此同时,东方之门和诚品居所的成交均价较高,成交总额却并不高,说明这些楼盘价格偏贵,超出了大多数购房者的心里预期,销售数量不多。

6.4　实训总结

楼市数据分析,可以帮助购房者和从业者了解楼市的总体情况、楼盘的分布、成交面积、均价等,从而整体了解整个行业的现状和趋势,挖掘购房者的真实需求,减少盲目跟风、过时和主观化的认知。

本实训中,通过分析成交套数和成交面积,就可以发现:2015年苏州市吴中区的楼盘成交套数最多,姑苏区成交套数最少。工业园区的成交套数不算很高,但是成交面积较大,这说明工业园区尚有较大的楼盘市场可以开拓。而最后的图表联动显示:工业园区内,晋和广场、高扬国际广场等成交多的地方成交均价较低,东方之门和诚品居所的成交均价较高。在楼盘建设上可以以此作为建设依据,甚至公司建址也可以以此作为选择参考。

6.5　实训思考题

本实训仅仅列举了工业园区楼盘现状和趋势,并没有详细分析其他城区,如吴中区、姑苏区等的楼盘情况和趋势,也没有对"建筑面积"等其他指标进行分析和比较,更没有通过数据挖掘,进行关联分析(如"成交金额"与"建筑面积"),或者进行聚类分析(聚类不同区县、不同项目,挖掘不同楼盘的特征)。请深入了解原始数据表和房地产的相关知识:第一,深入分析其他指标反映的信息和规律;第二,广泛分析不同区县之间的共性和个性;第三,有针对性利用图表联动、数据挖掘等方法和算法,进行探索分析,发现新的规律(如不同区县楼盘的特征),解决新的问题。

第七章　贷款数据分析

7.1　实训背景知识

随着中国经济全球化步伐的加速和金融市场改革的全面深化，我国银行业在面临发展机遇的同时也面临着巨大的压力和挑战，经营发展方式的转型和精细化管理水平的提升迫在眉睫。

经过了多年的信息系统建设，中国银行业正在步入大数据时代的初级阶段。目前，国内银行业的数据量已经达到 100 TB 以上级别，并且非结构化数据量正在以更快的速度增长。银行积累了大量的数据，但目前主要的数据运用手段仍以统计报表为主，数据中蕴含的巨大价值远没有得到充分体现。如何提升数据的深层次运用水平，在业务经营、决策判断中"用数据说话"，是一个十分有意义的课题。

银行业在大数据应用方面具有天然优势：一方面，银行在业务开展过程中积累了包括客户身份、资产负债情况、资金收付交易等大量高价值密度的数据，这些数据在运用专业技术挖掘和分析之后，将产生巨大的商业价值；另一方面，银行具有较为充足的预算，可以吸引到大数据的高端人才，也有能力采用大数据的最新技术。

对于银行来说，根据数据进行经营状况分析极为重要。根据银行利率、利息收入、支出等数据，了解银行的营收状况，根据数据做出统筹规划。根据全国各地区的贷款、抵押、存款，了解各地的经济发展状况、人均持有货币情况以及地区不良贷款率等。

正在兴起的大数据技术将与金融业务呈现快速融合的趋势，给未来金融业的发展带来重要机遇。如何根据银行数据对其经营状况做出合理分析？本实训将针对这一问题进行数据分析，以期提供可供参考的分析思路。

7.2　实训简介

本实训通过一个定量研究银行贷款与利润分布的数学模型，从而查看各地区的贷款情况和不良贷款记录、利润分布特征与变化。根据已有数据对该银行的经营状况、各地的消费与贷款情况等做出分析，制作仪表盘。

7.2.1　原始数据情况

数据情况如图 7-1 所示。

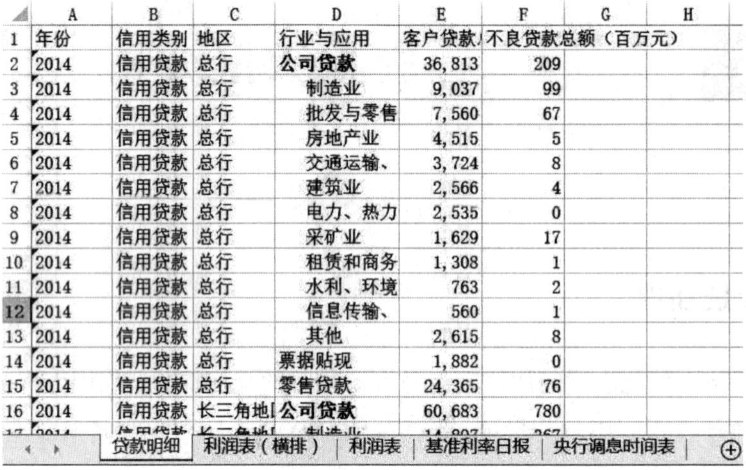

图 7 - 1　银行贷款原始数据截图

7.2.2　实训分析过程

第一步,确定问题。本实训主要通过对地区贷款明细、年度利润数据分析、央行利息调整数据等,了解银行的经营状况。

第二步,分解问题。将大问题分解为小问题。针对本实训,问题可分解为以下几点:(1)各地区、信用类别、行业贷款情况分析;(2)2009—2014 年间不良贷款率变化趋势;(3)2014年度银行利润数据分析;(4)存贷基准利率变化情况分析。

第三步,评估问题。本实训中,影响评估的因素有地区、时间等。具体包括:(1)各地区、信用类别、行业贷款情况分析:通过对比地区、信用类别、行业与贷款额度、不良贷款额度,可以对银行贷款业务进行评估;(2)2009—2014 年间不良贷款率变化趋势:分析预测不良贷款率的变化情况;(3)2014 年度银行利润数据分析:通过分析银行的收支情况,来判断银行经营情况的好坏;(4)存贷基准利率变化情况分析:银行的利息收入和支出与央行的利率政策息息相关,分析近几年基准利率的变化情况能更好地反映出银行的业务能力。

第四步,总结问题。不仅能够将问题剖析,并能提供决策性建议的数据分析才是有价值的数据分析。

7.3　实训过程

7.3.1　新建项目

新建项目"贷款明细分析",具体操作:进入魔镜系统,点击"新建应用"按钮,在出现的对话框中选择"添加新数据源",单击"确认"按钮,出现图 7 - 2 对话框,选择"文本类型"中的 Excel 数据源,点击"下一步"。

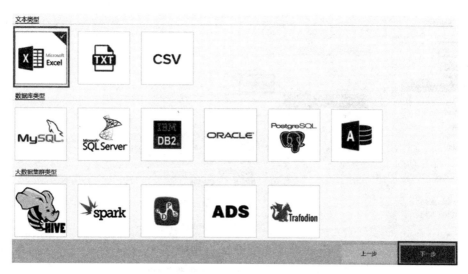

图 7 - 2　新建项目中的选择数据源界面

7.3.2　数据导入

　　在新出现的界面中,单击"点击选择文件"按钮,通过浏览选择"贷款明细. xlsx",数据导入成功后,将其命名为"贷款明细分析",点击"保存"按钮(图 7 - 3)。

年份	信用类别	地区	行业与应用	客户贷款总额(百万元)	
2,014	信用贷款	总行	租赁和商务服务业	1,308.200	1.125
2,014	信用贷款	总行	水利、环境和公共设施管理业	763.091	1.535
2,014	信用贷款	总行	信息传输、软件和信息技术服务业	559.707	0.563
2,014	信用贷款	总行	其他	2,614.794	7.674
2,014	信用贷款	总行	票据贴现	1,881.503	0.000
2,014	信用贷款	总行	零售贷款	24,365.119	76.235
2,014	信用贷款	长三角地区	公司贷款	60,682.926	779.529
2,014	信用贷款	长三角地区	制造业	14,896.744	366.721
2,014	信用贷款	长三角地区	批发与零售业	12,462.331	249.369

图 7 - 3　数据导入界面

7.3.3　数据处理

　　点击"数据处理"菜单,进入"数据处理"页面,完成快速分组等数据处理工作。

　　具体操作:点击"快速分组",在出现的"快速生成业务分组"对话框中(图 7 - 4),把贷款明细下拉列表中的"贷款明细"拖拽至编辑栏,点击"确认"按钮,完成业务快速分组。以此类推,完成"利润表(横排)""利润表""基准利率日报""央行调息时间表"的快速分组工作。

图7-4　快速分组示意图

7.3.4　数据分析

点击"数据分析",进入可视化分析界面(图7-5),进行各项指标的可视化分析。

图7-5　可视化分析界面

1. 各地区、信用类别、行业贷款情况分析

地区、信用类别、行业在业务对象"贷款明细"中属于三个不同的维度,在同一张图表中分析之前,需要事先创建参数字段(维度的集合,用于维度的切换)。

参数字段的具体操作:在数据分析界面中的业务对象操作区,展开业务对象"贷款明细",

点击"维度"右侧的 ▼ ，在出现的下拉菜单中选择"创建参数字段"，如图 7 - 6 所示。

图 7 - 6　创建参数字段示意图

在出现的"编辑参数"对话框中，直接将信用类别、地区、行业与应用拖拽至对话框的编辑栏中（图 7 - 7），并命名为"分类参数"，点击"确认"按钮，完成"分类参数"参数字段的设置。

图 7 - 7　"创建参数字段"对话框

完成参数字段设置后，拖拽维度中的"分类参数"到列、度量中的"客户贷款总额（百万元）""不良贷款总额（百万元）"到行，选择图表区的"线图"，结果如图 7 - 8 所示。点击"保存"按钮，将该图形保存为"各地区、信用类别、行业贷款情况"。

通过图 7 - 8 可以看出，关于贷款地区分布，在全国范围内，长三角地区的贷款业务量最大，客户贷款总额达到 380 048 700 万元，其次是环渤海地区和珠三角地区，其他地区参差不齐，境外机构的客户贷款总额最低。而长三角地区的不良贷款数额也最大，其次为总行、珠三角、中部等地，境外机构和附属机构的不良贷款非常少，但其贷款量也较低。

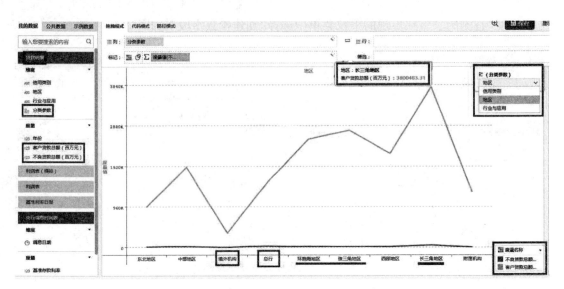

图 7 - 8   各地区、信用类别、行业贷款情况

2. 不良贷款率变化趋势

在分析"2009—2014 年间不良贷款率变化趋势"之前,需要将度量中的"年份"转化为"维度"以及新建度量"不良贷款率"(不良贷款率=不良贷款总额/贷款总额)。具体操作为:

第一步,度量转换为维度。

进入数据分析界面,鼠标移动到度量中的"年份"上,右侧出现 ▼ 。单击 ▼ ,在出现的下拉菜单中选择"转化为维度",如图 7 - 9 所示。

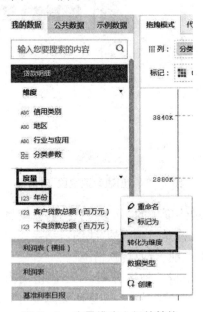

图 7 - 9   度量维度之间的转换

第二步,创建计算字段。

同样的操作,点击度量右侧的 ▼ ,在出现的下拉菜单中,选择"创建计算字段"

（图7-10）。在新出现的"创建计算字段"对话框中，输入字段名"不良贷款率"，在公式编辑区，输入公式：[不良贷款总额（百万元）]/[客户贷款总额（百万元）]，单击"确认"按钮，完成计算字段"不良贷款率"的创建。

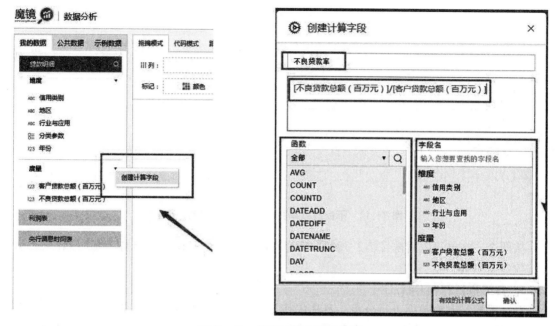

图7-10　创建计算字段示意图

第三步，建立可视化图表。

拖拽维度中的"年份"到列、度量中的"不良贷款率"到行，选择线图，如图7-11所示。

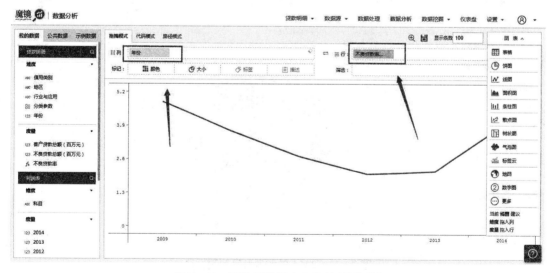

图7-11　不良贷款率变化趋势（美化前）

由图7-11可以看出，线图反映出来的规律并不明显。进一步，将度量"不良贷款率"拖拽至标记栏中的"标签"，从美观角度设置线条颜色、线条粗细，调整结果如图7-12所示。

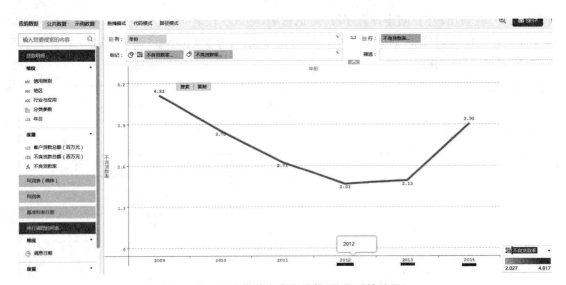

图 7-12   不良贷款率变化趋势(美化后的结果)

从图 7-12 中可以看出,2012—2014 年的不良贷款率呈明显上升趋势,风险性较大,应加大贷款资金审核力度。

3. 各类科目利润分析

继续对银行利润数据进行分析。具体操作:展开业务对象"利润表",将维度中的"科目"拖入列、度量中的"2014"拖入行,在右侧图表库中选择"饼图",设置"2014"正序排列,将"科目"拖到标记栏中的"标签",就生成了 2014 年的各类收入科目占比图,如图 7-13 所示,将其命名为"2014 年各类科目利润占比",点击"保存"按钮。

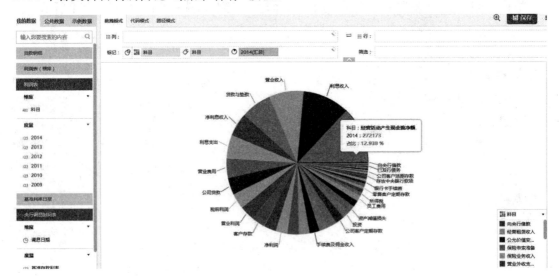

图 7-13   2014 年各类科目利润占比

在图 7-13 的基础上,将度量中的"2014"拖入筛选器,在"至少"中的开始值中输入"110 000",点击"确定",如图 7-14 所示。

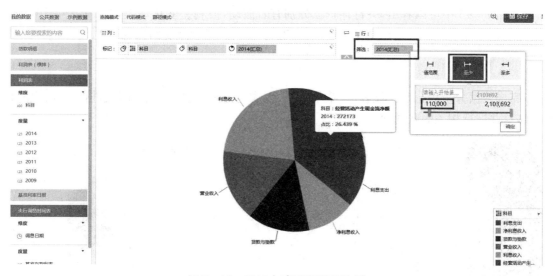

图 7 - 14　2014 年高利润科目比例

图 7 - 14 显示的是 2014 年利润收入大于超过 110 000 的科目,因此,可以将其命名为"2014 年高利润科目比例"并保存。从图 7 - 14 中可以看出,经营活动产生现金流净额、利息收入、营业收入、贷款与垫款、净利息收入以及利息支出,构成了相对较高的利润来源科目。其中,经营活动产生现金流净额最高,其次是利息收入,再次为营业收入。

4. 央行基准存贷款利率变化分析

银行的利息收入和支出与央行的利率政策息息相关,因此,有必要分析近几年的央行基准存贷款利率变化。

具体操作:进入"数据分析"的可视化分析界面,展开"央行调息时间表",将维度中的"调息日期"拖拽到列、度量中的"基准存款利率""基准贷款利率"和"存贷款基准利差"拖入行,在右侧图表库中选择"条柱图"——"组合图",生成图表命名为"央行存贷款利率变化",点击"保存",如图 7 - 15 所示。

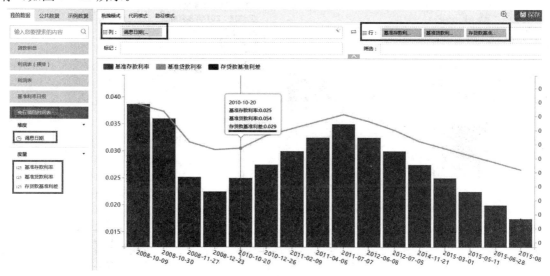

图 7 - 15　央行存贷款利率变化情况

　　从图 7-15 中可以看出，央行存贷款分别有着波动，但利差变化不大，在 2010 年 10 月 20 日，存贷款基准利差出现明显变化，从 0.031 变为 0.029，然后又变回到 0.031。

7.3.5　数据可视化

　　完成数据分析后，点击"仪表盘"菜单，进入仪表盘界面，对已完成的图表进行美化调整（图 7-16），并进行相关的联动操作。

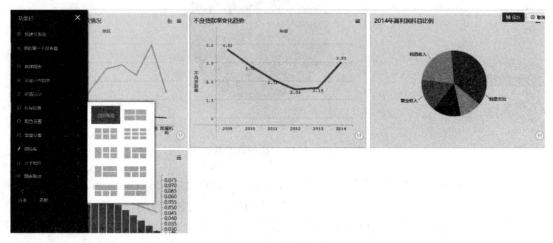

图 7-16　仪表盘操作示意图

　　使用图表联动功能，通过多表联动分析效果更好。选择"图表联动"—"图表筛选器"（图 7-17），出现"图表筛选器设置"对话框。在对话框中，首先，单击勾选左侧图表（本实训中为

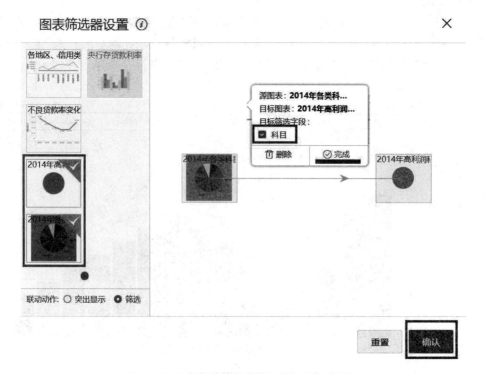

图 7-17　设置图表联动的图表筛选器对话框

"2014年各类科目利润占比"和"2014年高利润科目比例");其次,在新出现的两张图之间,设置联动关系(本实训中,鼠标放在"2014年各类科目利润占比"上,按住鼠标左键后往右拖动,一直拖到"2014年高利润科目比例"时,再松开鼠标,此时,出现筛选对话框,选择"科目"并单击"完成"按钮);最后,联动动作选择"筛选"方式,并单击"确认"按钮(图7-17),完成图表联动设置。

完成图表联动设置后,两张图("2014年各类科目利润占比"和"2014年高利润科目比例")就可以进行联动了。如,点击"2014年利润比例"图中的"营业收入""2014年高利润类目比例"就会显示"营业收入"的情况(图7-18)。

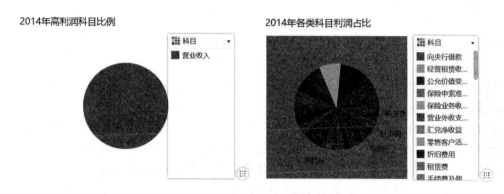

图7-18 图表联动效果示意图(营业收入)

7.4 实训总结

贷款数据分析,可以帮助贷款者和银行从业者了解贷款的总体情况、各财务科目利润情况等,从而整体了解整个银行业的现状和趋势,及时发现问题,减少盲目跟风、过时和主观化的认知。

通过分析可以得出:第一,长三角地区贷款业务量最大,但不良贷款也最多。其他地区参差不齐,境外机构的客户贷款总额最低,不良贷款也非常少。第二,银行经营利润中,经营活动产生现金流净额最高,其次是利息收入,再次为营业收入。第三,央行近年来的利差变化很小。银行利润的利息收入很高,且受央行利息调整变化影响不大,但在拓展贷款业务的同时要防范不良贷款。

7.5 实训思考题

本实训仅仅是简单分析了各个地区贷款业务的发展情况,没有借助原始数据和财务知识进行深入分析,也没有充分利用图表关联方式进行交叉分析,更没有借助数据挖掘进行探索分析。请深入了解原始数据表和财务管理的相关知识:第一,深入分析财务指标反映的信息和规律;第二,广泛分析不同地区、不同行业贷款的共性和特性;第三,有针对性利用图表联动、数据挖掘等方法和算法,进行探索分析,发现新的规律(本银行客户类别和特征),解决新的问题。

第八章　　　　　NBA 数据分析

8.1　实训背景知识

这是一个数据的时代,大数据已成为管理界的时尚元素,大数据正在逐渐改变着人们的生活,其给某些行业带来了翻天覆地的变化,例如体育行业。

无论是足球、篮球还是赛车等体育行业,利用大数据的捕获、存储、分析等功能使得如今的这些领域发生了巨变。在体育界,可以说数据分析已经走到了企业应用的前面,传感器和 3D 雷达正采集着大量的运动员数据,而数据分析的广泛应用也促使职业体育内部发生着广泛而深刻的变化。"体育最终还是会作用于商业。"时任 SAP 公司 CMO 的 Jonathan Becher 在 2013 年如此展望双方合作对 NBA 的意义。对数据的关注分析,以及由此带来的显著效果,早已经在与 NBA 同属美国四大职业联盟的 MLB(Major League Baseball,美国职棒大联盟)赛事中得到了验证。

NBA 也是如此。数据分析在 NBA 的作用越来越大,为很多之前只能在幕后工作的数据专家们提供了更好的展示才华舞台。NBA 可谓大数据的鼻祖,同时也是大数据的最好践行者。美国职业篮球联赛(NBA)从 20 世纪 80 年代起就开始使用数据管理技术,所有球员得分、篮板、助攻、盖帽、抢断、失误、犯规等一系列场上数据均被统计在列。其中,数据的交付以及视频的回放在近十年改变了很多,这些数据都能够从 NBA.com/stats 中查到(那里提供了详细的数据)。数据的科学就在于,也许一次比赛是偶然发挥,但如果把大量的比赛汇总,基本能反映一名球员的全面状况。

8.2　实训简介

本实训将通过一些数据分析球员数据、球队数据之间的关系。例如,场均得分和出场时间之间的关系,三分命中率和投篮命中率的对比关系,球队的场均失分和战绩之间的关系等。

8.2.1　原始数据情况

数据情况如图 8-1 所示。

8.2.2　实训分析过程

首先,确定问题,即探索球员成绩与球队成绩之间的关系。其次,分解问题。将大问题分解为小问题:(1)场均得分和出场时间之间的关系;(2)三分命中率和投篮命中率的对比关系;(3)球队的场均失分和战绩之间的关系。最后,通过调整仪表盘等,可视化评估、总结问题,发现规律性的现象。

	A	B	C	D	E	F	G	H	I	J	K	L	M	N	O
1	排名	分部	球队	参赛场次	胜	负	胜差	得分	失分	分差	主场战绩	客场战绩	分部战绩	最近10场	连胜连负
2	1	西部	勇士	35	33	2	0	113.7	101.8	11.9	17胜0负	16胜2负	21胜1负	9胜1负	4连胜
3	2	西部	马刺	36	30	6	3.5	103.1	89.2	13.9	20胜0负	10胜6负	17胜3负	9胜1负	5连胜
4	3	西部	雷霆	35	24	11	9	108.5	100.7	7.8	16胜5负	8胜6负	16胜3负	7胜3负	1连负
5	1	东部	骑士	32	23	9	0	100.5	94.7	5.8	15胜1负	8胜8负	17胜6负	8胜2负	4连胜
6	4	东部	快船	35	22	13	11	103.7	100.5	3.2	11胜6负	11胜7负	13胜10负	7胜3负	6连胜
7	2	东部	公牛	33	21	12	2.5	102.2	100	2.2	15胜6负	6胜7负	12胜8负	6胜4负	5连胜
8	3	东部	热火	34	21	13	3	97.4	94.6	2.8	15胜7负	6胜6负	11胜11负	6胜4负	3连胜
9	4	东部	猛龙	36	21	15	4	100.3	97.6	2.7	11胜6负	10胜9负	13胜8负	5胜5负	2连负
10	5	东部	老鹰	36	21	15	4	101.8	100.6	1.2	12胜7负	9胜8负	12胜9负	7胜3负	2连负
11	5	西部	小牛	35	20	15	13	102	101.5	0.5	11胜6负	9胜9负	13胜6负	6胜4负	1连胜
12	6	东部	步行者	34	19	15	5	102.4	98.7	3.7	12胜5负	7胜10负	14胜7负	4胜6负	1连负
13	7	东部	凯尔特人	34	19	15	5	102.9	99	3.9	9胜9负	10胜6负	14胜10负	5胜5负	1连胜
14	8	东部	活塞	35	19	16	5.5	101.2	99.4	1.8	12胜5负	7胜11负	14胜9负	5胜5负	1连胜
15	9	东部	魔术	35	19	16	5.5	99.8	99.2	0.599	12胜6负	7胜10负	9胜11负	5胜5负	3连负
16	6	西部	灰熊	36	19	17	14.5	96	98.6	-2.6	11胜6负	8胜11负	11胜10负	6胜4负	1连胜
17	10	东部	黄蜂	34	17	17	7	101.8	100.4	1.4	13胜7负	4胜10负	11胜9负	3胜7负	4连胜
18	11	东部	尼克斯	36	17	19	8	98.1	99.7	-1.6	9胜8负	8胜11负	11胜14负	5胜5负	2连胜
19	7	西部	火箭	36	17	19	16.5	103.9	105.8	-1.9	10胜9负	7胜10负	12胜11负	5胜5负	1连胜
20	12	东部	奇才	32	15	17	8	100.7	103.8	-3.1	8胜9负	7胜8负	10胜9负	5胜5负	1连负

nba2015-2016常规赛球员数据　　nba2015-2016常规赛球队数据　⊕

图8-1　NBA原始数据截图

8.3　实训过程

8.3.1　新建项目

新建项目"NBA数据分析",具体操作:进入魔镜系统,点击"新建应用"按钮,在出现的对话框中,选择"添加新数据源",单击"确认"按钮,出现图8-2对话框,选择"文本类型"中的Excel数据源,点击"下一步"。

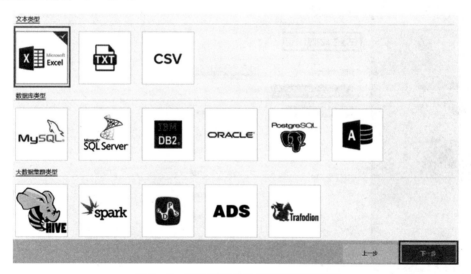

图8-2　新建项目中的选择数据源界面

8.3.2　数据导入

在新出现的界面中,单击"点击选择文件"按钮,通过浏览选择"NBA2015—2016常规赛数据统计. xlsx",数据导入成功后,将其命名为"NBA数据分析",点击"保存"按钮(图8-3)。

图8-3　数据导入界面

8.3.3　数据处理

点击"数据处理"菜单,进入"数据处理"页面,完成快速分组等数据处理工作。

点击"快速分组",在出现的"快速生成业务分组"对话框中,把"NBA2015—2016常规赛数据统计"下拉列表中的"nba2015—2016常规赛球员数据"拖拽至编辑栏,分组命名为"球员数据";"nba2015—2016常规赛球队数据"拖拽至编辑栏,分组命名为"球队数据"。点击"确认"按钮,完成业务快速分组(图8-4)。

图8-4　快速分组示意图

8.3.4　数据分析

点击"数据分析",进入可视化分析界面(图 8-5),进行各项指标的可视化分析。

图 8-5　可视化分析界面

1. 球员场均得分分析

在"球员数据"分组中,将维度中的"球员"拖入列、度量中的"场均得分""场均时间""投篮命中率"拖入行,选择"散点图",将"投篮命中率"拖入标记栏的"大小",结果如图 8-6 所示。

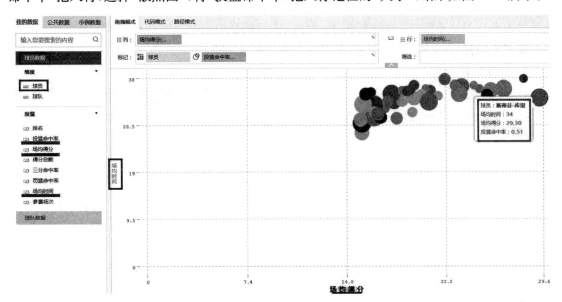

图 8-6　球员场均得分

将图表命名为"球员场均得分分析",把鼠标移至视图区可以查看不同球员的场均时间和场均得分。从图 8-6 的趋势而言,"出场时间"与"场均得分"大致呈正比的关系。同时,可以清晰地看到得分王(场均得分最多)是斯蒂芬-库里,投篮命中率为 0.511。更为可贵的是,斯蒂芬-库里场均出场时间并不是最多,可见他的场上效率非常高。另外,MVP竞争者可能为场均得分较高的斯蒂芬-库里、詹姆斯-哈登、凯文-杜兰特、勒布朗-詹姆斯、拉塞尔-威斯布鲁克五个人中选出。

2. 球员命中率分析

在"球员数据"分组中,将维度中的"球员"拖入列、度量中的"投篮命中率""罚篮命中率""三分命中率"拖入行,在全部图表中选择"柱形图"中的"组合图",如图8-7所示。

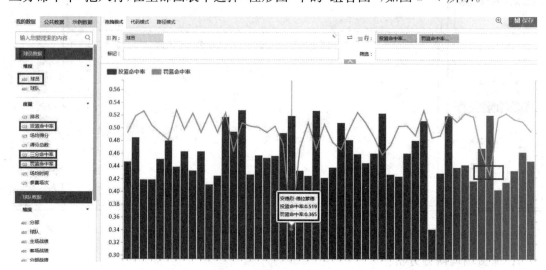

图8-7　球员命中率分析

将图表命名为"球员命中率分析",可以看出球员的三分命中率、投篮命中率成正比关系的球员基本是后卫或小前锋,例如库里、杜兰特。而罚球命中率与投篮命中率大致成反比的大多是中锋或大前锋,例如安德烈·德拉蒙德或者赛迪斯·杨。

3. 球队败绩分析

在"球队数据"分组中,将维度的"球队"拖入列、度量中的"失分"和"负"拖入行,选择线图,将"失分"拖入标记栏的"标签"中,结果如图8-8所示。

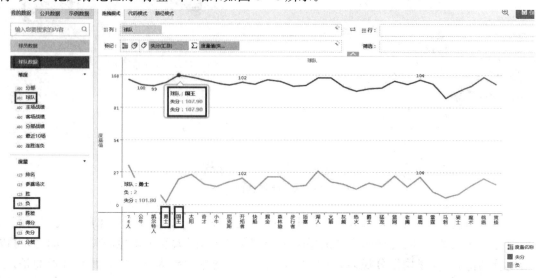

图8-8　球队败绩分析

将图 8-8 命名为"球队败绩分析",不难发现：场均失分和战绩大致呈正比的关系,失分越多战绩越差,但不是绝对,因为战绩还取决于场均得分情况。例如,场均失分最多的是国王队,场均失分 107.9,战绩也多达 21 负;勇士队场均失分也高达 101.8 分,但只有 2 场负。由此可见,对阵国王队时,场均得分不高;而对阵勇士队时,场均得分应该比较高。

4. 球队胜场分析

在"球队数据"分组中,将维度的"球队"拖入列、度量中的"胜"拖入行,选择气泡图,将"失分"拖入标记栏的"标签"中,结果如图 8-9 所示。

将图 8-9 命名为"球队胜场分析",从图中可以看出：胜场最多的 3 个球队分别为勇士(33场)、马刺(30场)、雷霆(24场);胜场最少的 3 个球队分别为 76 人(4场)、湖人(8场)、篮网(10场)。

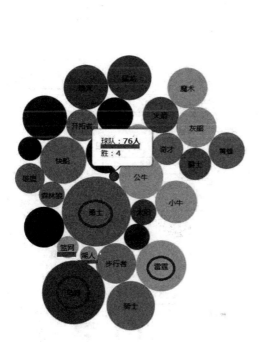

图 8-9 球队胜场分析

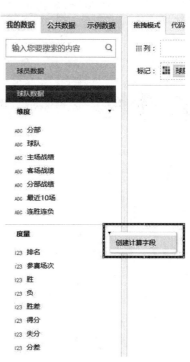

图 8-10 选择"创建计算字段"菜单

5. 球队胜率分析

想要对各球队的胜率情况进行分析,需要先创建一个计算字段"胜率"。具体操作为：在球队数据分组中,点击度量右侧的 ▼ ,选择"创建计算字段"(图 8-10)。

在出现的"创建计算字段"对话框中,输入字段名"胜率",在编辑栏中,配置表达式为：[胜]/[参赛场次](图 8-11)。单击"确认"按钮,完成"胜率"计算字段的创建。

将维度的"球队"拖入列、度量中的"胜率"拖入行,选择"全部"—"更多"—"百分比圆环盘",结果如图 8-12 所示。

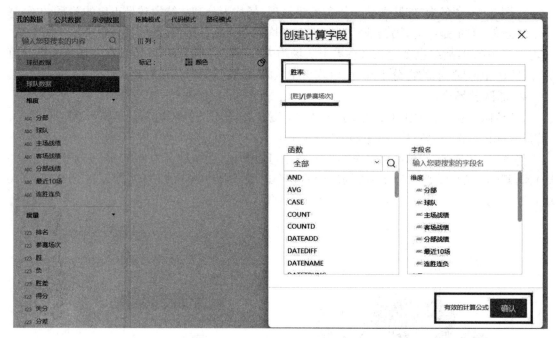

图 8-11　"胜率"计算字段的创建

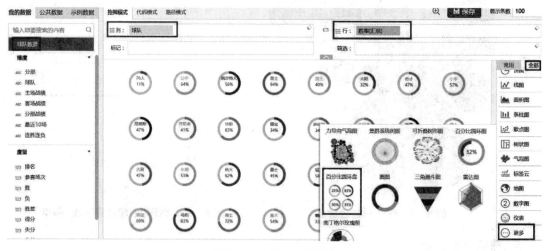

图 8-12　球队胜率分析

6. 球队战绩分析

将维度的"球队"拖入列、"主场战绩""客场战绩""分部战绩""最近 10 场"和"连胜连负"拖入行,选择"列表 1",命名为"球队战绩总览"(图 8-13)。

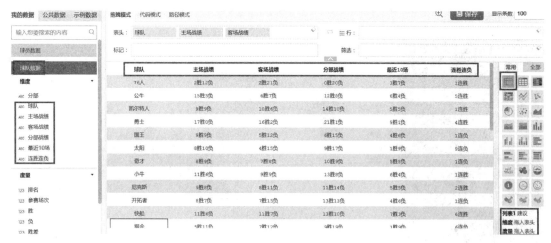

图 8-13 球队战绩总览

8.3.5 数据可视化

完成数据分析后,点击"仪表盘"菜单,进入仪表盘界面,对已完成的图表进行美化调整等相关操作。

1. 仪表盘的重命名

如图 8-14 所示,先对仪表盘进行重命名操作。

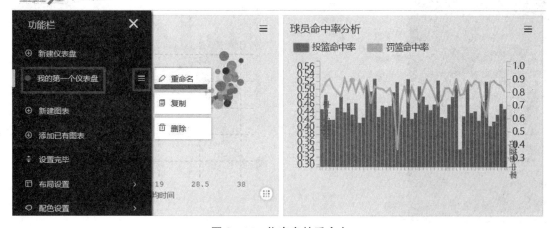

图 8-14 仪表盘的重命名

2. 仪表盘的设置

选择"设置仪表盘",可以对做好的图表进行编辑和排版,设置完成后选择"设置完毕",如图 8-15 所示。

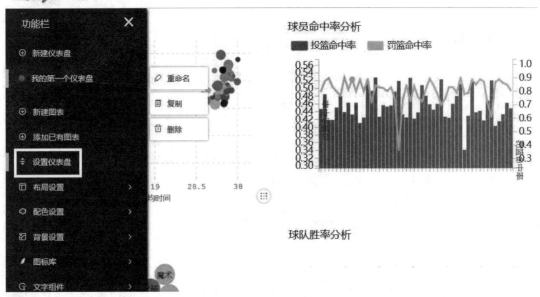

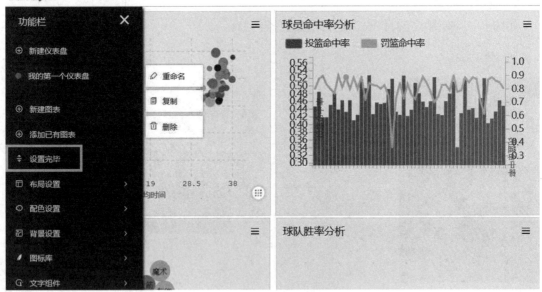

图 8-15　仪表盘的设置

3. 图表进行编辑和排版

点击图表右上角隐藏的"设置"按钮可对轴线、图表模式等进行修改,如图 8-16 所示。

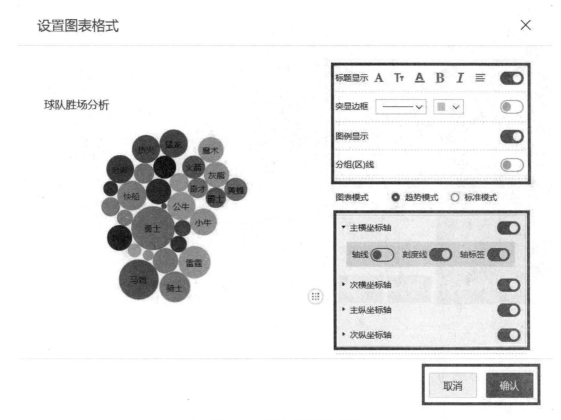

图 8-16 图表的编辑与排版

4. 仪表盘配色与背景设置

设置好图表及轴线后,可以对配色以及背景色进行设置。例如,选择"轻快"的配色设置(图 8-17)以及"商务蓝"的背景设置(图 8-18)。

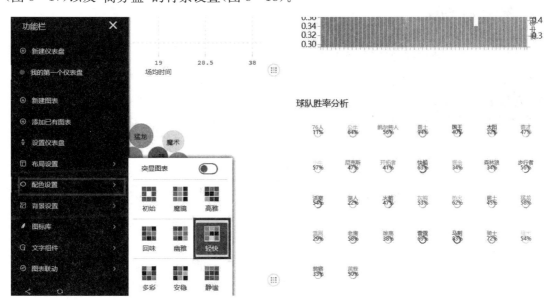

图 8-17 "轻快"的配色设置

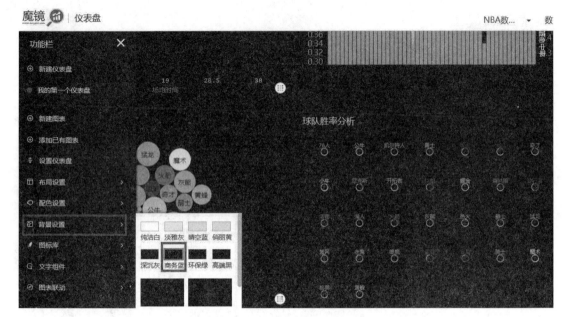

图 8-18 "商务蓝"的背景设置

8.4 实训总结

本实训通过图表,使教练、观众可以直观地感受到球队、球员的数据,可以看出球员的场均得分和出场时间大致呈正比的关系,通过分析三分命中率和投篮命中率的对比关系可以简单判断出球员在场上的担负位置,通过分析可以得出球队的场均失分和负的场次之间大致呈正比的关系。

8.5 实训思考题

科技正在改变着生活,随着大数据分析技术的不断提升,相信将有更多的技术被应用到体育运动中。本实训仅仅是对球员以及球队的数据进行了一些简单分析,没有区分球队队员之间在各项指标之间的差距,没有分析球队不同阶段或者针对不同球队的特征。请思考:第一,是否能够利用图表互动,更加深刻、生动显示规律?第二,能否利用数据挖掘,发现新的机会?

第九章　行业职位需求分析

9.1　实训背景知识

一般认为,中国企业的人力资源管理普遍缺乏制度化,更多地体现出人情化的特点(美其名曰"人性化")。这大致有两个原因:第一,中国的社会环境和文化传统的特点。如果说西方社会讲究"法-理-情"的思维模式,中国社会相对地关注人的情感和感受,认同"情-理-法"的行为逻辑。第二,中国企业的发展阶段的特点。多数企业人力资源管理基础还很薄弱,没有建立起科学、规范的制度和机制,较多依赖管理者的经验和直觉。

制度化缺失导致人力资源管理缺乏规范化的标准,但制度化建设的重心不是制定管理标准,而是要与选人、用人结合起来。标准再精细、制度再完善,也不能根本解决人的问题,选用到合适的人才,却能改善、优化甚至弥补制度的缺陷。对于多数中国企业来讲,管理基础相对薄弱而又短期内难有大幅提高,找到一个合适的人甚至比建立一套完善的制度更为重要。因而,招聘工作不仅是人力资源管理的核心,甚至可能成为企业战略管理的重点。

随着人类的需求逐渐增加,社会分工逐渐细化,以前从未有过的新岗位大量出现。同时,每个行业都是一个纷繁庞杂的系统,要透彻了解一个行业须花费许多时间和精力。

因此,如何帮助求职者了解自己想进入的行业,帮助求职者熟悉各个职位的需求以及哪些是热门职位至关重要。另一方面,对于企业而言,行业职位需求分析也有助于它们真正了解员工跳槽的原因等敏感问题,从而制定更好的管理制度。

9.2　实训简介

本实训主要分析互联网行业和电商行业热门职位需求,以及分析各行业人员跳槽因素以及占比,学历在行业中的比例分析,还特别对其职位、学历、薪资、跳槽情况进行了具体分析。

9.2.1　原始数据情况

数据情况如图 9-1 所示。

行业	职位	2014指数	2016指数	加班	加班占比	是否跳槽	跳槽因素
互联网行业	前端开发工程师	9.719	12.719	经常	90.55%	0.5	薪资
互联网行业	移动开发工程师	6.441	8.441	经常	80.46%	0.5	公司管理
互联网行业	研发工程师	5.719	9.719	偶尔	76.66%	0.5	公司管理
互联网行业	架构师	5.483	4.483	偶尔	40.69%	0.5	奖金
互联网行业	运维工程师	4.377	6.377	经常	88.26%	0.5	奖金
互联网行业	UI设计师/顾问	4.266	8.266	经常	62.85%	0.5	其它
互联网行业	数据库开发工程师	4.061	2.061	偶尔	33.87%	0.5	其它
互联网行业	测试工程师	4.011	8.011	偶尔	79.16%	0.5	其它
互联网行业	产品经理/主管	3.643	6.643	经常	67.39%	0.5	公司管理
互联网行业	技术总监/经理	2.513	9.513	经常	89.22%	0.5	公司管理
房地产	店长	5.432	3.432	很少	12.78%	0.5	福利
房地产	区域经理	7.988	4.988	很少	16.88%	0.5	福利
房地产	总经理	3.765	9.765	很少	17.32%	0	
房地产	职业顾问	2.664	2.664	很少	1.99%	0	
房地产	采购	8.422	9.422	很少	10.77%	1	其它
金融	投资经理	9.562	2.562	很少	45.66%	0.5	公司管理

各个行业职位缺口指数占比 | 互联网行业学历占比

图 9-1 行业职位原始数据截图

9.2.2 实训分析过程

首先,确定问题,即通过对职位需求变化、加班情况分析等,了解不同行业职位的特点。其次,分解问题。将大问题分解为小问题:(1)职位总体情况;(2)职位关联因素,如加班情况、跳槽原因、学历、薪水等;(3)热门职位及职位需求预警。最后,通过图表联动等功能,可视化评估、总结问题,发现规律性的现象。

9.3 实训过程

9.3.1 新建项目

新建项目"职位需求分析",具体操作:进入魔镜系统,点击"新建应用"按钮,在出现的对话框中,选择"添加新数据源",单击"确认"按钮,出现图 9-2 对话框,选择"文本类型"中的 Excel数据源,点击"下一步"。

图 9-2 新建项目中的选择数据源界面

9.3.2　数据导入

在新出现的界面中,单击"点击选择文件"按钮,通过浏览选择"行业职位需求.xlsx",数据导入成功后,将其命名为"职位需求分析",点击"保存"按钮(图9-3)。

请上传文件:	重新上传	行业职位需求.xls						
数据预览:							还原　预览数:58	
ABC	ABC	123	123	ABC	123	123		
行业	职位	2014指数	2016指数	加班	加班占比	是否跳槽		
互联网行业	前端开发工程师	9.719	12.719	经常	0.905	0.500	薪资	
互联网行业	移动开发工程师	6.441	8.441	经常	0.805	0.500	公司管理	
互联网行业	研发工程师	5.719	9.719	偶尔	0.767	0.500	公司管理	
互联网行业	架构师	5.483	4.483	偶尔	0.407	0.500	奖金	
互联网行业	运维工程师	4.377	6.377	经常	0.883	0.500	奖金	
互联网行业	UI设计师/顾问	4.266	8.266	经常	0.628	0.500	其它	
互联网行业	数据库开发工程师	4.061	2.061	偶尔	0.339	0.500	其它	
互联网行业	测试工程师	4.011	8.011	偶尔	0.792	0.500	其它	

| 各个行业职... | 互联网行业 | | | 上一步 | 职位需求分析 | | 保存 |

图9-3　数据导入界面

9.3.3　数据处理

点击"数据处理"菜单,进入"数据处理"页面,完成快速分组等数据处理工作。

1. 表关联

由于数据源中的两个表格都含有"职位"字段,因此,可以进行表关联操作,后期将两张表格放在一起进行数据分析操作。

具体操作:数据处理平台,在技术对象处点击"行业职位需求"右侧的▼,在出现的快捷菜单中选择"关联"(图9-4)。

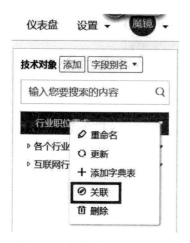

图9-4　表关联操作快捷菜单

在出现的"关联表"对话框中,将两张子表"各个行业职位缺口指数占比"和"互联网行业学历占比"拖入右侧的虚框中,两张表自动进行关联(图9-5)。单击"确认"按钮,完成表关联设置。新生成的表为:各个行业职位缺口指数占比 & 互联网行业学历占比。

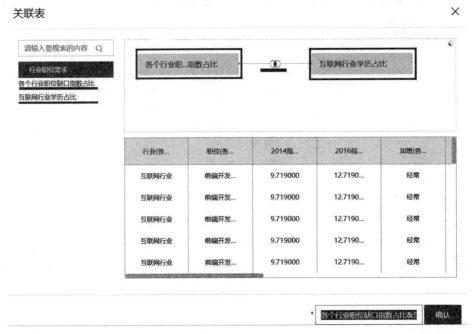

图9-5　"表关联"操作对话框

2. 快速分组

点击"快速分组",在出现的"快速生成业务分组"对话框中,把"行业职位需求"下拉列表中的"各个行业职位缺口指数占比""互联网行业学历占比"和"各个行业职位缺口指数占比 & 互联网行业学历占比"逐个拖拽至编辑栏,分别点击"确认"按钮,完成业务快速分组(图9-6)。

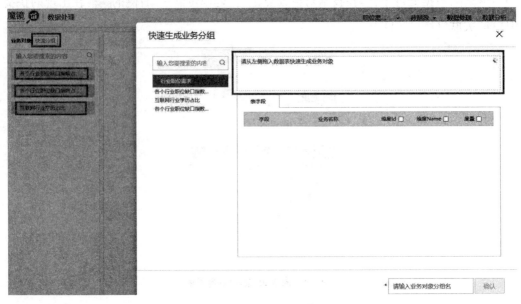

图9-6　快速分组示意图

9.3.4　数据分析

点击"数据分析",进入可视化分析界面(图9-7),进行各项指标的可视化分析。

图9-7　可视化分析界面

1. 各行业职位需求变化分析

在数据分析页面,展开"各个行业职位缺口指数占比",将维度中的"行业"拖入"行"、度量中的"2014指数""2016指数"拖入"列",选择分组柱状图(图9-8)。

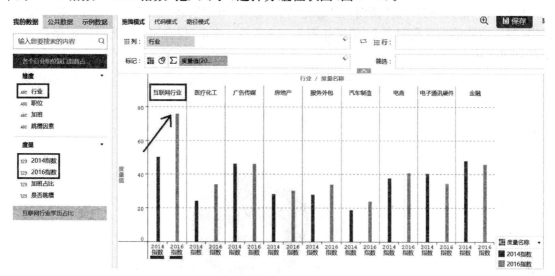

图9-8　各行业职位需求变化分组柱形图(2014和2016)

点击"标记"栏中颜色按钮 ,可调整颜色(如本例中选择"高雅");点击"标记"栏中大小按钮 ,可调整图形大小(本例中选择"大")。调整后的图形如图9-9所示。点击"保存"按钮,将该图形保存为"各行业职位需求变化"。

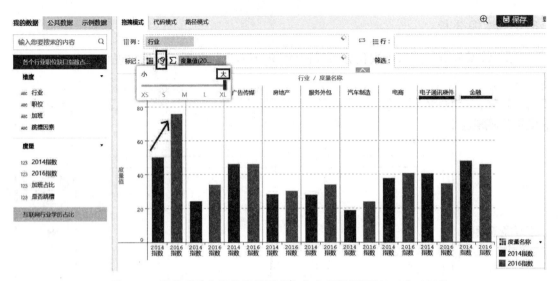

图 9-9　调整后的各行业职位需求变化分组柱形图(2014 和 2016)

由图 9-8 和图 9-9 不难发现,除了金融行业、电子通信硬件行业外,其他行业 2016 年的职位需求都比 2014 年的职位需求明显增多。其中,2016 年互联网行业职位需求明显高于其他行业,这可能是由于互联网技术一直以来的快速变革与发展,始终急需大量互联网领域人才造成的。

2. 行业加班比分析

在数据分析页面,展开"各个行业职位缺口指数占比"、维度中的"行业"拖入"行"、度量中的"加班占比"拖入"列",选择饼图,在"标记"栏更改显示颜色,将"加班占比"拖入"标记"栏中的"标签",使数值显示在图表上,结果如图 9-10 所示。点击"保存"按钮,将该图形保存为"行业的加班占比"。

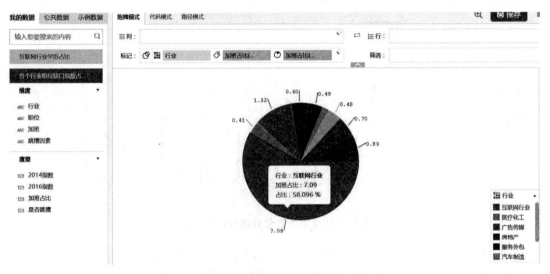

图 9-10　行业的加班占比

从各行业加班占比图中可以看出,互联网行业加班比明显高于其他各行业,绝对值 7.09,是其他行业的数倍;相对值 58%,也占据了大多数份额。

3. 加班跳槽对比分析

在数据分析页面,展开"各个行业职位缺口指数占比",将"各个行业职位缺口指数占比"维度中的"行业"拖入"行"、度量中的"加班占比""是否跳槽"拖入"列",选择"线图",如图 9 - 11 所示,可在"标记"栏中更改线条的颜色和大小。点击"保存"按钮,将该图形保存为"加班和跳槽对比分析"。

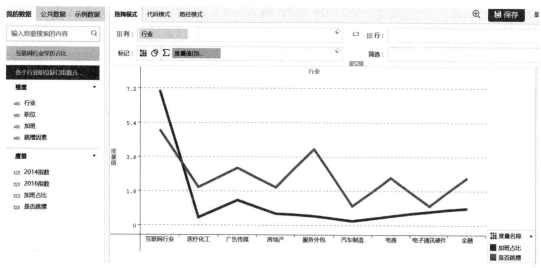

图 9 - 11　加班和跳槽对比分析

通过"行业加班跳槽对比分析"可以看出,互联网行业跳槽十分频繁,可能的原因是由于加班时间过多。

4. 跳槽原因分析

在数据分析页面,展开"各个行业职位缺口指数占比",将"各个行业职位缺口指数占比"维度中的"跳槽因素"拖入"行"、度量中的"是否跳槽"拖入"列",选择饼图,将"行业"拖入筛选器,选择"互联网行业",同时,选择"跳槽因素"的"倒序"(图 9 - 12),点击保存,将图表命名为"互联网行业跳槽因素占比"。

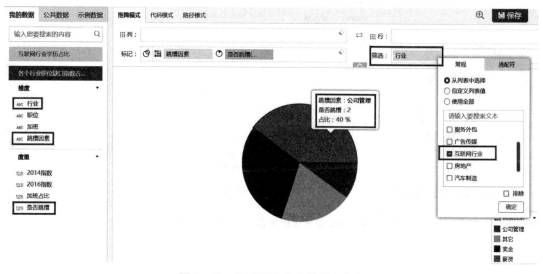

图 9 - 12　互联网行业跳槽因素占比

分析图9-12让人惊讶地发现,在互联网行业加班非常严重的情况下,跳槽的首要因素,不是奖金,也不是薪资,而是公司的管理,占比40%,其次是其他,占比30%。因此,在互联网行业,奖金和薪金不是跳槽的首要原因和重要因素。

5. 职位需求指数分析与预警设置

在数据分析页面,展开"各个行业职位缺口指数占比",将"各个行业职位缺口指数占比"维度中的"职位"拖入"行"、度量中的"2016指数"拖入"列","行业""职位"拖入筛选器,选择"互联网行业""前端开发工程师",选择"仪表"生成职位需求指数仪表图(图9-13)。

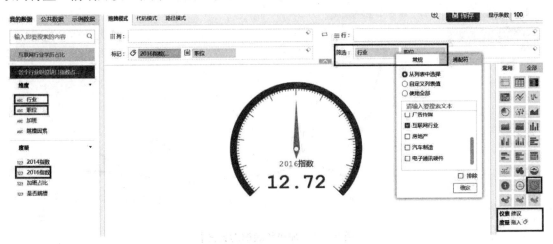

图9-13　职位需求指数仪表图(互联网行业,前端开发工程师)

右击"仪表"上的数值(本例中为12.72),在出现的快捷菜单中选择"自定义预警设置",出现"预警设置"对话框,完成合适的"刻度设置"(本例中,最小值设为0,最大值设为15),选择合适的"分档颜色",点击"确定"按钮(图9-14)。最终点击"保存"按钮,将预警设置结果保存为"职位需求指数预警"。

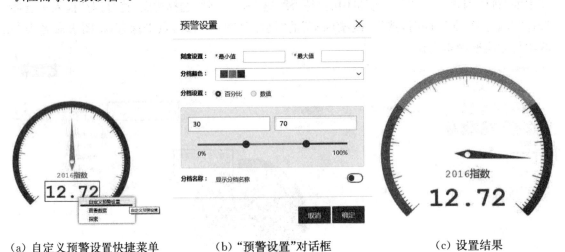

(a)自定义预警设置快捷菜单　　　(b)"预警设置"对话框　　　(c)设置结果

图9-14　职位需求指数预警设置过程及结果示意图

6. 行业学历分析

在数据分析页面,展开"各个行业职位缺口指数占比 & 互联网行业学历占比",将维度中的"行业(各个行业职位缺口指数占比)""学历(互联网行业学历占比)"拖入行、度量中的"学历占比(互联网行业学历占比)"拖入列,选择分组柱状图,按学历占比正序排列,如图9-15所示。点击"保存"按钮,将图保存为"行业学历分析"。

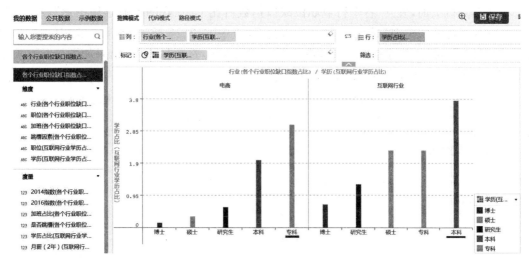

图 9-15　行业学历分析

从图9-15中可以看出:从事电商行业主流学历是专科,本科紧随其后;从事互联网行业的主流学历是本科,专科和研究生紧随其后,彼此相差无几。

7. 月薪分析

在数据分析页面,展开"各个行业职位缺口指数占比 & 互联网行业学历占比",将维度中的"行业(各个行业职位缺口指数占比)""职位(各个行业职位缺口指数占比)""学历(互联网行业学历占比)"拖入行、度量中的"月薪(2年)(互联网行业学历占比)"拖入列,选择"堆栈条形图",调整图形显示大小,将"月薪"按照"倒序"排列(图9-16)。点击"保存"按钮,将图保存为"不同行业、职位、学历的月薪分析"。

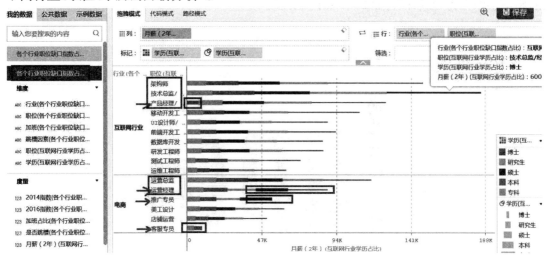

图 9-16　不同行业、职位、学历的月薪分析

由图 9 - 16 不难发现，除了互联网行业的"产品经理"及电商的"运营经理""推广专员""客服专员"四个职位外，各个职位的月薪都是按照"专科—本科—硕士—研究生—博士"逐渐增加。互联网行业中"技术总监""架构师""产品经理"及电商行业中"运行总监"等职位属于高薪职业。

8. 热门职位分析

在数据分析页面，展开"各个行业职位缺口指数占比 & 互联网行业学历占比"，将维度中的"职位（各个行业职位缺口指数占比）"拖入行、度量中的"2014 指数（各个行业职位缺口指数占比）""2016 指数（各个行业职位缺口指数占比）"拖入列，选择散点图，结果如图 9 - 17 所示。点击"保存"按钮，将图保存为"热门职位分析"。

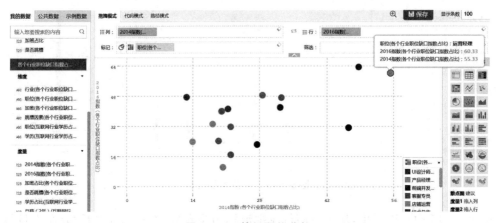

图 9 - 17　热门职位分析

从图 9 - 17 中明显可以看出，2016 最火热的职位是运营经理和前端开发工程师。就互联网行业本身而言，在数据分析页面，展开屏幕左侧的"各个行业职位缺口指数占比"，将维度中的"行业""职位"拖入"行"、度量中的"2016 指数"拖入"列"，将"行业"拖入筛选器，选择"互联网行业"，选择分组柱状图；点击"行"中"2016 指数"右侧的 ▼ ，选择倒序排列，对标记栏中的颜色、大小进行调整，生成互联网行业 2016 热门职位柱状图，如图 9 - 18 所示。点击"保存"按钮，将图形保存为"互联网行业 2016 热门职位"。

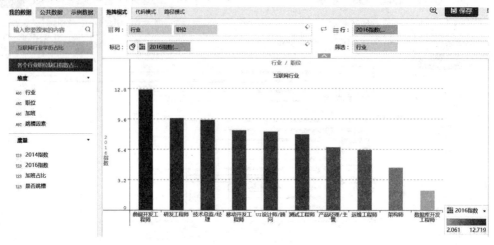

图 9 - 18　互联网行业 2016 热门职位

从图9-18中可以看出，互联网行业2016年热门职位是前端开发工程师、研发工程师、技术总监/经理。

9. 职位、学历、月薪交叉分析

在数据分析页面，展开"各个行业职位缺口指数占比 & 互联网行业学历占比"，将维度中的"职位（各个行业职位缺口指数占比）""学历（互联网行业学历占比）"拖入行、度量中的"月薪（2年）（互联网行业学历占比）"拖入列，选择"树图"，结果如图9-19所示。

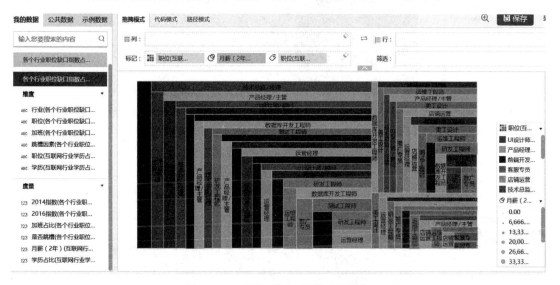

图9-19　职位、学历、月薪交叉分析

显然，图9-19过于复杂，再将"学历""月薪"拖入"筛选"，就可以显示不同学历、不同月薪条件下的职位分布（图9-20、9-21和9-22）。

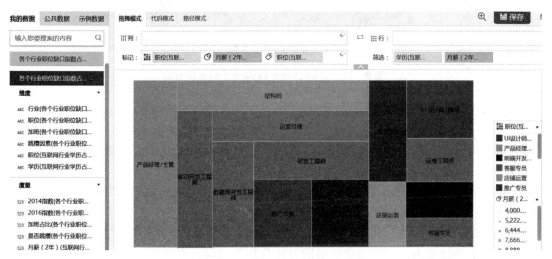

图9-20　月薪15 000以内专科的职位分布

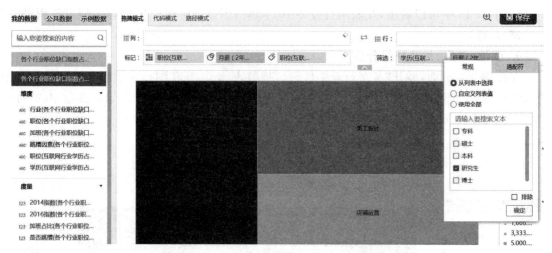

图 9 - 21　月薪 15 000 以内研究生的职位分布

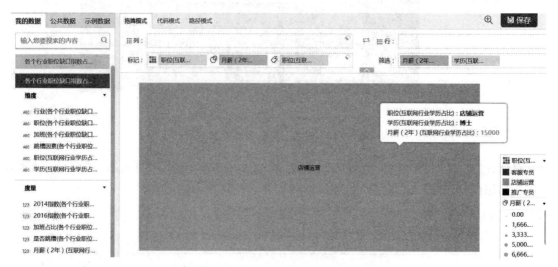

图 9 - 22　月薪 15 000 以内博士的职位分布

9.3.5　数据可视化

完成数据分析后,点击"仪表盘"菜单,进入仪表盘界面,对已完成的图表进行美化调整,并进行相关的联动操作。

使用图表联动功能,通过多表联动分析效果更好。选择"图表联动"—"图表筛选器",出现"图表筛选器设置"对话框(图 9 - 23)。

在如图 9 - 23 所示的对话框中,首先,单击勾选左侧图表(本实训中为"各行业职位需求变化分析""行业的加班占比"和"加班和跳槽对比分析");其次,在新出现的三张图之间,设置联动关系(本实训中,首先,将鼠标放在"行业的加班占比"上,按住鼠标左键后往上拖动,一直拖到"加班和跳槽对比分析"时,再松开鼠标,此时,出现筛选对话框,选择"行业"并单击"完成"按钮。以此类推,完成三张图形之间的联动设置);最后,联动动作选择"筛选"方式,并单击"确认"按钮。

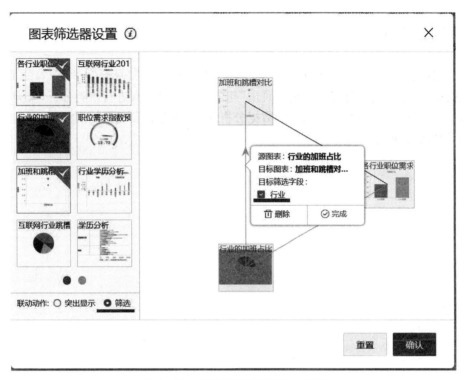

图 9 - 23 "图表筛选器设置"对话框

如在"各行业加班占比"图表中点击"互联网行业","各行业 2014 和 2016 职位缺口指数"和"各行业加班跳槽占比"这两个图表也会随之变化(图 9 - 24)。

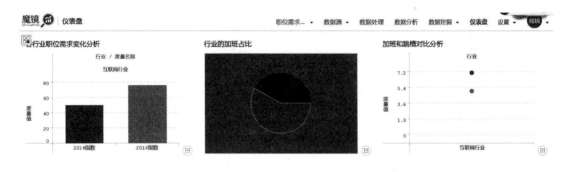

图 9 - 24 联动效果示意图

9.4 实训总结

行业职位需求分析,可以帮助从业者了解行业职位的分布、职位的特征、职位的变化趋势等情况,避免盲目跳槽;也可以帮助企业了解整个行业职位的现状和趋势,了解从业者的真实需求,减少僵化、过时和主观化的管理制度。

在本实训中,通过分析,了解了整个互联网行业和电子商务行业各个职位的总体情况,分析了员工跳槽的首要原因,发现了行业热门职位,并设置了热门职位预警,最后,还进行了职位、学历、月薪交叉分析。

9.5　实训思考题

　　本实训仅仅考虑了"行业""职位"与"是否跳槽""加班占比""月薪""学历"等的关联,并没有通过数据挖掘进行关联分析(如"是否跳槽"与"学历"),也没有进行聚类分析(聚类不同职位从业者,挖掘其特征)。请通过更深入的数据分析和数据挖掘,发现新的规律(如不同城市访客的特征),解决新的问题。

第十章　水资源数据分析

10.1　实训背景知识

　　水资源管理是指有关政府部门运用法律法规、技术手段、行政管理、经济约束等方法对水资源进行分配、开发、利用、调配和保护等管理,其目的就是为了保障水资源能够可持续地满足社会发展以及经济需求,在对水资源的保护和改善环境上也起到了一定的作用。我国是一个负载十几亿人的人口大国,随着人口持续增长、经济进步发展,环境越来越成为可持续发展不可忽视的一部分。对环境持续发展做出正确决策,必须依赖大数据。

　　传统的水资源管理往往借助于法律、体制、规划和经验,人为因素占有很大的比例,即使对各种水资源数据进行深入的搜集、管理和分析,也基本是在定性的层面,缺少对长期、全面水资源数据的定量考量,这就使得大量有价值的水资源信息处于闲置和浪费的状态,对水资源管理的洞察力、决策力和流程优化力产生了负面影响。

　　过去,水资源数据以总结、报表等书面资料为主,各年份的水资源数据相对独立,缺乏汇总关联和直观的对照比较,给水资源现状和发展趋势的分析带来了诸多不便。为此,应该将各年份的水资源状况以地表水量(立方米)、地下水量(立方米)、水资源总量(立方米)、年降水量(毫米)、年径流深(毫米)、年径流量(立方米)、年降水总量(立方米)、用水总量(立方米)、耗水总量(立方米)等诸多参数指标分类建档,形成水资源数据库。在数据库中,即使各乡(镇)、村屯都有详实的水资源数据,每一条河流、每一口水井、每一道灌渠、每一座水库或塘坝都有清晰的坐标和具体的水资源变量参数。由此构成大数据模块,给水资源现状分析提供强有力的数据支撑[①]。

　　在这个快速发展的信息时代,需要不断吸收新的思维理念、摒弃旧思想,从根本上解决水资源问题,节约用水,合理规划水资源的开发和调配。水资源企业也要顺应时代的发展,应用大数据来解决水资源管理上存在的问题,不断提高、完善云计算的信息技术,跟上时代的脚步,为水资源管理研究做支撑,为水资源管理的相关政策的完善提供强有力的信息基础。

10.2　实训简介

　　本实训主要通过对水资源变化、用水与供水、水污染等数据进行分析,了解水资源环境近几年的大体情况,为水环境的可持续发展做出指导。

10.2.1　原始数据情况

　　数据情况如图 10-1 所示。

---

① 刘文锋.合理运用大数据管理模式提高农村水资源利用效率[J].吉林农业,2016(3):99.

	A	B	C	D	E	F
1	指标	2014年	2013年	2012年	2011年	2010年
2	人均用水量(立方米/人)	446.75	455.54	454.71	454.4	450.17
3	供水总量(亿立方米)	6094.88	6183.45	6141.8	6107.2	6021.99
4	其他供水总量(亿立方米)	57.46	49.94	44.55	44.8	33.12
5	农业用水总量(亿立方米)	3868.98	3921.52	3880.3	3743.6	3689.14
6	地下水供水总量(亿立方米)	1116.94	1126.22	1134.22	1109.1	1107.31
7	地表水供水总量(亿立方米)	4920.46	5007.29	4963.02	4953.3	4881.57
8	工业用水总量(亿立方米)	1356.1	1406.4	1423.88	1461.8	1447.3
9	生态用水总量(亿立方米)	103.2	105.38	108.77	111.9	119.77
10	生活用水总量(亿立方米)	766.58	750.1	728.82	789.9	765.83
11	用水总量(亿立方米)	6094.86	6183.45	6141.8	6107.2	6021.99
12						
13						
14						
15						
16						
17						

`◄ ►` | 5年水资源 | 5年供水用水 | 5年废水主要污染物排放 | ⊕

图 10 - 1　水资源原始数据截图

10.2.2　实训分析过程

通过数据分析,主要了解以下几个问题:(1)了解每年的水资源分布特征和变化;(2)分析用水情况,都用在哪些方面,趋势如何;(3)分析水资源现状,存在的问题。

10.3　实训过程

10.3.1　新建项目

进入魔镜系统,点击"新建应用"按钮,在出现的对话框中,选择"添加新数据源",单击"确认"按钮,出现图 10 - 2 对话框,选择"文本类型"中的 Excel 数据源,点击"下一步"。

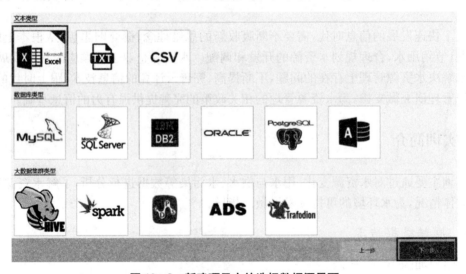

图 10 - 2　新建项目中的选择数据源界面

10.3.2 数据导入

在新出现的界面中,单击"点击选择文件"按钮,通过浏览选择"水资源基础数据.xlsx",数据导入成功后,将其命名为"水资源基础数据分析",点击"保存"按钮(图10-3)。

图10-3 数据导入界面

10.3.3 数据处理

点击"数据处理"菜单,进入"数据处理"页面,完成快速分组等数据处理工作。

如图10-4所示,点击"快速分组",在出现的"快速生成业务分组"对话框中,选择"5年水资源"(图10-5),拖拽至编辑栏,点击"确认"按钮,完成业务快速分组。

图10-4 数据处理中的"快速分组"界面

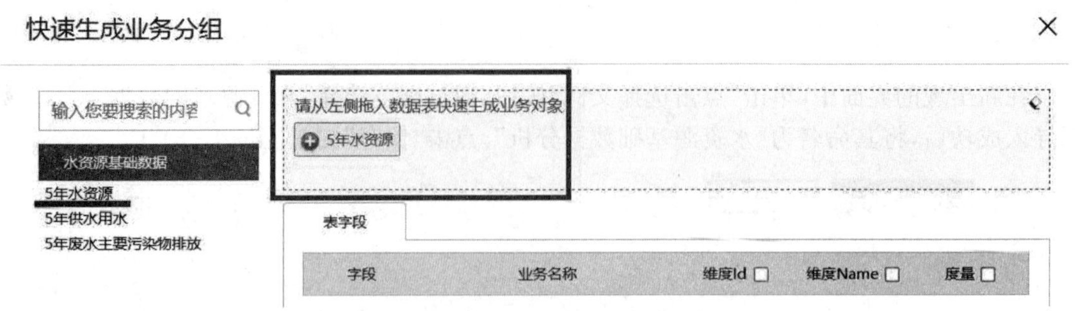

图 10-5　"快速生成业务分组"对话框

以此类推，完成"5 年供水用水""5 年废水主要污染物排放"的业务快速分组。

10.3.4　数据分析

点击"数据分析"，进入可视化分析界面（图 10-6），进行各项指标的可视化分析。

图 10-6　可视化分析界面

1. 5 年水资源变化分析

在"5 年水资源"分组中，将维度中的"指标"拖入列、度量中的"2014 年""2013 年""2012 年""2011 年"和"2010 年"拖入行，选择线图。保存图表，命名为"5 年水资源变化"（图 10-7）。

由图 10-7 可以看出，水资源总量和地表水资源量年度差别较大，2010 年最多，2011 年最少。人均水资源量、地下水资源量、地表水与地下水资源重复量变化较小，但也是 2010 年最多，2011 年最少。基本年度变化趋势是，2011 年水量急剧下降，到 2012 年上升，之后的几年逐年缓慢下降。

而造成这一情况的原因是，地表水资源首先被开发，因此地表水资源年度变化大。相比而言，地下水资源和重复量相对平缓。而 2011 年水资源急剧下降，可能与当年发生的水环境灾害或政策等有关，也可能与开采或用水方式有关。

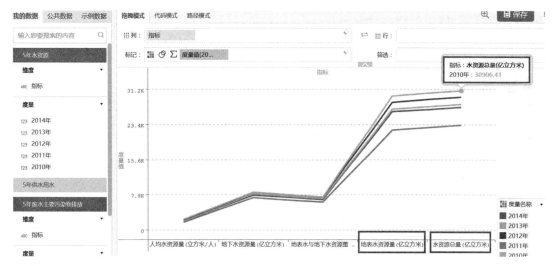

图 10 - 7 5 年水资源变化

2. 5 年供水用水总体分析

在"5 年供水用水"分组中,将维度中的"指标"拖入列、度量中的"2014 年""2013 年""2012 年""2011 年"和"2010 年"拖入行,选择分组柱状图,在标记栏中选择降序排列,命名图表为"5 年供水用水分析"(图 10 - 8)。

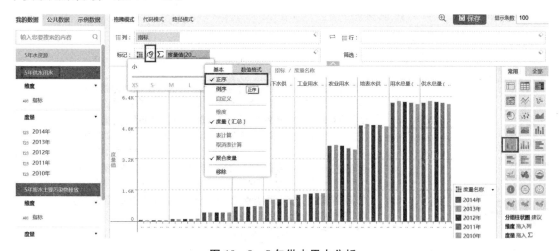

图 10 - 8 5 年供水用水分析

由图 10 - 8 可以发现,在农业用水总量、地表水供水总量、用水总量和供水总量四个指标上,2013 年均略微高于其他年份;在工业用水总量和生活用水总量两个指标上,2011 年略微高于其他年份。

3. 5 年供水/用水分布分析

在"5 年供水用水"分组中,将维度中的"指标"拖入列、度量中的"2014 年""2013 年""2012 年""2011 年"和"2010 年"拖入行,选择分组条形图,在标记栏中调整图形大小,在标记栏中选择倒序排列(图 10 - 9)。

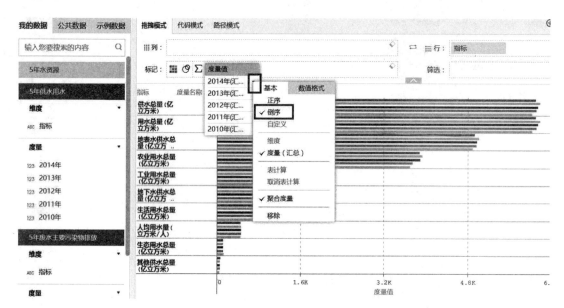

图 10‐9 5 年供水用水分布

在图 10‐9 的基础上,将"指标"拖入筛选器,选择"供水总量"和"用水总量",如图 10‐10 所示。

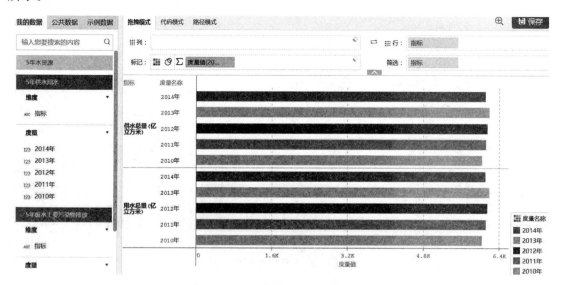

图 10‐10 5 年供水用水总量对比

由图 10‐10 表明,5 年来的用水和供水总量基本平衡。进一步,在筛选器中"指标"选择 "供水总量""地表水供水总量""地下水供水总量""其他供水总量",如图 10‐11 所示,命名图 表为"5 年供水分布"。

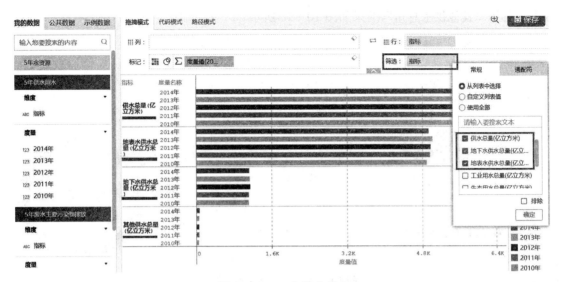

图 10-11　5 年供水分布

由图 10-11 可以看出,地表水的供水总量大致随着时间递增,但在 2014 年有所下降。这可能是由于地表水过度开发,导致地表水资源越来越少;也可能与开发水资源及用水政策有关。地下水供水参差不齐,其他供水总量逐年增加,但是占供水总量的比例太小。

同样的,在筛选器中"指标"选择"用水总量""工业用水总量""生活用水总量""生态用水总量",如图 10-12 所示,命名图表为"5 年用水分布"。

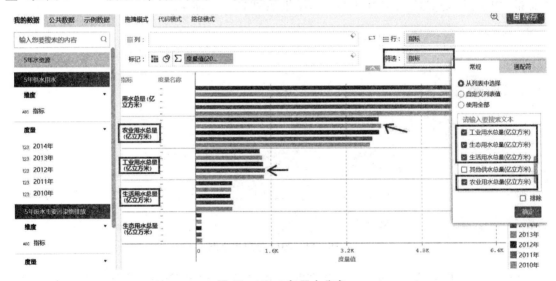

图 10-12　5 年用水分布

由图 10-12 表明,农业用水占用水总量比例最大,随着时间越来越多,但在 2014 年有小幅下降;工业用水总量随着时间变化,在 2011 年有小幅上升,随后逐年下降;生活用水量每年参差不齐;生态用水占用水比例极小,且逐年在减少。

4. 5 年供水变化分析

在"5 年供水用水"分组中,将维度中的"指标"拖入列、度量中的"2014 年"拖入行,选择"全部"—"更多"—"百分比圆环盘","指标"拖入筛选器,在筛选器中选择"地表水供水总量""地下水供水总量""其他供水总量",结果如图 10-13 所示。

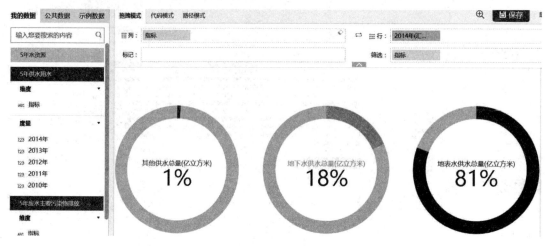

图 10-13　2014 年供水比例

类似上述操作,将度量中的"2013 年""2012 年""2011 年"和"2010 年"分别拖入行,所得结果与图 10-13 相同,说明 5 年来在供水方式、途径方面没有任何变化。

5. 5 年用水变化分析

在"5 年供水用水"分组中,将维度中的"指标"拖入列、度量中的"2014 年"拖入行,选择"全部"—"更多"—"百分比圆环盘","指标"拖入筛选器,在筛选器中选择"工业用水总量""生活用水总量""生态用水总量""农业用水总量",结果如图 10-14 所示。

图 10-14　2014 年用水比例

类似上述操作,将度量中的"2013 年""2012 年""2011 年"和"2010 年"分别拖入行,所得结果如图 10-15 所示。

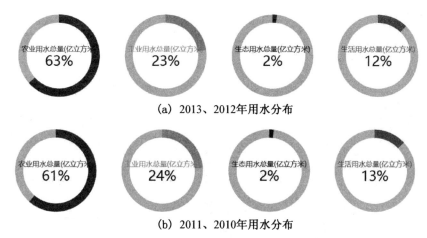

(a) 2013、2012年用水分布

(b) 2011、2010年用水分布

图 10-15 2010—2013 年用水比例

结合图 10-14 和图 10-15 可以发现:第一,每年用水最多的都是农业用水,用水最少的都是生态用水;第二,每年比例都极为相似,变化不大。说明 5 年来用水习惯等几乎没有变化。

6. 5 年废水变化分析

在"5 年废水主要污染物排放"分组中,将维度中的"指标"拖入列、度量中的"2014 年""2013 年""2012 年""2011 年"和"2010 年"拖入行,选择分组条形图,在标记栏中调整图形大小,将"指标"拖入筛选器,选择"废水排放总量",在标记栏中选择倒序排列(图 10-16)。

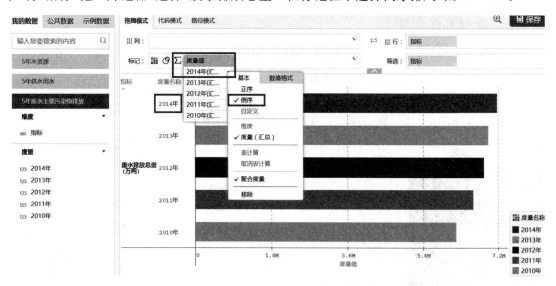

图 10-16 5 年废水排放总量分布

由图 10-16 表明,近 5 年的废水排放总量在逐年增加,2014 年达到最高值。因此,废水治理刻不容缓。

7. 5 年废水主要污染物分布分析

类似图 10-16 的操作,在"5 年废水主要污染物排放"分组中,将维度中的"指标"拖入列、度量中的"2014 年""2013 年""2012 年""2011 年"和"2010 年"拖入行,选择"堆栈面积图",在标记栏中调整图形大小,将"指标"拖入筛选器,删除"废水排放总量",在标记栏中选择倒序排列(图 10 - 17)。

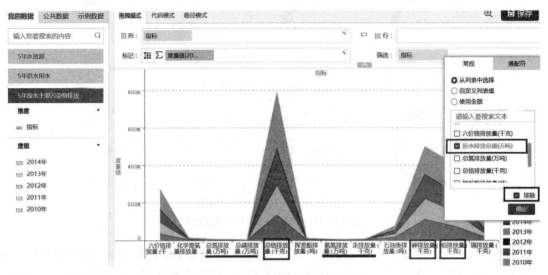

图 10 - 17   5 年废水主要污染物分布

从图 10 - 17 中可以看出:第一,废水中主要污染物是铬、砷和铅;第二,结合图例可以发现,从 2010 到 2014 年,这些主要污染物的数量在减少,说明 5 年来的水污染治理起到了一定的效果;第三,2010 年的总氮、总磷、总铬等排行量为零,说明相关数据丢失。

10.3.5   数据可视化

完成数据分析后,点击"仪表盘"菜单,进入仪表盘界面,对已完成的图表进行美化调整,包括仪表盘的重命名并进行相关的联动操作。

1. 仪表盘的重命名

如图 10 - 18 所示,先对仪表盘进行重命名操作。

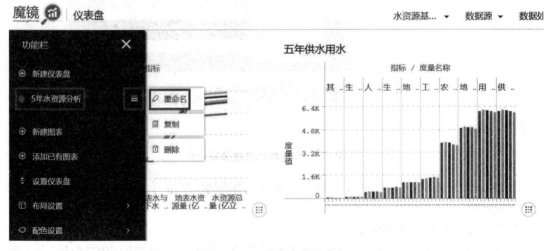

图 10 - 18   仪表盘的重命名

2. 仪表盘的设置

选择"设置仪表盘",可以对做好的图表进行编辑和排版,设置完成后选择"设置完毕",如图 10－19 所示。

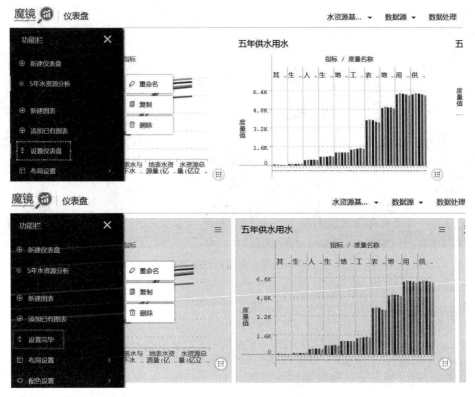

图 10－19 仪表盘的设置

3. 图表进行编辑和排版

点击图表右上角隐藏的"设置"按钮,可对轴线、图表模式等进行修改,如图 10－20 所示。

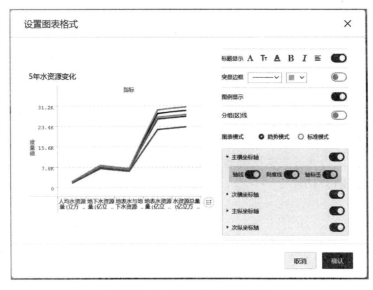

图 10－20 图表的编辑与排版

4. 仪表盘配色与背景设置

调整好图表及轴线后,可以对配色以及背景色进行调整。例如,选择"魔镜"的配色设置以及"深沉灰"的背景设置,结果如图 10-21 所示。

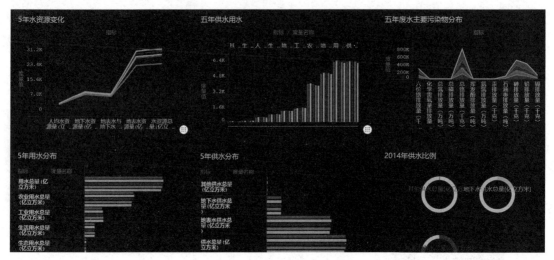

图 10-21 调整后的仪表盘

10.4 实训总结

本实训中,从总体而言,地表水资源供应已经越来越少,地下水在不断开发,其他类型的供水量逐年增加,可以看出水资源紧缺情况日渐严重。从用水方面而言,农业用水整体上升,生活用水也有增无减,但生态用水却越来越少,对于环境问题的重视程度仍然不够。在水污染中,化学元素相对较少且没有增加,而废水污染量大且还在增加,对水环境有着极大的威胁,必须引起重视。

10.5 实训思考题

本实训仅仅是对 5 年来的用水、供水的总体情况进行了一些简单分析,由于原始数据的缺乏和字段内容的过于简单,没有进行更深入的分析和探索。由于水资源数据是公共数据,无论是政府网站,还是商业大数据平台,都可以免费获取更多内容的数据,所以,请思考:第一,能否获取更多更新的关于水资源的数据,并下载分析? 第二,能否基于地理等因素,更加细化挖掘水资源缺乏地区和城市等信息,帮助政府更好地调度水资源,帮助公众更好地理解水资源缺乏的迫切程度? 第三,能否通过数据挖掘等方式,发现有悖于公众常识的现象和规律,帮助更好地进行水资源的管理和利用?

第十一章　国民经济数据分析

11.1　实训背景知识

国民经济是指一个现代国家范围内各社会生产部门、流通部门和其他经济部门所构成的互相联系的总体。工业、农业、建筑业、运输业、邮电业、商业、对外贸易、服务业、城市公用事业等,都是国民经济的组成部分。资本主义国民经济是建立在生产资料的资本主义私有制的基础之上的,它受着资本主义基本经济规律即剩余价值规律与竞争和生产无政府状态的规律的支配。社会主义国民经济是建立在生产资料的社会主义公有制基础之上的。

随着社会分工和生产社会化的不断发展,国民经济的结构也在不断变化。在近代和现代国家的国民经济中,在一般情况下,农业是国民经济的基础,工业是国民经济的主导,农业和工业的发展带动了运输业、建筑业等的发展,然后商业和服务业也随着发展起来,并且在整个国民经济中所占的比重愈来愈大。现代科学技术的发展,社会分工的进一步扩大,新的生产活动和非生产活动又不断地分化出来,形成新的生产部门与非生产部门。因此,一个国家国民经济的部门结构,可以反映出国民经济现代化的水平。

人类社会发展催生大数据时代,大数据引领社会发展。数据化正在改变一切,不仅改变着生产、生活的理念和方式,而且改变着政府管理理念和方式,尤其是在政府管理经济社会信息方面。在国民经济数据分析,作为政府管理社会经济信息的重要组成部分,在国家宏观管理中具有举足轻重的作用,需要进行重大调整和转型,重新进行顶层设计,构建大数据视角下的新型国民经济数据分析体系。

11.2　实训简介

本实训主要通过大数据实验科研平台学习如何制作国民经济数据分析报告。国民经济增长速度狭隘的理解是 GDP 增长速度,广义上讲:国民经济的发展是以人的全面发展和人与自然的和谐发展为基础的,也就是绿色 GDP 的基本含义。时下国民经济现状是市场规模快速成长,行业高度分散,地区发展不均衡。国民经济的主要评价指标有国民收入净增值、国家净收益、就业效果、分配效果、净外汇效果、国际竞争力其他社会效果、文化、技术发展、环境保护等方面。

11.2.1　原始数据情况

数据情况如图 11-1 所示。

	G	H	I	J	K	L	M	N	O	P	Q	R	S	T	U
1	第二产业	第三产业	进出口总值(千	出口总值(千美	进口总值(千美	进出口差额(千美	业人员	城镇社会	乡村社会	城镇单位	城镇单位	全国居民	城市居民	农村居民	城镇居民
2	47.3	47.9	4301527345.00	2342292696.00	1959234648.00	383058048.00	77253	39310	37943	56360	109.5	102	102.1	101.8	29381
3	48	47.6	4158993467.07	2209003999.00	1949989468.00	259014530.54	76977	38240	38737	51483	110.1	102.6	102.6	102.8	26955.1
4	49.3	45.4	3867119000.00	2048714419.00	1818405003.00	230309000.00	76704	37102	39602	46769	111.89	102.6	102.7	102.5	24564.72
5	51.5	44.3	3641860000.00	1898381000.00	1743483592.50	154897871.54	76420	35914	40506	41799	114.4	105.4	105.3	105.8	21809.78
6	57.2	39.2	2973998321.00	1577754315.00	1396244006.00	181510309.00	76105	34687	41418	36539	113.3	103.3	103.2	103.6	19109.44
7	51.9	44	2207535002.42	1201611806.00	1005923196.00	195687000.00	75828	33322	42506	32244	111.6	99.3	99.1	99.7	17174.65
8	48.4	46.3	2563255227.52	1430693066.08	1132567000.00	298123000.00	75564	32103	43461	28898	116.9	105.9	105.6	106.5	15780.76
9	49.9	47.4	2176570000.00	1220456000.00	956116000.00	264344000.00	75321	30953	44368	24721	118.5	104.8	104.5	105.4	13785.79
10	49.5	46.1	1760440000.00	968978000.00	791460868.00	177520000.00	74978	29630	45348	20856	114.59	101.5	101.5	101.5	11759.45
11	50.3	44.4	1421910000.00	761953000.00	659953000.00	102000000.00	74647	28389	46258	18200	114.32	101.8	101.6	102.2	10493

图 11 - 1　国民经济(2005—2014)原始数据截图

11.2.2　实训分析过程

1. 确定问题

本实训对 10 年内的国民经济数据进行分析。国民生产总值、产业结构、就业情况、居民消费水平的变化对国民经济有着重要的影响力,所以,对以上指标的研究也是本次国民经济数据分析的核心内容。

2. 分解问题

根据以上的问题分析我们可以知道,目前国民经济发展水平受如下一些因素的影响:

(1) 国内生产总值情况;

(2) 三次产业对国民经济贡献率;

(3) 对外经济贸易情况;

(4) 居民就业情况;

(5) 居民消费水平;

(6) 居民收支情况。

3. 评估

(1) 各类产品的利润率与销售额:国内生产总值以及国内生产总值增长率的变化;

(2) 三次产业对国民经济贡献率:分析第一产业、第二产业、第三产业对 GDP 的贡献率;

(3) 对外经济贸易情况:出口总值与进口总值;

(4) 居民就业情况:就业人口总数以及人均工资分布;

(5) 居民消费水平:居民消费价格指数。

4. 总结问题

分析上述指标中存在的问题,积极做出应对措施。

11.3　实训过程

11.3.1　新建项目

新建项目"国民经济数据分析",具体操作:进入魔镜系统,点击"新建应用"按钮,在出现的对话框中,选择"添加新数据源",单击"确认"按钮,出现图 11 - 2 对话框,选择"文本类型"中的Excel 数据源,点击"下一步"。

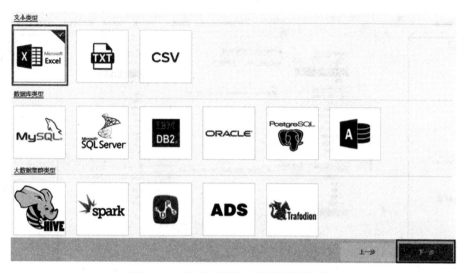

图 11-2 新建项目中的选择数据源界面

11.3.2 数据导入

在新出现的界面中,单击"点击选择文件"按钮,通过浏览选择"2005—2014 年国民经济数据分析.xlsx",数据导入成功后,将其命名为"2005—2014 年国民经济数据分析",点击"保存"按钮(图 11-3)。

年份	国内生产总值(亿元)	国内生产总值增长率(%)	人均国内生产总值(元/人)	人均国内生产总值增长率(%)	第一产业对GDP的贡献率(%)	第二产业对GDP的贡献率(%)	
2,014	635,910.200	7.270	46,611.760	6.730	4.800	47.300	47
2,013	588,018.760	7.690	43,320.130	7.150	4.400	48.000	47
2,012	534,123.040	7.750	39,544.310	7.220	5.300	49.300	45
2,011	484,123.500	9.490	36,017.610	8.960	4.200	51.500	44
2,010	408,902.950	10.630	30,567.500	10.100	3.600	57.200	39
2,009	345,629.230	9.240	25,962.560	8.690	4.100	51.900	44
2,008	316,751.750	9.620	23,912.020	9.060	5.300	48.400	46
2,007	268,019.350	14.200	20,337.080	13.600	2.700	49.900	47

图 11-3 数据导入界面

11.3.3 数据处理

自动跳转到"数据处理"页面(或者点击"数据处理"菜单),进入"数据处理"页面(图 11-4),完成快速分组等数据处理工作。

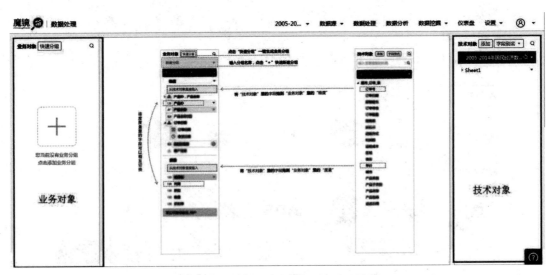

图 11-4 数据处理中的"快速分组"界面

1. 快速分组

具体操作为:点击"数据处理"页面的"快速分组",出现"快速生成业务分组"对话框,如图11-5所示,选中"国民经济数据分析",拖拽至编辑栏,输入分组名称"国民经济数据分析",点击"确认"按钮,生成"国民经济数据分析"分组(图11-6)。

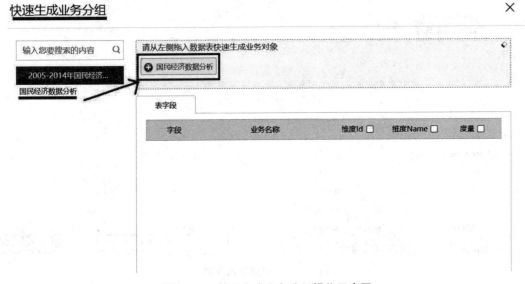

图 11-5 快速生成业务分组操作示意图

图 11-6 快速生成业务分组结果示意图

2. 维度转换

根据后续数据分析的需要,此处先将"年份"转化为维度。具体操作:鼠标移动到"年份"上,右侧出现隐藏的 ▼ ,点击该 ▼ ,在出现的下拉菜单中选择"转化为维度"(图 11-7),"年份"由"度量"型字段变为了"维度"型字段。

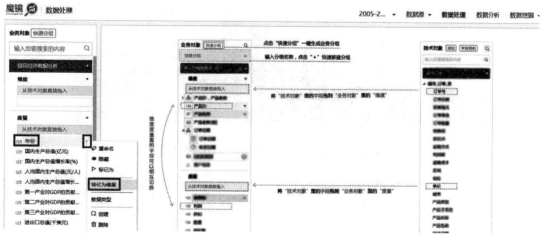

图 11-7 维度度量的转换

11.3.4 数据分析

点击"数据分析",进入可视化分析界面(图 11-8),进行各项指标的可视化分析。

图 11 - 8　可视化分析界面

1. 国内生产总值情况分析

进入数据分析界面,将维度"年份"拖入列、度量中的"国内生产总值""国内生产总值增长率"拖入行,选择图表中的"条柱图"—"组合图"(图 11 - 9)。

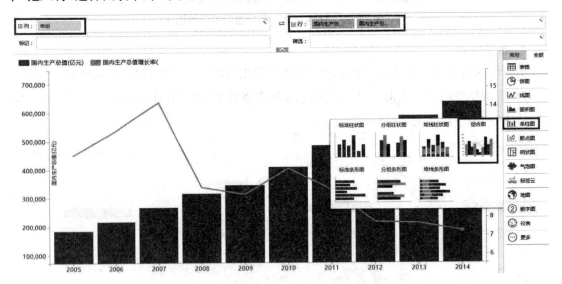

图 11 - 9　国内生产总值情况(2005—2014)

重新选择图形,选择图表中的"标准柱状图",可以通过将业务对象拖入列下方的标记栏的功能框来改变图表的颜色(图 11 - 10)、大小(图 11 - 11)、标签(图 11 - 12)、描述(图 11 - 13)等。

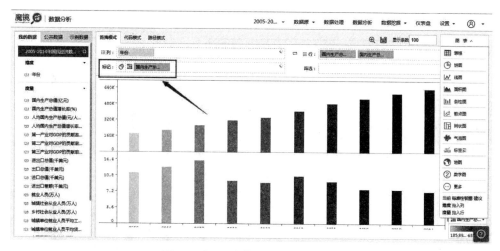

图 11-10　可视化图表颜色的调整

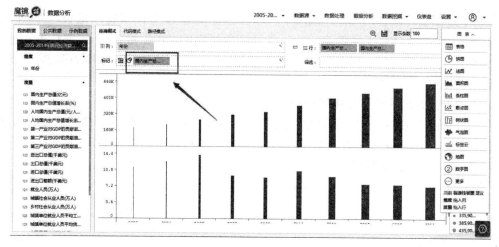

图 11-11　可视化图表大小的调整

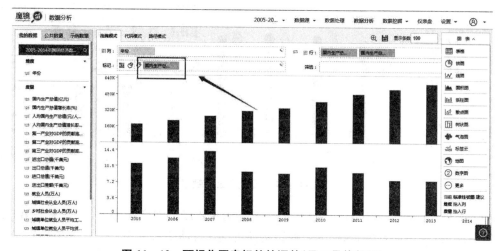

图 11-12　可视化图表标签的调整(显示具体数值)

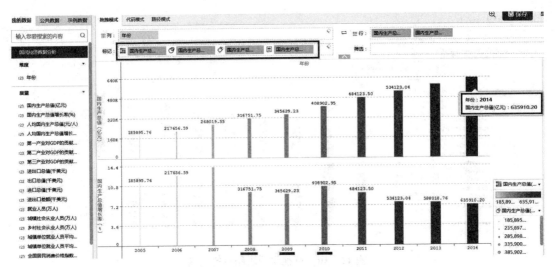

图 11 - 13   可视化图表描述的调整

分析上述图表可以看出:第一,国内生产总值总量在这 10 年间呈持续增长趋势;第二,增长率自 2008 年起,整体呈下滑趋势;第三,受经济危机影响,2008 和 2009 年增长率和前几年相比,差距巨大;第四,2010 年以后,由于经济总量巨大,以及国内经济结构的调整,增长率与 2008 年之前相比,下降明显。

2. 三次产业对国民经济贡献率分析

将维度中的"年份"拖拽至列、度量中的"第一产业对 GDP 的贡献率""第二产业对 GDP 的贡献率""第三产业对 GDP 的贡献率"拽至列,选择"分组柱状图",观察 10 年内的各大产业对 GDP 贡献率,最后命名并保存。

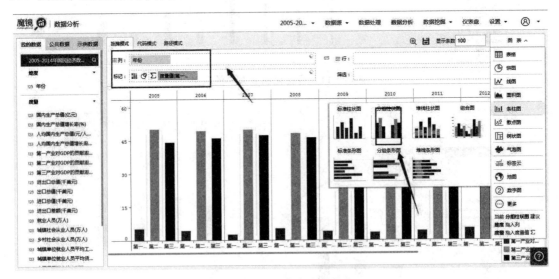

图 11 - 14   三次产业贡献率

分析图 11 - 14 可以看出:10 年间国内经济结构主要以第二产业为主,大力发展第三产业并且朝着第三产业方向发展,这样的产业结构使得国民经济更有活力。

3. 对外经济贸易情况

将维度中的"年份"拖拽至列、度量中的"进口总值""出口总值""进出口差额"拖入行,使用"堆栈面积图",结果如图 11-15 所示。

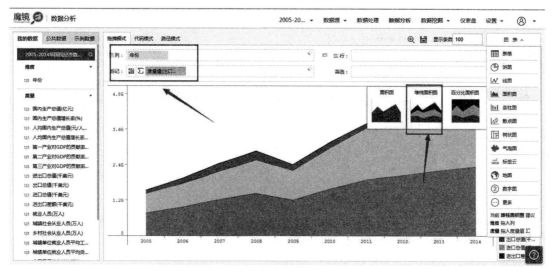

图 11-15　对外经济贸易情况

由图 11-15 说明:出口总额与进口总额总体呈明显的上升趋势,国民经济对进口依赖度较高。

4. 居民就业情况分析

将维度中的"年份"拖拽至列、度量中的"城镇社会从业人员""乡村社会从业人员"拖入行,使用"线图",并将"城镇社会从业人员""乡村社会从业人员"拖入标记栏的功能框,调整图表的颜色、大小、标签、描述,结果如图 11-16 所示。

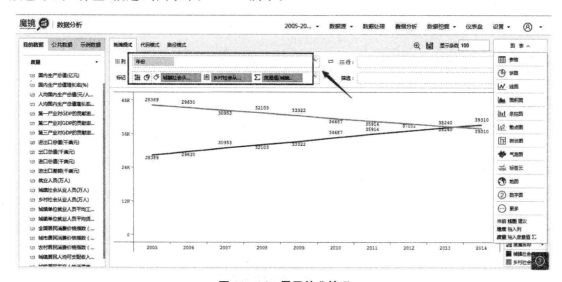

图 11-16　居民就业情况

由图 11-16 表明:城镇从业人员与乡村从业人员数量呈反向近乎直线发展,这说明从业人员总量并没有大的变化,只是更多的乡村从业人员正在向城镇从业人员转型。

5. 居民消费水平分析

将维度中的"年份"拖拽至列、度量中的"全国居民消费价格指数""城市居民消费价格指数""农村居民消费价格指数"拖入行,使用"线图",结果如图 11 - 17 所示。

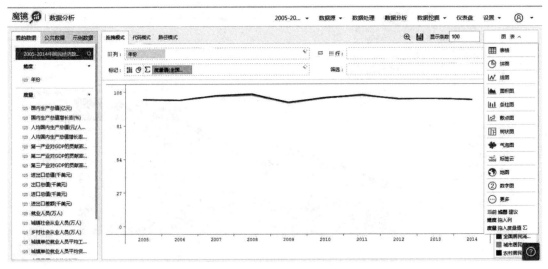

图 11 - 17　居民消费水平

由图 11 - 17 表明:城镇居民、乡村居民以及全国平均消费水平几乎处于同一条线,10 年间总体处于平稳发展阶段。

6. 居民收支情况

将维度中的"年份"拖拽至列、度量中的"城镇居民人均可支配收入""城镇居民家庭人均消费支出"拖入行,使用"线图",结果如图 11 - 18 所示。

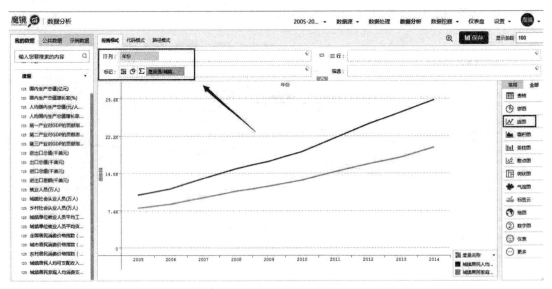

图 11 - 18　居民收入情况

由图 11 - 18 表明:2005 到 2014 年 10 年间城镇人均可支配收入以及人均消费处于高速增长状态,可支配收入增长相对较快一些,说明居民的收入水平以及生活水平在不断提高。

11.3.5 数据可视化

为了保证美观,需要对数据分析阶段生成的图形进行美化。点击"仪表盘",进入数据可视化平台。

首先,对图表位置等进行调整。具体操作:点击"调整仪表盘",对仪表盘中的图表位置、大小等方面进行调整。调整完毕后,点击调整完毕(图 11 - 19)。

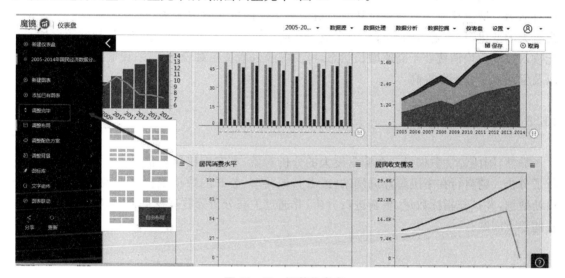

图 11 - 19　调整仪表盘

其次,点击"操作"(包含图表的重命名、编辑、删除、导出、备注等功能),选择编辑备注里的备注,如图 11 - 20 所示。

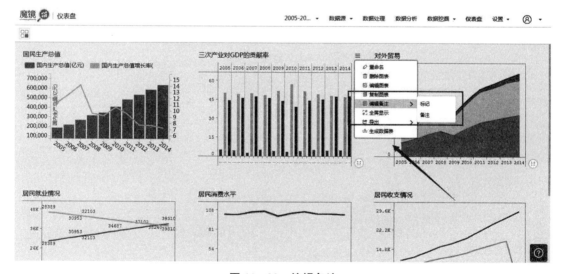

图 11 - 20　编辑备注

11.4　实训总结

　　通过本实训的分析,可知国内生产总值总量在这 10 年间呈持续增长趋势,增长率自 2007 年起呈下滑趋势,受经济危机影响,2008 年左右下滑到最低点。10 年间国内经济结构主要以第二产业为主,大力发展第三产业并且朝着第三产业方向发展,这样的产业结构使得国民经济更有活力。城镇从业人员与乡村从业人员数量呈反向近乎直线发展,这说明从业人员总量并没有大的变化,只是更多的乡村从业人员正在向城镇从业人员转型。这 10 年间城镇人均可支配收入以及人均消费处于高速增长状态,可支配收入增长相对较快一些,说明居民的收入水平以及生活水平在不断提高。

11.5　实训思考题

　　显然,国民经济数据是一个非常庞大的分析对象,本实训仅仅是借助 20 个左右的指标进行了分析。请自行在中国统计局网站(或者其他共享、公开的数据平台),下载相关年鉴,更新最新数据,并扩充指标数量,重新进行分析,并通过关联分析等数据挖掘方式,努力验证社会关心的热点问题。

第十二章　政府财政预算分析

12.1　实训背景知识

　　财政预算也称为公共财政预算,是指政府的基本财政收支计划,是按照一定的标准将财政收入和财政支出分门别类地列入特定的收支分类表格之中,以清楚反映政府的财政收支状况。透过公共财政预算,可以使人们了解政府活动的范围和方向,也可以体现政府政策意图和目标。

　　预算是对未来一定时期内收支安排的预测、计划。它作为一种管理工具,在日常生活乃至国家行政管理中被广泛采用。就财政而言,财政预算就是由政府编制、经立法机关审批、反映政府一个财政年度内的收支状况的计划。

　　财政预算由一般财政收入和财政预算支出组成。财政预算收入主要是指部门所属事业单位取得的财政拨款、行政单位预算外资金、事业收入、事业单位经营收入、其他收入等;财政预算支出是指部门及所属事业单位的行政经费、各项事业经费、社会保障支出、基本建设支出、挖潜改造支出、科技三项费用及其他支出。而基金预算收入是指部门按照政策规定取得的基金收入。基金预算支出是指部门按照政策规定从基金中开支的各项支出。从形式上看,它是按照一定标准将政府财政收支计划分门别类地反映在一个收支对照表中;从内容上看,它是对政府年度财政收支的规模和结构所做的安排,表明政府在财政年度内计划从事的主要工作及其成本,政府又如何为这些成本筹集资金。与一般预算不同的是,财政预算是具有法律效力的文件。作为财政预算基本内容的级次划分、收支内容、管理职权划分等,都是以预算法的形式规定的;预算的编制、执行和决算的过程也是在预算法的规范下进行的。财政预算编制后要经国家立法机构审查批准后方能公布并组织实施;预算的执行过程受法律的严格制约,不经法定程序,任何人无权改变预算规定的各项收支指标,通过预算的法制化管理使政府的财政行为置于民众的监督之下。

　　财政预算是政府调节经济和社会发展的重要工具。在市场经济条件下,当市场难以保持自身均衡发展时,政府可以根据市场经济运行状况,选择适当的预算总量或结构政策,用预算手段去弥补市场缺陷,谋求经济的稳定增长。

12.2　实训简介

　　目前对于政府财政预算收支报告,基本上以定性研究为主,以往政府财政预算报告大多是通过文字描述加数字的形式展现的,编辑人员需要花费大量的时间编写,报告不够直观。本实训试图通过一个定量研究政府财政预算收支的数学模型,生成数字型、可视化报告展现给使用者。

12.2.1 原始数据情况

政府财政预算的数据情况如图 12-1 所示。

	A	B	C	D	E	F	G
1	年度	所属	部门机构	支出预算（万元）	执行情况（万元）		
2	2013	省政府组成部门	省发展改革委	2560	2520		
3	2013	省政府组成部门	省教育厅	480	480		
4	2013	省政府组成部门	省科学技术厅（省知识产权局）	320	304		
5	2013	省政府组成部门	省经济和信息化委	400	384		
6	2013	省政府组成部门	省民宗宗教事务委员会	240	256		
7	2013	省政府组成部门	省公安厅	400	416		
8	2013	省政府组成部门	省国家安全厅	292	256		
9	2013	省政府组成部门	省监察厅	160	158.4		
10	2013	省政府组成部门	省民政厅	120	117.6		
11	2013	省政府组成部门	省司法厅	80	80		
12	2013	省政府组成部门	省财政厅	64	68		
13	2013	省政府组成部门	省人力资源和社会保障厅	80	78.4		
14	2013	省政府组成部门	省国土资源厅	120	96		
15	2013	省政府组成部门	省环境保护厅	160	176		
16	2013	省政府组成部门	省住房和城乡建设厅	240	224		
17	2013	省政府组成部门	省交通运输厅	160	160		

◄ ► … 省级部门预算执行情况分析（季） 省行政机构支出预算执行情况（年） 某省市级支出预算执行情况（年） 财政收支平衡 … ⊕

图 12-1 政府财政预算的原始数据截图

12.2.2 实训分析过程

1. 确定问题

本实训主要通过可视化报告的形式展现政府财政预算情况。

2. 分解问题

第一，省财政收支预算总体情况。省财政收支预算总体情况主要分析省财政收支平衡是否合理、省财政收入预算占比比例关系、省财政支出预算占比比例关系，通过可视化分析收入支出预算比例，可以直观地观察出在预算中比较薄弱、需要加强的项目，以便作为重点关注项目。

第二，其他省级财政收支情况。本部分主要为了查看和对比其他省的财政收支数据，基于此需求我们需要通过使用外部数据做分析。所以，我们使用了魔镜大数据平台特有的"公共数据"功能。

第三，省直属及下级单位预算执行情况。本部分主要分析了省直属各行政机构的预算执行情况（支出）、省各部门的预算执行情况（支出）、各市财政收支情况。

12.3 实训过程

12.3.1 新建项目

进入魔镜系统，点击"新建应用"按钮，在出现的对话框中，选择"添加新数据源"，单击"确认"按钮，在出现的对话框中选择"文本类型"中的 Excel 数据源（图 12-2），点击"下一步"。

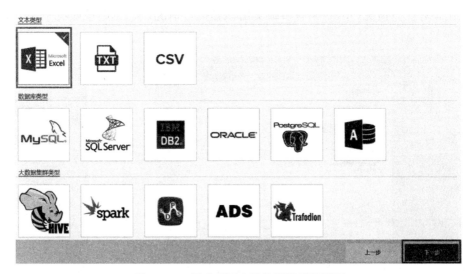

图 12 - 2　新建项目中的选择数据源界面

12.3.2　数据导入

　　在新出现的界面中,单击"点击选择文件"按钮,通过浏览选择"政府财政收支预算原始数据.xlsx",导入数据。由于"年份"(或者"年度")后续分析中需要作为字符串类型的数据,因此,如图 12 - 3 所示,点击数值类型,依次将每张表格中"年份"(或者"年度")的数据类型改为字符串类型,点击"保存"。

请上传文件：　　　**重新上传**　　　政府财政收支预算原始数据.xlsx

还原　预览数：56

数据预览：

123 年份	ABC 项目	ABC 收支	123 金额（万元）	
2,01	营业税	收入	133,625.000	28.125
2,01	企业所得税	收入	193,125.000	49.500
2,01	个人所得税	收入	22,500.000	41.625
2,015	资源税	收入	54,000.000	50.875
2,015	城市维护建设税	收入	236,125.000	28.125
2,015	房产税	收入	72,250.000	16.125
2,015	契税	收入	79,250.000	43.250
2,015	土地增值税	收入	37,625.000	138.125

(下拉菜单) ABC 字符串 / 123 整数 / 123 整数和小数 / 📅 日期 / 🕐 日期和时间

财政收支组... 省财政收支... 省级部门预... 省行政机构... 某省市级实... 财政收支平衡

图 12 - 3　更改原始字段数据类型界面

12.3.3　数据处理

　　点击"数据处理"菜单,进入"数据处理"页面,完成快速分组等数据处理工作。
　　具体操作:点击"快速分组",在出现的"快速生成业务分组"对话框中,依次将各表拖入右侧,依次创建"财政收支细项(年)""省财政收支汇总""省级部门预算执行情况分析(季)""省行政机构支出预算执行情况(年)""某省市级支出预算执行情况(年)""财政收支平衡"的业务分组(图 12-4)。

图 12-4 "快速生成业务分组"对话框

12.3.4 数据分析

点击"数据分析",进入可视化分析界面(图 12-5),进行各项指标的可视化分析。

图 12-5 可视化分析界面

1. 财政收支平衡分析

在"财政收支平衡"分组中,将维度中的"收支"拖入列、度量中的"全省一般公共预算收入""中央各项转移预算支出""其他预算收入""全省一般公共预算支出""上解中央支出""安排省级预算稳定调节资金"拖入行,选择"堆栈面积图"(图 12-6),点击"保存",命名图表。

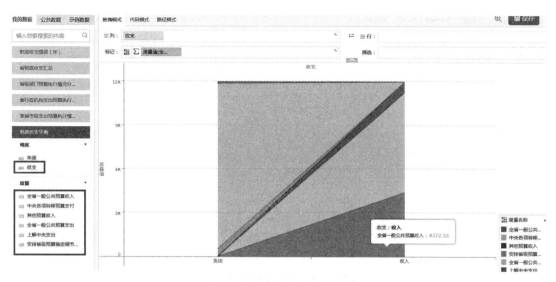

图 12 - 6　财政收支平衡分析

在"省财政收支汇总"分组中,将维度中的"收支""年度"拖入列、度量中的"金额"拖入行,选择"堆栈柱状图",将"年度"设置为"倒序",将"金额"拖入标记栏中的"标签",调整标记栏中的"大小",结果如图 12 - 7 所示,点击"保存",命名图表。

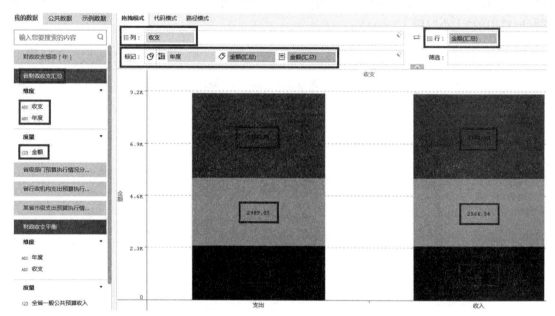

图 12 - 7　近 3 年省财政收支平衡分析

从图 12 - 6 和图 12 - 7 中可以看出:第一,财政收支基本保持平衡;第二,省财政收支中,每一年的支出略微高于收入。

2. 财政收支细项分析

在"财政收支细项(年)"分组中,将度量中的"同比增长"拖入列、维度中的"年份""项目"拖入行;"收支"拖入筛选器,选择"支出";选择分组条形图;点击"同比增长",选择倒序排列(图 12 - 8)。点击"保存"按钮,保存图形。

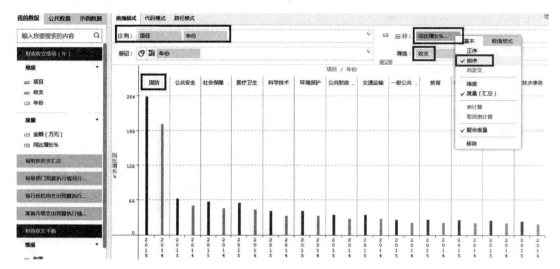

图 12-8　财政收支细项分析

由图 12-8 表明：国防支出同比增长很大，2015 年度同比增长达到 262.75％，财政支出前三项分别是国防、公共安全、社会保障和就业。

进一步，在"财政收支细项（年）"分组中，将维度中的"收支""项目"拖入列、度量中的"金额"拖入行和列；"年份"拖入筛选器中，选择 2014 年；选择分组柱状图，将"金额"倒序排列，调整标记栏中的"大小"（图 12-9）。

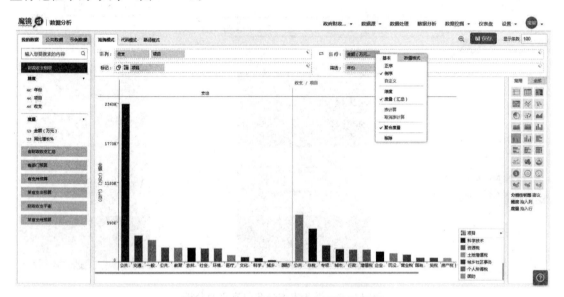

图 12-9　2014 年财政收支项目明细图

类似上述操作，可以得到 2015 年财政收支项目明细图，如图 12-10 所示。

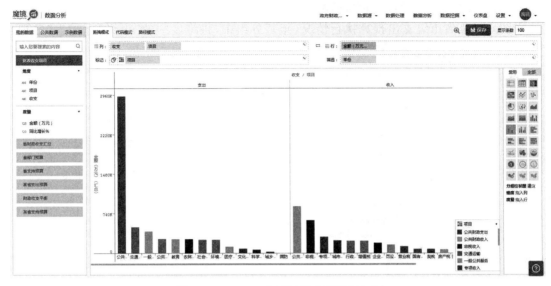

图 12 - 10　2015 年财政收支项目明细图

从图 12 - 9 和图 12 - 10 中可以看出,2014 和 2015 年度,各项支出和收入项目基本一致,支出第一大项是公共财政,收入第一大项也是公共财政;从 2014 到 2015 年度,各项支出呈增长趋势,收入也呈现增长趋势。

3. 省级部门预算执行情况分析

在"省级部门预算执行情况分析(季)"分组中,将维度中的"部门"拖入列、度量中的"预算金额"和"执行情况"拖入行,选择分组柱状图,在标记栏中调整"大小",将"执行情况"拖入标记栏的"标签",如图 12 - 11 所示。点击"保存"按钮,保存图形。

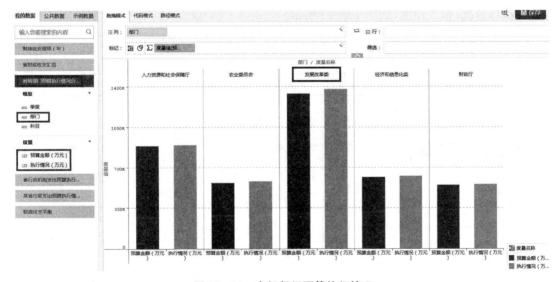

图 12 - 11　省级部门预算执行情况

从图 12 - 11 中可以看出:第一,省发展改革委的预算明显高于其他部门;第二,每个省级部门的执行金额都略高于预算金额;第三,省发展改革委的执行金额明显高于预算金额。

4. 某省市级支出预算执行情况分析

首先,在"某省市级支出预算执行情况(年)"分组中,将维度中的"市级"标记为"地理角色"——"市"(图 12 - 12)。

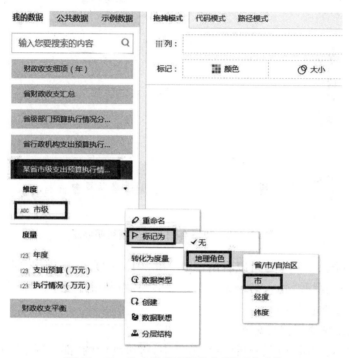

图 12 - 12 将字段类型转换为"地理角色"

其次,选择"混合地图",将"市级"拖入标记栏中的地图、"年度"拖入颜色、"支出预算"拖入标签、"执行情况"拖入角度,如图 12 - 13 所示。

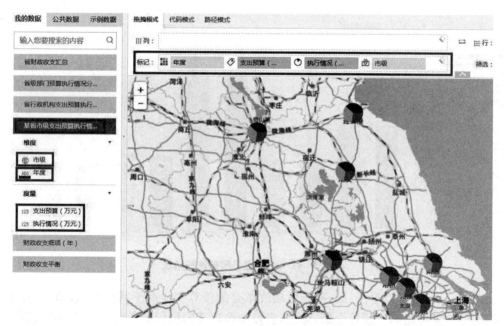

图 12 - 13 某省市级支出预算执行情况

　　分析图 12-13 可以非常直观地发现,居然缺少宿迁市的支出预算执行数据。点击"保存"按钮,保存该图形。

12.3.5　数据可视化

　　完成数据分析后,点击"仪表盘"菜单,进入仪表盘界面,对已完成的图表进行美化调整等相关操作。

1. 仪表盘的重命名

　　如图 12-14 所示,先对仪表盘进行重命名操作。

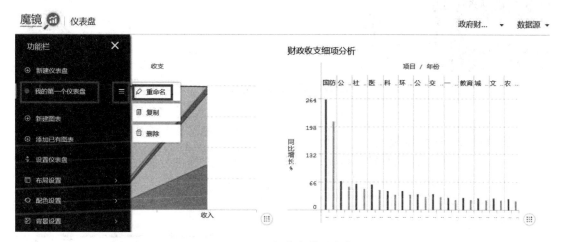

图 12-14　仪表盘的重命名

2. 仪表盘的设置

　　选择"设置仪表盘",可以对做好的图表进行编辑和排版,设置完成后选择"设置完毕",如图 12-15 所示。

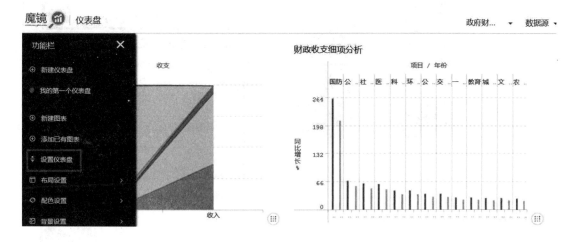

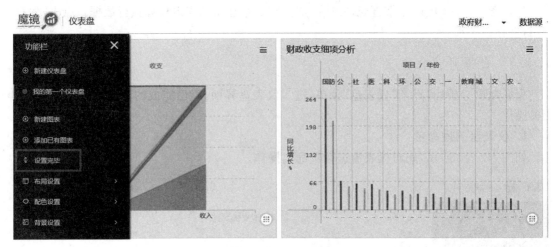

图 12 - 15　仪表盘的设置

3. 图表进行编辑和排版

点击图表右上角隐藏的"设置"按钮,可对轴线、图表模式等进行修改,如图 12 - 16 所示。

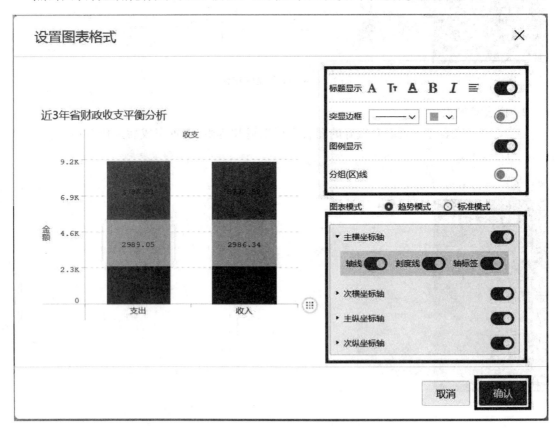

图 12 - 16　图表的编辑与排版

4. 仪表盘配色与背景设置

调整好图表及轴线后,可以对配色以及背景色进行调整。例如,选择"轻快"的配色设置(图 12 - 17)以及"商务蓝"的背景设置(图 12 - 18)。

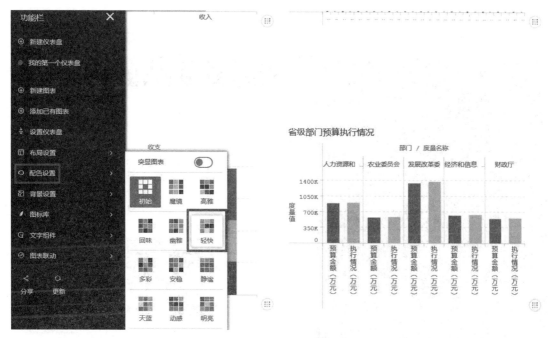

图 12 - 17 "轻快"的配色设置

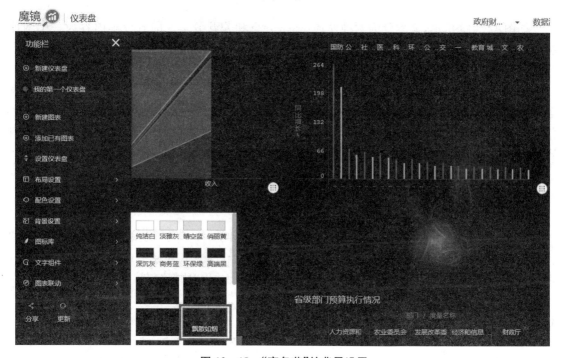

图 12 - 18 "商务蓝"的背景设置

12.3.6　数据分析结果的分享

单击"分享"按钮，弹出"分享仪表盘设置"对话框（图 12-19），系统自动生成一个当前仪表盘的网页浏览地址和二维码。

图 12-19　"分享仪表盘设置"对话框

如图 12-19 所示，分享分为两种模式：私密分享和公开分享。前者分享内容为一个网址链接及对应的密码，用户打开分享的链接后，需要输入分享时创建的密码才能查看仪表盘的内容；后者分享内容为一个网址链接，用户只需要打开分享的链接即可查看仪表盘内容。

分享方式分为四种：第一种，链接方式，即单击链接地址，可直接打开分享页面，查看仪表盘内容；第二种，短信方式，输入手机号和验证码，点击"发送"按钮，即可将当前仪表盘通过短信的方式分享给好友；第三种，二维码方式，使用移动端设备扫描二维码，即可查看仪表盘内容；第四种，社交应用方式，点击社交应用图标，将仪表盘通过社交应用分享给好友。

12.4　实训总结

本实训对省政府收支平衡、各主要收入项、主要支出项、各下级行政单位预算执行情况、省行政机构预算执行情况以及省级各部门预算执行情况予以总结，并通过可视化的方式予以展现；不仅方便了政府部门对自身情况的掌握，也使得公众对政府财政预算数据一目了然。

12.5　实训思考题

科技正在改变着生活，随着大数据分析技术的不断提升，相信将有更多的技术被应用到政府公共管理中。本实训主要聚焦于收支平衡的总体情况，而对政府财政数据只是进行了一些简单分析。随着政府信息公开的日益深入,越来越多的信息被公开。请自行在政府信息公开网站以及共享数据平台,下载有关政府财政预算数据,并尝试:第一,在数据量丰富、数据字段充足的情况下,通过"字段分组""数据下钻""数据上卷"等方式,更清楚体现数据之间的关联;第二,是否能够利用图表互动等功能,更加深刻、生动显示规律?第三,能否利用数据挖掘,发现或者验证公众关心的热点问题和焦点问题?